AF642244

Soziotechnische Gestaltungsinstrumente für den Einsatz von Business-Analytics

Socio-Technical Instruments for the Use of Business Analytics

Von der Fakultät für Maschinenwesen
der Rheinisch-Westfälischen Technischen Hochschule Aachen
zur Erlangung des akademischen Grades eines
Doktors der Ingenieurwissenschaften
genehmigte Dissertation

vorgelegt von

Jonas Müller

Berichter:

Univ.-Prof. Dr.-Ing. Dipl.-Wirt.Ing. Günther Schuh
apl. Prof. Dr.-Ing. Volker Stich

Tag der mündlichen Prüfung: 11. Oktober 2023

Diese Dissertation ist auf den Internetseiten der Universitätsbibliothek online verfügbar.

SCHRIFTENREIHE RATIONALISIERUNG

Jonas Müller

Soziotechnische Gestaltungsinstrumente für den Einsatz von Business-Analytics

Herausgeber:
Prof. Dr.-Ing. Dipl.-Wirt. Ing. G. Schuh

Band 189

fir an der RWTH Aachen

Bibliografische Information der Deutschen Nationalbibliothek
Die Deutsche Nationalbibliothek verzeichnet diese Publikation in der Deutschen Nationalbibliografie; detaillierte bibliografische Daten sind im Internet über https://portal.dnb.de abrufbar.

Jonas Müller:

Soziotechnische Gestaltungsinstrumente für den Einsatz von Business-Analytics

1. Auflage, 2023

Gedruckt auf holz- und säurefreiem Papier, 100% chlorfrei gebleicht.

Copyright Apprimus Verlag, Aachen, 2023
Wissenschaftsverlag des Instituts für Industriekommunikation und Fachmedien an der RWTH Aachen
Steinbachstr. 25, 52074 Aachen
Internet: www.apprimus-verlag.de, E-Mail: info@apprimus-verlag.de

Alle Rechte, auch das des auszugsweisen Nachdruckes, der auszugsweisen oder vollständigen Wiedergabe, der Speicherung in Datenverarbeitungsanlagen und der Übersetzung, vorbehalten.

Druck: CPI Druckdienstleistungen GmbH, Ferdinand-Jühlke-Straße 7 I 99095 Erfurt

ISBN 978-3-98555-182-8

D 82 (Diss. RWTH Aachen University, 2023)

Für meine Familie

Danksagung

Die vorliegende Dissertation entstand im Laufe meiner Tätigkeit als wissenschaftlicher Mitarbeiter am Forschungsinstitut für Rationalisierung e. V. (FIR). Hiermit möchte ich allen danken, die mich auf vielfältige Art und Weise unterstützt haben.

Zunächst möchte ich meinem Doktorvater Herrn Prof. Dr.-Ing. Günther Schuh für die Betreuung und das Vertrauen danken. Für die Übernahme der Aufgabe als Zweitprüfer, aber auch und insbesondere für die Geschäftsführung und die Entwicklung, die ich machen durfte, bedanke ich mich herzlich bei Herrn Prof. Dr.-Ing. Volker Stich. Mein Dank gilt des Weiteren Herrn Prof. Dr.-Ing. Frank Flemisch für die Übernahme des Vorsitzes und Herrn Prof. Dr.-Ing. (RUS) Mikhail Itskov als Beisitzender der Prüfungskommission.

Vielen Dank an alle Kolleginnen, Kollegen und Projektpartner für die spannende Zeit am FIR. Hierbei möchte ich insbesondere Dr. Rafael Götzen, Gerhard Gudergan, John von Stamm, Yannick Becerra, Lukas Bruhns, Ruben Conrad, Melanie Cyron, Paula Dannhausen, Stefanie Deutz-El Kassehe, Nikita Fjodorovs, Annika Franken, Kira Frings, Dr. Hauke Helmts, Clara Herkenrath, Gerrit Hoeborn, Maike Holtkemper, Christiane Horst, Anna Hover, Lars Klapper, Jokim Janßen, Petra Kampermann, Kajan Kandiah, Tobias Karl, Alexandra Köther, Dr. Denis Krechting, Julian Lassen, Dirk Lemke, Dr. Tobias Leiting, Jonathan Reinartz, Rupert Spielvogel, Daniel Spindler, Maria Spiß, Lukas Stratmann, Simone Suchan, Dagmar Urfels, Tim Walter, Dr. Simon Wieninger und Selina Wilke danken.

Eine besondere Freude war mir die Zusammenarbeit mit meinen studentischen Mitarbeitern und Abschlussarbeitern, insbesondere Jonas Linhoff, Dustin Meichsner, Anton Ballauf, Noah Blasen, Timo Bollé, Ayla Civelek, Janick Diercks, Ilya Evthikov, Moritz von Hänisch, Leon Hecht, Gina Hermes, Mai Khoa Le, Luca Kröppel, Nils Littmann, Nick Lober, Markus Madloch, Brian Nahr, Niklas Rüggeberg und Jonathan Schwaderlapp.

Mein größter Dank geht an meine Familie: Meinen Großeltern, Eltern und Geschwistern, die mir stets als Vorbild dienten und mich auch in schwierigen Zeiten aufgefangen haben. Aleks, ohne Dich hätte ich den Weg nicht geschafft, ich danke Dir aus tiefstem Herzen für Deine Liebe und Unterstützung.

Aachen, 18. Oktober 2023 Jonas Müller

Zusammenfassung

In zunehmend disruptiven Märkten wird die Fähigkeit, Latenzen in Bezug auf die organisatorische Adaptions- und Entscheidungsfähigkeit zur Reaktion auf neue Marktbedingungen zu minimieren, für das langfristige Bestehen von Unternehmen immer bedeutsamer. In Reaktion auf diese Entwicklungen realisieren immer mehr Unternehmen Strategien, um durch die informationstechnologiebasierte Generierung, Speicherung und Verarbeitung von Daten die datengetriebene Entscheidungsfindung voranzutreiben und datenbasierte Entscheidungen zu treffen. In der Konsequenz generieren und speichern die Unternehmen zunehmend große Mengen an Daten. Um diese in umsetzbare Erkenntnisse zu überführen und eine datenbasierte Entscheidungsfindung zu realisieren, sind fortgeschrittene statistische Verfahren und Funktionen (Analytics) notwendig, die unter dem Begriff Business-Analytics zusammengefasst werden. Trotz der hohen zu erwartenden Potentiale stehen viele Unternehmen großen Herausforderungen gegenüber, welche durch den Einsatz der hochkomplexen Systeme und Technologien induziert werden und große Auswirkungen auf die Organisation und ihre Mitarbeiter haben. In Abwesenheit geeigneter Hilfestellungen und Instrumente zur Berücksichtigung und Gestaltung der relevanten technischen und sozialen Faktoren, welche den erfolgreichen Einsatz von Business-Analytics beeinflussen, bleiben die Unternehmen auf sich allein gestellt.

Die vorliegende Arbeit hat zum Ziel, den erfolgreichen Einsatz verschiedener Typen von Business-Analytics durch soziotechnische Gestaltungsinstrumente sicherzustellen. Vor dem Hintergrund der dargestellten Ausgangssituation und Problemstellung haben sowohl betriebliche Informationssysteme und -technologien als auch Business-Analytics-Systeme erstmals eine ausreichend hohe Industriereife erreicht, dass deren Betrieb wertschöpfend und zuverlässig möglich ist.

Das Ergebnis dieser Arbeit besteht in der systematischen Entwicklung konkreter Gestaltungsinstrumente, um unter Berücksichtigung des wechselseitigen Einflusses zwischen Technologieeinsatz sowie der Organisation und deren Mitarbeiter den erfolgreichen Einsatz verschiedener Typen von Business-Analytics zu gewährleisten. Die Zielgruppe der Führungskräfte, insbesondere in den Bereichen Einkauf und Vertrieb der Prozessindustrie, bei welchen der Einsatz von Business-Analytics elementar ist, wird durch Expertise und konkrete Gestaltungsmaßnahmen unterstützt.

In Bezug auf die Zielsetzung, welche in der Ableitung soziotechnischer Gestaltungsinstrumente besteht, wird die folgende zentrale Forschungsfrage definiert:

Inwiefern lässt sich der erfolgreiche Einsatz verschiedener Typen von Business-Analytics durch soziotechnische Gestaltungsinstrumente sicherstellen?

Summary

In increasingly disruptive markets, the ability to minimize latency in terms of organizational adaptive and decision-making capabilities to respond to new market conditions is becoming more and more significant for the long-term existence of companies. In response to these developments, more and more companies are implementing strategies to drive data-driven decision making and make data-based decisions through information technology-based generation, storage and processing of data. As a result, companies are increasingly generating and storing large amounts of data. In order to convert this data into actionable insights and realize data-based decision-making, advanced statistical methods and functions (analytics) are required, which are summarized under the term Business Analytics. Despite the high potentials to be expected, many companies face major challenges induced by the use of highly complex systems and technologies, which have a great impact on the organization and its employees. In the absence of appropriate support and tools to consider and shape the relevant technical and social factors that influence the successful use of Business Analytics, companies are left to their own devices.

This dissertation aims to ensure the successful use of different types of Business Analytics by means of socio-technical design instruments. Against the background of the described initial situation and problem definition, business information systems and technologies as well as Business Analytics systems have for the first time reached a sufficiently high level of industrial maturity that their operation is possible in a value-adding and reliable way.

The result of this dissertation consists of the systematic development of concrete instruments to ensure the successful use of different types of Business Analytics, taking into account the reciprocal influence between the use of technology and the organization and its employees. The target group of executives, especially in the areas of purchasing and sales in the process industry, where the use of Business Analytics is elementary, is supported by expertise and concrete design measures.

With regard to the objective, which consists in the derivation of socio-technical design instruments, the following central research question is formulated:

How can the successful use of different types of Business Analytics be ensured by socio-technical instruments?

Inhaltsverzeichnis

Abbildungsverzeichnis

Tabellenverzeichnis

Abkürzungsverzeichnis

BA	Business-Analytics
BA-System	Business-Analytics-System
BI	Business-Intelligence
CRISP-DM	cross-industry standard process for Data-Mining
EBIT	Earnings Before Interests and Taxes
IMDM	In-Memory-Datenmanagement
KI	Künstliche Intelligenz
KNN	künstliches neuronales Netz
SLR	Systematic Literature Review

1 Einleitung

In zunehmend disruptiven Märkten wird die Fähigkeit, Latenzen in Bezug auf die organisatorische Adaptions- und Entscheidungsfähigkeit zur Reaktion auf neue Marktbedingungen zu minimieren, für das langfristige Bestehen von Unternehmen immer bedeutsamer (s. MÜLLER ET AL. 2020, S. 1; AYDINER ET AL. 2019, S. 228). In Reaktion auf diese Entwicklungen realisieren immer mehr Unternehmen Strategien, um durch die informationstechnologiebasierte Generierung, Speicherung und Verarbeitung von Daten die datengetriebene Entscheidungsfindung voranzutreiben und datenbasierte Entscheidungen zu treffen (s. DREMEL ET AL. 2020, S. 1; s. DUAN ET AL. 2020, S. 673). In der Konsequenz generieren und speichern die Unternehmen zunehmend große Mengen an Daten. Um diese in umsetzbare Erkenntnisse zu überführen und eine datenbasierte Entscheidungsfindung zu realisieren, sind fortgeschrittene statistische Verfahren und Funktionen (Analytics) notwendig, die unter dem Begriff Business-Analytics zusammengefasst werden. (s. BAYRAK 2015, S. 230) Trotz der hohen zu erwartenden Potentiale stehen viele Unternehmen großen Herausforderungen gegenüber, welche durch den Einsatz der hochkomplexen Systeme und Technologien induziert werden und große Auswirkungen auf die Organisation und ihre Mitarbeiter haben. In Abwesenheit geeigneter Hilfestellungen und Instrumente zur Berücksichtigung und Gestaltung der relevanten technischen und sozialen Faktoren, welche den erfolgreichen Einsatz von Business-Analytics beeinflussen, bleiben die Unternehmen auf sich allein gestellt. (s. MÜLLER ET AL. 2023, S. 1; s. CÔRTE-REAL ET AL. 2019, S. 160; VIDGEN ET AL. 2017, S. 627) Diese Forschungslücke begründet die Motivation der vorliegenden Arbeit. Hierzu werden in Kapitel 1.1 die vorherig skizzierte Ausgangssituation und Problemstellung detailliert beschrieben. Daran anknüpfend werden in Kapitel 1.2 die Zielsetzung und die Forschungsfrage entwickelt. In Kapitel 1.3 findet die wissenschaftstheoretische Einordnung statt, zuletzt wird in Kapitel 1.4 der Aufbau der vorliegenden Arbeit dargelegt.

1.1 Ausgangssituation und Problemstellung

Die Kontinuität, mit der sich Unternehmen auf neue Marktbedingungen, Technologien und Kundenanforderungen einstellen müssen, zwingt diese zu einem proaktiven Umgang mit und zur Förderung von Innovationen (s. DUAN ET AL. 2020, S. 673; SCHUH ET AL. 2020, S. 24). Der Erfolg und zunehmend das reine Überleben von Unternehmen hängen von der Fähigkeit ab, mit minimalen Reaktionslatenzen fundierte Entscheidungen in unbekannten und schwer zu prognostizierenden Situationen zu treffen. In Reaktion darauf setzen immer mehr Unternehmen auf eine Kombination aus Big Data und Business-Analytics, um sowohl die strategische Ausrichtung als auch das operative Geschäft in diesen Situationen und Marktdynamiken zu verbessern. (s. DUAN ET AL. 2020, S. 674) Die kontinuierliche Digitalisierung in allen Bereichen des geschäftlichen und gesellschaftlichen Lebens eröffnet den Unternehmen hierbei viele

Möglichkeiten, nahezu unbegrenzte Datenmengen zu generieren oder diese extern zu beschaffen (s. AYDINER ET AL. 2019, S. 228).

Diese Potentiale und das stetig zunehmende Angebot eröffnen nicht mehr nur Großkonzernen, sondern zunehmend auch kleinen und mittleren Unternehmen, Daten in ihren Unternehmensalltag und ihre Geschäftsmodelle zu integrieren und somit als wertvolle Ressource zu nutzen (s. KULKARNI U. ROBLES-FLORES 2013, S. 1). Die nahezu unbegrenzten Einsatzmöglichkeiten tragen dazu bei, eine Vielzahl unterschiedlicher Zielgrößen und strategischer Vorgaben zu adressieren und zu erreichen (s. CHAHAL ET AL. 2019, S. 5). Business-Analytics unterstützt beispielsweise sowohl die Formulierung und Verfolgung strategischer als auch taktischer bzw. operativer Ziele und trägt maßgeblich zur datengetriebene Entscheidungsfindung bei (s. FERRARIS ET AL. 2018, S. 1924; HOLSAPPLE ET AL. 2014, S. 133 f.). Gelingt der erfolgreiche Einsatz von Business-Analytics, wird er zum Unterscheidungsmerkmal zwischen hoch performanten und leistungsschwachen Unternehmen (s. FERRARIS ET AL. 2018, S. 1924). In der Folge induziert Business-Analytics zunehmend einen Paradigmenwechsel für den globalen Wettbewerb und trägt maßgeblich zur Erhaltung der langfristigen Wettbewerbsfähigkeit bei (s. ARORA 2019, S. 13; SEDDON ET AL. 2017, S. 238).

Diese Erwartungshaltung hat maßgeblich dazu beigetragen, dass die Investitionen seit mehreren Jahren kontinuierlich steigen, das erwartete Marktvolumen wird für 2030 auf über 71,6 Milliarden Dollar geschätzt. Ausgehend von einer Marktgröße von 16,8 Milliarden Dollar im Jahr 2021 entspricht dies einer jährlichen durchschnittlichen Wachstumsrate von 22,06 %. (s. SPHERICAL INSIGHTS LLP 2022) Investitionen in Business-Analytics befinden sich regelmäßig unter den am höchsten priorisierten Zielen für das mittlere und obere Management (s. AYDINER ET AL. 2019, S. 228). Exemplarisch für diese Priorisierung sind die Investitionsentscheidungen von CIOs, welche 50 % des ihnen zur Verfügung stehenden Investitionsbudgets in die Einführung und den Einsatz von Business-Analytics investieren (s. FRAZZETTO ET AL. 2019, S. 575). Die hohe Nachfrage in Verbindung der exponentiellen technischen Weiterentwicklung haben dazu geführt, dass sich am Markt ein großes Angebot an Business-Analytics-Systemen (BA-Systemen), -Applikationen und -Technologien etabliert hat. Diese Vielfalt äußert sich insbesondere in unterschiedlichen Reifegraden und Typen von Business-Analytics, welche bezüglich des Leistungsumfangs, der Anforderungen und Voraussetzungen in Forschung und Literatur inkonsistent definiert sind. (s. KRECHTING 2020, S. 15) Somit besteht die große Herausforderung, das Potential von Business-Analytics richtig einzuschätzen und durch den erfolgreichen Einsatz zu realisieren (s. REITER 2020, S. 31). Dies spiegelt sich u. a. in der Schätzung wider, dass 80 % der Unternehmen ihre BA-Erkenntnisse nicht in Geschäftsergebnisse umwandeln können (s. HAGEN U. HESS 2020, S. 1; WHITE 2019). Darüber hinaus berichten Unternehmen, dass BA-Applikationen nur vereinzelt Anwendung finden und Kompetenzen sowie die zugrundeliegende Infrastruktur nur unzureichend entwickelt wurden (s. NAM ET AL. 2019, S. 411).

Die Gründe für den mangelnden Erfolg können auf die induzierte Transformation durch den Einsatz von Business-Analytics zur datengetriebenen Organisation, welche tiefgreifende organisatorische Veränderungen notwendig macht und viele Unternehmen überfordert, zurückgeführt werden (s. TIM ET AL. 2020, S. 642). Die Herausforderungen liegen hierbei insbesondere im sozialen Umfeld und dem dynamischen Verhalten von Unternehmen (s. CÔRTE-REAL ET AL. 2019, S. 160). Bei einer Befragung von 94 Unternehmen zum Einsatz von Business-Analytics konnte ein deutlicher Anstieg der größten Herausforderungen festgestellt werden: 2018 gaben noch 80,9 % der Unternehmen kulturelle Faktoren, die Mitarbeiter und Prozesse als größtes Hemmnis an, wohingegen 19,1 % der befragten Teilnehmer technologischen Limitierungen als größte Herausforderung nannten. Das Ergebnis der gleichen Studie im Jahr 2022 zeigt, dass mehr als 90 % der Unternehmen in der organisationalen Gestaltung die größten Herausforderungen sahen, wohingegen weniger als 10 % das Haupthemmnis in der Technologie identifizierten. (s. BEAN 2022, S. 13) Beim Einsatz von Business-Analytics ist somit nicht allein die technische Implementierung zu gestalten, bei welcher u. a. die Gewährleistung der Datengrundlage und der Aufbau einer geeigneten Infrastruktur im Vordergrund steht, vielmehr muss sich die Organisation mit ihren Mitarbeitern so verändern, dass datenbasierte Entscheidungsfindung möglich wird und datengesteuert agiert werden kann. Erst dann kann ein Nutzen aus dem Einsatz von Business-Analytics realisiert werden. (s. VIDGEN ET AL. 2017, S. 627) Somit bedingen die technologischen Veränderungen zusätzlich eine Veränderung der Arbeitsorganisation. Diese Erkenntnis spiegelt sich in der soziotechnischen Systemtheorie wider, bei welcher die Veränderung eines Unternehmensbereichs, beim Einsatz weit fortgeschrittener datenbasierter Technologien das technische Subsystem, eine Adaption und Gestaltung weiterer Unternehmensbereiche wie die Organisation in Form von Unternehmensstrukturen und den Akteur, d. h. die mit der Technologie interagierenden Mitarbeiter, nach sich zieht. Folglich ist es nicht ausreichend, allein das technische Subsystem beim Einsatz der komplexen Technologie zu betrachten, vielmehr müssen die sozialen Dynamiken in die Veränderung einbezogen werden. Damit dies gelingt, muss das soziotechnische Gesamtsystem aktiv gestaltet werden. (s. DREMEL ET AL. 2020, S. 1; SCHLICHER ET AL. 2017, S. 5 ff.)

Die vorangestellten Anforderungen für den optimalen Einsatz von Business-Analytics müssen durch konkrete Gestaltungsinstrumente adressiert werden. Hierbei müssen die wechselseitigen Wirkungsbeziehungen zwischen den durch die Technologie induzierten Veränderungen und dem sozialen Umfeld adressiert werden, dies erfordert die gemeinsame Betrachtung von technischen und sozialen Faktoren. (s. DREMEL ET AL. 2020, S. 1; vgl. SCHUH ET AL. 2020; WEBER 2020; WINBY U. MOHRMAN 2018; VIDGEN ET AL. 2017) Gleichzeitig mangelt es in Forschung und Industrie aktuell sowohl an dem Verständnis über die einzelnen Systemzusammenhänge als auch an geeigneten Instrumenten für deren Gestaltung. Dieses Verständnis und die Gestaltung des soziotechnischen Systems sind allerdings elementar, um die Herausforderungen zu adressieren. (s. DREMEL ET AL. 2020, S. 1; HAGEN U. HESS 2020, S. 1 f.; AUDZEYEVA U. HUDSON 2016, S. 2 f.) Der hohe Bedarf an Verständnis und die Gestaltung des Gesamtsystems zeigen sich insbesondere an der nachfolgenden Umfrage: Während über 80 % der befragten Unternehmen (n = 85 Teilnehmer) überwiegend optimistisch gegenüber dem Einsatz von Business-Analytics eingestellt sind, ist die Einschätzung, eine datengetriebene Organisation zu entwickeln, von 31 % im Jahr 2019 auf 24 % im Jahr 2021 gesunken, nachdem sie 2020 noch auf 37,8 % gestiegen war. (s. BEAN 2021, S. 11 f.) Die Unternehmen scheitern daran, die Organisation mit ihren Mitarbeitern für den Einsatz von Business-Analytics optimal zu verändern, da sie mit den notwendigen Veränderungen in den Bereichen Struktur, Akteur, Aufgabe und Technologie überfordert sind (s. HAGEN U. HESS 2020, S. 1).

In der Konsequenz bedarf es somit eines systematischen Vorgehens, um insbesondere Führungskräften die soziotechnischen Wechselwirkungen aufzuzeigen, welche typspezifisch beim Einsatz von Business-Analytics entstehen. Darüber hinaus müssen Gestaltungsinstrumente entwickelt werden, um das soziotechnische System in Abhängigkeit eines gewählten Typs zu gestalten und somit den Paradigmenwechsel und die hohen Potentiale, welche sich aus dem Einsatz von Business-Analytics ergeben, zu erschließen.

1.2 Zielsetzung und Forschungsfrage

Die vorliegende Arbeit hat zum Ziel, den erfolgreichen Einsatz verschiedener Typen von Business-Analytics durch soziotechnische Gestaltungsinstrumente sicherzustellen. Vor dem Hintergrund der in Kapitel 1.1 dargestellten Ausgangssituation und Problemstellung haben sowohl betriebliche Informationssysteme und -technologien als auch Business-Analytics-Systeme erstmals eine ausreichend hohe Industriereife erreicht, dass deren Betrieb wertschöpfend und zuverlässig möglich ist (s. CHAHAL ET AL. 2019, S. 3). Die vielfältigen Einsatzmöglichkeiten (s. DUAN ET AL. 2020, S. 674) stellen gleichzeitig sehr hohe Anforderungen an die Organisation und deren Mitarbeiter und überfordern diese regelmäßig (s. TIM ET AL. 2020, S. 642). Das Ergebnis dieser Arbeit wird aus der systematischen Entwicklung konkreter Gestaltungsinstrumente bestehen, um unter Berücksichtigung des wechselseitigen Einflusses zwischen dem Technologieeinsatz sowie der Organisation und deren Mitarbeitern den erfolgreichen Einsatz verschiedener Typen von Business-Analytics zu gewährleisten. Die Zielgruppe der Führungskräfte, insbesondere in den Bereichen Einkauf und Vertrieb der Prozessindustrie, bei welchen der Einsatz von Business-Analytics elementar ist, soll durch Expertise und konkrete Gestaltungsmaßnahmen unterstützt werden.

In Bezug auf die Zielsetzung, welche in der Ableitung soziotechnischer Gestaltungsinstrumente besteht, lässt sich die folgende zentrale Forschungsfrage ableiten:

Inwiefern lässt sich der erfolgreiche Einsatz verschiedener Typen von Business-Analytics durch soziotechnische Gestaltungsinstrumente sicherstellen?

Zur Beantwortung der zentralen Forschungsfrage ergeben sich für das Dissertationsvorhaben die folgenden vier untergeordneten und handlungsleitenden Teilfragen:

- Was sind die relevanten Merkmale und deren Ausprägungen zur Beschreibung von Business-Analytics?
- Was sind die relevanten Merkmale und deren Ausprägungen zur Beschreibung des sozialen Subsystems für den Einsatz von Business-Analytics?
- Wie lassen sich die wechselseitigen Wirkungsbeziehungen zwischen den Typen von Business-Analytics und den Merkmalen des sozialen Subsystems erklären?
- Welche soziotechnischen Gestaltungsinstrumente ergeben sich auf Basis der wechselseitigen Wirkungsbeziehungen für den erfolgreichen Einsatz von Business-Analytics?

Die Beantwortung der zentralen Forschungsfrage sowie der untergeordneten Teilfragen im Dissertationsvorhaben tragen zur Erreichung des gesetzten Ziels bei. Die hierbei gewonnenen Erkenntnisse sollen in soziotechnische Gestaltungsinstrumente überführt werden, welche im Sinne der Managementlehre Handlungsempfehlungen zur Lösung praktischer Probleme darstellen und somit Führungskräfte zum erfolgreichen Einsatz von Business-Analytics befähigen.

1.3 Wissenschaftstheoretische Einordnung

Im wissenschaftstheoretischen Kontext lässt sich der Erkenntnisgewinn grundsätzlich über zwei unterschiedliche Ansätze erzielen: zum einen über Erfahrungen aus der Realität, zum anderen auf theoretischem Weg. Diese Ansätze sind insofern miteinander verknüpft, dass in der Forschung auf theoretischer Ebene Sätze oder Systeme von Sätzen aufgestellt und diese durch Erfahrungen in Form von Experimenten oder Beobachtungen bestätigt werden können. (s. POPPER 1935, S. 1) Trotz unterschiedlicher Erkenntnisinteressen zeigt sich diese Interdependenz im Prinzip in allen Wissenschaftsgebieten. Die Begründung der theoretischen Überlegungen und Befunde erfolgt hierbei durch adäquate Methoden, mithilfe derer gesicherte und nachweisbare Erkenntnisse erzielt werden können. (s. BROSIUS ET AL. 2012, S. 1) Die verschiedenen Wissenschaften lassen sich hierbei wissenschaftslogisch in zwei Hauptgebiete unterteilen: die Formal- und die Realwissenschaften (s. CARNAP 1935, S. 30). CARNAP stellte dabei bereits in einer früheren Arbeit 1931 fest, dass die Wissenschaft eine Einheit durch eine gemeinsame Sprache bildet (s. CARNAP 1931, S. 433). Diese Sprache besteht aus einer syntaktischen Struktur und kann zur Beschreibung bestehender wie auch nicht bestehende Sachverhalte verwendet werden. Sie besteht aus einem syntaktischen Regelsystem mit Form- und Umformungsregeln. Erstere beschreiben die zugelassenen Satzformen, letztere die Satzabhängigkeiten von- und untereinander. (s. CARNAP 1935, S. 31; 1931, S. 435 ff.) Die Abgrenzbarkeit, welche in der reinen Syntax (Formalwissenschaften) bzw. in der deskriptiven Syntax (Realwissenschaften) liegt (s. CARNAP 1935, S. 32 f.), wurde von ULRICH U. HILL in einer Wissenschaftssystematik detailliert (vgl. ULRICH U. HILL 1976). Erst durch eine wissenschaftstheoretische Einordnung lassen sich spezifische Probleme einzelner Wissenschaftskategorien konkreter untersuchen (s. ULRICH U. HILL 1976, S. 305); die vorliegende Arbeit bezieht sich auf diese Systematik und ordnet sich in diese ein.

Das Ziel der Formalwissenschaften ist die Konstruktion von Sprachen (s. ULRICH U. HILL 1976, S. 305), diese werden als Zeichensysteme mit Regeln zur Verwendung dieser Zeichen definiert (vgl. CARNAP 1935, S. 32 ff.). Den ursprünglichen Gebieten Logik und Mathematik (s. CARNAP 1935, S. 30) fügen ULRICH U. HILL die Gebiete der Philosophie und der Wissenschaftslogik hinzu (s. ULRICH U. HILL 1976, S. 305). Im Gegensatz dazu stehen die Realwissenschaften, welche die Gesamtheit der Tatsachenwissenschaften bilden und zu welchen beispielsweise die Physik, Biologie, Psychologie, Soziologie oder Geschichte gezählt werden (s. CARNAP 1935, S. 30). Während die Sätze der Formalwissenschaften Tautologien sind und somit nichts über das Bestehen oder Nichtbestehen eines Sachverhalts aussagen, sollen im Bereich der Realwissenschaften Sachverhalte zum Ausdruck gebracht werden. (s. CARNAP 1931, S. 433). ULRICH U. HILL bauen mit der Unterteilung der Realwissenschaften in „reine" Grundlagenwissenschaften und „angewandte" Handlungswissenschaften auf dieser ursprünglichen Systematik auf. Während die Grundlagenwissenschaften mit der Erklärung empirischer Wirklichkeitsausschnitte das theoretische Ziel fokussieren, stehen bei den Handlungswissenschaften die Analyse der menschlichen Handlungsalternativen für die Gestaltung soziotechnischer Systeme und somit das praktische Ziel im Vordergrund. (s. ULRICH U. HILL 1976, S. 305) Somit sind in den Grundlagenwissenschaften Erklärungen anzusiedeln, welche die Diskrepanz zwischen Theorie und Beobachtung begründen, während bei den Handlungswissenschaften Lösungen zu real existierenden Problemstellungen gefunden werden sollen. Der Praxisbezug ist somit bei Letztgenannten die Grundlage und Ausgangspunkt für die Untersuchung von möglichen Realitäten. (s. ULRICH 1981, S. 5 f.)

Die vorliegende Arbeit ist aufgrund ihrer Eigenschaften den Handlungswissenschaften und in diesen insbesondere den Ingenieurswissenschaften zuordenbar, wobei Schnittstellen zu den angewandten Sozialwissenschaften wie der Betriebswirtschaftslehre berücksichtigt werden. Die Einordung der Arbeit in die Wissenschaftssystematik nach ULRICH U. HILL erfolgt in Abbildung 1-1.

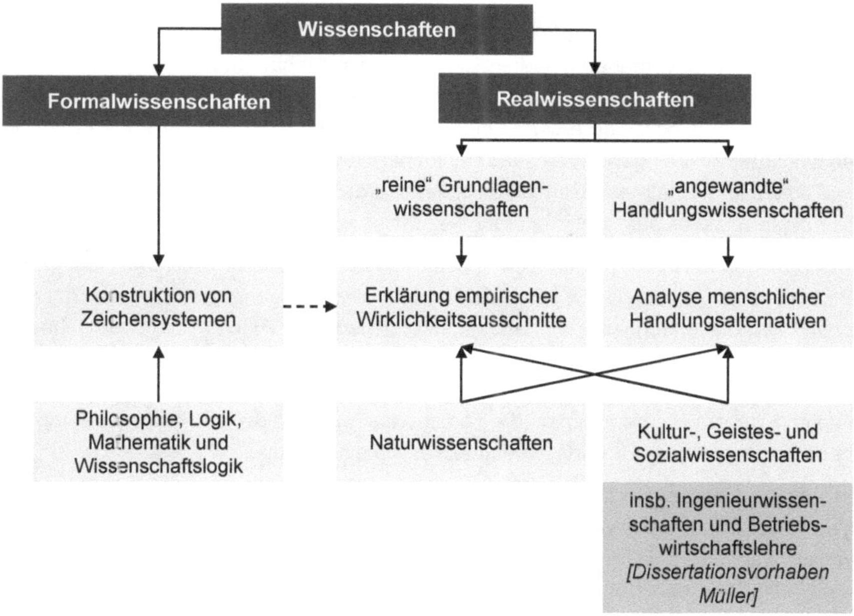

Abbildung 1-1: Einordnung des Dissertationsvorhabens in eine Wissenschaftssystematik (eigene Darstellung i. A. a. ULRICH U. HILL 1976, S. 305)

Der unmittelbare Zweck der Handlungswissenschaften ist das Ermöglichen wissenschaftlich fundierten Handelns in der Praxis. Für die Herstellung des Praxisbezugs definiert ULRICH vier praxisorientierte Aussagekategorien (s. ULRICH 1981, S. 11):

- Ausarbeitung inhaltlicher Lösungen für konkrete Praxisprobleme,
- Gestaltung von Lösungsverfahren für konkrete Praxisprobleme,
- Entwurf von Gestaltungsmodellen zur Veränderung der sozialen Wirklichkeit,
- Erarbeitung von Regeln zur Entwicklung von praxisorientierten Gestaltungsmodellen.

In der vorliegenden Arbeit werden soziotechnische Gestaltungsinstrumente für den erfolgreichen Einsatz von Business-Analytics insbesondere in Unternehmen der Prozessindustrie entwickelt. Durch die systematische Entwicklung jener mit der Überführung in ein Gestaltungsmodell entspricht das im Dissertationsvorhaben angestrebte Vorgehen der dritten Kategorie. Dies bedeutet, dass ein Problem aus der Praxis gedanklich vorweggenommen und eine Lösung vorgeschlagen wird. Die in der Arbeit gewonnenen wissenschaftlichen Erkenntnisse können somit fundiert das menschliche Handeln in äußerst komplexen soziotechnischen Systemen, in welchen das Verhalten jedes Einzelnen sowohl Ergebnis als auch Veränderung des jeweiligen Systemzustandes ist, positiv beeinflussen. (s. ULRICH 1981, S. 11).

1.4 Aufbau der Arbeit und Forschungskonzeption

Das Dissertationsvorhaben orientiert sich in seinem Aufbau an dem von ULRICH skizzierten Forschungsprozess für Handlungswissenschaften. Folgt man den voranstehenden Überlegungen, so ergeben sich einige Konsequenzen in Bezug auf die Forschungsmethodik angewandter Wissenschaften. (s. ULRICH 1981, S. 19) Anhand des in Abbildung 1-2 vorgestellten Schaubildes werden die einzelnen Schritte des Forschungsprozesses aufgezeigt und der Bezug zur vorliegenden Arbeit hergestellt.

Die vorliegende Arbeit gliedert sich in acht Kapitel. Kapitel eins stellt den Beginn des Prozesses dar. Er beginnt in der Praxis und soll den Ausgangspunkt für die Untersuchung des Anwendungszusammenhangs darstellen. Das Problem sollte nicht theoretischer Natur sein oder zur Überprüfung von Hypothesen dienen. (s. ULRICH 1981, S. 19) In der vorliegenden Arbeit werden eine Erfassung und Einordnung des praxisrelevanten Problems vorgenommen, die Forschungsfrage und die Zielsetzung des Vorhabens vorgestellt sowie wissenschaftstheoretisch eingeordnet.

In Kapitel zwei werden die essentiellen Definitionen vorgestellt, um ein einheitliches Verständnis über die grundlegenden Begrifflichkeiten herzustellen. Zu diesem Zweck werden zunächst die Grundlagen von Business-Analytics erläutert, der zentrale Begriff definiert und in den Kontext der betrieblichen Informations- und Entscheidungssysteme eingeordnet. Zudem wird aufgrund der thematischen Nähe und Wichtigkeit in einem Exkurs der Begriff Big Data definiert und erläutert. Anschließend wird der soziotechnische Systemansatz verortet und definiert. Hieran anschließend erfolgen die Darstellung der Entwicklung der soziotechnischen Systemtheorie sowie die Ableitung von Charakteristika von soziotechnischen Systemen sowie der Gestaltungsinstrumente. Darüber hinaus wird die soziotechnische Systemtheorie in einen Zusammenhang mit der Organisation und dem Management von Unternehmen gesetzt. Zuletzt wird der Untersuchungsbereich der Arbeit eingegrenzt.

In Kapitel drei wird der aktuelle Stand von Technik und Forschung für die einzelnen Disziplinen analysiert. Hierfür werden zunächst die Vorgehensweise und die Kriterien zur Bewertung bestehender Beiträge vorgestellt. Anschließend werden bereits bestehende Beiträge in den Feldern Beschreibung und Typisierung von Business-Analytics sowie Modelle zum Einsatz von Business-Analytics unter Berücksichtigung soziotechnischer Prinzipien identifiziert, untersucht und bewertet. Mit der kritischen Würdigung des Erkenntnisstands wird die Grundlage für die Ableitung des Forschungsbedarfs bereitet. Die Erfassung und Interpretation der problemrelevanten Theorien der empirischen Grundlagenwissenschaften (Phase 2 des Forschungsprozesses) finden somit in den Kapiteln zwei und drei statt.

In Kapitel vier wird der Konzeptansatz hergeleitet und das Gestaltungsmodell konzeptioniert. Hierfür werden zunächst verschiedene Anforderungen an das zu entwickelnde Gesamtmodell mit seinen Partialmodellen definiert. Anschließend werden elementare theoretische und methodische Grundlagen aufgezeigt. Aufbauend auf den vorgenannten Elementen erfolgt die Konzeptualisierung des Gesamtmodells, welches als

Ausgangsbasis für eine anschließende Detaillierung dient. Die Kapitel drei und vier bilden somit die dritte Phase des Forschungsprozesses, welche durch die Erfassung und Spezifizierung problemrelevanter Verfahren der Formalwissenschaften beschrieben wird.

Das fünfte Kapitel dient der Detaillierung des im vorherigen Kapitel vier eingeführten Gestaltungsmodells. Dieses wird zur Beantwortung der Unterforschungsfragen in vier Partialmodelle untergliedert, welche subsumiert das Gestaltungsmodell darstellen. Für diesen Zweck wird zunächst das soziotechnische System für den typspezifischen Einsatz von Business-Analytics beschrieben. Anschließend erfolgt die Untersuchung von Wechselwirkungen im soziotechnischen System. Die Identifikation generischer Gestaltungsinstrumente und Handlungsempfehlungen in Kombination mit den Untersuchungsergebnissen der typspezifischen soziotechnischen Wechselwirkungen soll die Entwicklung von typspezifischen soziotechnischen Gestaltungsinstrumenten ermöglichen. Die Kapitel drei bis fünf stellen insgesamt die vierte Phase des Forschungsprozesses dar, die Kapitel vier und fünf bilden die fünfte Phase. Diese beinhalten die Erfassung und Untersuchung des relevanten Anwendungszusammenhangs (Schwerpunkt Kapitel 3) sowie die Ableitung von Beurteilungskriterien, Gestaltungsregeln und -modellen (Schwerpunkte der Kapitel 4 und 5).

In Kapitel sechs findet die Validierung des in den vorherigen Kapiteln entwickelten Gesamtmodells und der gesammelten Erkenntnisse statt. Zu diesem Zweck werden Fallstudien mit ausgewählten Unternehmen durchgeführt, welche Business-Analytics einsetzen. Ziel ist das kritische Hinterfragen der entwickelten Modelle und deren eventuelle Anpassung. Die Validierung der Erkenntnisse spiegelt sich in Phase sechs des Forschungsprozesses wider, bei welcher ein Input aus der Praxis erforderlich ist. Die Prüfung der Regeln und Modelle im Anwendungszusammenhang wird insbesondere durch das Kapitel sechs abgedeckt. Aufgrund der potentiellen Anpassung der entwickelten Modelle ist Kapitel fünf ebenfalls der sechsten Phase zuzuordnen.

Im letzten Kapitel der Arbeit, Kapitel sieben, werden die Ergebnisse und Erkenntnisse der Arbeit zusammengefasst. Zudem werden Implikationen für weitere Forschungsaktivitäten bereitgestellt. Die Kapitel fünf bis sieben adressieren insbesondere die Phase sieben des Forschungsprozesses. Diese Phase beinhaltet insbesondere die Beratung und die Implementierung in der Praxis. Der Aufbau der Arbeit mit der Gegenüberstellung des Forschungsprozesses nach ULRICH (1981) ist in Abbildung 1-2 dargestellt.

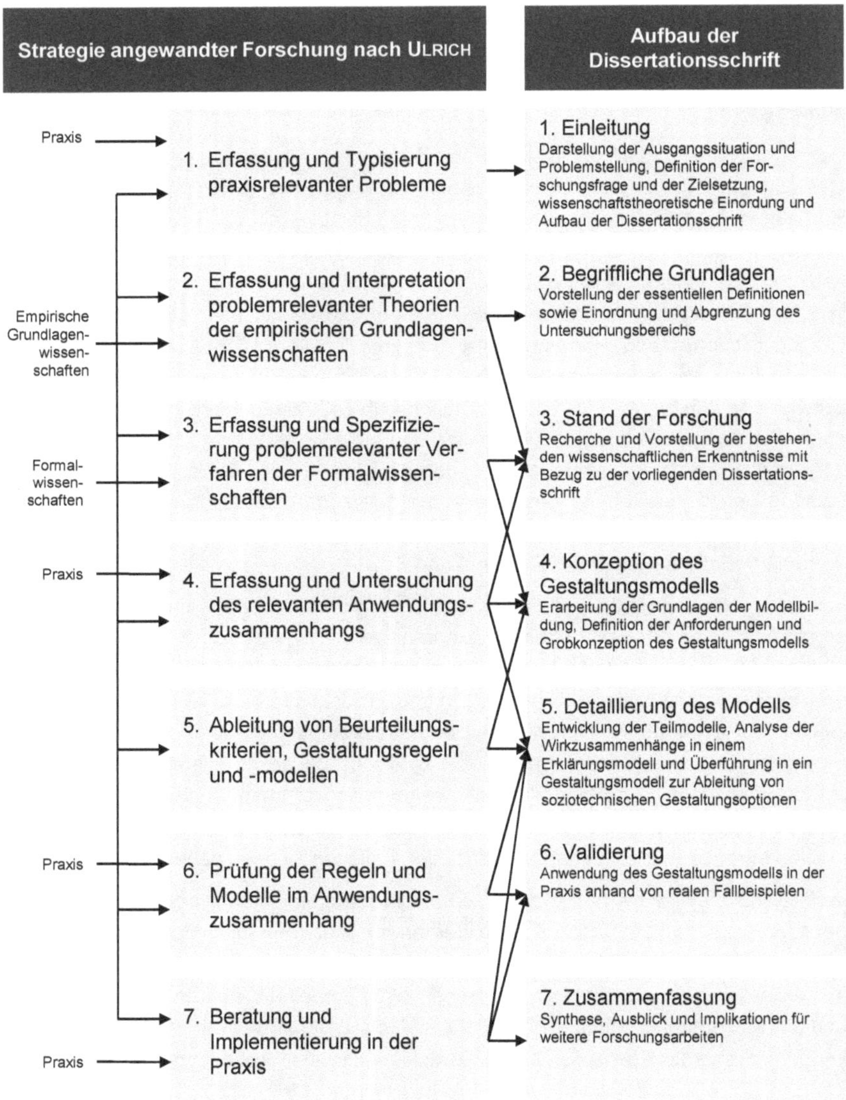

Abbildung 1-2: Aufbau der Arbeit und Gegenüberstellung zur Strategie angewandter Forschung (eigene Darstellung i. A. a. ULRICH 1981, S. 20)

Das gewählte Vorgehen und die Anwendung der Strategie angewandter Forschung erfordern ein iteratives Vorgehen bei der Erarbeitung der Arbeit. Ein solcher iterativer Lernprozess wurde vom Autor KUBICEK (1976) entwickelt. Der Prozess unterstützt hierbei die beständige Wissensgenerierung und den Erfahrungsaustausch zwischen Theorie und Praxis. Die in der Theorie entwickelten Fragestellungen und Konzepte werden durch ein analytisch-deduktives Vorgehen in die Praxis übertragen. Dort findet eine kritische Reflexion der Ergebnisse statt, mithilfe eines empirisch-induktiven Vorgehens erfolgt der Transfer zurück in die Theorie. (s. NIENKE 2018, S. 10 f.) Auf der Theorieebene werden die persönlichen Vorerfahrungen und das theoretische Vorwissen durch eine systematische Literaturrecherche gestützt. Somit ist es möglich, problemrelevante Fragestellungen an die Realität zu formulieren. Diese können mit der Sammlung von Daten beantwortet sowie kritisch reflektiert werden. Das Ergebnis selbst ist anschließend der Ausgangspunkt für die iterative (Re-) Formulierung von Fragen und Problemstellungen und ermöglicht somit sowohl die Entdeckung als auch die Begründung real existierender Phänomene. (s. KUBICEK 1976, S. 13 f.) Eine Darstellung des iterativen Forschungsprozesses findet sich in Abbildung 1-3.

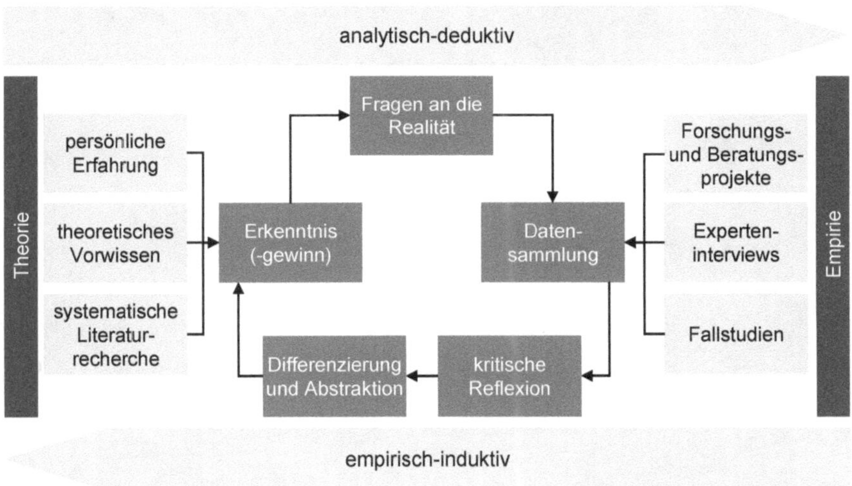

Abbildung 1-3: Iterativer Forschungsprozess (eigene Darstellung i. A. a. NIENKE 2018, S. 11 und KUBICEK 1976, S. 14 f.)

Der Autor der Arbeit bringt ein ausgeprägtes theoretisches Vorwissen und viel persönliche Erfahrung mit. Dieses besteht insbesondere in der langjährigen Tätigkeit als Projektmanager, wissenschaftlicher Mitarbeiter und stellvertretender Bereichsleiter im Bereich Business Transformation am FIR e. V. an der RWTH Aachen. Der Fokus der Tätigkeit lag hierbei insbesondere auf der Einführung und dem Einsatz von Business-Analytics sowie der Erforschung und Gestaltung von Transformationen. Im Bereich Business-Analytics wurden vom Autor die Forschungsprojekte *BASuccess*[1] und

[1] Die IGF-Vorhaben BASuccess (20692 N) und BAValue (22433 N) der Forschungsvereinigung FIR e.V. an der RWTH Aachen, Campus-Boulevard 55, 52074 Aachen wurde über die AiF im Rahmen des Programms zur Förderung der industriellen Gemeinschaftsforschung (IGF) vom Bundesministerium für Wirtschaft und Klimaschutz aufgrund eines Beschlusses des Deutschen Bundestages gefördert.

BAValue[1] als Projektleiter betreut. Im Bereich Betreuung von Transformationen und deren Gestaltung hat der Autor darüber hinaus insbesondere durch die Forschungsprojekte *Digivation*[2] und *PROmining*[3] übergreifende Muster der Transformation und die Begleitung der Unternehmen bei dieser erforscht. Nicht zuletzt hat der Autor in seiner Zeit am FIR den *Expert Circle Digital Leadership* initiiert und quartalsweise durchgeführt. Dieser adressiert insbesondere Geschäftsführer und Transformationsbeauftragte und dient der Förderung strategisch wichtiger Fähigkeiten in den Bereichen Transformation und Digitalisierung. Insgesamt konnten durch den regelmäßigen Austausch mit den Konsortialpartnern und den diversen Expertengesprächen eine konsistente Validierung und Reflektion der im Dissertationsvorhaben entwickelten Ergebnisse gewährleistet werden. Eine Aufstellung der Gesprächspartner findet sich in Anhang A.

[2] Das Verbundprojekt *Digivation* ist das Metaprojekt der Förderinitiative Dienstleistungsinnovation durch Digitalisierung und wurde im Rahmen des Forschungsprogramms „Innovationen für die Produktion, Dienstleistung und Arbeit von morgen" durch das Bundesministerium für Bildung und Forschung (BMBF) mit dem Kennzeichen 02K14A221 gefördert und vom Projektträger Karlsruhe (PTKA) betreut.

[3] Das IGF-Vorhaben *PROmining* (21480 N) der Forschungsvereinigung FIR e. V. an der RWTH Aachen wird über die AiF im Rahmen des Programms zur Förderung der industriellen Gemeinschaftsforschung (IGF) vom Bundesministerium für Wirtschaft und Klimaschutz (BMWK) aufgrund eines Beschlusses des Deutschen Bundestages gefördert.

2 Begriffliche Grundlagen und Abgrenzung des Untersuchungsbereichs

In diesem Kapitel werden zum einen wesentliche begriffliche Grundlagen und grundlegende Konzepte, welche in der vorliegenden Arbeit verwendet werden, definiert. Zum anderen wird die Arbeit in den Untersuchungskotext eingeordnet und es werden Schnittstellen zu angrenzenden Forschungsgebieten aufgezeigt. Zu Beginn werden in Kapitel 2.1 die Grundlagen von Business-Analytics dargelegt. Hierzu erfolgt zunächst eine Analyse der Terminologie für den Untersuchungsbegriff, anschließend wird Business-Analytics als Teilgebiet von Informationssystemen eingeordnet sowie im Kontext angrenzender Entscheidungsunterstützungssysteme beschrieben. Aufgrund der symbiotischen Beziehung zwischen Business-Analytics und Big Data erfolgt ein kurzer Exkurs. In Kapitel 2.2 erfolgt die Vorstellung des soziotechnischen Systemansatzes. Hierfür werden soziotechnische Systeme zunächst definiert und im entsprechenden Kontext verortet. Anschließend erfolgt eine Herleitung der Charakteristika von soziotechnischen Systemen und die Herstellung der Verbindung zur Organisation und dem Management. Nicht zuletzt wird in Kapitel 2.3 der Untersuchungsbereich abgegrenzt, um den Fokus des Dissertationsvorhabens und der zu entwickelnden Modelle zu schärfen.

2.1 Business-Analytics

Die Fähigkeit eines Unternehmens, sich durch organisationale Anpassungsprozesse veränderten internen und externen Umgebungen anzupassen, ist für das langfristige Bestehen von Unternehmen unabdingbar (s. HANNAN U. FREEMAN 1984, S. 151 ff.). Um Entscheider bei der Erkennung und Umsetzung dieser Prozesse zu unterstützen, gibt es bereits seit Beginn der kommerziellen Datenverarbeitung in den 1960er Jahren Bestrebungen, Entscheider mithilfe von Informationssystemen zu unterstützen (s. BAARS U. KEMPER 2021, S. 1). Mit zunehmender Reife sowohl der Informationssysteme als auch der befähigenden Technologien haben deren Verbreitung und Nutzung in den Unternehmen stark zugenommen (s. AYDINER ET AL. 2019, S. 228). Ursache und Ergebnis für diese Entwicklung ist die Möglichkeit zur Generierung und Speicherung einer exponentiell größer werdenden Menge an Daten, welche unter dem Überbegriff „Big Data" Verwendung gefunden hat (s. AJAH U. NWEKE 2019, S. 2; AYDINER ET AL. 2019, S. 228). Charakteristisch für diese Daten sind ihre V-Eigenschaften, u. a. ihre Menge (engl. *Volume*), die Geschwindigkeit, mit welcher sie entstehen (eng. *Velocity*), und die Vielfalt im Hinblick auf ihr Format (engl. *Variety*) (s. MCAFEE U. BRYNJOLFSSON 2012, 4 f.). Die Verarbeitung und Analyse von Big Data zum Erkenntnis- und Informationsgewinn erfordert fortgeschrittene statistische Methoden und Verfahren, welche unter dem Begriff „Business-Analytics" zusammengefasst werden (s. MIKALEF ET AL. 2020, S. 1; BAYRAK 2015, S. 230). Die Interdependenzen zeigen auf, dass Big Data und Business-Analytics komplementär zueinander sind: Aufgrund seiner V-Eigenschaften kann Big Data unter Anwendung von herkömmlichen betrieblichen

Informationsverarbeitungssystemen nur unzureichend analysiert werden und verursacht ohne den Einsatz von Business-Analytics wirtschaftlich nicht verhältnismäßige Kosten für die Generierung und Speicherung. Gleichzeitig lassen sich die Wertschöpfungspotentiale und wertvollen Erkenntnisse durch Business-Analytics nur bei ausreichend großen Datenmengen erschließen. (s. ARORA 2019, S. 11) Nachfolgend wird der Untersuchungsraum von Business-Analytics aufgespannt, indem der Begriff zunächst definiert und anschließend in einen größeren Kontext eingeordnet wird.

2.1.1 Definition Business-Analytics

Insgesamt erfordern die Anwendungskontexte von Big Data und Business-Analytics erhebliche Modifikationen und Erweiterungen der traditionellen Ansätze (s. BAARS U. KEMPER 2021, S. 3). Diese Erkenntnisse spiegeln sich in den Begriffsdefinitionen von Business-Analytics wider. Nichtsdestotrotz hat sich aus der großen Definitionsvielfalt in Forschung und Industrie noch keine einheitlich anerkannte und angewendete Definition durchgesetzt (s. KRECHTING 2020, S. 15). Die Autoren HOLSAPPLE ET AL. identifizieren 18 (2014, S. 133), der Autor KRECHTING dokumentiert 22 divergente Definitionen des Begriffs Business-Analytics (2020, S. 17). Für die Sicherstellung eines einheitlichen Begriffsverständnisses in der vorliegenden Arbeit wird die existierende Definitionslandschaft untersucht und ein für diese Arbeit geltender Definitionsbegriff erarbeitet. Hierfür wird zunächst die Vielfalt der Terminologie vorgestellt und aus verschiedenen Perspektiven betrachtet.

Erstmals in einem wissenschaftlichen Zeitschriftenaufsatz erwähnt wird der Begriff Business-Analytics laut einer Analyse von POWER ET AL. (2018, S. 46) bei KOHAVI ET AL. im Jahr 2002. In diesem wird allerdings keine formale Definition des Begriffs vorgenommen, es wird lediglich der Nutzen herausgestellt (s. POWER ET AL. 2018, S. 46). Dieser besteht laut den Autoren für den betrieblichen Anwender in besseren Einblicken insbesondere durch die Analyse von in transaktionalen Systemen gespeicherten operativen Daten (s. KOHAVI ET AL. 2002, S. 45). Die in den Folgejahren entwickelten Definitionen weisen trotz ihrer nicht einheitlichen Terminologie konvergierende Merkmale auf. Die Autoren HOLSAPPLE ET AL. (2014) identifizieren in einer viel beachteten Analyse zur Einordnung und Zusammenführung der BA-relevanten Literatur sechs unterschiedliche Perspektiven, um Business-Analytics zu beschreiben. Diese basieren auf der Untersuchung der in den letzten zehn Jahren vor der Analyse veröffentlichten Wirtschaftsliteratur und haben zum Ziel, den Forschungsgegenstand Business-Analytics näher zu beleuchten und den Zweck, Business-Analytics im betrieblichen Umfeld einzusetzen (vgl. HOLSAPPLE ET AL. 2014, S. 133 ff.). Während sich die veröffentlichten Definitionen und Ziele für den Einsatz von Business-Analytics unterschiedlichen Perspektiven zuordnen lassen und innerhalb eines BA-Frameworks einordenbar sind, identifizieren die Autoren aus der Untersuchung der verschiedenen Definitionen zwei konvergierende Merkmale: die „faktenbasierte Entscheidungsfindung“ (s. HOLSAPPLE ET AL. 2014, S. 133 f.). MIKALEF ET AL. (2017b) identifizieren in einer Literaturrecherche die drei Charakteristika „Daten“, „Analyse“ und „wertschöpfende

Ergebnispräsentation“ als wichtige Merkmale, welche in der Mehrheit der Definitionen figuriert. MÜLLER ET AL. (2020) affirmieren diese durch die drei konstituierenden Elemente in „Daten“, „Methoden“ und „Ergebnis“, welche allen BA-Anwendungen gemein sind, und unterstützen das Ziel von MIKALEF ET AL. (2017b) in Bezug auf die faktenbasierte Entscheidungsfindung.

Im Folgenden wird für die Arbeit auf den Literaturrecherchen von HOLSAPPLE ET AL. (2014) und KRECHTING (2020) aufgebaut, neben diesen werden die nicht einbezogenen neueren Definitionen des Untersuchungsbegriffs, unter Berücksichtigung des soziotechnischen Kontexts dieser Arbeit, analysiert. Die Ergebnisse der Analyse werden in Tabelle 2-1 mit einer Übersicht der prägenden Definitionen dargestellt. Vorangestellt wird der Untersuchung die Definition von DAVENPORT U. HARRIS (2007), da diese eine Grundlage für viele Definitionen darstellt (s. KRECHTING 2020, S. 15). Auch neuere Quellen verwenden teilweise immer noch die ursprüngliche Definition von DAVENPORT U. HARRIS (2007), z. B. die Autoren DUAN ET AL. (2020) oder TIM ET AL. (2020). Die Autoren HOLSAPPLE ET AL. (2014) subsumieren ihre Literaturanalyse unter Berücksichtigung der identifizierten Definitionen und Ziele von Business-Analytics mit der Erweiterung um die „evidenzbasierte Entscheidungsfindung“. Die Definition von STUBBS (2014), welche z. B. von CHAHAL ET AL. (2019) verwendet wird, ist ebenfalls von Wichtigkeit. Deutschsprachige Autoren verwenden häufig die Definition von SEITER (2017), z. B. REITER (2020) oder KRECHTING (2020). ASHRAFI ET AL. (2019) führen in ihrer Literaturanalyse die Erkenntnisse von HOLSAPPLE ET AL. (2014) mit denen von CHEN ET AL. (2012) und RAMANATHAN ET AL. (2017) in einer eigenen Definition zusammen.

Tabelle 2-1: Übersicht über verschiedene BA-Definitionen

Definition	Quelle
“By analytics we mean the extensive use of data, statistical and quantitative analysis, explanatory and predictive models, and fact-based management to drive decisions and actions.”	(DAVENPORT U. HARRIS 2007, S. 7)
„[...] Business-Analytics as [...] the evidence-based problem recognition and solving that happen within the context of business situations”	(HOLSAPPLE ET AL. 2014, S. 134)
“The cornerstone of Business-Analytics is pure analytics. Although it is a very broad definition, analytics can be considered any data-driven process that provides insight. It may report on historical information or it may provide predictions about future events; the end goal of analytics is to add value through insight and turn data into information.”	(STUBBS 2014, S. 5)
„Business-Analytics [wird] als die unternehmerische Fähigkeit definiert, die es ermöglicht, unter Zuhilfenahme von mathematischen und statistischen Methoden verfügbare Daten so zu analysieren, dass geschäftsrelevante Frage- und Problemstellungen gelöst werden können, um dadurch dauerhaft Wettbewerbsvorteile zu generieren“	(KRECHTING 2020, S. 18 i. A. a. SEITER 2017, S. 16)

Definition	Quelle
"By analytics we mean the extensive use of data, statistical and quantitative analysis, explanatory and predictive models, and fact-based management to drive decisions and actions."	(DAVENPORT U. HARRIS 2007, S. 7)
„[...] Business-Analytics as [...] the evidence-based problem recognition and solving that happen within the context of business situations"	(HOLSAPPLE ET AL. 2014, S. 134)
"The cornerstone of Business-Analytics is pure analytics. Although it is a very broad definition, analytics can be considered any data-driven process that provides insight. It may report on historical information or it may provide predictions about future events; the end goal of analytics is to add value through insight and turn data into information."	(STUBBS 2014, S. 5)
"BA can be [...] described as an application of various techniques, technologies, systems, practices, methodologies, and applications that analyze critical business data [...] to enable evidence-based problem-solving and recognition within the context of business situations [...]"	(ASHRAFI ET AL. 2019, S. 2 i. A. a. CHEN ET AL. 2012, RAMANATHAN ET AL. 2017 und HOLSAPPLE ET AL. 2014)

Auf Grundlage der vorangestellten Untersuchungen ist festzuhalten, dass die analysierten Definitionen in Abhängigkeit ihrer Zielsetzung, des Detaillierungsgrades und des Schwerpunktes variieren. Gleichzeitig konvergieren die Definitionen zu den konstituierenden Elementen „Daten“, „Methoden“ und „Ergebnis“ und unterstützen das Ziel der „faktenbasierten Entscheidungsfindung“.

Die Definition von ASHRAFI ET AL. (2019), welche das Motiv der evidenzbasierten Entscheidungsfindung übernehmen und Business-Analytics nicht nur als reine Technologie betrachten, wird dem Schwerpunkt des Dissertationsvorhaben in besonderem Maße gerecht. In diesem Zusammenhang weisen die Autoren insbesondere auf die Fähigkeit zur Verwendung von Business-Analytics hin, welche zum einen im Bereich des Informationsmanagements, zum anderen in der analytischen Kompetenz besteht (s. ASHRAFI ET AL. 2019, S. 2; vgl. PAVLOU U. EL SAWY 2010). Für SEITER (2017) ist es insbesondere diese Kompetenz, welche zu dauerhaften Wettbewerbsvorteilen führt (s. SEITER 2017, S. 7). Daher wird Business-Analytics für die vorliegende Arbeit in enger Anlehnung an ASHRAFI ET AL. und unter Berücksichtigung der Bedeutung von Business-Analytics als Fähigkeit wie folgt definiert:

Definition | Business-Analytics

"Business-Analytics wird als die Fähigkeit definiert, unter Anwendung verschiedener Techniken, Technologien, Systeme, Praktiken, Methoden und Applikationen, die kritische Geschäftsdaten analysieren, evidenzbasierte Problemlösung und -erkennung im Kontext von Geschäftssituationen zu ermöglichen." (ASHRAFI ET AL. 2019, S. 2)

Die vorherig entwickelte Definition des Untersuchungsbegriffs Business-Analytics integriert die drei Merkmale „Daten“, „Methoden“ und „Ergebnis“ (s. MÜLLER ET AL. 2020, S. 1) und unterstützt das Ziel der “faktenbasierten Entscheidungsfindung” (s. HOLSAPPLE ET AL. 2014, S. 133). Die Anwendung von statistischen und mathematischen Funktionen auf relevante Geschäftsdaten unterstützt somit die Entscheidungsfindung für ein definiertes Problem.

2.1.2 Betriebliche Informationssysteme

Business-Analytics-Systeme sind Entscheidungsunterstützungssysteme (s. BAARS U. KEMPER 2021, S. 2 f.) und als solche Teil der betrieblichen Informationssysteme (s. WEBER 2020, S. 2). Für den erfolgreichen Einsatz von Business-Analytics werden auf die Anforderungen des Entscheiders ausgerichtete Systeme benötigt, welche insbesondere den Umgang mit großen Datenmengen ermöglichen (s. BAARS U. KEMPER 2021, S. 15; ARORA 2019, 11). Im Folgenden werden zunächst die Grundbegriffe Daten und Informationen eingeführt, welche die Grundlagen für betriebliche Informations- und Entscheidungsunterstützungssysteme bilden.

Daten, Informationen und Wissen

Die Begriffe Daten, Informationen und Wissen werden in der Praxis oft synonym verwendet und in der Wissenschaft kontrovers diskutiert (s. SCHÖNSLEBEN 2011, S. 939; KRCMAR 2010, S. 15). In der wissenschaftlichen Literatur werden sie im Allgemeinen so definiert und beschrieben, dass sie aufeinander aufbauen (s. ENGELMANN U. GROßMANN 2021, S. 5). Insgesamt gibt es in der Literatur noch kein Informationskonzept, welches einen allgemeingültigen Status erreicht hat (s. ENGELMANN U. GROßMANN 2021, S. 21). Gleichzeitig ist die Wissenspyramide von ACKOFF weit verbreitet, diese besteht aus den Ebenen Zeichen, Daten, Informationen und Wissen (vgl. ACKOFF 1989). Diese wurde vom Autor NORTH (2011) in Form einer Wissenstreppe erweitert, um insbesondere der Kritik bezüglich der Annahme, dass sich die Wissensebene nur auf die Bestandteile der unteren Ebenen reduzieren lässt, zu begegnen (s. ENGELMANN U. GROßMANN 2021, S. 5 ff.). Anhand der in Abbildung 2-1 aufgeführten Wissenstreppe werden nachfolgend die einzelnen Ebenen erläutert und in einen Gesamtzusammenhang gesetzt.

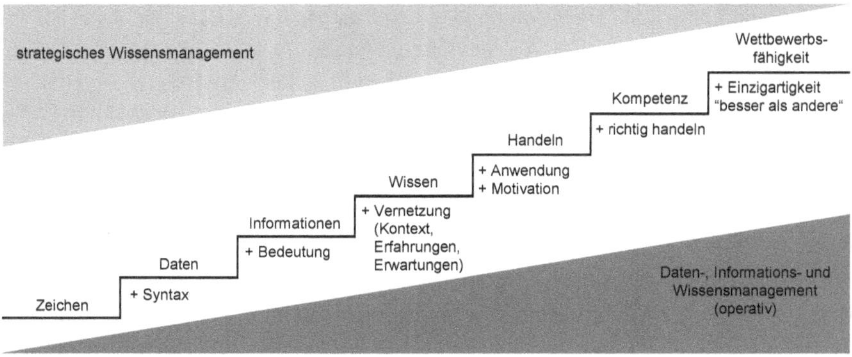

Abbildung 2-1: Wissenstreppe (eigene Darstellung i. A. a. North 2011, S. 36)

Auf der untersten Ebene befindet sich ein Vorrat an *Zeichen*, dieser bildet die Basis für alle weiter oben angesiedelten Begriffe. Werden Zeichen in einen definierten und strukturierten Zusammenhang (Syntax) gebracht, erhält man *Daten*. (s. Krcmar 2015, S. 4) Daten sind somit kodierte (Zahlen-)Werte. Sie dienen der Repräsentation und Darstellung von Informationen, enthalten aber keine Verwendungshinweise. Daten können auf unterschiedliche Weise interpretiert werden. (s. Bracht et al. 2011, S. 163–164) Werden diese Daten mit Kontext angereichert, entstehen *Informationen* (s. Krcmar 2015, S. 4). Die Zeichenkette wird somit interpretiert und mit Meta-Informationen versehen. Dadurch stehen Daten in einem Bedeutungskontext und eignen sich aus betriebswirtschaftlicher Sicht für die Vorbereitung von Entscheidungen und Handlungen. (s. Bracht et al. 2011, S. 164)

Durch die Vernetzung von Informationen entsteht *Wissen* (s. Krcmar 2010, S. 16). Die verbundenen Informationen führen wiederum zu neuen Aussagen. Wissen an sich ist allerdings immer an das Bewusstsein gebunden und entsteht beim Bewusstseinsträger (d. h. beim Menschen). Es kann somit nur schwer kommuniziert oder vermittelt werden. (s. Bracht et al. 2011, S. 164) Dies schließt insbesondere „Wissensdatenbanken" aus, es können nur Teilbereiche von Wissen als Informationen in Datenbanken abgelegt werden (s. North 2011, S. 37). Es entsteht an dieser Stelle somit ein Übergang in ein grundlegend anderes Verarbeitungssystem (s. Engelmann u. Großmann 2021, S. 6). Der Wert des Wissens wird erst durch die Umsetzung dieses in konkretes *Handeln* sichtbar. Elementar hierfür sind hierfür die Motivation zur Problemlösung und der Raum seitens der Organisation und deren Führung, das Wissen in konkretem Handeln umzusetzen. Die Fähigkeit, situationsadäquat zu handeln, ist die nächsthöhere Ebene, die *Kompetenz*. Werden diese Kompetenzen synergetisch miteinander verbunden und sind nicht leicht imitierbar und transferierbar, machen sie das Unternehmen einzigartig und repräsentieren somit die *Wettbewerbsfähigkeit* eines Unternehmens. (s. North 2011, S. 38)

Informations- und Entscheidungsunterstützungssysteme

In den Unternehmen erfolgen die Speicherung, Weitergabe, Veränderung, Verarbeitung und Verwaltung von Informationen in betrieblichen Informationssystemen (s. LUKESCH U. KELLNER 2019, S. 63). Sie haben die Aufgabe, benötigte Informationen zeitgerecht, in der erforderlichen Qualität und am richtigen Ort bereitzustellen (s. CHAMONI U. GLUCHOWSKI 2016, S. 4). Informationssysteme sind somit künstliche, konkrete Systeme, welche aus maschinellen und menschlichen Elementen bestehen und die zuvor angeführte Informationsbereitstellung zum Zweck haben (s. ALPAR ET AL. 2019, S. 25). Diese maschinellen und menschlichen Elemente greift der Autor KRCMAR (2015) in seiner vielzitierten Definition für Informationssysteme auf, indem er diese als soziotechnische Systeme (vgl. Kapitel 2.2) definiert:

Definition | Informationssysteme

"Bei Informationssystemen handelt es sich um soziotechnische Systeme, die menschliche und maschinelle Komponenten (Subsysteme) umfassen und zur Bereitstellung von Information und Kommunikation nach wirtschaftlichen Kriterien eingesetzt werden." (KRCMAR 2015, S. 8)

Informationssysteme wurden zunächst schwerpunktmäßig zur Unterstützung von operativen Geschäftsabläufen eingesetzt (s. CHAMONI U. GLUCHOWSKI 2016, S. 4). Mit der zunehmenden Etablierung der Systeme auf der operativen Ebene wurde das große Potential für den betrieblichen Einsatz bei der Unterstützung von Führungskräften erkannt. Es wurden zunehmend Systeme für Führungskräfte entwickelt, um bei der Entscheidungsfindung zu unterstützen und die Entscheidungsqualität zu verbessern. (s. ALPAR ET AL. 2019, S. 27) Diese zunächst personengruppenbezogene Unterteilung betrieblicher Informationssysteme wird durch die heute verwendete tätigkeitsorientierte Unterstützung der Systeme in Abhängigkeit der unterstützten Arbeitsinhalte ersetzt. (s. CHAMONI U. GLUCHOWSKI 2006, S. 6) Die Autoren CHAMONI U. GLUCHOWSKI (2006) unterscheiden in ihrer Klassifikation zwischen operativen, dispositiven und analytischen Systemen, grenzen die beiden letztgenannten Begriffe allerdings nicht weiter voneinander ab (s. CHAMONI U. GLUCHOWSKI 2006, S. 6 ff.). Die Autoren BAARS U. KEMPER (2021) greifen ebenfalls die vielzitierte Unterscheidung zwischen operativen und dispositiven Daten bzw. Systemen auf, erweitern den letztgenannten Begriff aber im Hinblick auf die Weiterentwicklung der Systeme zu entscheidungsorientierten Daten. Die von allen Autoren genannten operativen Daten werden insbesondere durch Administrations-, Dispositions- und Abrechnungssystemen erzeugt und verarbeitet, sie haben die Abwicklung von Geschäftsprozessen zum Ziel. Angelehnt an die Definition dispositiver Tätigkeiten nach GUTENBERG (1983), sollen dispositive Systeme die „Leitung und Lenkung der betrieblichen Vorgänge" (GUTENBERG 1983, S. 3) unterstützen. Die Autoren erweitern den Begriff im Kontext der Verwendung für Business-Analytics- und Business Intelligence-Systeme zu entscheidungsorientierten Daten. Diese haben zum Ziel, Informationen für die Entscheidungsunterstützung bereitzustellen. (s. BAARS

U. KEMPER 2021, S. 16) Vor dem Hintergrund der in dieser Arbeit untersuchten Informationssysteme wird das Konzept von BAARS U. KEMPER (2021) angewendet.

Die Erkenntnis spiegelt sich auch in der aktuellen Entwicklung betrieblicher Informationssysteme zur Entscheidungsunterstützung wider. Während in der Vergangenheit Management-Information-Systems, Decision-Support-Systems und Executive-Information-Systems voneinander abgegrenzt wurden und hierarchiespezifisch zugeordnet wurden, werden die einzelnen Ebenen und Systeme zunehmend in Management-Support-Systemen zusammengefasst. Die angepasste Kombination der verschiedenen Subsysteme entspricht und unterstützt somit besser die Aufgaben des Anwenders als die hierarchiebezogenen Systeme. Somit werden die Anwender durch die Teilkomponente Management-Information-Systems als datenbankbasierte Anwendungssoftware zur Erzeugung von Standardberichten, durch Decision-Support-Systems beim Aufbau von Planungs- und Entscheidungsunterstützungssystemen und durch Executive Information Systeme für die Betrachtung von Daten aus verschiedenen Perspektiven und Aggregationsstufen unterstützt. (s. GLUCHOWSKI ET AL. 2008, S. 78 u. 86 f.) Die Autoren GLUCHOWSKI ET AL. (2008) verweisen hierbei auf die hohe Bedeutung des entscheidungsunterstützenden Charakters (s. GLUCHOWSKI ET AL. 2008, S. 89 f.). Unter Berücksichtigung des Konzepts von BAARS U. KEMPER (2021) in Bezug auf entscheidungsorientierte Daten in Verbindung mit der hervorgehobenen Bedeutung der Entscheidungsunterstützung (s. GLUCHOWSKI ET AL. 2008, S. 90) wird in der Arbeit der Begriff Entscheidungsunterstützungssysteme im Zusammenhang mit Business-Analytics verwendet. Hierbei adressiert der Autor nicht die klassischen Decision-Support-Systems (DSS) als Teil der Management-Support-Systeme, es werden vielmehr die Wichtigkeit des Ziels der Verbesserung der Entscheidungsqualität und die Entscheidungsunterstützung der Management-Support-Systeme verdeutlicht. KRCMAR (2015) fokussiert dieses Verständnis in seiner Definition für Entscheidungsunterstützungssysteme, welche er an das Verständnis von GLUCHOWSKI ET AL. (2008) anlehnt:

Definition | Entscheidungsunterstützungssysteme

"Der Begriff Entscheidungsunterstützungssysteme wird für interaktive Systeme verwendet, die Verantwortliche im Umgang mit semi- und unstrukturierten Entscheidungssituationen durch Methoden, Modelle oder Daten unterstützen." (KRCMAR 2015, S. 8)

2.1.3 Einordnung von Business-Analytics in den Kontext angrenzender betrieblicher Entscheidungsunterstützungssysteme

Der Einsatz von Business-Analytics kann Unternehmen sowohl bei der Erreichung strategischer als auch operativer Zielgrößen unterstützen und beschleunigt die Transformation hin zu einer datengetriebenen Entscheidungsfindung (s. DUAN ET AL. 2020, S. 674; HOLSAPPLE ET AL. 2014, S. 133). Entsprechend vielfältig sind die Möglichkeiten für den Einsatz von Business-Analytics, welche branchen- und industrieübergreifend sind und innerhalb von Unternehmen in nahezu allen Funktionsbereichen

Wertschöpfungs- und Wettbewerbspotentiale bereithalten (s. REITER 2020, S. 32 f.; HOLSAPPLE ET AL. 2014, S. 132; vgl. SEITER 2017, S. 2 ff.). Diese Diversität führt dazu, dass neben dem Terminus Business-Analytics verschiedene Begriffe teilweise synonym und substituierbar in der Industrie und Wissenschaft verwendet werden. Hierzu zählen maßgeblich die Begriffe Business-Analytics, Business-Intelligence, Business-Intelligence & Analytics, Advanced Analytics, (Big) Data Analytics sowie der Begriff Analytics im Allgemeinen (s. AJAH U. NWEKE 2019, S. 8; GLUCHOWSKI 2016, S. 274 ff.; BAYRAK 2015, S. 231; CHEN ET AL. 2012, S. 1166 f.; vgl. DUAN ET AL. 2020, S. 6 f.; BATISTIČ U. DER LAKEN 2019; POWER ET AL. 2018, S. 42 ff.). Die vorgenannten Termini werden hierzu als Oberbegriffe für informationsintensive Konzepte und Methoden basierend auf der Verarbeitung von Daten zur Verbesserung der betrieblichen Entscheidungsfindung im Kontext von betrieblichen Informationssystemen verwendet (s. AJAH U. NWEKE 2019, S. 8; CHIANG ET AL. 2012, S. 2). Gleichzeitig lässt sich die unterschiedliche Verwendung der Begriffe innerhalb der Terminologie auf historische, anwendungs- und nutzungsspezifische sowie auf inhaltliche Gründe in Bezug auf den Reifegrad sowohl der Technologie als auch des Unternehmens zurückführen; diese werden nachfolgend beschrieben.

Während der Einsatz von Analytics die Wirtschaft spätestens seit den Zeit- und Bewegungsstudien von Frederick Winslow Taylor im späten 19. Jahrhundert in Verbindung mit der Ermöglichung der Taktung von Montagelinien und der Einführung der Massenproduktion durch Henry Ford revolutioniert hat, gibt es den computergestützten Einsatz von Systemen zur Entscheidungsunterstützung erst seit den 1960er Jahren (s. DELEN U. RAM 2018, S. 5; DELEN 2014, S. 10). Diese Systeme arbeiteten vor den 1970er Jahren allerdings häufig nur mit wenigen Daten, welche manuell von Domänenexperten erfasst wurden und durch die Anwendung mathematischer oder wissensbasierter Modelle Optimierungsprobleme lösten. Die Entwicklung regelbasierter Entscheidungssysteme in den 1970er Jahren und die Etablierung von Unternehmensinformationssystemen (z. B. Enterprise-Resource-Planning-Systemen) in den 1980er Jahren waren wichtige Meilensteine für die Weiterentwicklung betrieblicher Entscheidungsunterstützungssysteme. (DELEN U. RAM 2018, S. 5). Diese Anwendungssysteme in Verbindung mit der Einführung relationaler Datenbankmanagementsysteme und deren Weiterentwicklung zu Data-Warehouses ermöglichten den Einsatz von Business-Intelligence-Anwendungen Mitte der 1990er Jahre (s. DELEN U. RAM 2018, S. 6; KOWALCZYK U. BUXMANN 2017, S. 4). Der Begriff Business-Analytics wird zeitlich nachgelagert seit 2002 erstmals verwendet (vgl. KOHAVI ET AL. 2002), seit 2011 findet der Begriff vermehrte Anwendung, während die Verwendung des Begriffs Business-Intelligence stetig abnimmt (s. POWER ET AL. 2018, S. 42) Aus zeitlicher Perspektive kann Business-Analytics somit als evolutionäre Weiterentwicklung von Business-Intelligence gesehen werden (s. YIN U. FERNANDEZ 2020, S. 288; KOWALCZYK U. BUXMANN 2017, S. 4; VARSHNEY U. MOJSILOVIĆ 2011, S. 84). Eine Übersicht über die den zeitlichen Verlauf der Entwicklung betrieblicher Entscheidungsunterstützungssysteme findet sich in Abbildung 2-2.

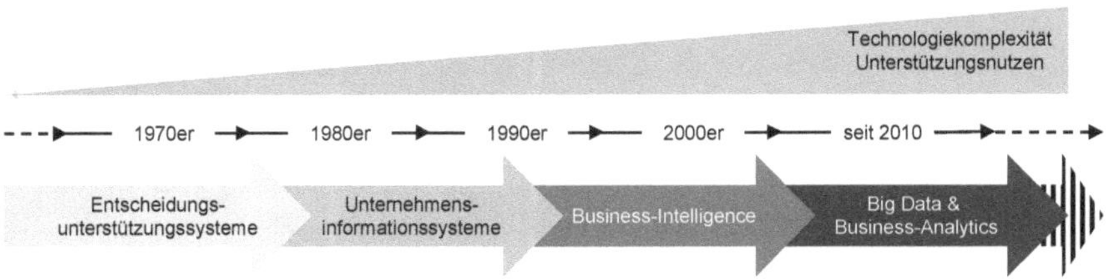

Abbildung 2-2: Zeitliche Entwicklung betrieblicher Entscheidungsunterstützungssysteme (eigene Darstellung i. A. a. DELEN U. RAM 2018, S. 6 und KOWALCZYK U. BUXMANN 2017, S. 4)

Analog zu dem Begriff Business-Analytics existiert für den Terminus Business-Intelligence keine in Wissenschaft und Industrie einheitliche Definition (s. BAARS U. KEMPER 2021, S. 2). Trotz der Definitionsinkonsistenz, welche seit der maßgeblichen Prägung durch die Gartner Group im Jahr 1996 existiert (s. KEMPER ET AL. 2010, S. 2), lassen sich konvergierende Merkmale ableiten und verschiedene Typen an Definitionen ableiten. Grundlage für die Typisierung ist eine technologieorientierte Sichtweise, welche alle Werkzeuge und Anwendungen mit entscheidungsunterstützendem Charakter, welche zu einem besseren Verständnis für betriebswirtschaftliche Wirkungszusammenhänge führen, zu Business-Intelligence zählt (s. CHAMONI U. GLUCHOWSKI 2004, S. 120). Die Autoren GLUCHOWSKI ET AL. (2008) grenzen durch Auslegung der vorgenannten Grundannahme folgende Sichtweisen voneinander ab:

- Enges Business-Intelligence-Verständnis
- Analyseorientiertes Business-Intelligence-Verständnis
- Weites Business-Intelligence-Verständnis.

Dieser Einordnung folgend, inkludiert das enge Begriffsverständnis nur modell- und methodenbasierte Komponenten, die eine zielgerichtete Analyse von vorhandenem Datenmaterial ermöglichen, ein vorbereiteter Datenpool wird vorausgesetzt und Business-Intelligence wird ohne Frontend-Produkte auf die Auswertungsebene beschränkt (s. GLUCHOWSKI ET AL. 2008, S. 90; CHAMONI U. GLUCHOWSKI 2004, S. 120). Beim weiter gefassten analyseorientierten Business-Intelligence-Verständnis soll modell- und methodenbasiert eine zielgerichtete Analyse von vorhandenem Datenmaterial ermöglicht werden (s. GLUCHOWSKI ET AL. 2008, S. 90). Bei dem sich immer stärker durchsetzenden Begriffsverständnis, welches eine breite Perspektive einnimmt, zählen alle Systemkomponenten zu Business-Analytics, welche die entscheidungsrelevante Sammlung und Aufbereitung von entscheidungsrelevantem Datenmaterial zur aufgabenadäquaten Analyse und Präsentation unterstützen. Somit wird im weiten Begriffsverständnis prinzipiell auch der Einsatz fortgeschrittener Datenanalysemethoden und -verfahren erfasst, gleichzeitig liegt der Fokus weniger auf diesem. (s. GLUCHOWSKI 2016, S. 275 f.)

Diese unterschiedlichen Schwerpunkte differenzieren Business-Intelligence und Business-Analytics insbesondere bei der Betrachtung der Zielstellung und der zu analysierenden Datengrundlage. Während bei Business-Intelligence der Fokus auf der Ex-post-Analyse liegt, unterstellt der Autor WEBER (2020) der Anwendung von Business-Analytics eine Ex-ante-Perspektive (s. WEBER 2020, S. 6). Er rechtfertigt diese Unterscheidung damit, dass bei Business-Intelligence eine Unterstützung auf Grundlage von aggregierten Daten bereitgestellt wird, welche die Entscheidung des Menschen für das zukünftige Handeln unterstützt, die Ergebnisse müssen somit immer vom Menschen auf die Zukunft übertragen werden. Im Gegensatz dazu ermöglicht Business-Analytics die Verschiebung der Entscheidungsfindung vom Menschen auf IT-Systeme, da diese durch die Prognose zukünftiger Ereignisse automatisiert Folgeprozesse starten können. (s. WEBER 2020, S. 7 f.) Diese unterschiedlichen Perspektiven werden durch die Zuordnung der Autoren SHARDA ET AL. (2013) von Business-Intelligence zur deskriptiven Analytik mit dem Ziel der Datenvisualisierung substantiiert. (s. SHARDA ET AL. 2013, S. 172) Business-Analytics umfasst hingegen die deskriptive Analytics nur als Ausgangspunkt, um auf dieser Datenbasis den Eintritt vergangener Ereignisse zu erklären bzw. zukünftige Ereignisse vorherzusagen und in Erwartung dieser automatisiert Entscheidungen zu treffen.

Diesem Verständnis folgend untersuchen die Autoren YIN U. FERNANDEZ (2020) den eng verwandten Begriff Business-Intelligence & -Analytics. Dieser wurde von den Autoren CHEN ET AL. (2012) entwickelt und soll eine Brücke zwischen den beiden Disziplinen bilden. Gleichzeitig kann festgestellt werden, dass sich der Begriff nur unzureichend durchgesetzt hat und der Begriff in einer Zeit geprägt wurde, als Business-Analytics nur wenig bekannt und entwickelt war (s. YIN U. FERNANDEZ 2020, S. 288).

Nicht zuletzt werden die Begriffe Advanced Analytics, Big-Data-Analytics und der Analytics-Begriff im Allgemeinen im Zusammenhang mit dem Untersuchungsbegriff Business-Analytics verwendet. Der Begriff Advanced Analytics ist der Oberbegriff der prädiktiven und präskriptiven Analytics und als solcher eine Teilmenge von Business-Analytics (s. DELEN U. RAM 2018, S. 8). Die Definitionsgebiete der Big-Data-Analytics sowie der Analytics-Begriff im Allgemeinen gehen über den rein unternehmerischen Bereich der Business-Analytics hinaus. Das Untersuchungsgebiet der Big-Data-Analytics konzentriert sich hierbei auf den Bereich der prädiktiven und präskriptiven Analytics (s. GLUCHOWSKI 2016, S. 278). Big Data Analytics finden direkte Anwendung in Big-Data-Umgebungen (s. ESPINOSA U. ARMOUR 2016, S. 1113). Der Analytics-Begriff im Allgemeinen umfasst alle vorgenannten Gebiete des Unterkapitels 2.1.2 (s. GLUCHOWSKI 2016, S. 278). Eine Übersicht und die Einordnung der untersuchten Begriffe im Kontext der Arbeit finden sich in Abbildung 2-3. Die vorgestellten Informations- und Entscheidungsunterstützungssysteme unterscheiden sich in den aufgezeigten Ansätzen nicht grundsätzlich voneinander. Insbesondere konnte dargelegt werden, dass Business-Intelligence und Business-Analytics wesentliche Gemeinsamkeiten haben, in der vorliegenden Arbeit folgt der Autor dem Ansatz, dass sich Business-Intelligence und Business-Analytics insbesondere im Fokus der Zielstellungen bezüglich der zeitlichen Dimension unterscheidet und Business-Analytics historisch auf Business-Intelligence aufbaut. Bei der Entwicklung von soziotechnischen Gestaltungsempfehlungen für den

Einsatz von Business-Analytics kann somit auch Literatur der verwandten Informationssysteme verwendet werden.

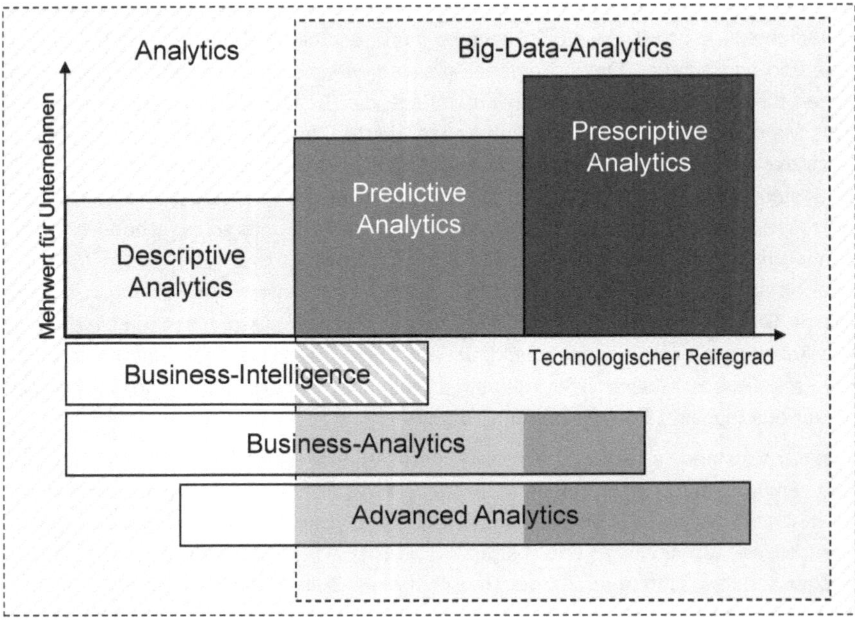

Abbildung 2-3: Einordnung der Analytics-Begriffe in das Untersuchungsgebiet (eigene Darstellung i. A. a. DELEN U. RAM 2018, S. 8 und GLUCHOWSKI 2016, S. 277)

2.1.4 Exkurs: Big Data

Die hohe Interdependenz zwischen Business-Analytics und Big Data ist Ursache und Wirkung für die großen Wertschöpfungspotentiale, die sich den Unternehmen bei erfolgreicher Verwendung erschließen können. Somit kann der Einsatz von Business-Analytics nie losgelöst von der Datengrundlage betrachtet werden, auf der anderen Seite ist die reine Generierung und Speicherung ohne deren Analyse wirtschaftlich nicht zielführend. (s. ARORA 2019, 11) Während der Umgang mit betrieblichen Daten seit längerem eine zentrale Ressource zur Sicherung der Wettbewerbsfähigkeit darstellt (s. YEOH ET AL. 2008, S. 1354), ist es insbesondere für den Einsatz fortgeschrittener Datenanalysemethoden und -verfahren wie Business-Analytics essentiell, dass hinreichend große und qualitativ hochwertige Datenmengen zur Verfügung gestellt werden (s. YIN U. FERNANDEZ 2020, S. 287; CHAHAL ET AL. 2019, S. 3).

Die zunehmende digitale Abbildung von Geschäftsprozessen führt dazu, dass Unternehmen Zugang zu einer exponentiell steigenden Menge an strukturierten, semi-strukturierten und unstrukturierten Daten haben (s. AYDINER ET AL. 2019, S. 228). Während in der Vergangenheit nur Daten in wesentlich kleineren Mengen und bestimmten

Kontexten verfügbar gehalten werden konnten, ermöglichen die technologischen Weiterentwicklungen die digitale Abbildung von Wertschöpfungsströmen und -netzen (s. DREMEL ET AL. 2020, S. 1): Die industrie- und funktionsübergreifende Generierung und Speicherung von Daten in der gesamten Wertschöpfungskette und Ökosystem eines Unternehmens führen dazu, dass Big Data enorme Potentiale für die Transformation der Unternehmen bietet (s. CAMARGO FIORINI ET AL. 2018, S. 113). Diese aus verschiedenen Quellen generierten und zusammengeführten Daten unterscheiden sich daher voneinander in ihrer Art und Struktur und sind mit traditionellen Datenanalyseverfahren nicht auswertbar (s. KLEIN ET AL. 2013, S. 319). Big Data besteht hierbei aus internen und externen Daten. Interne Daten sind in diesem Zusammenhang häufig Daten, welche innerhalb des Unternehmens gesammelt werden, strukturiert sind (z. B. in relationalen Datenbanken) und welchen der Nutzer aufgrund ihrer Provenienz vertraut. Externe Daten hingegen werden in der Regel von Quellen außerhalb des Unternehmens erzeugt und gesammelt, es handelt sich hierbei häufig z. B. um Nachrichten, soziale Medien oder Medien aus dem Internet. Diese sind im Gegensatz zu internen Daten häufig unstrukturiert, dies bedeutet, dass sie mit traditionellen betrieblichen Informationsverarbeitungssystemen nur unzureichend analysierbar sind. (s. APPELBAUM ET AL. 2017, S. 35) Somit stellt Big Data für die Unternehmen nicht primär ein Datenmengen-, sondern ein Komplexitätsproblem dar (s. GRONWALD 2020, S. 89).

Der Begriffsursprung und die erstmalige Verwendung des Begriffs Big Data ist nicht abschließend geklärt (s. KLEIN ET AL. 2013, S. 319). Darüber hinaus existiert noch keine einheitliche Definition des Begriffs in Wissenschaft und Industrie. Dies führt unter anderem dazu, dass keine quantifizierbaren Schwellwerte oder Kennzahlen, ab welcher datenbezogene Systeme als Big Data bezeichnet werden können, vorhanden sind. (s. GADATSCH 2017, S. 2) Die Autoren MIKALEF ET AL. (2017b) distinguieren in ihrer Literaturanalyse 16 verschiedene Definitionen des Untersuchungsbegriffs. Gleichzeitig leiten sie aus ihrer Untersuchung ab, dass die überwiegende Mehrzahl der untersuchten Definitionen die Verwendung der V-Dimensionen im Kontext der zu verarbeitenden Daten aufweist. (s. MIKALEF ET AL. 2017b, S. 553 ff.)

Das Konzept zur Charakterisierung von Daten mithilfe von V-Dimensionen wurde erstmals im Jahr 2001 veröffentlicht (s. GRONWALD 2020, S. 92). Der Autor LANEY (2001) führt als Analyst bei der META Group Inc. (heute Gartner Inc.) erstmals die Dimensionen *Volume, Velocity* und *Variety* ein (vgl. LANEY 2001). Er nutzt diese Dimensionen im Zusammenhang mit der Erkenntnis, dass integrierte Datenbanken nicht nur für einen bestimmten Analytics-Zweck, sondern insbesondere für intra-organisationale Koordination und Erkenntnisgewinnung genutzt werden sollten, welche auch im Zuge von externem Unternehmenswachstum durch Zukauf oder Fusion erweiterbar bleiben (s. LANEY 2001, S. 1). Obwohl zu dieser Zeit Big Data noch nicht existierte und die technologischen Reife noch nicht vorhanden war, bildet der von LANEY (2001) entwickelte dreidimensionale Vektor einen maßgeblichen Ausgangspunkt zur Charakterisierung von Big Data (s. GRONWALD 2020, S. 92).

Ausgehend von den drei V-Dimensionen *Volume*, *Velocity* und *Variety* im Jahr 2001 haben zahlreiche Autoren diese sukzessive erweitert, sodass die Autoren FARROKHI ET AL. (2018) 42 V-Dimensionen identifizieren. Gleichzeitig stellen die Autoren fest, dass die Mehrheit der Autoren wesentlich weniger Dimensionen zur Charakterisierung von Big Data verwendet (s. FARROKHI ET AL. 2018, S. 144 f.). Diese Erkenntnis wird durch die Autoren GRONWALD (2020), KHAN ET AL. (2014) und MIKALEF ET AL. (2017b) substantiiert, diese propagieren jeweils sieben V-Dimensionen. In dieser Arbeit wird für die Charakterisierung von Big Data durch V-Dimensionen der Auswahl von GRONWALD (2020) und KHAN ET AL. (2014) gefolgt, welche die gleichen V-Dimensionen als relevant erachten. Die bei MIKALEF ET AL. (2017b) aufgeführten abweichenden Dimensionen *Variability* (Variabilität) und *Visualization* (Visualisierung) betrachtet GRONWALD (2020) insofern, dass er erstgenannte Dimension maßgeblich durch andere semantische Dimensionen abgedeckt sieht. Die zweitgenannte Dimension ist für ihn kein Merkmal zur Charakterisierung von Big Data, vielmehr ordnet er jene Business-Analytics als Fähigkeit zur Verarbeitung von Big Data zu. (s. GRONWALD 2020, S. 92) Nachfolgend werden die relevanten zur Charakterisierung von Big Data verwendeten V-Dimensionen aufgeführt:

- *Volume* (Datenmenge): Durch die exponentiell steigende Anzahl vernetzter Geräte steigt die Zahl der Datenquellen und damit auch das generierte Datenvolumen immer stärker an (s. LEE 2017, S. 294). Dies führt zu einer großen Anzahl an Variablen, welche die Datenmenge durch die Generierung und Speicherung unterschiedlicher Zustände potenzieren (s. GEORGE ET AL. 2016, S. 1494). Darüber hinaus ist die Generierung und Verarbeitung der Daten in Echtzeit, welche auch als „*streaming*" bezeichnet werden, für den Autor GRONWALD (2020) in diesem Zusammenhang als Merkmal zur Charakterisierung maßgeblich (s. GRONWALD 2020, S. 92).
- *Velocity* (Geschwindigkeit): Der Nutzen, welcher durch die Reaktion auf veränderte Umstände aufgrund von Ereignissen entsteht, ist direkt abhängig von der Geschwindigkeit, auf dieses zu reagieren (s. SCHUH ET AL. 2020, S. 12). Die Geschwindigkeit der Datengenerierung und -verarbeitung erhöht sich in hohem Maße, da der Bedarf für ein häufiges Treffen von Entscheidungen anhand und über die Daten immer größer wird. Die Entscheidungen, welche auf Grundlage von Big Data getroffen werden, können letztendlich einen direkten Einfluss auf die Daten in Echtzeit generierten und verarbeiteten Daten haben (s. O'LEARY 2013, S. 96) und werden bei steigendem Wettbewerbsdruck zunehmend ein Differenzierungsmerkmal (s. FERRARIS ET AL. 2018, S. 1925).
- *Variety* (Vielfalt und Komplexität der Datenquellen): Die Heterogenität bezüglich der Form und Inhalt von Daten ist sehr groß, dadurch lassen sich die Daten nicht mehr in relationalen Datenbanken speichern (s. KHAN ET AL. 2014, S. 2). Die Vielfältigkeit wird z. B. durch den Benutzer (Mobiltelefon, Maschinen, Fahrzeuge, usw.) verursacht, welcher eine Vielzahl an Variablen und unterschiedlichen Ausprägungen (Nutzungsverhalten, geographische Daten,

Beschleunigungsdaten, Daten über Gewohnheiten) erzeugt, die verschiedene Datenformate (Nachrichten, Bilder, Videos, Sensordaten, GPS-Daten) annehmen können (s. FERRARIS ET AL. 2018, S. 1925).

- *Veracity* (Datenunsicherheit): Die zunehmende Integration externer und unstrukturierter Daten führt dazu, dass die Sicherstellung der Datenintegrität bei Big Data aus Sicht der Autoren KHAN ET AL. (2014) die größte Herausforderung ist. Nur die Bereinigung von Big Data und das Entfernen von Duplikaten mit Hilfe von speziellen Tools und Algorithmen stellt sicher, dass die Ergebnisse der Analysen vertrauenswürdig sind. (s. KHAN ET AL. 2014, S. 3)
- *Validity* (Validität): Nicht nur die Vertrauenswürdigkeit der Daten an sich, sondern auch die Richtigkeit und Genauigkeit der Daten im Hinblick auf ihren Einsatzzweck sind bei Big Data von Bedeutung. Nicht allein die Integrität der Daten an sich, sondern auch der Kontext und das semantische Verständnis über ihre Bedeutung sind von hoher Relevanz. (s. KHAN ET AL. 2014, S. 3)
- *Volatility* (Volatilität): Die Gültigkeit und Aktualität der verarbeiteten Daten ist analog zu herkömmlichen Methoden zur Datenverwaltung von großer Wichtigkeit. Big Data stellt allerdings aufgrund der Datenmenge, Vielfalt und Komplexität der Datenquellen sowie der Geschwindigkeit hohe Anforderungen an die Unternehmen zum korrekten Umgang mit Volatilität. (s. KHAN ET AL. 2014, S. 3) Insbesondere bei der Verarbeitung von Realtime-Daten ist es für Unternehmen relevant, dynamisch zu entscheiden, ob und wie lange Daten gespeichert werden und bis zu welchem Punkt die Daten für die aktuelle Analyse relevant sind (s. GRÖNWALD 2020, S. 93).
- *Value* (ökonomischer Nutzen): Die Fähigkeit, Big Data so zu nutzen, dass eine Wertsteigerung erzielbar ist und gleichzeitig die oft hohen Investitionskosten für Big-Data-Projekte abzuwägen, ist von hoher Bedeutung (s. LEE 2017, S. 295). Insbesondere bei Big Data ist die Wertdichte je Dateneinheit nur gering, die große Datenmenge als Summe der einzelnen Datensets ist der werttreibende Faktor (s. MIKALEF ET AL. 2017b, S. 555).

2.2 Soziotechnischer Systemansatz

Die Möglichkeiten von Informationssystemen hinsichtlich des Treffens von Entscheidungen auf Grundlage komplexer (Informations-)Sachverhalte, die bis dahin nur Menschen zugetraut wurden, haben insbesondere in den letzten Jahren durch technologische Weiterentwicklungen z. B. im Bereich Künstliche Intelligenz stark zugenommen (s. KAHNEMAN ET AL. 2021, S. 137). Insbesondere bei detailreichen und großen Datenmengen wie Big Data ist die Entscheidungsfindung durch Business-Analytics z. B. bei Prognosen vielfach der Intuition von menschlichen Entscheidern und Experten überlegen (s. KAHNEMAN ET AL. 2021, S. 148 f.). Gleichzeitig wird der Einsatz dieser Technologien im betrieblichen Kontext nicht nur durch technische Aspekte beeinflusst (s. DREMEL ET AL. 2020, S. 3; ZAMMUTO ET AL. 2007, S. 752). Dies führt dazu, dass die Nutzung und das Vertrauen der Entscheider in die Entscheidungsfindung z. B. von Business-

Analytics-Systemen differiert (s. KAHNEMAN ET AL. 2021, S. 148). Die Erkenntnis, dass verschiedene Arbeitseinheiten bei gleichen Tätigkeiten unter gleichen Bedingungen mit der identischen technischen Ausstattung die Technologien auf unterschiedliche Art und Weise einsetzen und dementsprechend eine nicht einheitliche Produktivität aufweisen, wurde erstmals durch die Autoren TRIST U. BAMFORTH im Jahr 1951 beschrieben (s. TRIST U. BAMFORTH 1951, S. 3). Ursprünglich als Nebenprodukt des UK Tavistock Institutes bei der Untersuchung der Maschinen im Kohlebergbau entstanden, legten die zuvor genannten Autoren den Grundstein zur Entwicklung der soziotechnischen Systemtheorie (s. SONY U. NAIK 2020, S. 4 f.). Diese greift frühere implizite Ansätze, z. B. von SMITH (vgl. SMITH 1776/2013, S. 12 ff.), BECKMANN (vgl. BECKMANN 1777, S. 13 f.) und HEGEL (vgl. HEGEL 1833, S. 189 ff., zit. n. HOTHO 2004) auf (s. ROPOHL 2009, S. 140 f.) Bei der Systemgestaltung im betrieblichen Kontext wird ein Schwerpunkt darauf gelegt, dass sowohl soziale als auch technische Faktoren die Funktionalität und die Nutzung von Technologien beeinflussen und entsprechend berücksichtigt werden müssen (s. BAXTER U. SOMMERVILLE 2011, S. 4). In der vorliegenden Arbeit folgt der Autor dem Ansatz von ROPOHL (2009), welcher das soziotechnische Modell, beginnend in der allgemeinen Systemtheorie, durch Überführung und Konkretisierung von abstrakten Handlungssystemen in menschliche Handlungssysteme und Sachsysteme substantiiert und anschließend definiert (s. ROPOHL 2009, S. 71 ff.). Diesem Ansatz folgend, werden soziotechnische Systeme nachfolgend zunächst verortet und definiert. Anschließend werden elementare Charakteristika zur Beschreibung dargestellt und der Zusammenhang zur Organisation und Management hergestellt.

2.2.1 Verortung und Definition soziotechnischer Systeme

Die Grundlage für soziotechnische Systeme sind abstrakte Handlungssysteme, in welchen menschliche und technische Funktionsträger zusammenwirken (s. ROPOHL 2009, S. 141). Abstrakte Handlungssysteme weisen, abgeleitet aus der allgemeinen Systemtheorie und der Modelltheorie (s. Kap. 4.2), Funktionen, eine Umgebung und eine Struktur auf (s. ROPOHL 2009, S. 94). Die *Funktionen* eines Handlungssystems können durch die Verbindung der Attribute *Inputs*, *Zustände* und *Outputs* beschrieben werden. Inputs und Outputs von Systemen können hierbei z. B. Masse, Energie, Informationen (Daten), Informationen (Befehle, nur Input), Raum oder Zeit sein. Derweil beschreiben die Zustandsattribute die innere Verfassung des Handlungssystems. Ein besonderes Zustandsattribut hierbei sind die Ziele, welche als informelle Repräsentation von dem, was mit dem Handeln bewirkt werden soll, für das Handlungssystem konstitutiv sind. Ziele können hierbei im Handlungssystem intern erzeugt, aber auch als Informationen (Befehle) aus der Umgebung aufgenommen werden. Durch die Kombination aus Ziel, einem weiteren Zustand, einem Input und einem Output können allgemeine Funktionen von Handlungssystemen dargestellt werden. Durch Funktionen eines Handlungssystems können somit der eigene Zustand und/ oder die Umgebung verändert werden. (s. ROPOHL 2009, S. 93 ff.) Zu seiner Umgebung, auch Umwelt genannt, bildet das

System eine Grenze; somit können „innerhalb des Systems" und „außerhalb des Systems" unterschieden werden (s. ABELS 2001, S. 192). Die *Umgebung* umfasst somit alle Gegebenheiten (z. B. natürlich, technisch oder gesellschaftlich), mit welchen das Handlungssystem in Beziehung steht oder möglicherweise interagieren kann (s. ROPOHL 2009, S. 94).

Das letztgenannte Beschreibungsmerkmal, die *Struktur*, beschreibt die inneren Bestandteile und Relationen von Systemen. Die Beziehungen innerhalb des Systems sind geordnet, damit unterscheidet sich das System von einer Menge (s. ABELS 2001, S. 192). Für den Autor ROPOHL (2009) bestehen abstrakte Handlungssysteme aus drei Subsystemen: Ausführungssystem, Informationssystem und Zielsystem. Diese leitet er aus den Vorarbeiten und Theorien von GRENIEWSKI U. KEMPISTY (1966), KRAUSSER (1972), STACHOWIAK (1973), MESAROVIC U. PESTEL (1974) sowie MILLER (1978) ab. Diese drei Subsysteme stehen innerhalb des Handlungssystems in Zusammenhang, indem sie Inputs und Outputs der peripheren Subsysteme annehmen und intern durch Transformationsprozesse austauschen. Das Ausführungssystem erhält, verarbeitet und gibt externe stoffliche und energetische Attribute an die Umgebung ab, es leistet somit Arbeit im engeren Sinn. Innerhalb des Handlungssystems tauscht es Informationen aus, zusätzlich gibt es Energie an das Informationssystem ab. Das Informationssystem nimmt Informationen auf, verarbeitet diese und gibt diese weiter, sowohl innerhalb des Handlungssystems als auch mit anderen Systemen in der Umgebung. Die Maximen des Handelns werden im systeminternen Zielsystem erzeugt, welches durch äußere Umgebungsbedingungen und eigene Handlungsmöglichkeiten beeinflusst werden kann. (s. ROPOHL 2009, S. 101 ff.)

Soziotechnische Systeme können aus den abstrakten Handlungssystemen abgeleitet werden. Die Besonderheit ist, dass nicht mehr nur ein Träger der Arbeitshandlung existiert (z. B. ein Mensch, welcher die gesamte Arbeitshandlung ausführt), sondern in einer Aufgabensynthese die einzelnen Teilfunktionen der Handlung an menschliche und technische Funktionsträger übertragen werden, welche in einem Handlungssystem zusammenwirken. (s. ROPOHL 2009, S. 141) Die Realisierung eines abstrakten Handlungssystems (linke Seite) als soziotechnisches System (rechte Seite) wird in Abbildung 2-4 dargestellt. Am Beispiel des soziotechnischen Systems wird abstrahiert aufgezeigt, wie das System die Attribute Inputs, Zustände und Outputs miteinander verbindet und mit der Umgebung in Beziehung steht.

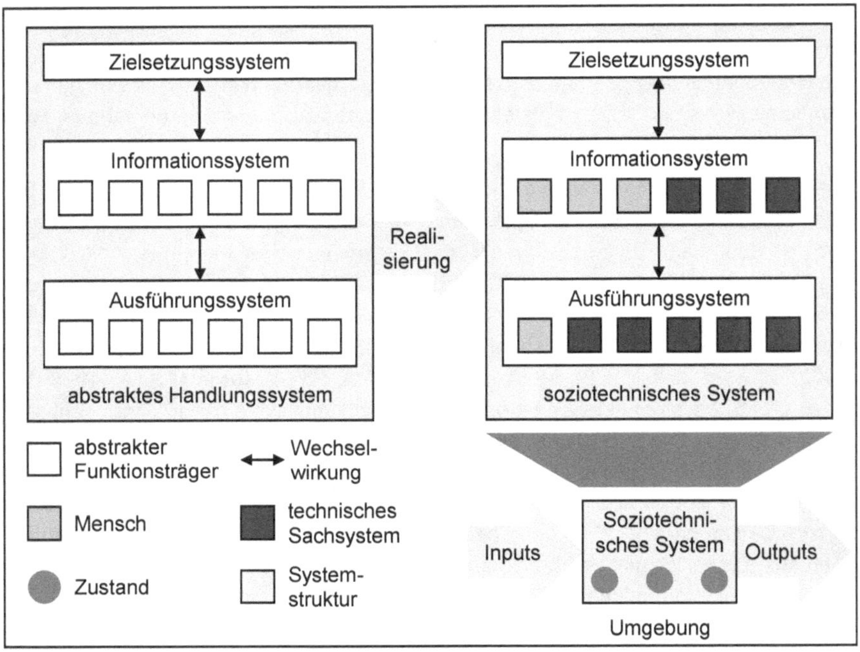

Abbildung 2-4: Realisierung des soziotechnischen Systems auf Grundlage abstrakter Handlungssysteme (eigene Darstellung i. A. a. Ropohl 2009, S. 76, 141)

Dem Ansatz von Ropohl (2009) folgend, wird das soziotechnische System wie folgt definiert (s. Ropohl 2009, S. 141):

Definition | Soziotechnisches System

„Ein soziotechnisches System ist [...] ein Handlungs- oder Arbeitssystem, in dem menschliche und sachtechnische Subsysteme eine integrale Einheit eingehen" (Ropohl 2009, S. 141)

2.2.2 Entwicklung der soziotechnischen Systemtheorie

Die Erkenntnis von Trist u. Bamforth (1951), dass der Unternehmenserfolg maßgeblich von der Funktion einer Organisation als soziotechnisches System abhängt und nicht als technisches System definiert werden kann, in welches Individuen hinzugefügt werden, die sich anpassen müssen, hat den Grundstein für soziotechnischen Systemtheorie gelegt (s. Emery u. Thorsrud 1969, S. 85). Die Motivation zur Gründung und Weiterentwicklung des Forschungsfeldes der soziotechnischen Systemgestaltung ist darauf zurückzuführen, dass in der frühen Nachkriegszeit eine hoher Nachfrageüberhang nach Kohle bestand, welcher durch die vielfache Anschaffung neuer Technologien zu decken versucht wurde. Die bis dato wenig mechanisierten

Bergbaumethoden wurden disruptiv durch neue, maschinengetriebene Technologien ersetzt. Der Einsatz vieler neuer Technologien, die häufig für den Betrieb unter Tage ursprünglich nicht ausgelegt waren, verursachte in den Minen hohe Probleme. Ausgehend von dieser gleichen Ausgangssituation konnten die Autoren TRIST U. BAMFORTH (1951) den folgenden Zusammenhang nachweisen: je besser die Gestaltung des Arbeitssystems gelang, d. h. die gleichzeitige Berücksichtigung der Bedürfnisse, Fähigkeiten und Entscheidungsspielräume der Arbeiter sowie der Anforderungen der Technologie, desto höher war die Produktivität der Mine. (s. PASMORE ET AL. 2019, S. 68) Der thematische Schwerpunkt der soziotechnischen Systemtheorie hat sich indes seit seiner Gründung stark gewandelt. Zunächst wurden soziotechnische Systeme zur Beschreibung und Gestaltung ganzer Organisationseinheiten wie Fabriken, welche durch lineare Arbeitsprozesse gekennzeichnet sind, verwendet. Mit der zunehmenden Integration kognitiver Prozesse wird der Fokus zunehmend auf nichtlineare, interdependente Wissensarbeits-[4]-Prozesse gelegt. (s. WINBY U. MOHRMAN 2018, S. 403) Teil dieser Entwicklung ist seit ihrer erstmaligen Anwendung in den 1980er Jahren die Gestaltung soziotechnischer Systeme bei der Implementierung und Analyse von Computersystemen bzw. Informationstechnologien (s. MUMFORD 2006, S. 331). Die vielfältigen Möglichkeiten des soziotechnischen Systemansatzes nicht nur Betrachtung, sondern zur aktiven Systemgestaltung haben insbesondere in den letzten Jahren viele Felder bis hin zur Mensch-Maschine-Interaktion geöffnet (s. IMRAN U. KANTOLA 2019, S. 122). Die aktuellen Herausforderungen und Potentiale, welche sich aus der zunehmenden Digitalisierung durch den sich exponentiell schnell entwickelnden technologischen Fortschritt unter dem Schlagwort Industrie 4.0 ergeben, prägen die heutige soziotechnische Forschung (s. PAULSEN ET AL. 2020, S. 83 f.; IMRAN U. KANTOLA 2019, S. 122 ff.; WINBY U. MOHRMAN 2018, S. 400). Besonders im Fokus liegt hierbei die Beschreibung der Interaktion zwischen Menschen und Kommunikations- und Informationssystemen. Für die Autoren SCHUH ET AL. (2020) hängt der gewonnene Unternehmensnutzen davon ab, dass Daten und Informationen erfolgswirksam genutzt werden können. (s. SCHUH ET AL. 2020, S. 27) Insbesondere der erfolgreiche Einsatz neuartiger Technologien wie Business-Analytics kann somit durch soziotechnische Systeme beschrieben und aktiv gestaltet werden (s. MIKALEF ET AL. 2019; AUDZEYEVA U. HUDSON 2016, S. 35). Insgesamt bieten die Entwicklung neuer Technologien und der Umgang mit diesen zunehmenden Freiheitsgraden in der soziotechnischen Interaktion (s. DAVIES ET AL. 2017, S. 1293). Die exponentiell zunehmende Entwicklungsgeschwindigkeit der Technologie gegenüber der langsameren, linearen Evolution der sozialen Systeme führt zu

[4] Der Begriff des Wissensarbeiters wurde erstmals durch DRUCKER im Jahr 1959 eingeführt und bezeichnet diejenigen Arbeiter, welche nicht für ihre manuellen Tätigkeiten, sondern für die Anwendung ihres Wissens vergütet werden. Dies geht mit einer hohen Spezialisierung und der Tatsache einher, dass der Arbeiter selbst das Produktionsmittel (sein Wissen) besitzt und dadurch portierbar macht (s. DRUCKER 2008, S. XXV)

einer Entkopplung und erfordert somit einen neuen Ansatz zur soziotechnischen Systemgestaltung (s. PASMORE ET AL. 2019, S. 71; WINBY U. MOHRMAN 2018, S. 400).

2.2.3 Charakteristika soziotechnischer Systeme und Gestaltungsinstrumente

Die aufgezeigte Weiterentwicklung der soziotechnischen Systeme über mehr als 70 Jahre seit ihrer Gründung hat dazu geführt, dass die Ansätze unterschiedlicher Autoren in Teilen differieren; gleichzeitig gibt es weitestgehend Konsens über die Grundstruktur. Allgemein besteht ein soziotechnisches System aus einem sozialen und einem technischen Subsystem (s. KÖLSCH ET AL. 2019, S. 7; ULICH 2013, S. 4; ROPOHL 2009, S. 141). Das technische Subsystem nimmt hierbei Bezug auf allgemeine Betriebsmittel, Technologien und Arbeitsbedingungen. Das soziale Subsystem hingegen umfasst Personen (Beschäftigte). (s. ULICH 2013, S. 4) Die Verknüpfung der beiden Subsysteme erfolgt in doppelter Weise über die Arbeitsrollen der Beschäftigten, indem zum einen die von den Beschäftigten im Prozess wahrgenommenen Funktionen festgelegt werden, zum anderen über die zur Ausführung der Arbeit erforderlichen Kooperationsbeziehungen festgelegt werden (s. ULICH 2013, S. 4). PAULSEN ET AL. (2020) identifizieren vier Merkmale auf Grundlage der Vorarbeiten von EASON (2008) und MAGUIRE (2014), welche ein soziotechnisches System charakterisieren und aus welchen sich Gestaltungsinstrumente ergeben:

- eine gemeinsame Arbeitsaufgabe,
- soziale und technische Subsysteme,
- Offenheit gegenüber der Umwelt und
- eine Unvollkommenheit, die Flexibilität erfordert und Gestaltung ermöglicht.

Die *gemeinsame Arbeitsaufgabe* wurde erstmals durch RICE (1958) definiert und spiegelt den Existenzgrund des soziotechnischen Systems wider (s. RICE 1958, S. 33). Diese sogenannte Primäraufgabe wird durch Sekundäraufgaben unterstützt, welche allerdings die Gestaltungsspielräume für die Erfüllung der Primäraufgabe entscheidend determinieren können und somit berücksichtigt werden müssen (s. ULICH 2013, S. 5). Das *soziale und das technische Subsystem* weisen jeweils unterschiedliche soziotechnische Entitäten auf. Die Autoren DREMEL ET AL. (2020) basieren die Ausführungen der soziotechnischen Entitäten auf den thematisch verwandten Vorarbeiten von BOSTROM U. HEINEN (1977) sowie LEAVITT (1965). Entitäten des sozialen Subsystems sind hierbei Akteure und Strukturen, Bestandteile des technischen Subsystems sind Aufgaben und Technologien. Die Akteure werden hauptsächlich über ihre Fähigkeiten und die gemeinsame Kultur definiert, während die Strukturen durch die Organisation des Projekts und die institutionellen Anordnungen (Arrangements) geprägt sind. Die Aufgaben werden, wie durch RICE (1958) erstmals eingeführt, über die Prozesse beschrieben, welche zur Erfüllung der Arbeit bzw. Services erforderlich sind. Die verwendeten Tools und technologischen Plattformen werden unter den Technologien subsumiert. (s. DREMEL ET AL. 2020, S. 3) Die *Offenheit gegenüber der Umwelt* als elementarer Bestandteil des abstrakten Handlungssystems (s. Kapitel 2.2.1) zeigt auf, dass das soziotechnische System mit der Umwelt interagiert und sich diesem anpassen kann. Seit der Begründung der soziotechnischen Theorie durch TRIST U. BAMFORTH (1951) werden soziotechnische Systeme als offene Systeme bezeichnet, die ursprünglich eng gesetzten Systemgrenzen wurden in den vergangenen Jahrzehnten immer stärker erweitert. (s. WALKER ET AL. 2008, S. 22 ff.) Der ständige Einfluss der Umwelt in Verbindung mit dem Paradigma, dass die Aufgaben durch verschiedene Prozesse erfüllt werden können, führt zu einer *Unvollkommenheit, die Flexibilität erfordert und Gestaltung ermöglicht*. Insbesondere durch die unterschiedliche Gestaltbarkeit von Prozessen kann kurzfristig auf sich ändernde Anforderungen reagiert werden. Die soziotechnischen Gestaltungsoptionen ergeben sich somit aus der Gestaltbarkeit sowohl des technischen als auch des sozialen Subsystems unter dem Einsatz geeigneter Instrumente (s. PAULSEN ET AL. 2020, S. 84) Für die Gestaltung soziotechnischer Systeme ist es für ULICH (2013) essentiell, den Einsatz der Technologie und die Organisation gemeinsam zu optimieren (s. ULICH 2013, S. 5).

2.2.4 Organisation und Management

Das Organisieren im Sinne der von der Autorin NOLTE-EBERT (1999) beschriebenen „zielgerichteten Integration und/oder Koordination von Ressourcen“ (S. 41) ist als unternehmerische Funktion essentiell, um auch in sich stark verändernden Märkten und unter sich verschiebenden Rahmenbedingungen wettbewerbsfähig zu sein (s. BERGMANN U. GARRECHT 2016, S. 1). Obwohl mit dem Organisationsbegriff eine hohe Assoziationsfähigkeit in Bezug auf die als relevant einzustufender Eigenschaften und Merkmale verbunden ist (s. FRESE ET AL. 2019, S. 18), ist der Begriff Organisation in der Wissenschaft und Industrie nicht eindeutig definiert (s. FRESE ET AL. 2019, S. 18; SCHREYÖGG U. GEIGER 2016, S. 5). Die Autoren SCHREYÖGG U. GEIGER (2016) differenzieren in ihrer Einordnung des Terminus den instrumentellen und den institutionellen Organisationsbegriff. Über einen großen Zeitraum war der *instrumentelle Organisationsbegriff* mit dem Ziel der Rationalisierung von Arbeitsabläufen für eine zuverlässige und effiziente Leistungsabgabe in der Betriebswirtschaftslehre handlungsleitend. Das Ergebnis des Gestaltungsprozesses bei der instrumentellen Sichtweise ist die Organisationsstruktur (s. SCHREYÖGG U. GEIGER 2016, S. 5). Das Unternehmen *hat* somit eine Organisation. Ein Teil dieses Konzepts ist die funktionale Sichtweise, welche die Organisation des Unternehmens als Tätigkeit beschreibt. Diese stellt für die Autoren BERGMANN U. GARRECHT (2016) sogar eine eigene Sichtweise dar. (s. BERGMANN U. GARRECHT 2016, S. 2 f.) Der *institutionelle Organisationsbegriff* hingegen bezieht sich auf das Gesamtsystem, d. h. die Institution. Die Autoren SCHREYÖGG U. GEIGER (2016) konstituieren auf der Grundlage der Vorarbeiten von MARCH U. SIMON (1958) sowie MAYNTZ (1963) drei zentrale Elemente: die spezifische Zweckorientierung, die geregelte Arbeitsteilung und die beständigen Grenzen. Die spezifische Zweckorientierung bedeutet, dass die Organisation auf mehrere spezifische Ziele hin ausgerichtet ist, welche sich teilweise widersprechen können (z. B. Flexibilität und Effizienz). Die geregelte Arbeitsteilung bedeutet, dass Organisationen aus mehreren Personen bzw.

deren Handlungen bestehen, deren Aufgabenaktivitäten nach Mustern geteilt und miteinander verknüpft werden. Dieses Muster wird von Organisationen in konkrete Erwartungen beispielsweise in Form von Regeln umgesetzt, wobei die Einhaltung der Regeln formal durch die Mitgliedschaftsbedingung abgesichert wird (Struktur). Nicht zuletzt können Organisationen durch Grenzen von der Umwelt abgegrenzt werden. (s. SCHREYÖGG U. GEIGER 2016, S. 9 f.) Somit *ist* das Unternehmen bei dieser Perspektive eine Organisation, welche sich grundsätzlich als zielgerichtetes soziales System beschreiben lässt. (s. BERGMANN U. GARRECHT 2016, S. 2 f.)

Ausgehend vom institutionellen Organisationsbegriff können Organisation in die soziotechnische Systemtheorie eingeordnet werden. Organisationen können, wie bereits hergeleitet, als soziales System beschrieben werden. Gleichzeitig hat die große Bedeutung betrieblicher Informationssysteme in Organisationen dazu geführt, dass sich die Betrachtungsperspektive von Organisationen in der soziotechnischen Systemgestaltung verändert hat. Organisationen an sich werden in der neueren Forschung nicht mehr nur als soziale Systeme, welche technische Systeme u. a. zur Kommunikation nutzen, betrachtet, sondern können als solche soziotechnische Systeme darstellen (s. JAHNKE 2006, S. 37).

Die Gestaltung der Organisation ist in Unternehmen vielfach eine Managementaufgabe (s. BERGMANN U. GARRECHT 2016, S. 2). Hierbei umfasst das Management nicht allein die Gestaltung, sondern auch die Lenkung und Entwicklung von Organisationen (s. ULRICH 1984, S. 114). Aus wissenschaftlicher Sicht kann das Management aus einer institutionellen und einer funktionalen Perspektive betrachtet werden. Bei der *institutionellen Perspektive* steht die Menge an Personen, welche mit Anweisungsbefugnissen in Organisationen betraut ist, im Fokus. Die betrachtete Menge ist abhängig von der Zielsetzung: Häufig wird die Gesamtgruppe an Personen, welche Steuerungsaufgaben ausübt, betrachtet. Häufig wird insbesondere in großen Organisationen die Gruppe durch eine Leitungshierarchie in eine obere, mittlere und untere Führungsebene untergliedert. In Abgrenzung dazu stehen bei der *funktionalen Perspektive* die Aufgaben, welche zur effektiven Steuerung von Leistungsprozessen erfüllt werden müssen, im Fokus. Die Zuordnung der Person (mit ihrer jeweiligen Position in der Hierarchie) für die Erfüllung der Aufgaben wird erst nachrangig betrachtet. (s. SCHREYÖGG U. KOCH 2020, S. 4 ff.)

In der Wissenschaft existiert eine Vielzahl an unterschiedlichen Theorien und Handlungsmodellen in Bezug auf das Management (s. BOOS ET AL. 2011, S. 17 ff.). Ein Schwerpunkt der vorliegenden Arbeit ist die soziotechnische Systemgestaltung. Der Ansatz des Autors BLEICHER (2017) abstrahiert von den klassischen Perspektiven mit seinem Konzept des integrierten Managements, indem er die Unternehmung bzw. Organisation ganzheitlich als komplexes System betrachtet (s. BLEICHER 2017, S. 147 ff.). Daher werden diese Ansätze den Anforderungen des Vorhabens in besonderem Maße gerecht und werden im weiteren Verlauf als Gestaltungsrahmen verwendet. Die Notwendigkeit der ganzheitlichen Betrachtung wird vom Autor BLEICHER (2017) insbesondere vor dem Hintergrund der steigenden Komplexität und Dynamik des

Unternehmensumfelds für das Management herausgestellt. Aufbauend auf dieser Erkenntnis untergliedert er das Management in die drei Dimensionen Normatives, Strategisches und Operatives Management. Hierbei greift der Autor das oberhalb dargestellte Managementverständnis von ULRICH (1984) auf, indem er dem normativen und strategischen Management mit der Aufgabe der Konzeption von Rahmenbedingungen eine Gestaltungsfunktion zuordnet, wohingegen die Aufgabe des operativen Managements im operativen Vollzug des situativen Führungsgeschehens (Lenkung der Unternehmensentwicklung) besteht. (s. BLEICHER 2017, S. 147 ff.) Angelehnt an dieses Verständnis werden die Entscheidungen in Bezug auf die Aufgaben der einzelnen Ebenen immer konkreter: Die normative Unternehmensführung hat die Definition grundlegender Unternehmensziele zur Aufgabe und setzt so den identitätsstiftenden Gestaltungsrahmen. Die strategische Unternehmensführung schafft und konkretisiert innerhalb dieses normativen Rahmens neue Erfolgspotentiale bzw. fokussiert die Weiterentwicklung der bestehenden. Die Umsetzung der strategischen Vorgaben im Tagesgeschäft und die Koordination der strategischen Vorgaben in die laufenden Aktivitäten ist Aufgabe der operativen Unternehmensführung. (s. BOOS ET AL. 2011, S. 6)

2.3 Abgrenzung des Untersuchungsbereichs

Aufbauend auf den theoretischen Grundlagen und der Konkretisierung der Terminologie zur Bildung eines interpretationsfreien Begriffsverständnisses wird in diesem Kapitel die Abgrenzung des Untersuchungsbereichs beschrieben.

Der Einsatz von Business-Analytics unterstützt Unternehmen durch die Anwendung statistischer und quantitativer Methoden, geschäftsrelevante Problemstellungen zu lösen. Für den optimalen Einsatz und Nutzung von Business-Analytics-Systemen bedarf es der gemeinsamen Optimierung der Technologie und der Organisation (s. ULICH 2013, S. 5). In der vorliegenden Arbeit wird aufbauend auf dem Ansatz von ROPOHL (2009) das Unternehmen als soziotechnisches System betrachtet. Die Notwendigkeit zur soziotechnischen Gestaltung in Bezug auf den optimalen Einsatz neuer Technologien ergibt sich aus den sich exponentiell entwickelnden Technologien, welche die Unternehmen mit ihrer linearen Weiterentwicklung der sozialen Fähigkeiten vor große Herausforderungen stellen (s. PASMORE ET AL. 2019, S. 74). Die Gestaltung der komplexen Wechselwirkungen zwischen technischen und sozialen Fähigkeiten ergibt sich aus den Handlungsoptionen und -instrumenten des Managements. Dieses baut auf dem Verständnis von BLEICHER (2017) in Bezug auf sein Konzept des integrierten Managements zur Führung von Unternehmen auf.

Die innere Struktur von Unternehmen, die Systemgrenzen in Form der umgebenden Umwelt sowie die Interaktion mit selbiger können vielgestaltige Formen annehmen. Es bedarf somit einer Fokussierung bestimmter Klassen von Unternehmen, weil die zu entwickelnden Modelle im Allgemeinen nicht auf die Eigenarten jedes auf der Welt existierende Unternehmen eingehen können. (s. BARDMANN 2019, S. 790) Durch die Einteilung von Unternehmen nach bestimmten Kriterien kann eine

Unternehmenstypologie gebildet werden. Diese ermöglicht die differenzierte Betrachtung von Problemstellungen unter Berücksichtigung spezifischer Eigenschaften und Begebenheiten der jeweiligen Klassen von Unternehmen. Charakteristische Merkmale zur Typenbildung sind beispielsweise die Branche, die Größe, die technisch-ökonomische Struktur, der Lebenszyklus des Unternehmens oder der Standort. (s. THOMMEN ET AL. 2017, S. 22)

Die in der Arbeit fokussierten Branchen sind die Prozessindustrie und deren Zulieferindustrie (z. B. Maschinen- und Anlagenbau für die Prozessindustrie). Sie zeichnet sich durch eine hohe Innovationsrate und eine große Datenverfügbarkeit aus, der Einsatz von Business-Analytics bietet daher ein hohes Potential (s. LAGER 2016, S. 468 f.). Die Einordnung von Unternehmen in verschiedene Branchen ergibt sich aus der Zuordenbarkeit der Produkte dieser Unternehmen im Hinblick auf eine ähnliche Bedürfnisbefriedigung bei ihren Kunden (s. PORTER 1998, S. 5). Die Branche Prozessindustrie umfasst u. a. Unternehmen aus den Bereichen Chemie, Petrochemie, Gasverarbeitung, Pharmazie, Lebensmittel-, Zucker-, Zellstoff-, Papier-, Glas-, Stahl- und Zementherstellung. Charakteristisch für diese Branche sind die Produktion von Materialien und Zutaten anstelle von Komponenten und Produkten, die hohe Kapitalbindung in physischen Assets, lange Supply-Chains und Wertschöpfungsketten sowie eine hohe Maschinenzentrierung auf häufig wenige physische Produktionsstandorte (s. LAGER 2016, S. 459 f.).

Eine weitere Eingrenzung des Untersuchungsbereichs erfolgt durch die Fokussierung der Funktionseinheiten Einkauf und Vertrieb in den Unternehmen. Aufbauend auf dem in Kapitel 2.2.4 eingeführten Organisationsbegriff kann eine Organisation in der Innensicht in unterschiedliche Abteilungen zur Verrichtung bestimmter Aufgaben unterteilt werden. Diese Unterteilung findet insbesondere bei Unternehmen mit einem relativ homogenen Produktprogramm wie der Prozessindustrie Anwendung. (s. SCHREYÖGG U. GEIGER 2016, S. 41 ff.) Eingeordnet werden können die Abteilungen Einkauf und Vertrieb in das Wertschöpfungsmodell nach PORTER (1985). Dieses unterscheidet die Kategorien *Primäraktivitäten*, bei welchen ein direkter Beitrag zur Wertschöpfung und Erstellung der Produkte geleistet wird, und *Unterstützende Tätigkeiten*, welche nur indirekt wertschöpfend sind und zur Effektivität der Primäraktivitäten beitragen. Sowohl der Einkauf als unterstützende Tätigkeit, die großen Einfluss auf die Kostenstruktur hat, als auch der Vertrieb, welcher direkt wertschöpfend ist, können die erzielbare Gewinnmarge von Unternehmen entscheidend erhöhen. (s. PORTER 1985, S. 36 ff.) Der Einkauf hat insbesondere in der Prozessindustrie, in welcher Roh-, Hilfs- und Betriebsstoffe den größten Kostenhebel ausmachen, einen großen Einfluss auf den Gewinn. Der Einkauf als betriebliche Funktionen ist in der Wissenschaft und Industrie nicht eindeutig definiert, in der vorliegenden Arbeit wird dem Begriffsverständnis der Autoren LORENZEN U. KROKOWSKI (2018) gefolgt. Diese verstehen den Einkauf als einen Teil der Beschaffung, welcher für die Gestaltung der Beziehungen zwischen unternehmensinternen Bedarfsträgern und externen Bezugsquellen (Lieferanten) verantwortlich ist. Mit (vertraglichen) Vereinbarungen wird hierbei die Bereitstellung bzw.

Verfügungsgewalt über Beschaffungsobjekte gewährleistet und die kontinuierliche und langfristige Erreichung von Unternehmenszielen sichergestellt. (s. LORENZEN U. KROKOWSKI 2018, S. 10) Aus Sicht der Autoren umfassen die Aufgaben des Einkaufs die Gestaltung der Nachfrage und des Angebots sowie der verbindenden Prozesse; weitere Aufgaben sind die Definition der vertraglichen Vereinbarungen und der Einkauf selbst. Auch das Supply-Chain-Management wird als Teilgebiet des Einkaufs definiert (s. LORENZEN U. KROKOWSKI 2018, S. 10, S. 185).

Neben der Qualität des Angebots eines Unternehmens ist häufig die Qualität des Vertriebs das Unterscheidungsmerkmal, welches über den Kauf von Produkten und Dienstleistungen entscheidet. (s. DAUM ET AL. 2018, S. 249) Der Begriff selbst ist in der Wissenschaft und Industrie nicht einheitlich definiert, insbesondere die Abgrenzung zwischen Vertrieb und Marketing hat noch nicht stattgefunden (s. HIEMEYER U. STUMPP 2020, S. 9). In dem verwendeten Wertschöpfungsmodell nach PORTER (1985) wird das Marketing und der Vertrieb als gemeinsame primäre Aktivität dargestellt (s. PORTER 1985, S. 40). Die gemeinsame Betrachtung basiert auf der Erkenntnis, dass beide Funktionen mit der Vermarktung von Produkten und Dienstleistungen das Ziel verfolgen, Kundenbedürfnisse durch den Verkauf eines passenden Sortiments optimal zu befriedigen (s. NOTTÉ 2013, S. 21 f.). In dieser Arbeit orientiert sich das Begriffsverständnis an dem der Autoren DAUM ET AL. (2018), welche ebenfalls eine integrierte Betrachtung vornehmen. Für die Autoren umfasst der Vertrieb sowohl den Verkauf als auch die Maßnahmen zur Warenbereitstellung. Somit beinhaltet der Vertrieb das Vertriebssystem, welches über die Verkaufsform, die Vertriebsorganisation und die Vertriebssteuerung definiert wird und die Vertriebspartnerpolitik, welche aus der Vertriebskanalpolitik und der Absatzwegpolitik besteht. Darüber hinaus wird der Verkauf an sich, welcher alle Verkaufsvorgänge unmittelbar im Rahmen der Kundenbearbeitung (z. B. die Gewinnung, Pflege und Bindung von Kunden) umfasst, zum Vertrieb gezählt. (s. DAUM ET AL. 2018, S. 249) Der Vertrieb befindet sich seit Jahrzehnten aufgrund des ständigen Wertewandels und der Veränderung des Konsumentenverhaltens in einer stetigen Weiterentwicklung (s. MÜLLER 1995, 92 f.).

In der Prozessindustrie stellen die Abteilungen Einkauf und Vertrieb somit elementare Funktionseinheiten dar, welche im Zuge der Digitalisierung ein zunehmendes Interesse und Potential für den Einsatz datengetriebener Lösungen entwickeln (s. STEVENS U. JOHNSON 2016, S. 22 f.). Die traditionell hohe Bedeutung von analytischen Fähigkeiten und die hohen Anforderungen an die Auffassungsgabe von Mitarbeitern für die Zusammenstellung und Analyse relevanter Informationen für das Treffen zielgerichteter Entscheidungen (s. STOLLENWERK 2012, S. 27 f.) bedeuten ein hohes Potential für den Einsatz von Business-Analytics.

3 Stand der Technik und Forschung

In diesem Kapitel werden relevante Beiträge und Erkenntnisse in Wissenschaft und Praxis unter Berücksichtigung des in Kapitel 2.3 definierten Untersuchungsbereichs dargestellt und untersucht. Die Beiträge werden hierbei im Hinblick auf die in Kapitel 1.2 definierte Zielsetzung und Forschungsfrage ausgewählt. Zur Konkretisierung der Auswahl werden daher in Kapitel 3.1 zunächst die Vorgehensweise und die Kriterien für die Identifikation und Bewertung bestehender Beiträge vorgestellt. Mit diesem Vorgehen werden anschließend in Kapitel 3.2 die Beiträge identifiziert und analysiert. Um den Literaturanalyseprozess transparent zu gestalten, werden die bestehenden Beiträge thematisch untergliedert. Hierzu werden zunächst Beiträge zur Beschreibung und Typisierung von Business-Analytics vorgestellt, anschließend werden darüber hinausgehende Arbeiten zum Einsatz von Business-Analytics unter Berücksichtigung soziotechnischer Prinzipien aufgezeigt und analysiert. Zuletzt erfolgt in Kapitel 3.3 eine zusammenfassende Analyse der identifizierten und in der weiteren Untersuchung berücksichtigten Beiträge im Hinblick auf die definierten Ziele und die Forschungsfrage. Dies ermöglicht die Ableitung des weiteren Forschungsbedarfs.

3.1 Vorgehensweise und Kriterien für die Bewertung bestehender Beiträge

In diesem Unterkapitel wird nachfolgend zunächst ein geeignetes Vorgehen zur Auswahl und Bewertung bestehender Beiträge ausgewählt und vorgestellt. Anschließend werden verschiedene Kriterien, welche die Untersuchung der Quellen unter Berücksichtigung der in Kapitel 1.2 definierten Forschungsfrage und Zielsetzung unterstützen, definiert.

3.1.1 Vorgehen zur Auswahl und Bewertung bestehender Beiträge

Die Komplexität von Themengebieten in der Forschung nimmt im Zeitverlauf aufgrund der Detaillierung und Ausdifferenzierung ihrer Theorien und Methoden zu, dies äußert sich unter anderem in der steigenden Anzahl an Veröffentlichungen. (s. FETTKE 2006, S. 257) Der (*Systematic*) *Literature* Review (systematische Literaturrecherche und -analyse) bildet die Grundlage für die Zusammenfassung der bestehenden Erkenntnisse eines Themengebiets, um darauf basierend Forschungslücken in der aktuellen Forschung zu erkennen und strukturiert aufzuzeigen. Mithilfe des Reviews kann somit ein Rahmenwerk, welches den aktuellen Stand der Forschung wiedergibt, erstellt werden. In dieses lassen sich neue Erkenntnisse und Forschungsaktivitäten angemessen einordnen. (s. KITCHENHAM u. CHARTERS 2007, S. 3) Der *Systematic Literature* Review (SLR) gilt daher als die meistverwendete einzelne Forschungsmethode der Wissenschaft. In Konsequenz existiert eine Vielzahl an Guidelines und Vorgehensbeschreibungen zur Durchführung eines SLRs. (s. OKOLI 2015, S. 880) Für den in der Arbeit durchgeführten Review wird eine speziell für das Forschungsgebiet

Informationssysteme angepasste Methodik verwendet. Der Autor OKOLI (2015) identifiziert acht verschiedene Vorgehensmethoden zur Erstellung von SLR auf dem Gebiet der Informationssysteme. Diese berücksichtigen die besonderen Eigenschaften von Informationssystemen, zu welchen auch Business-Analytics-Systeme gezählt werden (s. Kapitel 2.1), indem Aspekte der Sozialwissenschaften, der Betriebswirtschaftslehre und der Computerwissenschaften mit ihren unterschiedlichen Review-Ansätzen integriert werden. Das vom Autor OKOLI (2015) entwickelte Vorgehen zur Erstellung eines eigenständigen SLR geht als Methodik für Forscherteams über den Umfang der Arbeit hinaus, allerdings würdigt er in besonderer Weise den Ansatz der Autoren VOM BROCKE ET AL. (2009) für dessen wissenschaftliche Strenge. (s. OKOLI 2015, S. 880 f.) Der Fünf-Phasen-Prozess der Autoren VOM BROCKE ET AL. (2009) ist zirkulär aufgebaut, um die stetige Weiterentwicklung des Forschungsgebiets und somit der kontinuierlich wachsenden Zahl an Veröffentlichungen zu berücksichtigen. (s. VOM BROCKE ET AL. 2009, S. 8) Das Vorgehen greift etablierte Methoden verschiedener Quellen auf und setzt diese in eine Abfolge (s. VOM BROCKE ET AL. 2009, S. 8 ff.). Die Autoren unterstreichen in einer weiteren Publikation die Wichtigkeit der Dokumentation des Such- und Analyseprozesses (s. VOM BROCKE ET AL. 2015, S. 218).

Das Vorgehen besteht aus fünf Phasen: Definition des Untersuchungsbereichs, Konzeptualisierung des untersuchten Forschungsbereichs, Literaturrecherche, Literaturanalyse und -synthese sowie Forschungsagenda. Die *erste Phase* dient der Definition des Untersuchungsbereichs. (s. VOM BROCKE ET AL. 2009, S. 8) Die Festlegung der Haupt- und Teilforschungsfragen sowie der Ziele ist bereits in Kapitel 1 erfolgt. Diese Festlegung der Ziele und des tieferliegenden Purpose identifizieren die Autoren COOPER ET AL. (2018) in einer Auswertung von Vorgehen zur Erstellung von SLR als essentiell (s. COOPER ET AL. 2018, S. 3). Die im SLR untersuchte Literatur ergibt sich aus einer Taxonomie des Autors COOPER (1988). Diese ermöglicht die Strukturierung und Eingrenzung der untersuchten Literatur. Sie besteht aus den sechs konstituierenden Merkmalen Fokus, Ziel, Perspektive, Abdeckung, Organisation und Zielgruppe. Die Merkmale umfassen unterschiedliche Ausprägungen in Form von Kategorien, welche zum Teil konträr sind (Kategorien der Merkmale Perspektive und Abdeckung), während andere kombiniert werden können (Kategorien der Merkmale Fokus, Ziel, Organisation und Zielgruppe). (s. COOPER 1988, S. 107 ff.) Die Charakteristika der untersuchten Literatur sind in Abbildung 3-1 dargestellt und werden nachfolgend detailliert.

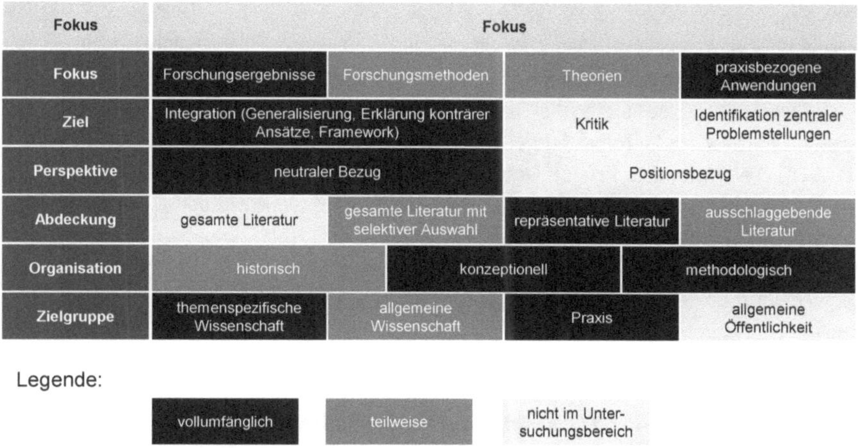

Abbildung 3-1: Darstellung der Charakteristika der in dem SLR untersuchten Literatur (eigene Darstellung i. A. a. COOPER 1988, S. 108)

Die Eingrenzung der im Rahmen des SLR untersuchten Literatur erfolgt unter Berücksichtigung der Zielsetzung und Forschungsfragen des Dissertationsvorhabens sowie des Forschungsschwerpunktes. Der *Fokus* der Untersuchung wird vor dem Hintergrund, dass die vorliegende Arbeit Probleme aus der Praxis adressiert, primär auf Forschungsergebnisse, -methoden und praxisbezogene Anwendungen gelegt. Der Fokus liegt hierbei häufig auf mehreren Kategorien und kann nicht trennscharf abgegrenzt werden (s. COOPER 1988, S. 108). *Ziel* der Literaturanalyse ist die Integration der bestehenden Forschungsliteratur, um den aktuellen Forschungsstand transparent darzulegen. Bei der Untersuchung der Literatur wird eine neutrale, nicht-wertende *Perspektive* eingenommen. Die Abdeckung der untersuchten Literatur ist sowohl repräsentativ als auch selektiv, da die Betrachtung aller potenziell relevanten Quellen zu umfangreich und wenig zielführend ist. Bei der *Organisation* der Themen wird primär konzeptionell vorgegangen, so dass Arbeiten, die sich auf dieselben abstrakten Ideen beziehen, zusammen erscheinen, oder methodologisch, so dass Arbeiten, die ähnliche Methoden verwenden, als Unterthemen gruppiert werden. Die *Zielgruppe* der Untersuchung ist die themenspezifische Wissenschaft im Kontext von Business-Analytics sowie Vertreter aus der Praxis.

In der *zweiten Phase* wird die Konzeptualisierung des untersuchten Forschungsbereichs vorgenommen. Die Autoren VOM BROCKE ET AL. (2009) stellen in dieser Phase die Sicherstellung eines einheitlichen Begriffsverständnisses heraus. Zudem empfehlen sie die Konkretisierung der Terminologie durch die Verwendung von Arbeitsdefinitionen. (s. VOM BROCKE ET AL. 2009, S. 9) In Kapitel 2 der vorliegenden Arbeit wird sowohl der untersuchte Forschungsbereich konzeptualisiert und abgegrenzt als auch die Terminologie durch die Ausarbeitung von Definitionen vereinheitlicht.

Die Ergebnisse der *dritten Phase*, die Literaturrecherche, werden in Kapitel 3.2 dokumentiert. Die Autoren VOM BROCKE ET AL. (2009) empfehlen für die Durchführung der Literaturrecherche die Verwendung und Benennung der untersuchten Datenbanken, das Aufzeigen der genutzten Schlagwörter sowie eine Vorwärts- und Rückwärtssuche, welche parallel zur Untersuchung der Quellen stattfindet (s. VOM BROCKE ET AL. 2009, S. 9 f.). Die Untersuchung von Datenbanken und Registern gewährleistet eine große Abdeckung an unterschiedlichen Quellen und Themenschwerpunkten. Die Literatursuche erfolgt nach Vorgehen der Autoren PAGE ET AL. (2021), welche mit der *PRISMA 2020*-Methodik ein Framework für Literaturanalysen bereitstellen. Sie stellt die Weiterentwicklung der *PRISMA 2009*-Methodik dar, welche sich mit über 60 000 Zitationen als ein Standardvorgehen in der Forschung etabliert hat (s. PAGE ET AL. 2021, S. 1). In der Arbeit wird die zu untersuchende Literatur maßgeblich über Datenbanken identifiziert, allerdings können über die von den Autoren VOM BROCKE ET AL. (2009) vorgeschlagene Vorwärts- und Rückwärtssuche der inkludierten Titel im letzten Schritt weitere Quellen direkt in die Analyse aufgenommen werden. (s. PAGE ET AL. 2021, S. 5) Das Vorgehen ist in Abbildung 3-2 dargestellt.

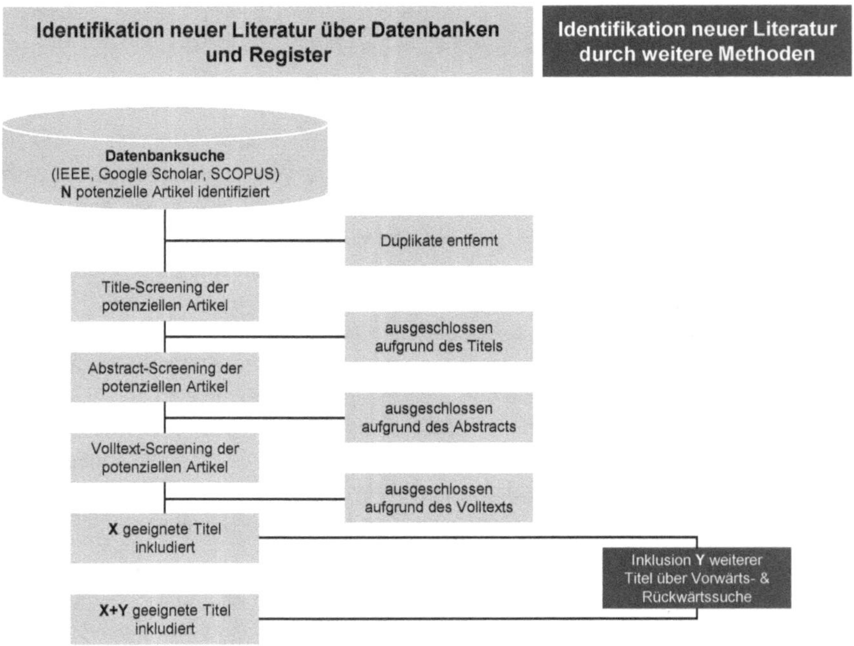

Abbildung 3-2: Literaturanalyseframework nach PRISMA (eigene Darstellung i. A. a. PAGE ET AL. 2021, S. 5)

Die Dokumentation der *vierten Phase* als Synthese und Analyse der Ergebnisse der Literaturrecherche findet sich in Kapitel 3.3. Für diese Phase wird eine Konzeptmatrix der Autoren WEBSTER U. WATSON (2002) empfohlen, da diese strukturiert und übersichtlich die Untersuchung und Bewertung der inkludierten Quellen ermöglicht und Forschungslücken transparent darstellt. (s. VOM BROCKE ET AL. 2009, S. 10) Für die Arbeit wird eine Konzeptmatrix, welche durch einzelne Analyseeinheiten erweitert wird, verwendet. (s. WEBSTER U. WATSON 2002, S. 17)

Die Überführung der Ergebnisse der Literatursynthese und -analyse in eine Forschungsagenda ist das Ziel der *fünften Phase*. Diese wird basierend auf der Konzeptmatrix von WEBSTER U. WATSON (2002) hergeleitet. Aufgrund des Wissens über potenzielle Forschungslücken ist sie handlungsleitend für die Kapitel 5 und 6.

3.1.2 Kriterien zur Auswahl und Bewertung bestehender Beiträge

Die Vorgehen nach VOM BROCKE ET AL. (2009), PAGE ET AL. (2021) und WEBSTER U. WATSON (2002) bilden die Grundlage für die Identifikation, Auswahl und Bewertung der Literatur. Gleichzeitig bedarf es für die Untersuchung inhaltlicher Kriterien: Die zu untersuchende Literatur wird in Bezug auf soziotechnische Gestaltungsinstrumente für den Einsatz von Business-Analytics analysiert.

Für die Auswahl und Bewertung wird die Analogiemethode eingesetzt. Bei dieser Technik zur Lösungssuche werden Ähnlichkeiten z. B. bezüglich der Form, Eigenschaften oder Funktionen von Phänomenen zwischen dem Betrachtungsobjekt und dem zu entwickelnden Objekt identifiziert und angewendet. (s. HABERFELLNER ET AL. 2018, S. 401) Ergebnis der Untersuchung können die nachfolgenden drei Sachverhalte sein (s. GILL 2004, S. 57):

- Die Ähnlichkeit ist vergleichbar und kann ohne wesentliche Veränderungen auf das zu entwickelnde Objekt angewendet werden.
- Die Ähnlichkeit ist nur bedingt vergleichbar und muss vor der Übertragung auf das zu entwickelnde Objekt modifiziert werden. Um den Modifizierungsbedarf zu bestimmen, wird die Ähnlichkeit weiter analysiert und danach wieder auf Übertragbarkeit geprüft. Dieser Vorgang wird so oft wiederholt, bis eine eindeutige Aussage bezüglich der Übertragbarkeit getroffen werden kann.
- Die Ähnlichkeit ist nicht vergleichbar und kann somit nicht übertragen werden. In diesem Fall muss die Funktion im zu entwickelnden Objekt neu entworfen werden.

Bei der Bewertung der bestehenden Ansätze wird eine Matrixdarstellung verwendet, welche einen Bezug zwischen dem Betrachtungsobjekt und dem zu entwickelnden Objekt aufzeigt. Dabei werden die einzelnen Betrachtungsobjekte in Bezug auf den Grad der Funktionserfüllung jeder einzelnen Anforderung bewertet, hierfür werden Kreisdiagramme (Harvey-Balls) verwendet. Der Grad der Funktionserfüllung wird hierbei anteilig durch die Anzahl der Kreissektoren als Teilwerte im Verhältnis zur Summe der Teilwerte beschrieben. Entsprechend der Funktionserfüllung wird in der Schlussforderung entschieden, ob die identifizierte Ebene sowie die Funktionen der Betrachtungsobjekte in die Konzeption des Entwicklungsobjekts einfließen. Somit kann in der Analogiebetrachtung sichergestellt werden, dass im Rahmen der Übertragung alle vorhandenen Erkenntnisse zur gezielten Entwicklung soziotechnischer Gestaltungsinstrumente für den Einsatz von Business-Analytics genutzt werden können.

Die definierten Kriterien können den beiden Dimensionen Objektbereich und Gestaltungsbereich zugeordnet werden. Anhand der Kriterien des Objektbereichs wird untersucht, ob bzw. inwiefern bestehende Beiträge den inhaltlichen Betrachtungsfokus erfüllen. Der Gestaltungsbereich zeigt auf, inwiefern aus den identifizierten Quellen und den entwickelten Modellen Gestaltungsempfehlungen gegeben werden. Zudem erfolgt eine Analyse in Bezug auf die Entwicklung der Modelle für einen bestimmten Kontext bzw. auf die generische Natur der Ergebnisse.

Zur Analyse und Bewertung des Objektbereichs der Literatur werden folgende Kriterien berücksichtigt:

- *Merkmale und Merkmalsausprägungen (technisch)*: Das Kriterium zeigt auf, ob in der Quelle Merkmale und Merkmalsausprägungen für die technische Beschreibung von Business-Analytics abgeleitet werden.
- *Merkmale und Merkmalsausprägungen (sozial)*: Das Kriterium beschreibt, ob in der Quelle Merkmale und Merkmalsausprägungen für den Einsatz von Business-Analytics aus sozialer Perspektive (z. B. Organisation und deren Mitarbeiter) betrachtet werden.
- *Typenbildung:* Mit diesem Kriterium wird geprüft, ob und inwiefern aus Merkmalen und Merkmalsausprägungen Kategorien oder Oberklassen in Form von Typen abgeleitet werden. Wird in der Quelle nur ein einzelner Typ, welcher durch seine speziellen Eigenschaften als solcher kenntlich gemacht wird, definiert und untersucht, gilt er als betrachtet.
- *Soziotechnische Systembetrachtung*: Das Kriterium der soziotechnischen Systembetrachtung bezieht sich darauf, inwiefern eine Betrachtung von technischen und sozialen Faktoren im Rahmen der soziotechnischen Systemtheorie stattfindet.
- *Wechselseitige Wirkbeziehungen (technisch-sozial):* Die Prüfung der wechselseitigen Wirkungsbeziehungen zeigt auf, ob Systemzusammenhänge zwischen technischen und sozialen Subsystemen untersucht werden.

Die Analyse des Gestaltungsbereichs bezieht sich auf den Fokus der Veröffentlichung. Dies beinhaltet die Untersuchung der erstellten Modelle im Hinblick auf Gestaltungsempfehlungen sowie ihre generische und kontextspezifische Entwicklung und Anwendbarkeit.

- *Gestaltungsempfehlungen*: Das Kriterium zeigt auf, ob und inwiefern Gestaltungsempfehlungen für Anwender des Modells gegeben werden. Die Unterstützung von Führungskräften in der Industrie liegt hierbei besonders im Fokus.
- *Generisch:* Modelle sind als generisch einzustufen, wenn sie für spezifische Anwendungsfälle in verschiedenen Szenarien anwendbar sind und nicht nur für

einzelne, fallspezifische Begebenheiten Gültigkeit haben. Die betrachtete Industrie ist hierbei nicht relevant.

- *Kontextspezifisch:* Die kontextspezifische Betrachtung der Forschungsliteratur zeigt auf, inwiefern das zu untersuchende Modell auf bestimmte Branchen bzw. Szenarien anwendbar ist oder eine bestimmte Branche im Fokus der Betrachtung steht.

Eine Zusammenfassung und Bewertung der bestehenden Beiträge erfolgen in den Kapiteln 3.2 und 3.3.

3.2 Überblick und Bewertung bestehender Beiträge

In diesem Kapitel wird ein Überblick über die Ergebnisse der dritten Phase der systematischen Literaturrecherche nach VOM BROCKE ET AL. (2009) gegeben. Aufbauend auf der in Kapitel 3.1 vorgestellten Vorgehensweise und den entwickelten Kriterien erfolgt in diesem Unterkapitel die Auswertung der untersuchten Forschungsarbeiten.

Für die Identifikation der Publikationen wurden die drei Datenbanken und Suchmaschinen Google Scholar, IEEE Xplore und Scopus verwendet. Diese generieren eine hohe Trefferzahl und bieten allgemein eine gute Zugänglichkeit. Innerhalb der verwendeten Suchmaschinen wurden insbesondere deutsche und englische Wortkombinationen verwendet. Die Analyse der Literatur wird in zwei Themenbereiche unterteilt. Der erste Themenschwerpunkt liegt auf der Beschreibung und Typisierung von Business-Analytics und wird in Unterkapitel 3.2.1 vorgestellt. Der zweite Teilbereich fokussiert Ansätze für den Einsatz von Business-Analytics unter Berücksichtigung soziotechnischer Prinzipien und wird in Unterkapitel 3.2.2 vorgestellt.

3.2.1 Beschreibung und Typisierung von Business-Analytics

Für die Untersuchung des ersten Teilbereichs wurden folgende Suchbegriffe in unterschiedlichen Kombinationen eingesetzt: „Business-Analytics“, „Business-Intelligence“, „Big Data“, „Types“ und „Typification“. Zudem wurden nach den Abkürzungen „BA“ und „BI“ gesucht und angrenzende Begriffe wie „Descriptive“, „Predictive“, „Prescriptive“ sowie die Teilbegriffe „Business“ und „Analytics“ in unterschiedlichen Zusammenhängen und Kombinationen in die Betrachtung aufgenommen. Daraus resultieren unterschiedliche Suchstrings inklusive Anwendung von Filtern, um gezielt die jüngsten Publikationen mit Relevanz für das untersuchte Thema zu finden. Insgesamt konnten 688 Quellen identifiziert werden. Diese wurden inhaltlich durch Title Screening, Abstract Screening sowie Lesen der Volltexte auf ihre tatsächliche Relevanz hin geprüft. Es wurden keine weiteren Quellen über eine Vorwärts- und Rückwärtssuche identifiziert. Das Ergebnis des Prozesses findet sich in Abbildung 3-3.

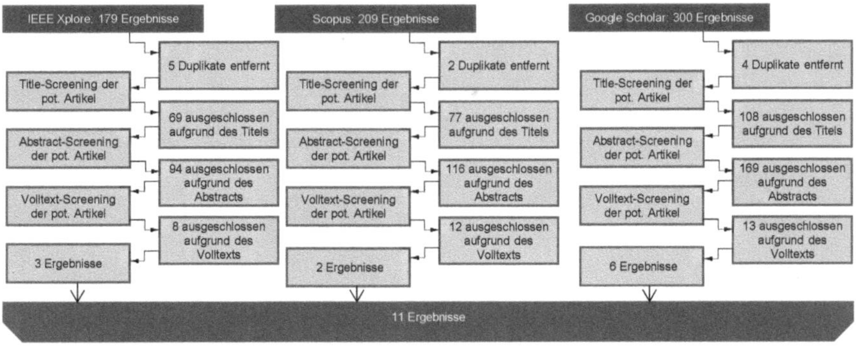

Abbildung 3-3: Vorgehen zur Identifikation und Auswertung von Publikationen zur Beschreibung und Typisierung von Business-Analytics (eigene Darstellung)

Nachfolgend werden die identifizierten und analysierten Publikationen im Detail (alphabetisch) vorgestellt.

AJAH U. NWEKE (2019)

Die Autoren AJAH U. NWEKE (2019) geben in ihrer Veröffentlichung einen Überblick über den Einsatz und die Wichtigkeit von Business-Analytics für Unternehmen. Die Autoren differieren vier Typen, diese unterscheiden sich voneinander in der Fragestellung, der Art der gewonnenen Information und dem entstehenden wirtschaftlichen Wert für das Unternehmen. Es werden hierbei vier unterschiedliche Typen gebildet: Descriptive, Diagnostic, Prescriptive und Predictive Analytics (s. AJAH U. NWEKE 2019, S. 7).

Descriptive Analytics basieren auf einfachen statistischen Techniken, beschreibenden Indikatoren (Standardabweichung, Mittelwert, Häufigkeitsverteilung, Wahrscheinlichkeitsverteilungen) und Visualisierungen mittels Graphen und Kurven. Das Ergebnis kann genutzt werden, um geschäftsbezogene Potentiale zu identifizieren. Diagnostic Analytics erweitern die Möglichkeiten der Descriptive Analytics mithilfe des Einsatzes von musterentdeckenden Verfahren um die Identifizierung von Beziehungen. Erst die Identifikation von Zusammenhängen kann die Frage nach dem „Warum", d. h. der Kausalität des Eintritts von Ereignissen, beantworten. Bei Prescriptive Analytics werden die Unternehmensressourcen auf die Handlungsoptionen mit dem größten marginalen Nutzen verteilt. Hierzu kommen fortgeschrittene mathematische Techniken und Tools des OR-Bereichs, aber auch das Wissen aus der Managementlehre zum Einsatz. Predictive Analytics wird von den Autoren im BA-Prozess erst nach Prescriptive Analytics gesetzt. Diese Anordnung differiert im Vergleich zu den nachfolgend aufgeführten Konzepten der anderen Autoren. Predictive Analytics setzt den Fokus auf die Zukunft und benutzt multivariate statistische Verfahren und fortgeschrittene Informationssysteme, um Trendaussagen zu treffen und Szenarien abzuleiten. Ergebnis ist die Vorhersage von Geschäftsmöglichkeiten, welche das Unternehmen zur Verbesserung von Produkten und Services nutzen kann. Ergebnis des BA-Prozesses ist die Steigerung der

Leistung(-sfähigkeit) der Organisation und des Unternehmenswerts. (s. AJAH U. NWEKE 2019, S. 7 f.) Eine Darstellung des Business-Analytics-Prozesses findet sich in Abbildung 3-4.

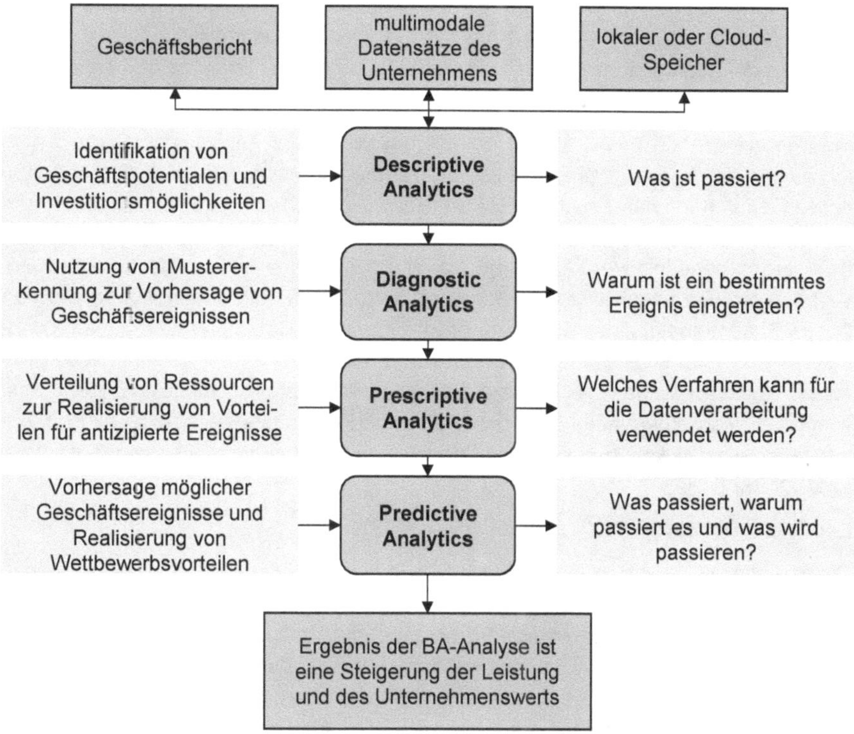

Abbildung 3-4: Business-Analytics-Prozess (eigene Darstellung i. A. a. AJAH U. NWEKE 2019, S. 8)

CAO ET AL. (2015)

Die Autoren CAO ET AL. (2015) untersuchen in ihrer Veröffentlichung aus informationstechnischer Sicht die Zusammenhänge zwischen Business-Analytics und der Effizienz des Entscheidungsprozesses. Basierend auf der Untersuchung von 740 Unternehmen erstellen die Autoren ein Strukturgleichungsmodell, mit welchem sie die vorgenannten Wirkungszusammenhänge analysieren. (s. CAO ET AL. 2015, S. 384) Nach der Definition der Autoren ist für den Einsatz von Business-Analytics eine große Datengrundlage (z. B. Big Data) erforderlich, auf welcher statistische und quantitative Analysen, erklärende und prädiktive Modelle sowie faktenbasiertes Management stattfinden. (s. CAO ET AL. 2015, S. 385)

Die Autoren detaillieren Business-Analytics mittels verschiedener Methoden. Es werden keine konsistenten Typen gebildet, vielmehr ordnen die Autoren 13 verschiedene

Methoden drei Faktoren zu. Dem ersten Typ ordnen sie vier Methoden (u. a. statistische Analysen, Geschäftsberichte und Prognosen) zu. Dem zweiten Typ, welcher als modellbasierte Business-Analytics bezeichnet wird, werden sechs Methoden (u. a. Optimierung, prädiktive Modellierung, interaktive Datenvisualisierung sowie Daten- und Textmining) zugeordnet. Dem dritten Typ, auch als weborientiertes Business-Analytics bezeichnet, werden drei Methoden (u. a. Social-Media-Analytics und Text-Audio-Video-Analysen) zugeordnet. (s. CAO ET AL. 2015, S. 389)

Im Ergebnis können die Autoren aufzeigen, dass Business-Analytics durch die Ermittlung eines datengesteuerten Umfelds die Datenverarbeitungsfähigkeit positiv beeinflussen. Dies hat einen positiven Einfluss auf die Entscheidungseffizienz. Durch den Einsatz von Business-Analytics kann somit ein Wettbewerbsvorteil gegenüber der Konkurrenz generiert werden. Grund hierfür ist u. a. eine bessere Datenerfassung, Webanalyse und anschließende Integration der gewonnenen Informationen aus den Daten. Zudem erfolgt eine interaktive Visualisierung der Daten und Erkenntnisse, welche die Analysen im Allgemeinen vereinfacht und besonders bei abteilungsübergreifenden Entscheidungen die Entscheidungsfindung positiv beeinflusst. Zudem lässt sich durch die Aufbereitung von Text-, Audio- und Videodaten ein besseres Kundenverständnis entwickeln und so die Nachfrage des Marktes optimal bedienen. (s. CAO ET AL. 2015, S. 393 f.)

DELEN U. RAM (2018)

Die Autoren DELEN U. RAM (2018) entwickeln in ihrer Veröffentlichung eine Taxonomie für Business-Analytics. Der Grund für den Einsatz von Business-Analytics liegt für die Unternehmen in der Beschreibung, Vorhersage und Optimierung der Unternehmensleistung. Die Autoren unterscheiden hierbei zwischen Analysen und Analytics. In deren Verständnis beinhaltet die Erstgenannte lediglich das Herunterbrechen größerer Probleme in kleinere Komponenten, um diese verständlich zu machen. Analytics hingegen umfasst die Gesamtheit an Methoden und Modellen sowie die Anwendung von Tools und Technologien zur Gewinnung neuer Erkenntnisse und für die Lösung komplexer Probleme. (s. DELEN U. RAM 2018, S. 2 f.) Die Taxonomie zur Darstellung der gebildeten Typen von Business-Analytics findet sich in Abbildung 3-5.

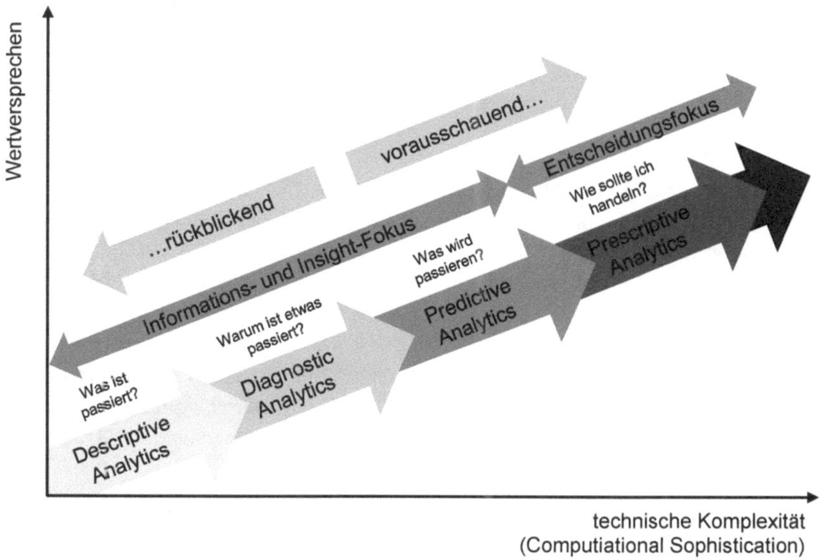

Abbildung 3-5: Taxonomie zur Charakterisierung von Business-Analytics (eigene Darstellung i. A. a. DELEN U. RAM 2018, S. 9)

In der Taxonomie wird zwischen vier Typen von Business-Analytics differenziert. Descriptive Analytics, welches die Autoren auch als Geschäftsberichte bezeichnen, werden häufig genutzt, um Geschäftsaktivitäten darzustellen. Die Autoren ordnen sowohl die Fragestellung „Was ist passiert?“ als auch die Echtzeitanalyse („Was passiert gerade?“) diesem Typ zu. Descriptive Analytics werden sowohl auf einer regulären Basis genutzt, um Momentaufnahmen des aktuellen Geschäftsgeschehen in einem fixen Zeitplan (bspw. monatliche Umsatzberichte) darzulegen, als auch für die kontinuierliche Bereitstellung von Informationen, z. B. in Form von Dashboards. Zusätzlich können sie zur Unterstützung von Entscheidungsträgern in spezifischen Entscheidungssituationen eingesetzt werden. (s. DELEN U. RAM 2018, S. 8)

Diagnostic Analytics wird als Erweiterung der Descriptive Analytics beschrieben, welche die Fragestellung „Warum ist etwas passiert?“ beantworten soll. Der Einsatz von erklärenden Datenanalysen über vorliegende Daten mithilfe von Tools wie Visualisierung, Data Discovery bzw. Mining soll zur Identifikation und Ermittlung von Problemen beitragen. Die Autoren ordnen die beiden zuvor genannten Analytics-Typen der Business-Intelligence zu, die beiden nachfolgend beschriebenen Typen Predictive und Prescriptive Analytics werden der Advanced Analytics zugerechnet. Mithilfe der Predictive Analytics sollen intelligente bzw. wissenschaftliche Vorhersagen über den zukünftigen Wert bestimmter Variablen getroffen werden. Die Autoren unterscheiden hierbei zwischen der kategorialen Variablen, deren Vorgang sie als Klassifizierung bezeichnen, und der Regression im anderen Falle. Prognosen mit zeitabhängigen

Variablen werden als Zeitreihenprognosen bezeichnet. Die Prescriptive Analytics unterstützen durch mathematische Modelle die Auswahl einer besten Handlungsalternative. Hierbei werden Optimierungs-, Simulations- und heuristikbasierte Entscheidungsmodellierungstechniken verwendet. (s. DELEN U. RAM 2018, S. 9 f.)

FRAZZETTO ET AL. (2019)

Die Autoren FRAZZETTO ET AL. (2019) fokussieren in ihrer Studie den aus ihrer Sicht in Zukunft wichtigsten Teilbereich von Business-Analytics, die Prescriptive Analytics. Sie beschreiben hierbei Business-Analytics als Instrument zur datengestützten Entscheidungsfindung. (s. FRAZZETTO ET AL. 2019, S. 575) Die Autoren unterscheiden insgesamt drei Typen von Business-Analytics. Diese differieren nicht nur in den verwendeten analytischen „Tools", sondern auch in der Form der Entscheidungsunterstützung. Bei der Bildung der Typen orientieren sie sich an den Ansätzen der Autoren ŠIKŠNYS U. PEDERSEN (2018) und HOLSAPPLE ET AL. (2014). Insgesamt werden drei Typen gebildet, diese dienen der Beantwortung verschiedener Fragestellungen. (s. FRAZZETTO ET AL. 2019, S. 577)

Aufbauend auf dieser Dreiteilung definieren die Autoren sechs verschiedene Aufgabenbereiche, welche sie den einzelnen Typen eindeutig zuordnen. Im Verständnis der Autoren bauen die einzelnen Typen aufeinander auf, wobei Prescriptive Analytics der am höchsten entwickelte Typ ist. Die einzelnen Aufgaben werden nachfolgend vorgestellt und anschließend den einzelnen Typen zugeordnet (s. FRAZZETTO ET AL. 2019, S. 577 f.).

- Datenspeicherung und Konsolidierung: Zunächst werden Daten als Enabler für spätere Analysen gesammelt und gespeichert. Die Daten werden anschließend auf Fehler und Unregelmäßigkeiten geprüft und bereinigt. Auf dieser Grundlage können bereits erste Erkenntnisse z. B. durch Data-Mining gewonnen werden.
- Treffen von entscheidungsgestützten Vorhersagen: Ziel der Phase ist die Durchführung erklärender Analysen zur Erkennung und Vorhersage von Trends auf Grundlage historischer Daten. Die Unterstützung erfolgt durch das System durch Anwendung von Machine-Learning-Techniken wie Zeitreihenanalysen oder Markov-Modellen.
- Identifikation von Entscheidungsalternativen: In diesem zweigeteilten Schritt sollen zunächst die Ziele, Regeln und limitierenden Faktoren der Entscheidungsaufgabe ausgearbeitet werden. Anschließend sollen alternative Entscheidungsoptionen unter Berücksichtigung der identifizierten Rahmenbedingungen identifiziert werden.
- Modellierung und Simulation von Entscheidungsalternativen: Vor der Auswahl einer Entscheidungsalternative müssen deren Auswirkungen und Konsequenzen detailliert werden. Dies erfolgt durch die Simulation des Systemverhaltens unter den – an die jeweilige Entscheidungsalternative angepassten – Rahmenbedingungen (s. Schritt 2).

- Auswahl eines optimalen Szenarios: Die Zusammenführung der einzelnen Schritte soll als Ergebnis die Auswahl einer optimalen Entscheidung aus verschiedenen Entscheidungsmöglichkeiten bzw. -alternativen herbeiführen.
- Durchführung der Analyse: Die Ausführung der Entscheidung schließt den Entscheidungsprozess, hierbei werden die resultierenden Konsequenzen und resultierenden Informationen gesammelt. Dies ist gleichzeitig der Ausgangspunkt für den iterativen Durchlauf des Gesamtprozesses.

Die einzelnen Schritte des Ablaufs und die Zuordnung zu den einzelnen Typen von Business-Analytics sind in Abbildung 3-6 dargestellt.

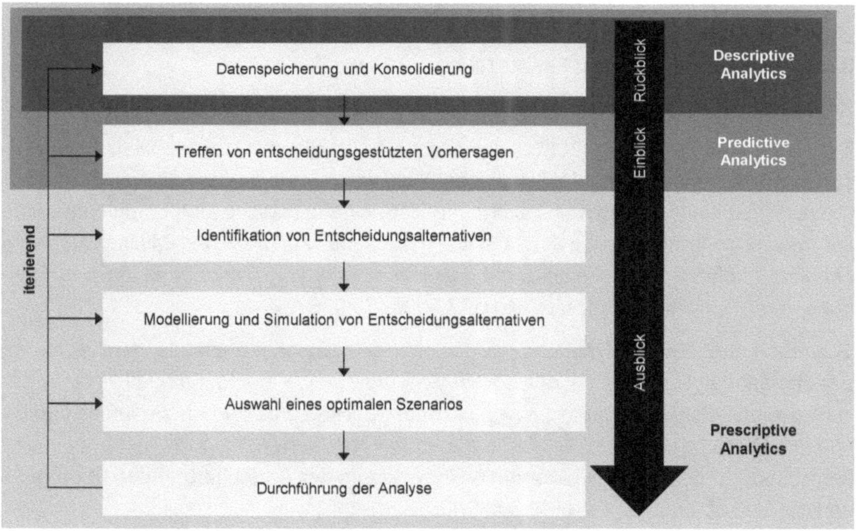

Abbildung 3-6: Schritte und Zuordnung zu Typen von Business-Analytics bei der Entscheidungsfindung (eigene Darstellung i. A. a. FRAZZETTO ET AL. 2019, S. 578)

Der in den Unternehmen am häufigsten verbreitete und der am meisten etablierte Business-Analytics-Typ ist die Descriptive Analytics. Die große Mehrheit der verfügbaren Tools, welche für Analytics genutzt werden, wird Descriptive Analytics zugeordnet. Der Schwerpunkt liegt in der Sammlung, Kategorisierung und Klassifizierung von Daten, gleichzeitig bieten Techniken zur Datenvisualisierung, Dashboards und statistische Analysen die Möglichkeit, den Ausgangspunkt des Entscheidungsprozesses zu detaillieren. Wichtige technische Weiterentwicklungen im Bereich des Data-Warehousings und beim Online Analytical-Processing (OLAP), einer Methode der analytischen Informationssysteme, sind wichtige Enabler für die Entscheidungsfindung und die Weiterentwicklung von Business-Analytics. (s. FRAZZETTO ET AL. 2019, S. 578)Das übergeordnete Ziel von Predictive Analytics ist die Unterstützung der Planung und Entscheidungsfindung, indem der Prozess nicht nur auf die Vergangenheit, sondern auch auf die Zukunft modelliert wird. Im Fokus steht beispielsweise das Treffen von Aussagen über die Wahrscheinlichkeit des Eintretens zukünftiger Ereignisse. Darüber hinaus sollen sich in Zukunft wiederholende Muster identifiziert und Beziehungen zwischen zukünftigen Ereignissen vorhergesagt werden. (s. FRAZZETTO ET AL. 2019, S. 578 f.)

Die Aufgaben 3-6 gehören alle zum Bereich der Prescriptive Analytics und bilden somit den nach Schritten umfangreichsten Typen. Auf Grundlage der Analyse der Vergangenheit (Descriptive Analytics) und der Basis der Vorhersage zukünftiger Entwicklungen (Predictive Analytics) soll aktiv die beste Entscheidungsoption vorgeschlagen werden. Somit wird im Vergleich zu den anderen Typen nicht nur die Identifikation von Problemen und Möglichkeiten, sondern auch der Vorschlag für die beste Entscheidungsmöglichkeit bestimmten Zielen entsprechend und unter spezifischen Rahmenbedingungen ermöglicht. (s. FRAZZETTO ET AL. 2019, S. 579)

KO U. GILLANI (2020)

Die Autoren KO U. GILLANI (2020) entwickeln eine Taxonomie, um die vielfältigen Forschungsstränge im Themenfeld Business-Analytics zu strukturieren. Hierzu erarbeiten sie zunächst einen Ansatz zur Taxonomie-Entwicklung, welche sich durch eine semiautomatisierte Methodik und Ansätze wie Inhaltsanalysen und Text-Mining auszeichnet. Anschließend entwickeln sie mit dieser Methodik eine Taxonomie zur Beschreibung von Business-Analytics. (s. KO U. GILLANI 2020, S. 97)

Basierend auf der Analyse von 15 Taxonomien, welche ebenfalls dem späteren Benchmarking dienen sollen, entwickeln die Autoren eine mehrschrittige Methodik zur semiautomatisierten Erstellung einer Taxonomie. Hierzu definieren sie sechs Hauptphasen. Diese bestehen in der Vorbereitung, der Visualisierung, dem Text-Mining und dem Clustern, der initialen Taxonomie-Entwicklung, der Anreicherung der Taxonomie und der Validierung. (s. KO U. GILLANI 2020, S. 107 ff.)

Ergebnis der Anwendung ist die Erstellung einer Taxonomie für Business-Analytics. Die Autoren definieren drei Business-Analytics-Typen: Bei Descriptive Analytics ist das Geschäftsproblem im Vorfeld bereits klar definiert, Ziel ist die Herstellung von Transparenz zu vergangenen bzw. gerade stattfindenden Ereignissen. Die zugrundeliegenden analytischen Methoden umfassen u. a. Geschäftsberichte, Online-Analytical-Processing (OLAP), Dashboards, Scorecards, Business-Performance-Management, Data Warehousing-Technologien, Data-Marts, Datenqualitätslösungen und visuelle Analysen. In letzter Zeit haben diese aufgrund der schnellen Entwicklung und der Verbreitung von Self-Service-Lösungen an Bedeutung gewonnen. (s. KO U. GILLANI 2020, S. 111) Predictive Analytics hat die Vorhersage zukünftiger Ereignisse und die Untersuchung der zu dem Ereignis führenden Kausalketten zum Ziel. Aus Sicht der Autoren können somit Methodengruppen, welche die Auswertung historischer Daten zum Ziel haben, um eine spezifische Zielvariable für die Zukunft zu definieren, diesem Typ zugeordnet werden. Die analytischen Methoden von Predictive Analytics umfassen statistische Modelle, Machine Learning, Daten-, Web- und Text-Mining- und Vorhersagemethoden wie Regressionen oder künstliche neuronale Netze (KNN). (s. KO U. GILLANI

2020, S. 112) Bei Prescriptive Analytics wird versucht, verschiedene Handlungsoptionen zu untersuchen, um die bestmögliche Geschäftsentscheidung zu treffen. Entscheidungsprobleme in der realen Welt sind in der Regel komplex, semi-strukturiert oder unstrukturiert, wobei die Entscheidungsträger gleichzeitig alle relevanten Faktoren berücksichtigen müssen, die mit dem Problem zusammenhängen. Hierzu wird das Multiple-Criteria-Decision-Making, das sich mit der Entwicklung und Implementierung von Entscheidungsunterstützungswerkzeugen und -methoden befasst, um komplexe Entscheidungsprobleme zu bewältigen, die mehrere Kriterien, Ziele oder Zielsetzungen konkurrierender Natur beinhalten, verwendet. Das Ziel besteht hier darin, eine Entscheidung oder eine Empfehlung für eine bestimmte Aktion zu liefern. Typische Technologien dieser Kategorie sind Expertensysteme, Simulationen und Entscheidungsunterstützungssysteme. (s. KO U. GILLANI 2020, 113 f.) Eine Zuordnung der verschiedenen Methoden zu den Typen von Business-Analytics ist in Abbildung 3-7 dargestellt.

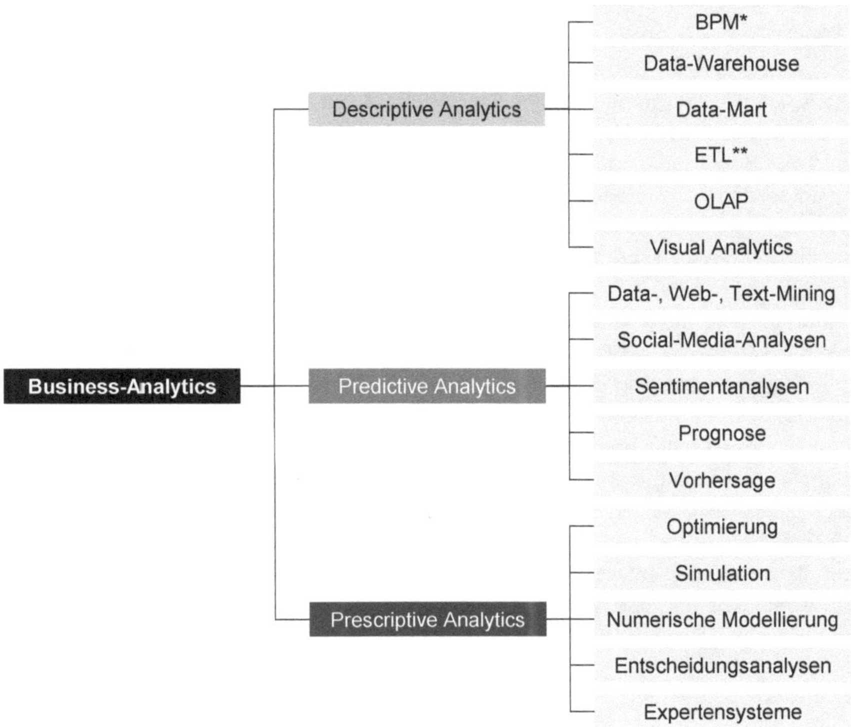

*BPM: Business Process Management; **ETL: Extraction, transformation and loading;

Abbildung 3-7: Taxonomie zur Einordnung verschiedener Business-Analytics-Methoden und Techniken (eigene Darstellung i. A. a. KO U. GILLANI 2020, S. 112)

Die Autoren aktualisieren die in Abbildung 3-7 dargestellte Taxonomie anschließend mit einem Text-Mining-Werkzeug. Eine Erweiterung der Taxonomie findet allerdings nicht statt; die Autoren können jedoch gleichzeitig eine hohe Validität ihrer Taxonomie-Entwicklungsmethode aufzeigen. (s. KO U. GILLANI 2020, S. 116 ff.)

KRECHTING (2020)

Der Autor KRECHTING (2020) entwickelt in seiner Dissertationsschrift ein Entscheidungsmodell zur Unterstützung von Unternehmen bei der Auswahl einer geeigneten und für den Anwendungsfall wirtschaftlichen Methode. (s. KRECHTING 2020, S. 3) Das Entscheidungsmodell umfasst hierbei die drei Perspektiven Business-Analytics-Methoden, Adäquanz und Wirtschaftlichkeit. Mit einer geeigneten Fragestellung und den verfügbaren Daten soll unter Berücksichtigung verschiedener Rahmenbedingungen (z. B. Organisation, Prozess, Personen, Technologie) eine geeignete Methode vorgeschlagen werden. (s. KRECHTING 2020, S. 89 ff.)

In der Perspektive Business-Analytics-Methoden soll über den Input der Daten und der Fragestellung unter Berücksichtigung des Anwendungsbereichs eine geeignete Methode identifiziert werden. Hierbei müssen laut Autor die Dimensionen Personen, Technologie, Organisation und Prozess berücksichtigt werden. In der Literatur divergiert das Begriffsverständnis und die Zuordnung unterschiedlicher Analysemethoden zu unterschiedlichen Klassen (s. KRECHTING 2020, S. 69). Die Klassen von Methoden werden in der Dissertationsschrift nach PETERSOHN (2009) gebildet, diese sind Klassenbildung, Assoziation, Klassifizierung, Zeitreihen und Optimierung. (s. KRECHTING 2020, S. 90) Auf dieser Grundlage entwickelt der Autor einen morphologischen Kasten, um die Kriterien und Kriterienausprägungen der Methodenauswahl zu beschreiben. Hierbei werden die vier Dimensionen Analysefragestellung, Analyseergebnis, Datengrundlage und spezielle Elemente differenziert. Es werden insgesamt 12 Merkmale zur Detaillierung der einzelnen Dimensionen gebildet, die einzelnen Merkmale und Ausprägungen sollen dem Data-Scientist eine Hilfestellung bei der Auswahl einer geeigneten Methode geben. (s. KRECHTING 2020, S. 93 ff.) Insgesamt wird ein übergeordnetes Klassifikationsschema entwickelt, um Praktikern eine Hilfestellung für den Einsatz verschiedener Business-Analytics-Methoden zu geben. Eine Typenbildung findet nicht statt. Die entwickelte Morphologie mit Kriterien und Kriterienausprägungen zur Methodenauswahl ist in Abbildung 3-8 dargestellt.

Bereich	Merkmal	Ausprägungen							
Analysefrage-stellung	Fragetyp	descriptive	diagnostisch	predictive	prescriptive				
	Ansatz	konfirmatorisch	explorativ						
	Aufgabe	redu-zieren	klassi-fizieren	asso-zieren	differen-zieren	segmen-tieren	prognos-tizieren	simul-ieren	opti-mieren
Analyse-ergebnis	Ausgabewert	deterministisch	stochastisch						
	Skalierung	nominal	ordinal	metrisch					
	Nachvollzieh-barkeit	nachvollziehbar	nicht nachvollziehbar						
Datengrundlage	Datentyp	nominal	ordinal	metrisch	Text	Audio	Bild		
	Personenbezug	nicht personenbezogen	personenbezogen						
	Dimension	niedrigdimensional	hochdimensional						
	Linearität	nicht linear	linear						
spezielle Elemente	Clusteranzahl	nachvollziehbar	nicht nachvollziehbar						
	Label	ungelabelt	gelabelt						

Abbildung 3-8: Morphologie zur Beschreibung von Business-Analytics-Methoden (eigene Darstellung i. A. a. KRECHTING 2020, S. 117)

Die beiden Perspektiven Adäquanz und Wirtschaftlichkeit nutzen die gleichen Rahmenbedingungen Daten und Fragestellung als Input sowie die geeignete Methode als Output. Der Anwendungsbereich ist analog zur Perspektive Business-Analytics-Methoden. Die Perspektive Adäquanz soll hierbei die Analysefragestellung und -ziel sowie die Datengrundlage berücksichtigen. Bei der Perspektive Wirtschaftlichkeit werden der Nutzen und der Aufwand des Methodeneinsatzes betrachtet.

Insgesamt wird unter Anwendung der Perspektiven ein Entscheidungsmodell aufgebaut, welches die Auswahl und wirtschaftliche Bewertung von mathematischen Methoden zur Lösung einer Fragestellung unter Berücksichtigung der Datengrundlage unterstützt (s. KRECHTING 2020, S. 137 ff.).

LEPENIOTI ET AL. (2020)

Die Autoren LEPENIOTI ET AL. (2020) ermitteln basierend auf einer systematische Literaturrecherche einen starken Trend zu Prescriptive Analytics, diese werden durch große technologische Weiterentwicklungen möglich gemacht. (s. LEPENIOTI ET AL. 2020, S. 65) Die Autoren definieren drei Typen von Business-Analytics. Dem Typ Descriptive Analytics ordnen sie sowohl die Fragestellungen „Was ist geschehen?“ und „Was geschieht jetzt?“ zu, darüber hinaus ist der Typ Diagnostic Analytics ebenfalls Teil der Descriptive Analytics. (s. LEPENIOTI ET AL. 2020, S. 57) Der Predictive Analytics ordnen sie die Fragestellungen „Was wird in Zukunft passieren?“ und „Warum wird es passieren?“ zu. Die Prescriptive Analytics hingegen sollen die Fragestellungen „Was soll ich entscheiden?“ und „Warum soll ich mich so entscheiden?“ beantworten. (s. LEPENIOTI ET AL. 2020, S. 57 f.)

Die Autoren untersuchen die Abhängigkeiten der einzelnen Typen, hierzu analysieren sie insbesondere die verwendeten Methoden bei Predictive und Prescriptive Analytics. Das Ergebnis der Abgrenzung findet sich in Abbildung 3-9.

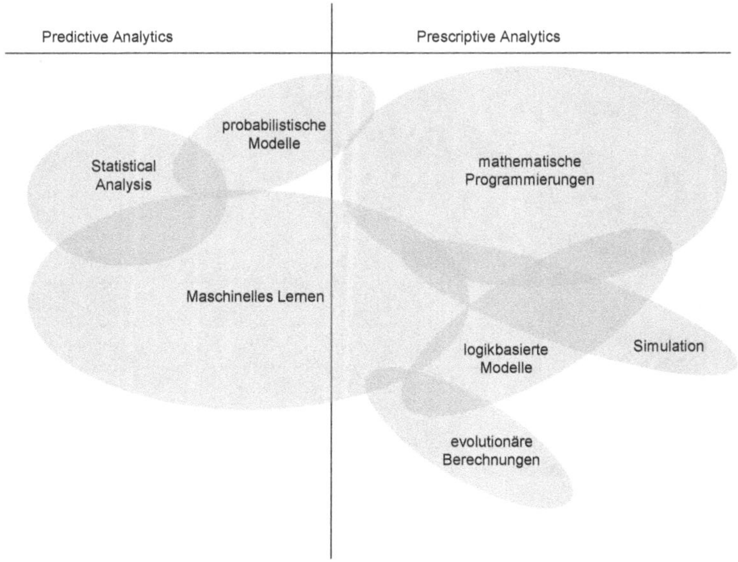

Abbildung 3-9: Nutzung von typspezifischen Methoden beim Einsatz von Business-Analytics (eigene Darstellung i. A. a. LEPENIOTI ET AL. 2020, S. 62)

Grundlage aller Analysen bildet der Typ Descriptive Analytics. Durch diese werden Muster in den gesammelten Daten erkannt. (s. LEPENIOTI ET AL. 2020, S. 58) Bei den Predictive Analytics wird insbesondere mit Methoden wie „Data Mining", „Machine Learning", „Probalistic Models" sowie „Statistical Analysis" ein Output in Form von Prognosen beziehungsweise Szenarien mit den dazu gehörigen Wahrscheinlichkeiten erzeugt. Dieser Output stellt gleichzeitig eine Eingangsgröße für die Prescriptive Analytics dar. Mit dem Einsatz Künstlicher Intelligenz, „Optimization Algorithms" und probabilistischen Systemen wird die Erstellung von adaptiven, automatisierten, zeitabhängigen und effizienten Handlungsalternativen möglich. (s. LEPENIOTI ET AL. 2020, S. 59 ff.)

MEHANNA ET AL. (2018)

Die Autoren MEHANNA ET AL. (2018) zeigen unterschiedliche Anwendungsfelder von Business-Analytics auf. Den Anwendungsfeldern ordnen sie unterschiedliche Typen von Business-Analytics zu, hierbei bauen die Autoren auf Vorarbeiten von LANQUILLON U. MALLOW (2015) auf. (s. MEHANNA ET AL. 2018, S. 502) Für das erste Anwendungsfeld Analyse definieren sie drei Typen von Business-Analytics: zum Ersten der Typ Descriptive Analytics, welchen die Autoren als klassisches Reporting beschreiben und das Ziel der rückblickenden Beantwortung betrieblicher Fragestellungen unterstützen soll. Zum Zweiten wird der Typ Diagnostic Analytics definiert, mit welchem Aussagen über die Ursachen des Geschehenen getroffen werden sollen. Der dritte Typ Real-time Analytics dient der Beobachtung und Auswertung aktueller Geschehnisse in der operativen Steuerung. (s. MEHANNA ET AL. 2018, S. 503) Im Anwendungsfeld Forecast definieren die Autoren den Typ Predictive Analytics. Dieser beschreibt die Prognose betrieblicher Kennzahlen, welcher sich insbesondere durch eine datenbasierte, quantitativ-statistische Untersuchung der Zusammenhänge von traditionellen Methoden abgrenzt. (s. MEHANNA ET AL. 2018, S. 503 f.) Für die Anwendungsfelder Optimierung und Simulation definieren die Autoren den Typ Prescriptive Analytics. Dabei werden Ansätze beschrieben, bei denen konkrete Maßnahmen empfohlen, bzw. im Extremfall direkt automatisiert ausgeführt werden. Daten werden hierbei kontinuierlich nach Optimierungspotenzialen durchsucht. (s. MEHANNA ET AL. 2018, S. 505) Im letzten Anwendungsfeld Radar wird kein neuer Typ definiert, vielmehr greifen die Autoren auf die im Anwendungsfeld Analyse definierten Typen zurück, im Vordergrund steht dabei das explizite Hervorheben der Integration externer Erkenntnisse. (s. MEHANNA ET AL. 2018, S. 506) Die Darstellung der einzelnen Typen von Business-Analytics mit der Zuordnung zum Grad der Komplexität sowie des steigenden potentiellen Nutzens für das Unternehmen findet sich in Abbildung 3-10.

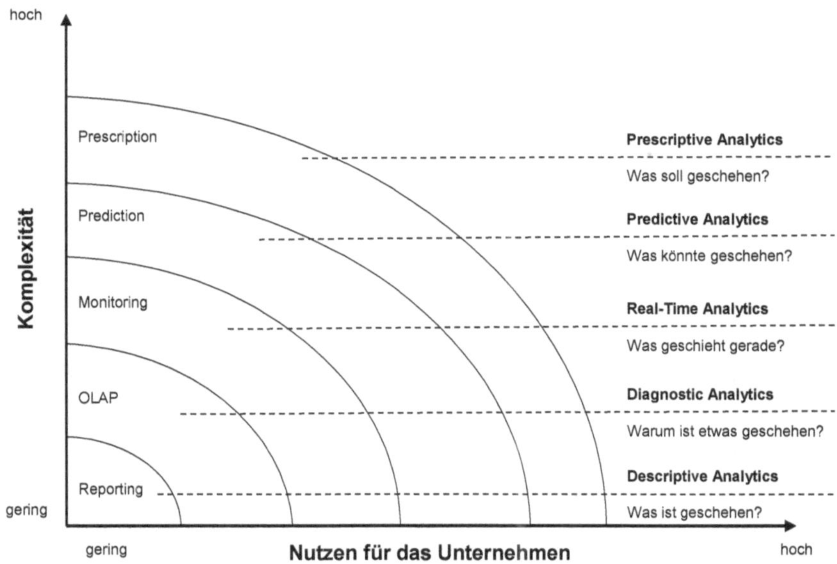

Abbildung 3-10: Fünf Typen von Business-Analytics (eigene Darstellung i. A. a. MEHANNA ET AL. 2018, S. 503)

SHARDA ET AL. (2013)

Die Autoren SHARDA ET AL. (2013) definieren in ihrer Veröffentlichung unterschiedliche Typen von Business-Analytics und zeigen neun unterschiedliche Rollen eines Business-Analytics-Ökosystems auf, welche aus technischer Sicht zur Umsetzung von Business-Analytics-Projekten notwendig sind. (s. SHARDA ET AL. 2013, S. 171)

Die Autoren untergliedern Business-Analytics in drei Typen: Der Typ Reporting Analytics bzw. Descriptive Analytics soll beschreiben, was zur Zeit der Analyse passiert. Dabei sollen Unternehmen unterstützt werden, zugrundeliegende Trends und Ursachen für die Geschehnisse zu verstehen. Dies umfasst u. a. die Sammlung von Daten und die Sortierung der relevanten Daten, welche sich für ein darauffolgendes Reporting und Analyse eignen. Dabei werden verschiedene Reports, Warnungen und Statistiken erstellt, Visualisierungstools spielen dabei eine wichtige Rolle. (s. SHARDA ET AL. 2013, S. 174) Das aus Sicht der Autoren am stärksten wachsende Feld ist dem Typ Predictive Analytics zuzuordnen, bei diesem sollen zukünftige Ereignisse identifiziert werden. Hierfür werden statistische Methoden und weitere Techniken wie Data Mining verwendet. (s. SHARDA ET AL. 2013, S. 174 f.) Der Typ Prescriptive Analytics grenzt sich im Vergleich von den anderen Typen durch seine deutlich größere Komplexität ab. Aus Sicht der Autoren kann hierbei zum einen die Optimierung von Prozessen unter Berücksichtigung der Identifikation aktueller Trends und Erstellung der Vorhersagen und Forecasts zugeordnet werden. Zum anderen können dem Typen die Analyse von Entscheidungen unter Berücksichtigung einer Vielzahl von Zielen zugeordnet werden. Nicht zuletzt können Techniken und Methoden für Entscheidungsempfehlungen und automatisierte Entscheidungen diesem Typ zugeordnet werden. Daher wird Predictive Analytics auch Decision oder Normative Analytics genannt. (s. SHARDA ET AL. 2013, S. 175)

Die von den Autoren definierten Rollen werden in der Arbeit an dieser Stelle nicht weiter ausgeführt, da sie für die technische Beschreibung von Business-Analytics nicht direkt relevant sind. Unter Verwendung des „*Cross-industry standard process for Data Mining*"(CRISP-DM)-Vorgehens, welches von den Autoren FAYYAD ET AL. (1996) erstmals entwickelt und anschließend in der Wissenschaft und Industrie kontinuierlich weiterentwickelt wurde, werden mehrere Usecases durchgeführt und das große Potential insbesondere von Predictive Analytics aufgezeigt. (s. SHARDA ET AL. 2013, S. 177 ff.)

SOLTANPOOR U. SELLIS (2016)

Die Autoren SOLTANPOOR U. SELLIS (2016) entwickeln ein Framework für die Nutzung von Business-Analytics. In diesem werden die drei Typen Descriptive, Predictive und Prescriptive Analytics integriert. (s. SOLTANPOOR U. SELLIS 2016, S. 245) Descriptive Analytics stellt die Extraktion von Informationen aus Rohdaten dar. Die Autoren zählen das Feld der Diagnostic Analytics ebenfalls zu diesem Typ. Die Nutzung von Predictive Analytics hat die Erstellung von Prognosen bzw. Extrapolationen zum Ziel. Die Ergebnisse der Descriptive Analytics bilden hierbei die Basis. Mithilfe von historischen Daten sollen bestimmte Muster erkannt und definiert werden. Die Erkennung von Anomalien bzw. Mustern soll zukünftige Chancen bzw. Risiken frühzeitig aufzeigen. Ein kritischer

Faktor für die Genauigkeit der Ergebnisse sind hierbei die Quantität und Qualität der Daten. Predictive Analytics setzen große Mengen an Informationen voraus, um einen signifikanten Mehrwert für das Unternehmen zu erzielen. Somit ist ohne eine erfolgreiche Implementierung von Descriptive Analytics kein Mehrwert von Predictive Analytics möglich. Prescriptive Analytics besteht für die Autoren aus der Erweiterung von Predictive Analytics um die Empfehlung für einen oder mehrere Handlungsabläufe inkl. Darstellung der wahrscheinlichsten Ergebnisse und Einflüsse von einzelnen Handlungsempfehlungen. (s. SOLTANPOOR U. SELLIS 2016, S. 247) Die Zusammenhänge zwischen den einzelnen Typen beschreiben sie in ihrem Konzeptmodell, welches in Abbildung 3-11 dargestellt ist.

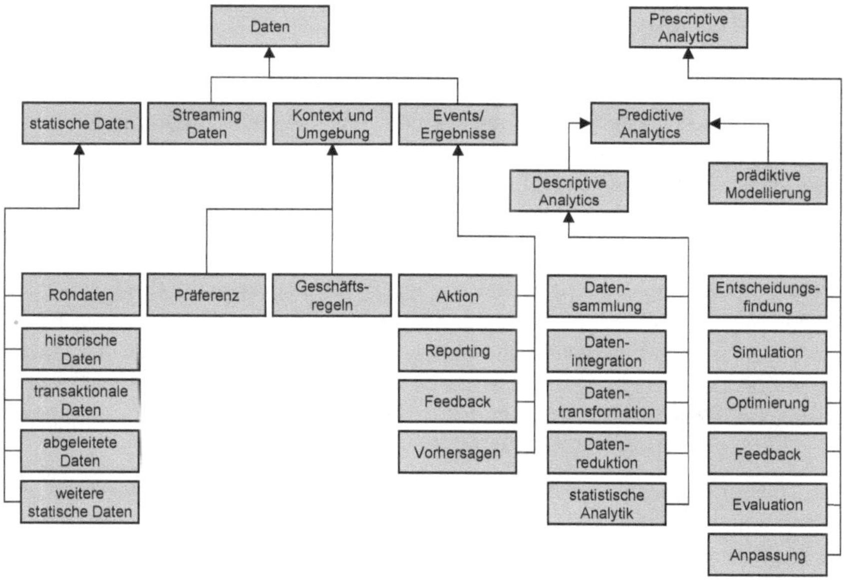

Abbildung 3-11: Konzeptmodell Business-Analytics (eigene Darstellung i. A. a. SOLTANPOOR U. SELLIS 2016, S. 253)

In dem Konzeptmodell zeigen die Autoren neben dem Zusammenhang zwischen den zuvor definierten Typen von Business-Analytics die Möglichkeit auf, wie heterogene Daten aus unterschiedlichen Quellen integriert werden müssen, um als Gesamtergebnis den Einsatz von Prescriptive Analytics zu ermöglichen. Hierbei empfehlen sie, auf Datenebene sowohl statische Daten, welche sie in unterschiedliche Typen unterteilen, Streaming Data, als auch weitere Kontextdaten sowie die Ergebnisse vorheriger Analysen zu integrieren. Die einzelnen Typen von Business-Analytics gliedern sie ebenfalls in die einzelnen Teilschritte auf, um am Ende eine optimale Entscheidungsunterstützung zu ermöglichen. (s. SOLTANPOOR U. SELLIS 2016, S. 252 ff.)

WEBER (2020)

Der Autor WEBER (2020) erklärt, dass Business-Analytics sowohl für einfache Berichte als auch für fortschrittlichste Optimierungstechniken und Entscheidungsunterstützung genutzt werden kann. Dabei teilt der Autor Business-Analytics grundsätzlich in drei große Kategorien: Descriptive, Predictive und Prescriptive Analytics. (s. WEBER 2020, S. 8)

Descriptive Analytics zielt darauf ab, Fakten und Zahlen in verständlicher Form zusammenzufassen und darzustellen (Modelle, Grafiken, Diagramme). Hierbei werden zwei primäre Techniken verwendet, um vergangene Ereignisse zu ermitteln: „Data-Mining" und Datenaggregation. Das Ziel dabei ist die Darstellung der historischen Daten in einem leicht vermittelbaren Format für eine breite Zielgruppe, meist bestehend aus Anwendern. Inhaltlich handelt es sich regelmäßig um die Darstellung von Geschäftstätigkeiten, Umsätzen, Finanzberichten, Kunden und Interessengruppen eines Unternehmens. Die leichte Verständlichkeit des Formats spielt dabei insbesondere für die Akzeptanz bei den Nutzern eine entscheidende Rolle. Daher ist Descriptive Analytics eine historische Darstellung der vergangenen Daten, die sich für den Einsatz bei den statistischen Berechnungen eignet. (s. WEBER 2020, S. 8 f.)

Predictive Analytics hat einige Überschneidungen mit Statistik, gleichzeitig grenzt der Autor die beiden Felder insbesondere im Hinblick auf das Vorliegen eines Optimums und den Modellzweck ab. Während die Statistik theoriegetrieben ist und mit kleinen Datenmengen sowie der Verifikation von Hypothesen den Fokus auf das Modell selbst legt, stehen bei Predictive Analytics die Daten im Vordergrund, mit welchen wenig strukturierte Geschäftsprobleme durch Entscheidungsunterstützungen beeinflusst werden sollen. (s. WEBER 2020, S. 9 ff.)

Prescriptive Analytics unterstützt den Nutzer durch die Vorhersage einer Kette von Ereignissen und schlägt hierzu eine optimale Lösungsalternative vor. Die Empfehlung und das Aufzeigen von Handlungsoptionen geht durch den Umfang an verwendeten Techniken und Werkzeugen wie Algorithmen, Methoden des Maschinellen Lernens und der Künstlichen Intelligenz sowie Modellierungsverfahren weit über die Umfänge der anderen Typen hinaus. Aufgrund der Komplexität ist der Einsatz insbesondere bei großen Unternehmen verbreitet, welche bei erfolgreicher Nutzung einen großen Einfluss auf die Wettbewerbsfähigkeit haben. (s. WEBER 2020, S. 11 f.)

Ein zentraler Bestandteil der Veröffentlichung ist die Entwicklung eines Frameworks zur Nutzung von Business-Analytics, welches in Abbildung 3-12 dargestellt ist. Dieses zeigt ohne direkte Zuordnung zu den einzelnen Typen von Business-Analytics die technischen Elemente zur Durchführung von Business-Analytics-Projekten. (s. WEBER 2020, S. 12 ff.) Grundsätzlich gilt, dass in negativer Richtung entlang der Ordinatenachse die Komplexität immer höher wird. Der Autor ordnet insbesondere den technologisch komplexen Elementen die Typen Predictive und Prescriptive Analytics zu. (s. WEBER 2020, S. 18 f.)

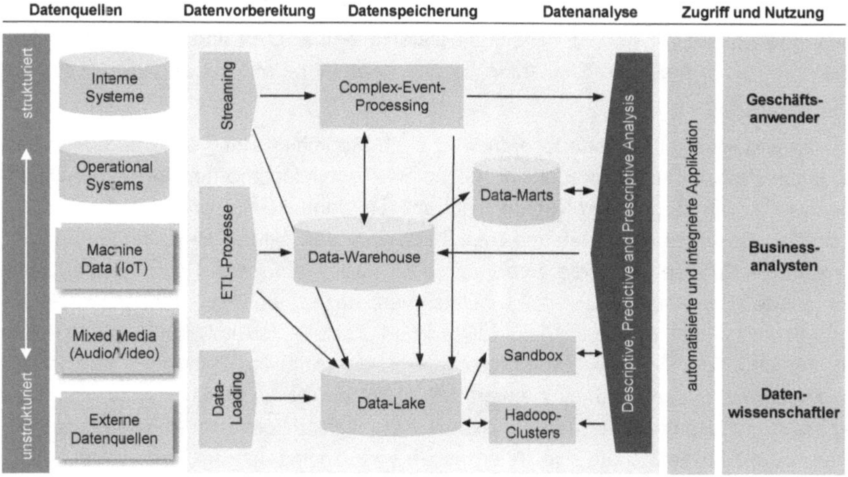

Abbildung 3-12: Business-Analytics-Framework (eigene Darstellung i. A. a. WEBER 2020, S. 13)

Das Technologieframework vereint als technischer Ordnungsrahmen verschiedene Frameworks (s. WEBER 2020, S. 12). Die Autoren WATSON U. WIXOM (2007) unterteilen Technologieframeworks in zwei Hauptaktivitäten, den Dateneingang und -ausgang (s. WATSON U. WIXOM 2007, S. 97). Der Dateneingang wird hierbei traditionell als Data-Warehousing bezeichnet. Dieser beinhaltet die Übertragung und Speicherung von Daten aus einer Reihe von Quellsystemen in ein integriertes Zielsystem, das Data-Warehouse. Diese Quellsysteme enthalten Daten verschiedener Struktur und Form. Im BA-Technologieframework sind die verschiedenen Quellsysteme unter „Datenquellen" visualisiert. Diese Quellen können innerhalb des Unternehmens liegen, von einem externen Datenanbieter bereitgestellt werden oder von einem Geschäftspartner stammen. (s. WEBER 2020, S. 13)

Sowohl Informationstechnologien als auch die Methoden von Informationssystemen haben das Data Warehouse und dessen funktionsspezifische Teilmengen (Data-Marts oder auch Datenbankserver) als Kernelement (s. ARORA 2019, 17). Das Data-Warehouse speichert die Daten funktionsunabhängig in reiner Form. Die Speichersysteme sind im BA-Technologieframework unter „Datenspeicherung" abgebildet. Auf den Data-Marts findet eine statistische Analyse und Reporterstellung mithilfe von Online Analytical Processing und der Structured Query Language statt. In einem Data-Mart werden meist Daten zusammengefasst, die sich auf bestimmte Anwendungen oder Fachabteilungen beziehen, um den Zugriff zu erleichtern oder den Zugriff einzuschränken. (s. WEBER 2020, S. 17) Um die Daten dort speichern zu können, bedarf es eines vorherigen Durchlaufens von Extract-Transform-Load-(ETL-)Prozessen. Die Daten müssen vor der Integration sequentiell extrahiert, gereinigt, transformiert und katalogisiert werden. Im BA-Technologieframework sind diese Prozesse unter

„Datenvorbereitung" abgebildet (s. WEBER 2020, S. 17). Für Analytics-Methoden sind besonders quantitativ-multidimensionale Daten geeignet. Dies sind numerische Daten, die durch eine metrische Skalierung für alle Rechenoperationen zugänglich sind (s. SEITER 2017, S. 71).

Die zweite Aktivität (Datenausgang) wird auch Modellerstellung oder automatisierte Entscheidungsfindung genannt und ist im BA-Technologieframework unter „Datenanalyse" sowie „Zugriff und Nutzung" abgebildet. Manuelle Nutzer sind Datenwissenschaftler, Business-Analysten und Geschäftsanwender, externe Benutzer können beispielweise Kunden und Lieferanten sein. Sie greifen auf (semi-)-automatisierte und integrierte Anwendungen zu, welche Daten verarbeiten, um Reporting, Online-Analytical-Processing-Abfragen sowie prädiktive und präskriptive Analysen zu ermöglichen (s. WEBER 2020, S. 13 ff.). Häufig elementar ist die „Analytics-Sandbox", welche eine skalierbare und entwicklungsorientierte Plattform darstellt. Sie dient dazu, Daten zu erforschen, Daten aus internen und externen Quellen zu kombinieren, erweiterte Analysemodelle zu entwickeln oder Alternativen vorzuschlagen, ohne den aktuellen Datenzustand eines Unternehmens zu verändern. (s. WEBER 2020, S. 19)

In der vorliegenden Arbeit dient das von WEBER (2020) entwickelte Technologieframework als technische Grundlage für den Aufbau von Business-Analytics-Systemen und -applikationen. Dieses unterstützt die Modelle für Business-Analytics z. B. von WEBER (2020) oder SEITER (2017), welche ein branchenübergreifendes Vorgehen im Business-Analytics-Prozess aufzeigen. Gleichzeitig liegen diese Vorgehensmodelle für Business-Analytics nicht im Fokus der Arbeit und werden nicht weiter detailliert.

3.2.2 Einsatz von Business-Analytics unter Berücksichtigung soziotechnischer Prinzipien

Für die Untersuchung des zweiten Teilbereichs wurden insbesondere die folgenden Suchbegriffe verwendet: *„type-specific implementation Business Analytics"*, *„framework Business-Analytics"*, *„socio-technical framework Business Analytics"*. Analog zum ersten Themenbereich wurden angrenzende Begriffe und Abkürzungen für Business-Analytics verwendet. Es konnten insgesamt 577 Publikationen identifiziert werden. Das Vorgehen erfolgt bei der inhaltlichen Untersuchung analog zum ersten Themengebiet und wird in Abbildung 3-13 dargestellt.

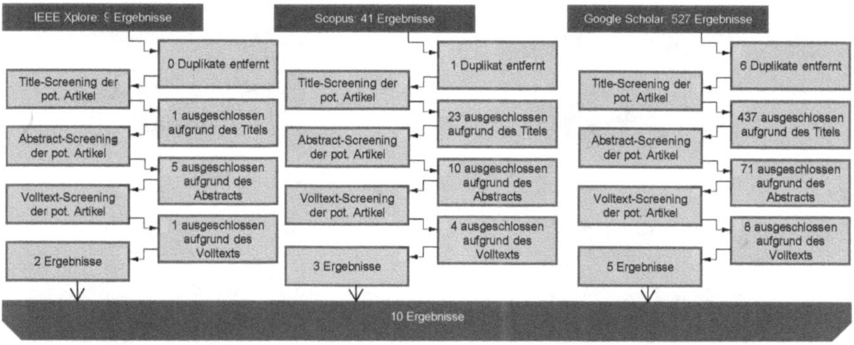

Abbildung 3-13: Vorgehen zur Identifikation und Auswertung von Publikationen für den Einsatz von Business-Analytics unter Berücksichtigung soziotechnischer Prinzipien (eigene Darstellung)

Nachfolgend werden die identifizierten und analysierten Publikationen im Detail vorgestellt, die Sortierung erfolgt hierbei dem Alphabet nach.

DREMEL ET AL. (2020)

Die Autoren DREMEL ET AL. (2020) untersuchen in ihrer Fallstudie, inwiefern organisatorische Handlungen und Maßnahmen die erfolgreiche Realisierung von Business-Analytics-Anwendungen fördern können. Sie kombinieren hierzu soziotechnische Ansätze mit einem affordanzbasierten Ansatz. Der Begriff der Affordanz (engl. *Affordance*) wurde ursprünglich durch den Psychologen GIBSON als Neologismus geschaffen und entspricht im Kontext der Fallstudie einem Angebotscharakter bzw. einem Nutzen, welcher als Konkretisierung eines übergreifenden Werts zu verstehen ist. (s. DREMEL ET AL. 2020, S. 2)

Die Realisierung von Affordanzen in Organisationen wird von verschiedenen sozialen und technischen Faktoren beeinflusst, wie z. B. der Expertise von Mitarbeitern, organisatorischen Prozessen und Kontrollen, grenzüberschreitenden Ansätzen und sozialen Fähigkeiten (s. DREMEL ET AL. 2020, S. 3). Um diese technischen und sozialen Faktoren bei der Untersuchung berücksichtigen zu können, wird basierend auf den Ansätzen der Autoren FAULKNER U. RUNDE (2012), BOSTROM U. HEINEN (1977) sowie LEAVITT (1965) ein soziotechnisches Framework als Grundlage der Untersuchung abgeleitet, welches die Verwirklichung von Affordanzen auf der Aufgabenebene widerspiegelt. Die Realisierung von Affordanzen entsteht hierbei durch organisatorische Aktivitäten auf den drei soziotechnischen Systemebenen Struktur, Akteur und der Technologie. (s. DREMEL ET AL. 2020, S. 3) Das entwickelte Framework ist in Abbildung 3-14 dargestellt.

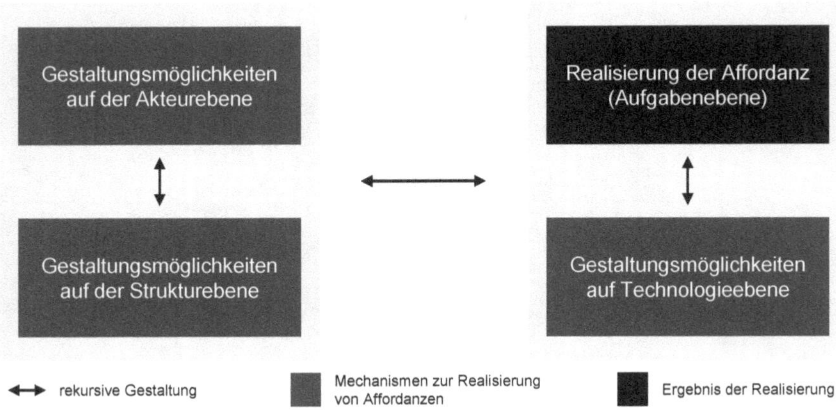

Abbildung 3-14: Soziotechnisches Modell zur Realisierung Business-Analytics-bezogener Affordanzen (eigene Darstellung i. A. a. DREMEL ET AL. 2020, S. 4)

Untersuchungsgegenstand der Fallstudie ist ein weltweit tätiger Automobilhersteller, welcher Business-Analytics in verschiedenen Abteilungen und Unternehmensbereichen einsetzt. Im Fokus der Untersuchung sind dabei die Etablierung eines kundenzentrierten Marketings, die Bereitstellung von fahrzeugdatengesteuerten Dienstleistungen, die datengesteuerte Fahrzeugentwicklung und die Optimierung von Produktionsprozessen. Ergebnis der Untersuchung sind Identifikation und Validierung vier wesentlicher Mechanismen, welche einen Einfluss auf die Realisierung von Affordanzen bei Business-Analytics-Anwendungen haben. Diese sind: *enhance* (dt. erweitern), *construct* (dt. aufbauen), *coordinate* (dt. koordinieren) und *integrate* (dt. integrieren). Die vier Gestaltungsmaßnahmen, welche durch vielfältige Beispiele konkretisiert werden, werden nachfolgend detailliert. *Enhance* bezieht sich auf die Weiterentwicklung der soziotechnischen Entitäten eines Unternehmens, *construct* bezeichnet die Implementierung neuer bzw. neuartiger soziotechnischer Entitäten. Aufbauend darauf steht *coordinate* für die Verbesserung des Zusammenwirkens der soziotechnischen Entitäten und *integrate* bezieht sich auf die Einrichtung neuer Schnittstellen zwischen den soziotechnischen Entitäten. Zuletzt wird identifiziert, welche Ausprägungen die vier unterschiedlichen Mechanismen auf den unterschiedlichen soziotechnischen Systemebenen, Struktur, Akteur und Technologie, besitzen. (s. DREMEL ET AL. 2020, S. 11 ff.)

HAGEN U. HESS (2020)

Die Autoren HAGEN U. HESS (2020) entwickeln eine Taxonomie mit dem Ziel, die Gestaltungsparameter von datengetriebenen Organisationen zu identifizieren. Hierzu erstellen sie basierend auf einer Literaturrecherche aus dem Gebiet der Informationssysteme einen Gestaltungsrahmen, welcher anhand von soziotechnischen Systemprinzipien strukturiert wird. Dieser wird durch Experteninterviews mit Mitarbeitern von fünf Unternehmen, welche Business-Analytics einsetzen, validiert. Das Ergebnis ist die ganzheitliche Betrachtung von datengetriebenen Organisationen anhand von soziotechnischen Systemfeldern, um die hohen Anforderungen an die Zusammenarbeit hervorzuheben und die Gestaltung einer solchen Organisation zu erleichtern. (s. HAGEN U. HESS 2020, S. 1)

Die Entwicklung der Taxonomie folgt der Vorgehensweise nach NICKERSON ET AL. (2013). Das Vorgehen soll sicherstellen, durch definierte Schritte subjektive Einflüsse bei der Erstellung von Taxonomien zu minimieren. Die Taxonomie wird durch soziotechnische Systemperspektiven strukturiert, um die Wechselbeziehungen der soziotechnischen Entitäten (insbes. die Akteure) auf der Daten- und Unternehmensseite besser abbilden zu können. Dafür folgen die Autoren dem soziotechnischen Betrachtungsansatz des Managementpsychologen LEAVITT (1965). (s. HAGEN U. HESS 2020, S. 2) Die nach zwei Iterationen finale Taxonomie ist in Abbildung 3-15 dargestellt.

Subsysteme/ Dimensionen		Gestaltungsparameter	Charakteristika						
sozial	Struktur	Verankerung von Experten	zentral	hybrid	dezentral				
sozial	Struktur	Berichtslinie	Technologie	dual	Geschäft				
sozial	Struktur	Horizontale Verknüpfung	vereinfachte Beispiele	Meeting-Routinen	gemeinsame Prozesse	freiwillige Netzwerke	Training	Integratoren	Events
sozial	Struktur	Kollaborationsinitiative	Geschäftsteam	Daten- und Geschäftsteam	Daten-Team (geschäftsbasiert)	Daten-Team (datenbasiert)			
sozial	Struktur	Kollaborationsmodus	Prototyping	strukturierter Backlog	gelegentliche Use-Cases				
sozial	Struktur	Kontrollmechanismen	Geschäftseinfluss	Tests	Nutzung	Daten vs. Mensch Turniere	Transformations-KPIs		
sozial	Akteur	Rollen	datenorientiert	hybrid	geschäftsorientiert				
technisch	Aufgabe	Datenaufgabe	Descriptive Analytics	Predictive Analytics	Prescriptive Analytics	Werkzeuge	Infrastruktur	Visualisierung	Dashboards
technisch	Aufgabe	Geschäftsaufgabe	Prozessoptimierung	Entscheidungsfindung	neue Erkenntnisse	Produkte/ Dienstleistungen	Standardisierung		
technisch	Technologie	Datenspeicherung	zentral	hybrid	verteilt				

Abbildung 3-15: Taxonomie der Gestaltungsparameter von datengesteuerten Organisationen für den Einsatz von Business-Analytics (eigene Darstellung i. A. a. HAGEN U. HESS 2020, S. 5

Die entwickelte Taxonomie umfasst innerhalb des sozialen und technischen Subsystems die soziotechnischen Dimensionen Struktur, Akteur, Aufgabe und Technologie. Die ausgewählten Charakteristika zur Beschreibung der jeweiligen Gestaltungsparameter können miteinander kombiniert werden und schließen sich somit nicht gegenseitig aus. Bei der Ausarbeitung der möglichen Gestaltungsparameter wurde insbesondere die Dimension Struktur des soziotechnischen Systems fokussiert. (s. HAGEN U. HESS 2020, S. 4) Insgesamt wurden zehn Merkmale identifiziert: 1) Verankerung von (Daten-)Experten, 2) Berichtslinie, 3) Horizontale Verknüpfung, 4) Kollaborationsinitiative, 5) Kollaborationsmodus, 6) Kontrollmechanismen, 7) Rollen, 8) Datenaufgabe, 9) Geschäftsaufgabe und 10) Datenspeicherung. (s. HAGEN U. HESS 2020, S. 6 ff.) Zusammenfassend soll die Taxonomie die Transformation von bzw. zu datengetriebenen Organisationen unterstützen. Hierbei soll die Taxonomie weniger als Reifegrad, sondern mehr zur Sicherstellung der Berücksichtigung aller relevanten Parameter dienen. (s. HAGEN U. HESS 2020, S. 9)

MIAO ET AL. (2021)

Die Autoren MIAO ET AL. (2021) zeigen unter Verwendung eines soziotechnischen Systemansatzes auf, wie in einem sich ständig verändernden Marktumfeld die Innovationsfähigkeit zur Geschäftsfortführung (engl. *Business Continuity Innovation*) durch den Einsatz von Business-Analytics erhöht werden kann. Unter Verwendung eines Strukturgleichungsmodell-Ansatzes legen sie den Zusammenhang zwischen dem Einsatz von Business-Analytics, virtuellen Unternehmen und der Knowledge-Absorptive-Capacity dar, um den Einfluss der vorgenannten Erfolgsfaktoren auf die Innovationsfähigkeit für die Geschäftsfortführung zu bestimmen. (s. MIAO ET AL. 2021, S. 1) Die Knowledge-Absorptive-Capacity beschreibt, basierend auf dem Ansatz von COHEN U. LEVINTHAL (1990), die Fähigkeit einer Organisation zur Aufnahme von relevanten Informationen und der Nutzung von Wissensressourcen. Durch jene Fähigkeit wird ein Nutzen generiert, da das Unternehmen durch die Verarbeitung von Informationen aus internen und externen Quellen, gestützt durch IT-Ressourcen, z. B. Geschäftsentscheidungen verbessern kann. Virtuelle Unternehmen werden definiert als die (zeitlich begrenzte) Kollaboration mehrerer Akteure (z. B. Unternehmen) mit dem Ziel, bestimmte Geschäftsmöglichkeiten zu erzielen. (s. MIAO ET AL. 2021, S. 3) Für die Untersuchung der soziotechnischen Systemzusammenhänge und die Optimierung der Wechselwirkungen zwischen dem technischen und sozialen Subsystem ordnen die Autoren Business-Analytics und virtuelle Unternehmen dem technischen, die Knowledge-Absorptive-Capacity dem sozialen Subsystem zu. Das hierzu entwickelte Framework ist in Abbildung 3-16 dargestellt.

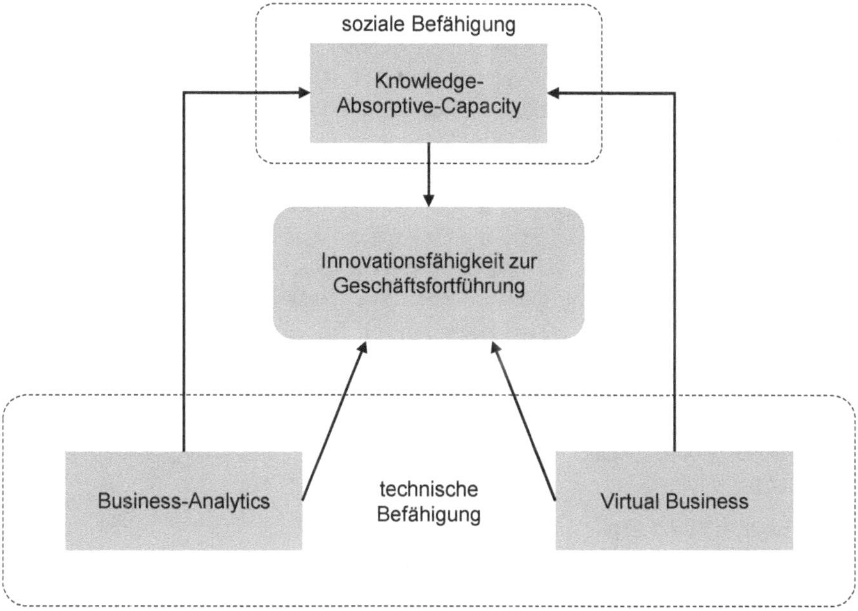

Abbildung 3-16: Framework zur Untersuchung der Erfolgsfaktoren im Hinblick auf die Innovationsfähigkeit der Geschäftsfortführung (eigene Darstellung i. A. a. MIAO ET AL. 2021, S. 7)

Die Autoren MIAO ET AL. (2021) stellen die Hypothese auf, dass die Faktoren des technischen Subsystems einen direkten Einfluss auf die Knowledge-Absorptive-Capacity haben, gleichzeitig sollen alle vorgenannten Faktoren einen Einfluss auf die Innovationsfähigkeit zur Geschäftsfortführung haben. Mittels der Validierung der Hypothesen durch 145 Unternehmen kann neben anderen Ergebnissen der positive Einfluss des Einsatzes von Business-Analytics sowohl auf die Knowledge-Absorptive-Capacity als auch die Innovationsfähigkeit zur Geschäftsfortführung bestätigt werden. (s. MIAO ET AL. 2021, S. 7) Der Einsatz von Business-Analytics unterstützt hierbei, sowohl direkt durch die Erhöhung der Informationsqualität und die Prognose zukünftiger Ereignisse als auch indirekt durch die Verbesserung der Fähigkeit von Organisationen, neue Marktchancen, Geschäftswerte und Geschäftsinnovationen zu realisieren. (s. MIAO ET AL. 2021, S. 9)

MIKALEF ET AL. (2019)

Die Autoren MIKALEF ET AL. (2019) untersuchen mit einer fallstudienbasierten Betrachtung, inwiefern der Einfluss von Trägheitskräften (Inertia) den erfolgreichen Einsatz von Business-Analytics behindert. Business-Analytics bedingt durch seine Möglichkeiten zur radikalen Veränderung von Geschäftsmodellen und den Paradigmenwechsel vom Status quo eine Strategie zum erfolgreichen Einsatz. In vielen Unternehmen sind allerdings diese benötigten Strategien zur Erreichung des potentiellen Mehrwerts nicht existent. Mit der Untersuchung von 27 Unternehmen identifizieren die Autoren unterschiedliche Trägheitskräfte und Hemmnisse. (s. MIKALEF ET AL. 2019, S. 1) Für die Untersuchung nutzen die Autoren verschiedene Ansätze, unter anderem das Konzept der organisationalen Trägheit und das Konzept der *Dynamic Capabilities*, welches sie als Ordnungsrahmen verwenden. Mit dem Konzept der *Dynamic Capabilities* wird das Potential von Unternehmen zur Adressierung und Lösung von Problemstellungen durch Einsatz und Weiterentwicklung der verfügbaren Ressourcen beschrieben. In der Untersuchung werden die *Dynamic Capabilities* in die Subkategorien *Sensing, Seizing* und *Transforming* unterteilt. *Sensing* ist definiert als die Identifizierung und Bewertung von Chancen, *Seizing* wird als die Mobilisierung von Ressourcen, um eine Gelegenheit zu ergreifen und einen Wert daraus zu ziehen und *Transforming* als die kontinuierliche Erneuerung der Organisation beschrieben. (s. MIKALEF ET AL. 2019, S. 5) Die Autoren stellen dabei heraus, dass insbesondere soziotechnische Faktoren den erfolgreichen Einsatz von Business-Analytics hemmen. Es liegen starke Wechselwirkungen zwischen Business-Analytics und der Organisation mit ihren Mitarbeitern vor. (s. MIKALEF ET AL. 2019, S. 8 ff.)

NALCHIGAR U. YU (2017)

Die Autoren NALCHIGAR U. YU (2017) entwickeln ein Framework zum Einsatz von Business-Analytics, welches explizit über den rein technologischen Betrachtungsbereich hinausgehen soll. Ein besonderer Schwerpunkt liegt hierbei auf dem Alignment zwischen der Geschäftsstrategie und den Systemen und Lösungen zur Datenanalyse. Das Modell wird in drei sich ergänzende Sichtweisen, welche trotz ihres unterschiedlichen Charakters miteinander interagieren, gegliedert. Diese sind die Geschäftssicht, die Sicht der Gestaltung der Analytics und die Sicht der Datenvorbereitung. (s. NALCHIGAR U. YU 2017, S. 369)

Unter Berücksichtigung der Sichtweisen entwickeln die Autoren zu unterschiedlichen Problemfeldern Lösungsansätze, welche den Einsatz von Business-Analytics unterstützen sollen. Die Erkennung und Lösung der Problemstellungen wird anhand von zwei Usecases validiert und detailliert. (s. NALCHIGAR U. YU 2017, S. 373) Insgesamt definieren die Autoren sechs Lösungsansätze: Erhebung von Analyseanforderungen, Klärung und Bilden eines gemeinsamen Begriffsverständnisses über die Analyseanforderungen, Ableitung eines Analytics-Lösungsdesigns, Monitoring des monetären Einflusses der Analytics-Erkenntnisse, Alignment von Analytics-Lösungen mit der Geschäftsstrategie, Entwicklung und Skalierung von Mustern und Vorlagen für Analytics-Lösungen. (s. NALCHIGAR U. YU 2017, S. 373 ff.)

Die Autoren zeigen durch die Integration der drei Perspektiven und die Berücksichtigung der Wirkungsbeziehungen zum einen innerhalb einer Perspektive, zum anderen zwischen den Perspektiven die Komplexität beim Einsatz von Business-Analytics auf. Hierbei gilt es, neben der Betrachtung der rein technischen Perspektive auch zusätzliche Gestaltungsebenen bei der Gestaltung des Einsatzes von Business-Analytics zu integrieren. Diese geht weit über die explizite Betrachtung und Gestaltung der

Aufgaben z. B. eines Data-Scientists hinaus, sie schließt explizit den Austausch zwischen den einzelnen Fachabteilungen und weiteren Stakeholdern mit ein. (s. NALCHIGAR U. YU 2017, S. 377 f.)

PASMORE ET AL. (2019)

Die Autoren PASMORE ET AL. (2019) zeigen in ihrer Veröffentlichung die historische Entwicklung des soziotechnischen Systemdesigns auf und entwickeln für den Einsatz neuer, digitaler Technologien einen weiterentwickelten Systemansatz. Die Autoren konstatieren, dass der soziotechnische Systemansatz lange als Mittel zur Steigerung der Produktivität bei gleichzeitiger Bereitstellung sinnvoller Arbeit in maschinengesteuerten Arbeitsumgebungen verwendet wurde, mit der Entwicklung neuer Ansätze wie das Total Quality oder Lean Management allerdings lange stagnierte. Die Einführung neuer, digitaler Technologien erfordert einen Paradigmenwechsel im gesamten Unternehmen und insbesondere in der Organisationsgestaltung. Die für den Einsatz digitaler Technologien erforderlichen Fähigkeiten bedürfen somit eines übergreifenden Ansatzes, welcher durch den weiterentwickelten soziotechnischen Systemansatz der Autoren PASMORE ET AL. (2019) adressiert werden soll. (s. PASMORE ET AL. 2019, S. 67)

Die Entwicklung eines generischen soziotechnischen Gestaltungsansatzes für den Einsatz neuer Technologien wurde durch verschiedene Expertengespräche und Workshops unterstützt. Ziel des Ansatzes ist die iterative Erarbeitung von Designlösungen in veränderten Arbeits- und Geschäftswelten und die Ableitung soziotechnisch optimaler Organisationsformen. (s. PASMORE ET AL. 2019, S. 73 ff.) Das Ergebnis ist ein soziotechnisches Framework, um Unternehmen nicht mehr nur bei der Optimierung interner Prozesse, sondern bei der Transformation hin zu agilen Prozessen mit kontinuierlich anpassbaren Strukturen zu unterstützen. (s. PASMORE ET AL. 2019, S. 77) Die Darstellung des Frameworks ist in Abbildung 3-17 dargestellt.

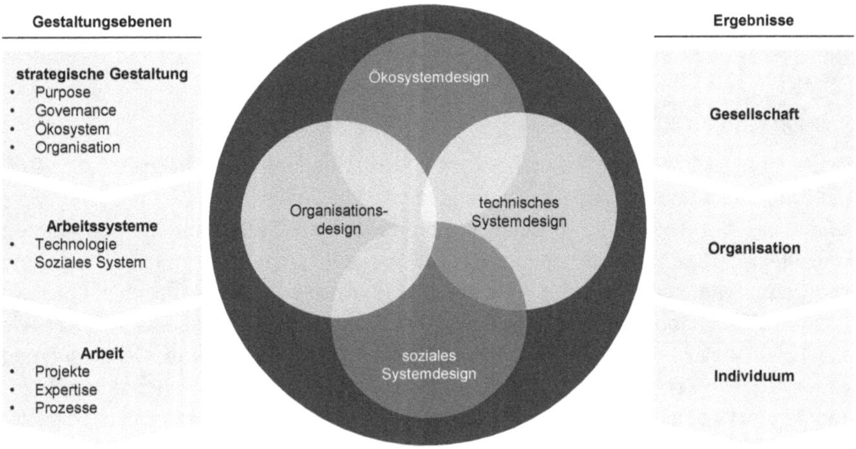

Abbildung 3-17: Framework für die kontinuierliche Anpassung von Unternehmen beim Einsatz neuer Technologien und sich verändernde Geschäftswelten (eigene Darstellung i. A. a. PASMORE ET AL. 2019, S. 78)

Insgesamt definieren die Autoren drei Gestaltungsebenen: die strategische Gestaltung, das Arbeitssystem sowie die Gestaltung der Arbeit. Das Ziel aller drei Gestaltungsebenen ist eine ausgewogene Optimierung des Ökosystems, der Organisation, des technischen Systems sowie des sozialen Systems. Durch die Erweiterung der Betrachtung um das die Organisation umgebene (Geschäfts-)Ökosystem werden im Ergebnis der Einfluss auf die Gesellschaft, die Organisation selbst und das einzelne Individuum (z. B. Mitarbeiter) betrachtet. (s. PASMORE ET AL. 2019, 77 ff.) Insgesamt konstatieren die Autoren, dass die Gestaltung zukünftiger Organisationen aus der soziotechnischen Perspektive einen Wandel erleben wird. Organisationen müssen zunehmend als dynamisches System verstanden werden, in dem Agilität, Innovation und Freiheiten im Vordergrund stehen. (s. PASMORE ET AL. 2019, S. 83)

PAULSEN ET AL. (2020)

Die Autoren PAULSEN ET AL. (2020) untersuchen anhand eines soziotechnischen Gestaltungsframeworks die Wechselwirkungen zwischen einer neu eingeführten, technologisch hoch entwickelten digitalen Technologie und der Organisation mit ihren Mitarbeitern. Am Beispiel einer virtuellen Inbetriebnahme bei einem Unternehmen aus dem Maschinen- und Anlagenbau zeigen die Autoren hierbei die Auswirkungen der Digitalisierung auf ein bestehendes soziotechnisches System. (s. PAULSEN ET AL. 2020, S. 81)

Für die ganzheitliche Analyse des soziotechnischen Systems wird die MTO-Analyse des Arbeitspsychologen ULICH (2011) und (2013) verwendet, welche eine Betrachtung der Ebenen Unternehmen, Organisationseinheit, Gruppe sowie Individuum ermöglicht. Die MTO-Analyse basiert hierbei auf dem soziotechnischen Systemansatz sowie der

Handlungsregulationstheorie. Im Fokus der Betrachtung stehen hierbei insbesondere die gleichzeitige Gestaltung der Aufgaben der Mitarbeiter, der technischen Systeme sowie der Organisationsstruktur und der Prozesse. (s. PAULSEN ET AL. 2020, S. 84 f.) Mit dem Einsatz der neuen Technologie stellen die Autoren eine große Veränderung insbesondere in Bezug auf die benötigten Fähigkeiten und Kompetenzen fest. Diese unterteilen sie in Fach-, Methoden-, Selbst- und Sozialkompetenzen, wobei sie den drei erstgenannten eine hohe Bedeutung zumessen. (s. PAULSEN ET AL. 2020, S. 87 f.)

Den daraus resultierenden neuen Anforderungen an die Arbeitsgestaltung stellen die Autoren die Prinzipien soziotechnischer Systemgestaltung nach PASMORE ET AL. (2019) entgegen. Das Ergebnis der Gegenüberstellung ist die Identifikation von vier Gestaltungsansätzen, welche als relevant für den betrachteten Untersuchungsgegenstand betrachtet werden. Diese bestehen in der Förderung von Teamarbeit, der Prozesskontrolle, der Förderung multipler Kompetenzen sowie der Berücksichtigung von Unvollkommenheiten. (s. PAULSEN ET AL. 2020, S. 88 ff.)

SONY U. NAIK (2020)

In der wissenschaftlichen Arbeit der Autoren SONY U. NAIK (2020) wird eine soziotechnische Untersuchung bei der Gestaltung und Implementierung von Industrie-4.0-Anwendungen durchgeführt. Die Einführung und der Einsatz weit fortgeschrittener technischer Systeme, zu welchen Industrie-4.0-Anwendungen gezählt werden, ist im Ergebnis eine spezielle menschliche Interaktion mit einem technischen System. Es können als Konsequenz ein soziales (menschbezogenes) und ein technisches (nichtmenschbezogenes) Subsystem unterschieden werden, die gemeinsame Optimierung ist hierbei das übergeordnete Ziel. (s. SONY U. NAIK 2020, S. 1) Die Zusammenführung der Themenfelder Industrie 4.0 mit der soziotechnischen Systemtheorie erfolgt über eine systematische Literaturanalyse (s. SONY U. NAIK 2020, S. 2f.). Als Grundlage der soziotechnischen Systemgestaltung dient hierbei das soziotechnische Modell von LEAVITT (1965), welches dem Untersuchungsgebiet angepasst wird. Die vier Dimensionen Mensch, Aufgabe, Struktur und Technologie als Grundstruktur des soziotechnischen Systemmodells von LEAVITT (1965) werden bei der Entwicklung des Frameworks von den Autoren SONY U. NAIK (2020) in eine sechsdimensionale Darstellung überführt. Hierbei folgen die Autoren den Ansätzen von CHALLENGER ET AL. (2009) und DAVIS ET AL. (2014). Die resultierenden Dimensionen sind hierbei die folgenden: Mensch, Technologie, Infrastruktur, Kultur, Prozess und Ziel. Zudem wird die soziotechnische Systembetrachtung um die finanziellen Umstände, regulatorische Frameworks und die Stakeholder als wichtige externe Faktoren und Rahmenbedingungen ergänzt. (s. SONY U. NAIK 2020, S. 5 f.) Das Ergebnis der soziotechnischen Systembetrachtung ist in Abbildung 3-18 dargestellt.

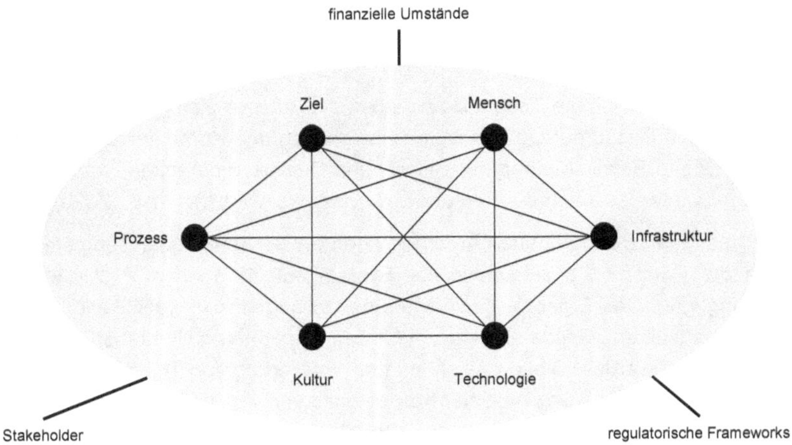

Abbildung 3-18: Soziotechnische Systembetrachtung (eigene Darstellung i. A. a. DAVIS ET AL. 2014, S. 176; zit. nach SONY U. NAIK 2020, S. 6)

Die Autoren untersuchen mithilfe des aufgezeigten soziotechnischen Systemansatzes die Gestaltung der vertikalen, horizontalen und End-to-End-Integration von Industrie 4.0. Hierbei steht die vertikale Integration für die Schaffung eines flexiblen Fertigungssystems durch die Integration verschiedener hierarchischer Elemente innerhalb der Organisation durch Digitalisierung bei der Umsetzung von Industrie 4.0. Bei der horizontalen Integration müssen alle Organisationen, die an der Wertschöpfungskette beteiligt sind, eine Rolle spielen, um die Kundenbedürfnisse zu erfüllen. Die Digitalisierung der gesamten Lieferkette führt zu einem verbesserten Nutzen sowohl für die Organisation als auch für die Kunden. Der End-to-End-Design-Mechanismus beabsichtigt, die Lücke zwischen Produktdesign und Entwicklung zu schließen. Dies geschieht durch die Fortschritte in der Produktionsplanung, Produktionstechnik, Produktion sowie anderen verwandten Dienstleistungen. (s. SONY U. NAIK 2020, S. 5 ff.) Ergebnis der Untersuchung ist nicht nur die Anwendbarkeit der soziotechnischen Systemprinzipien auf sämtliche Integrationsebenen; es wird herausgestellt, dass der Einbezug erfolgskritisch ist. Das entwickelte Framework ist hierbei für alle Organisationen und Branchen anwendbar. (s. SONY U. NAIK 2020, S. 9)

VIDGEN ET AL. (2017)

Die Herausforderung, durch Business-Analytics einen Geschäftsnutzen zu schaffen, betrachten die Autoren VIDGEN ET AL. (2017) aus organisationaler Sicht. Im Fokus stehen hierbei die Herausforderungen, mit welchen Führungskräfte bei der Transformation zum datengetriebenen Unternehmen konfrontiert werden, gleichzeitig führen die Autoren Lösungsansätze für den erfolgreichen Einsatz von Business-Analytics als Grundlage hierfür an. (s. VIDGEN ET AL. 2017, S. 626)

Das Framework zur Untersuchung folgt den Ansätzen nach LEAVITT (1965) und NERUR ET AL. (2005). Die Möglichkeiten des Einsatzes von Business-Analytics werden hierbei sowohl durch die Fähigkeiten des Unternehmens zur Datengenerierung und den Datenzugriff als auch durch die Wertsteigerung, welche das Unternehmen z. B. auf Grundlage einer erhöhten Entscheidungsqualität erzielen kann, bestimmt. Darüber hinaus wurde als Forschungsmethodik eine Kombination aus der Delphi-Methode und Fallstudien gewählt. Die gleichzeitige Untersuchung dient der Erhöhung der Aussagequalität. (s. VIDGEN ET AL. 2017, S. 628) Eine Darstellung des verwendeten Untersuchungsrahmens findet sich in Abbildung 3-19.

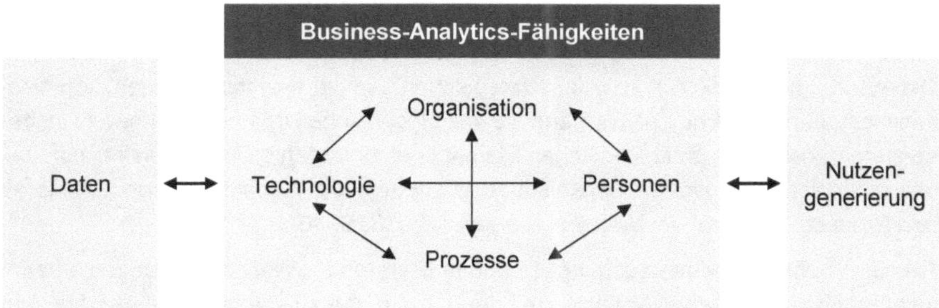

Abbildung 3-19: Untersuchungsrahmen aufbauend auf Ansätzen von LEAVITT (1965) und NERUR ET AL. (2005) (eigene Darstellung i. A. a. VIDGEN ET AL. 2017, S. 628)

Insgesamt identifizieren die Autoren VIDGEN ET AL. (2017) als Ergebnis ihrer Untersuchung 31 Herausforderungen, mit welchen Unternehmen beim Aufbau ihrer Analytics-Fähigkeiten konfrontiert sind. Gleichzeitig entwickeln sie 21 mit den Herausforderungen korrespondierende Empfehlungen, welche Organisationen zur Nutzengenerierung aus Business-Analytics einsetzen können. Hierbei ergibt sich der Erfolg des Einsatzes aus der gleichzeitigen Verteilung verschiedener Ressourcen und Fähigkeiten, welche durch die vier Dimensionen Prozesse, Technologie, Organisation und Personen beschrieben werden. Die größten Herausforderungen hierbei liegen in der Datenqualität, im Einsatz von Business-Analytics zur Erhöhung der Entscheidungsqualität und in der Etablierung einer Big-Data- und Business-Analytics-Strategie. (s. VIDGEN ET AL. 2017, S. 634)

Gelingt es, die zur Verfügung stehenden Ressourcen strategisch in einer solchen Strategie zu bündeln, können Unternehmen Wettbewerbsvorteile erzielen. Die Berücksichtigung der wechselseitigen Wirkungsbeziehungen zwischen Daten, der Geschäftssicht sowie der Organisation innerhalb einer übergreifenden Analytics-Strategie überführen die Autoren in ein Business-Analytics-Ökosystem. (s. VIDGEN ET AL. 2017, S. 634 f.)

WINBY U. MOHRMAN (2018)

Die Autoren WINBY U. MOHRMAN (2018) untersuchen die starken Veränderungen zur Gestaltung soziotechnischer Systeme, welche durch sich schnell weiterentwickelnde, digitale Technologien hervorgerufen werden. Sie zeigen auf, dass traditionelle Ansätze soziotechnischer Systeme den Anforderungen bezüglich der Gestaltung sowohl der technischen als auch der sozialen Subsysteme und deren Elemente, welche eine ganzheitlichere Betrachtung erfordern, nicht mehr genügen. Um dem Paradigmenwechsel zu begegnen, entwickeln die Autoren einen Ansatz zur soziotechnischen Systemgestaltung bei digitalen Technologien und zeigen die Veränderungen zu herkömmlichen Systemansätzen auf. (s. WINBY U. MOHRMAN 2018, S. 399) Da digitale Technologien elementar für den Einsatz von Business-Analytics sind, wird das entwickelte Framework von WINBY U. MOHRMAN (2018) im Rahmen der systematischen Literaturrecherche mit betrachtet, auch wenn der Begriff Business-Analytics nicht konkret genannt wird.

Die Autoren führen die Ansätze der strategischen und der soziotechnischen Organisationsgestaltung zusammen. Während die soziotechnische Organisationstheorie insbesondere die sozialen und technischen Elemente einer Organisation fokussiert, sind bei der strategisch orientierten Organisationsgestaltung die Anpassung von Strukturen und Prozessen zentral. (s. WINBY U. MOHRMAN 2018, S. 402)

Als ein Ergebnis der Untersuchung können Indikatoren für Wechselwirkungen erkannt werden, diese variieren in Abhängigkeit der Akteure, der zu erledigenden Aufgabe und der genutzten Technologie. Von essentieller Wichtigkeit bei der soziotechnischen Betrachtung ist der Umgang mit neuen Technologien, denn nur unter Berücksichtigung sozialer Faktoren beim Einsatz disruptiver Technologien können diese auch mehrwertbringend in Unternehmen eingesetzt werden. Die Autoren zeigen die notwendigen Schritte zur Gestaltung für digitale, soziotechnische Systeme auf, gleichzeitig visualisieren sie das Gestaltungsframework nicht. Es erfolgt nur eine Visualisierung der notwendigen Schritte zur Gestaltung anhand einer Fallstudie. (s. WINBY U. MOHRMAN 2018, S. 419 ff.) Eine Gegenüberstellung der Ansätze traditioneller Gestaltungsansätze für soziotechnische Systeme im Vergleich zu den Dimensionen für den erarbeitete soziotechnischen Ansatz für den Einsatz digitaler Technologien findet sich in Tabelle 3-1.

Tabelle 3-1: Gegenüberstellung und Gestaltungsansatz für digitale soziotechnische Systeme nach WINBY U. MOHRMAN (2018, S. 420)

Dimension	traditionelle Gestaltung soziotechnischer Systeme	Gestaltung digitaler soziotechnischer Systeme
Ära und Zeit	• Industrie und Computer: 1950 - 2010	• digitale Ära: 2011 - Zukunft
Technologie	• Maschinen • Computer	• Machine Learning • Künstliche Intelligenz
Indikator für große Leistungen	• die Optimierung des sozialen und technischen Arbeitssystems • Absorption von Unsicherheiten	• sozial: Stakeholder und Motivation • technisch: Arbeitsprozesse • Optimierung digitaler Technologien • Agilität im Umgang mit Unsicherheiten und Variation
Untersuchungseinheit für die Organisationsgestaltung	• die Organisation und ihre Arbeitsprozesse	• Ökosystem
technisches System	• interner Fokus • Linear • Routinen • Produktionsprozesse	• interner und externer Fokus • Netzwerk nicht-linearer Tätigkeiten • Unsicherheit
soziales System	• Arbeiter • Arbeitsprozesse • Management	• Ökosystem • Netzwerk
Arbeitssystem	• Aufgaben und Rollen • Teams • Arbeitsabläufe • zwischenmenschlicher Austausch	• digitales System im Zentrum, welches es zu koordinieren und zu integrieren gilt • Organisationsübergreifende Prozesse
kybernetisches System	• selbstregulierend	• Künstliche Intelligenz • Entscheidungsfindung basiert auf digitalen Systemen • selbstlernende Systeme
Designansatz	• Projekt zu Projektdesign • Implementierung, Durchführung und Iterationen	• kontinuierliches Design • designen, messen, lernen, iterieren • automatisches Datenfeedback

3.3 Zusammenfassung

Im Rahmen der systematischen Literaturrecherche wurden 21 Publikationen analysiert. Es konnten elf Quellen identifiziert werden, welche insbesondere die Beschreibung und Typisierung von Business-Analytics fokussieren. Der gemeinsame Schwerpunkt der Publikationen dieses Themenbereichs liegt auf der technischen Beschreibung von Business-Analytics. Somit werden insbesondere die zugrunde liegenden Technologien und die benötigte Infrastruktur betrachtet. Insgesamt zehn Publikationen lassen sich dem Themenbereich Einsatz von Business-Analytics unter Berücksichtigung soziotechnischer Prinzipien zuordnen.

Die Analyse der Quellen erfolgt unter Anwendung der in Kapitel 3.1.2 definierten Kriterien. Die Untersuchung wird hierbei in den Objekt- und den Gestaltungsbereich unterteilt, diese werden durch insgesamt acht Kriterien detailliert. Die Bewertung der einzelnen Publikationen erfolgt anhand einer fünfstufigen Skala. Diese zeigt auf, inwiefern das einzelne Kriterium im Betrachtungsfokus der untersuchten Publikation liegt. So kann zwischen den Stufen *keine Betrachtung, am Rande betrachtet, teilweise Betrachtung, fokussierte Betrachtung* und *Schwerpunkt der Betrachtung* differenziert werden.

Hierbei handelt es sich lediglich um die Analyse der Betrachtung und Berücksichtigung der einzelnen Beiträge im Hinblick auf die definierten Kategorien. Die Auswertung stellt explizit keine Bewertung der Qualität der Publikationen dar.

Dem ersten Themenbereich „Beschreibung und Typisierung von Business-Analytics“ zuordenbar sind insbesondere Quellen, welche technische Merkmale und Merkmalsausprägungen zur Beschreibung von Business-Analytics fokussieren. Die überwiegende Mehrheit der Publikationen bildet unterschiedliche Typen von Business-Analytics, diese werden explizit voneinander abgegrenzt. Gleichzeitig unterbleibt vielfach die Analyse von sozialen Aspekten im Sinne der soziotechnischen Systemtheorie. Dies führt dazu, dass die zugrundeliegenden Technologien im Detail beschrieben werden, allerdings erfolgt keine weitere Untersuchung, wie Business-Analytics-Systeme erfolgreich in einer Organisation eingesetzt werden können und welche Wechselwirkungen zwischen der Organisation mit ihren Mitarbeitern bestehen. Die Gestaltungsempfehlungen sind zumeist technischer Art. Über 60 % der in den untersuchten Publikationen entwickelten Modellen sind generisch anwendbar. Vielfach erfolgen erste Validierungsansätze durch die fallstudienbasierte Untersuchung in Unternehmen. Eine Übersicht der in Kapitel 3.2.1 analysierten Publikationen und die Bewertung der Beiträge ist in Abbildung 3-20 dargestellt.

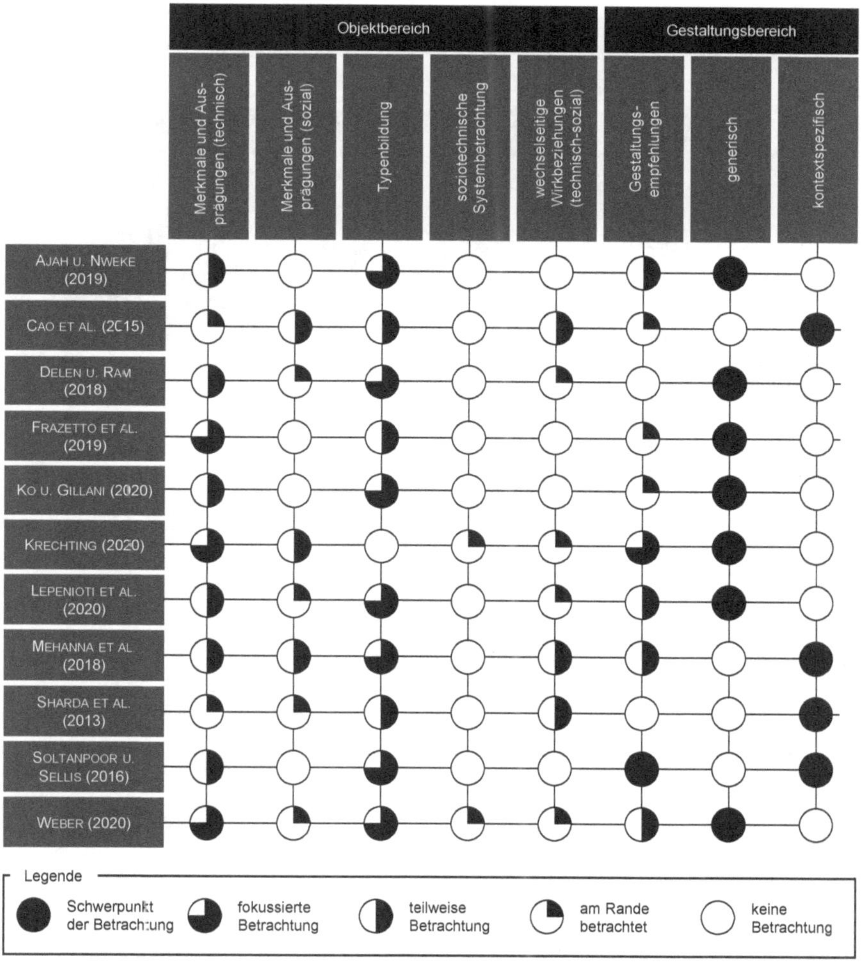

Abbildung 3-20: Übersicht und Bewertung bestehender Beiträge I/II (Kapitel 3.2.1, eigene Darstellung)

Im zweiten Themenbereich „Einsatz von Business-Analytics unter Berücksichtigung soziotechnischer Prinzipien“ liegt der Fokus vielfach auf der Beschreibung der Merkmale und Ausprägungen des sozialen Subsystems. Bei der überwiegenden Mehrheit der Publikationen bildet der soziotechnische Gestaltungsansatz den Rahmen des Modells, bei einigen Quellen werden soziotechnische Aspekte neben anderen berücksichtigt. Auffällig ist, dass eine typspezifische Untersuchung von Business-Analytics unterbleibt, dies geht einher mit der oft oberflächlichen Beschreibung des technischen Subsystems. Insgesamt liegt ein Fokus der Autoren auf der Untersuchung von Wechselwirkungen zwischen dem technischen und dem sozialen Subsystem. Zu gleichen

Teilen sind die in den Publikationen entwickelten Modelle generisch bzw. kontextspezifisch. Eine Übersicht der in Kapitel 3.2.2 analysierten Publikationen und die Bewertung der Beiträge ist in Abbildung 3-21 dargestellt.

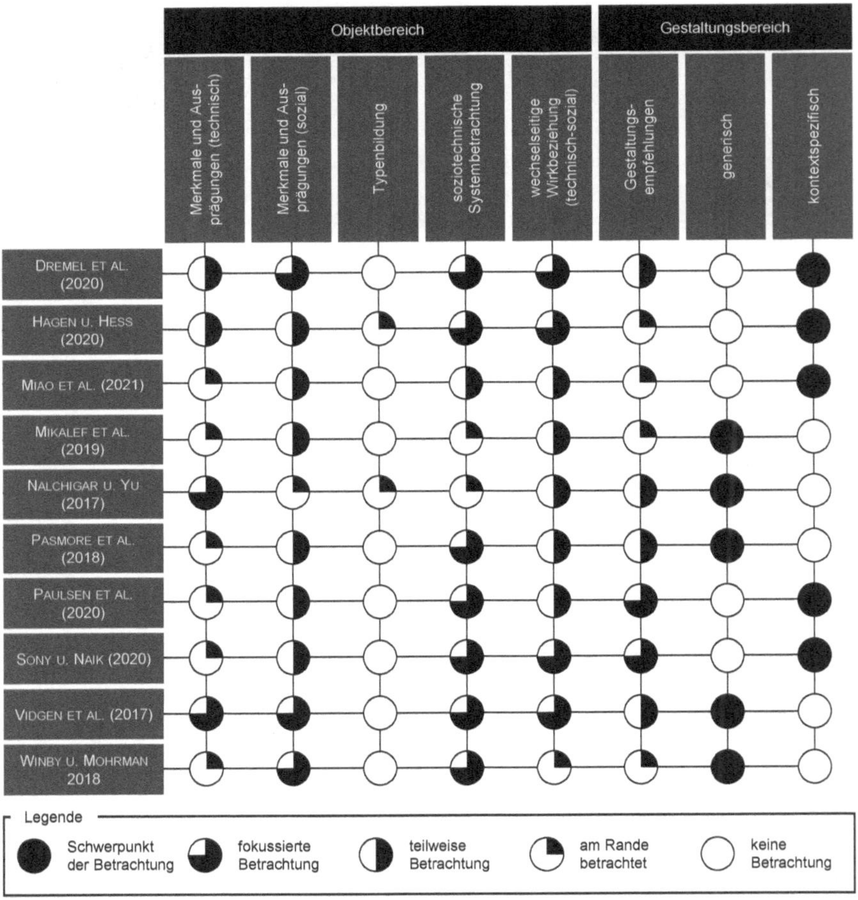

Abbildung 3-21: Übersicht und Bewertung bestehender Beiträge II/II (Kapitel 3.2.2, eigene Darstellung)

Es wird in diesem Kapitel insgesamt aufgezeigt, dass keine der untersuchten Publikationen die aufgestellten Kriterien vollumfassend erfüllt, vielmehr werden nur jeweils einzelne Aspekte fokussiert. Es gibt insbesondere keine Publikation, welche die Beschreibung und Typisierung bei gleichzeitiger Betrachtung des Einsatzes von Business-Analytics unter soziotechnischen Prinzipien zum Ziel hat. Somit fehlt es insbesondere in der Praxis an Wissen, typspezifisch den erfolgreichen Einsatz von Business-Analytics durch soziotechnische Gestaltungsinstrumente sicherzustellen. Zur Schließung dieser Lücke bedarf es somit der Entwicklung eines Gestaltungsmodells, welches ebenjene soziotechnische Gestaltungsinstrumente für den erfolgreichen Einsatz verschiedener Typen von Business-Analytics aufzeigt. Die im Rahmen der systematischen Literaturanalyse gewonnenen Erkenntnisse sind der Ausgangspunkt für die in der Arbeit entwickelten Modelle, welche in Kapitel 5 entwickelt werden.

4 Konzeption des Gestaltungsmodells

Für jedes wissenschaftlich begründete Vorgehen ist der Einsatz einer Methodik notwendig. Eine Methodik stellt ein mittel- und zweckgeleitetes planmäßiges Vorgehen dar. (s. SCHÜTTE 1998, S. 177) In diesem Kapitel finden die grundsätzliche Herleitung und die Konzeption des Gestaltungsmodells statt, welches für die Lösung der in Kapitel 1.2 definierten Forschungsfragen und -ziele essentiell ist. Hierfür ist es zunächst erforderlich, Anforderungen an die zu entwickelnden Modelle zu formulieren. Diese werden in Kapitel 4.1 definiert, sie können zum einen in formale, strukturelle und funktionale, zum anderen in inhaltliche Anforderungen unterteilt werden. Anschließend werden in Kapitel 4.2 theoretische Grundlagen zur System- und Modelltheorie vorgestellt, welche insbesondere als Grundlage der soziotechnischen Systemtheorie dienen. In Kapitel 4.3 werden aufbauend auf den zuvor dargestellten theoretischen Grundlagen die Konfigurationstheorie und der fallstudienbasierte Ansatz detailliert. Zuletzt erfolgt die Konzeptualisierung des Gesamtmodells inkl. dessen Detaillierung in verschiedenen Teilmodellen. Diese Grobkonzeption stellt die Grundlage für die Detaillierung des Modells in Kapitel 5 dar.

4.1 Anforderungen an die zu entwickelnden Modelle

Aufgrund ihrer Eigenschaften (s. Kapitel 4.1.2) müssen Modelle stets interpretiert werden, da sie nur ein Abbild der Wirklichkeit sind. Die Interpretation ist keine logische Ableitung eines realen Phänomens, daher gibt es bei der Modellerstellung mehr als ein richtiges Resultat. (s. ROPOHL 2009, S. 86) Elementar ist daher die Erfüllung des Zwecks eines Modells, welcher die Lösungssuche steuern soll. Die intendierten und zu berücksichtigenden Eigenschaften und Funktionen der zu entwickelnden Modelle werden durch Anforderungen beschrieben. (HABERFELLNER ET AL. 2018, S. 225 f.) Die Erfüllung der Anforderungen stellt die Erreichung der gesetzten Ziele sowie die Anwendbarkeit für den Anwender in der Praxis sicher. (s. NACHREINER 1997, S. 87 f.)

Zunächst werden übergeordnete, formale und strukturelle Anforderungen definiert, welche eine systematische und ordnungsgemäße Vorgehensweise gewährleisten. Anschließend werden inhaltliche Anforderungen an das Modell gestellt. Die Definition der Anforderungen dient zum einen der Sicherstellung eines geeigneten Konkretisierungsgrads der zu entwickelnden Modelle, zum anderen der nachvollziehbaren Beschreibung der Beziehung zwischen der Realität und dem Modell (s. KRECHTING 2020, S. 33).

4.1.1 Formale, strukturelle und funktionale Anforderungen

Die Erfüllung der formalen Anforderungen an das Modell ermöglichen die Systematisierung und Strukturierung der Modelle und die damit verbundenen Elemente zur Erreichung der inhaltlichen Ziele. Dies gestattet die Anpassung an unterschiedliche reale Systeme und die intersubjektive Nachvollziehbarkeit. (s. NACHREINER 1997, S. 86) Zur

Erstellung der Modelle muss daher ein wissenschaftliches Vorgehen gewählt werden, welches die „systematische, kontrollierte, empirische und kritische Untersuchung hypothetischer Aussagen über vermutete Beziehungen zwischen Phänomenen" ermöglicht (NACHREINER 1997, S. 87). In der vorliegenden Arbeit werden zur Umsetzung dieser Vorgaben für die Modellentwicklung die Grundsätze ordnungsgemäßer Modellierung, welche von den Autoren BECKER ET AL. (2012) aufgestellt wurden, angewendet. Diese erlauben die qualitätsgerechte und vergleichbare Modellerstellung und stellen Kriterien bereit, anhand derer die Konstruktion von Modellen bewertet werden kann. (s. BECKER ET AL. 2012, S. 31) Von den entwickelten Kriterien sind vier für die Anwendung im Kontext des Dissertationsvorhabens geeignet, sie werden im Folgenden zusammenfassend dargestellt. Die darüber hinausgehenden Kriterien wurden für einen anderen Kontext definiert und werden somit nicht berücksichtigt. (vgl. BECKER ET AL. 2012, S. 32 ff.)

- **Grundsatz der Richtigkeit:** Der durch das Modell beschriebene Ausschnitt der Realität muss in korrekter Weise dargestellt werden. Hierzu muss das Modell formal und empirisch richtig sein. Die formale Korrektheit resultiert aus der Reproduzierbarkeit und der Nachprüfbarkeit der getroffenen Aussagen. Die empirische (semantische) Richtigkeit beschreibt die Vorgabe der möglichst detaillierten Abbildung der Realität für den angestrebten Modellierungszweck. *Ableitung für die Modellentwicklung im Dissertationsvorhaben:* Die Konzeption und Erstellung der Modelle müssen nachvollziehbar sein und auf Grundlage von Literaturanalysen und Expertengesprächen stattfinden. Zudem wird auf Grundlage der vorgestellten Theorien und Methoden (Kapitel 4.1 und 4.2) die formale Korrektheit sichergestellt.
- **Grundsatz der Relevanz:** Grundsätzlich soll das Modell nur Sachverhalte modellieren, welche dem Modellierungszweck dienen. Das Modell muss daher für eine definierte Zielgruppe inhaltlich relevante und brauchbare Informationen und Erkenntnisse bereitstellen. *Ableitung für die Modellentwicklung im Dissertationsvorhaben:* Es werden insbesondere Führungskräfte aus der Praxis adressiert, welche Business-Analytics in Unternehmen einsetzen. Diese sollen durch soziotechnische Gestaltungsinstrumente beim optimalen Einsatz unterstützt werden.
- **Grundsatz der Wirtschaftlichkeit:** Der durch das Modell entstehende Nutzen muss den bei der Entwicklung und für die Anwendung verursachten Aufwand übersteigen. *Ableitung für die Modellentwicklung im Dissertationsvorhaben:* Die Ableitung von Gestaltungsinstrumenten, welche mit einem möglichst geringen Aufwand das bestmögliche Ergebnis erzielen, wird präferiert.
- **Grundsatz der Klarheit:** Die interpretationsfreie Lesbarkeit, Anschaulichkeit und Verständlichkeit unterstützen den Anwender bei der Anwendung des Modells in der Praxis. *Ableitung für die Modellentwicklung im Dissertationsvorhaben:* Die verwendeten Methoden müssen nachvollziehbar und insbesondere die Ergebnisse für Führungskräfte aus der Praxis gut verständlich sein.

Darüber hinaus muss das Modell strukturelle Anforderungen berücksichtigen, da soziotechnische Gestaltungsinstrumente für ein komplexes System mit internen Abhängigkeiten und externen Einflussgrößen entwickelt werden sollen. Diese orientieren sich an den Prinzipien des Systems Engineerings (vgl. HABERFELLNER ET AL. 2018, S. 53 ff.). Sie werden nachfolgend vorgestellt und in Bezug zum Dissertationsvorhaben gestellt.

- **Vom Groben zum Detail:** Der Untersuchungs- und Gestaltungsbereich muss eingegrenzt und sukzessive detailliert werden. Dies ermöglicht die qualitative und quantitative Untersuchung des Objekts. *Ableitung für die Modellentwicklung im Dissertationsvorhaben:* Vor der Modellerstellung muss die Eingrenzung des Untersuchungsbereichs erfolgen (s. Kapitel 2.3). Zudem müssen eine klar erkennbare Detaillierung und Fokussierung stattfinden.
- **Prinzip der Variantenbildung:** Vor der Auswahl einer Lösung sollten verschiedene Lösungsalternativen und deren Auswirkungen berücksichtigt werden, da der Lösungsraum regelmäßig mehrdimensional ist und somit unterschiedliche Lösungen zulässt. *Ableitung für die Modellentwicklung im Dissertationsvorhaben:* Die Möglichkeiten zur Bildung von Alternativen sowie das Arbeiten in Iterationen müssen gegeben sein.
- **Prinzip der Gliederung in Projektphasen (Phasenablauf):** Die Entwicklung und Realisierung einer Lösung sollten in logisch und zeitlich voneinander getrennten Phasen erfolgen. Die Entwicklung integriert die vorgenannten Prinzipien und ermöglicht somit einen stufenweisen Planungs-, Entscheidungs- und Konkretisierungsprozess. *Ableitung für die Modellentwicklung im Dissertationsvorhaben:* Das Vorgehen muss in definierte Teilschritte unterteilbar sein, welche sich durch zeitliche und logische Projektphasen auszeichnen.
- **Problemlösezyklus:** Innerhalb der einzelnen Projektphasen soll zunächst die Situation analysiert und ein klares Ziel formuliert werden. Für dieses sollen Lösungsvarianten erarbeitet und analysiert werden. Der Zyklus endet mit einer Entscheidung, welche entweder an eine umzusetzende Instanz oder an eine darauffolgende Phase übergeben wird. *Ableitung für die Modellentwicklung im Dissertationsvorhaben:* Die einzelnen Phasen müssen zur Erreichung des Gesamtziels beitragen und in sich strukturiert sein. Zudem müssen sie gleichzeitig eine Problemorientierung haben und zur Lösungsfindung beitragen.

Die einzelnen Prinzipien stehen insofern im Zusammenhang, als dass sie erst zusammengefasst zur Problemidentifikation und der Lösungsfindung beitragen. Der aus den Prinzipien folgende modulare Aufbau stellt hierbei eine besondere Stärke des Ansatzes dar. (s. HABERFELLNER ET AL. 2018, S. 81)

Nicht zuletzt müssen bei der Modellerstellung funktionale Anforderungen erfüllt werden, um die Durchdringung durch eine gute Anwendbarkeit und hohe Akzeptanz für die Praxis sicherzustellen. Diese beziehen sich in besonderem Maße auf die abzuleitenden soziotechnischen Gestaltungsinstrumente, haben aber ebenso Gültigkeit für die weiteren zu entwickelnden Modelle (s. Kapitel 4.1.2).

- **Detaillierungsgrad:** In Ergänzung zum formalen Merkmal der Relevanz müssen die wesentlichen Gestaltungsfelder der spezifischen Anwendergruppe adressiert werden. *Ableitung für die Modellentwicklung im Dissertationsvorhaben:* Für die Anwender müssen praxisrelevante Gestaltungsinstrumente auf einer Ebene bereitgestellt werden, welche den direkten Einsatz erlauben. Die erstellten Modelle sollen den Anwender zum erfolgreichen Einsatz von Business-Analytics befähigen und haben somit nur indirekt die Behandlung von fachlichen Detailfragen einzelner Aspekte zum Ziel.
- **Operationalisierbarkeit:** Die einfache Operationalisierbarkeit von Aktivitäten ist elementar für die Akzeptanz von Modellen. (s. KÖNIG 2010, S. 35) *Ableitung für die Modellentwicklung im Dissertationsvorhaben:* Die einfache Umsetzung in der Praxis durch operationalisierte Handlungsempfehlungen muss gegeben sein. Darüber hinaus soll eine modulare Struktur etabliert werden, um die Anwendbarkeit zu erleichtern.
- **Konsistenz:** Die aus der Theorielehre abgeleitete Mindestanforderung besagt, dass das aufgestellte Aussagensystem widerspruchsfrei ist. (s. WOLF 2020, S. 15) *Ableitung für die Modellentwicklung im Dissertationsvorhaben:* Die einzelnen Teilmodelle sowie die Zusammenführung in ein Gesamtmodell müssen in sich widerspruchsfrei sein und dem Anwender somit stringente Gestaltungsoptionen zur Verfügung stellen.
- **Vollständigkeit & Bestimmtheitspostulat:** Es müssen sämtliche im Untersuchungsbereich von wesentlichen Wechselwirkungen betroffenen Variablen erfasst werden. Es müssen zudem die Auswirkungen und Konsequenzen dieser aufgezeigt werden. (s. WOLF 2020, S. 15 f.) *Ableitung für die Modellentwicklung im Dissertationsvorhaben:* Das zu entwickelnde soziotechnische System muss in allen relevanten Aspekten erfasst und beschrieben werden. Hierzu ist es erforderlich, alle relevanten Merkmale und Ausprägungen zu erfassen und ihre wechselseitigen Auswirkungen aufeinander zu bestimmen, um aus dem Vorliegen bestimmter Sachverhalte Aussagen zu möglichen Konsequenzen treffen zu können.

4.1.2 Inhaltliche Anforderungen

Die Zielsetzung und die daraus abgeleiteten Teilfragen werden als Basis für die Definition der inhaltlichen Anforderungen an die Modellentwicklung verwendet. Die Zielsetzung, mithilfe soziotechnischer Gestaltungsinstrumente den erfolgreichen Einsatz verschiedener Typen von Business-Analytics sicherzustellen, wurde in Kapitel 1.2 detailliert. Es wurde bereits aufgezeigt (s. Kapitel 3.6), dass eine adäquate Berücksichtigung der soziotechnischen Systemzusammenhänge und die Ableitung von soziotechnischen Gestaltungsinstrumente in der aktuellen Literatur noch nicht ausreichend stattgefunden haben. Im Folgenden werden daher inhaltliche Anforderungen an die Modellentwicklung zur Schließung der aufgezeigten Forschungslücke formuliert.

Unter dem Begriff Business-Analytics und verwandten Terminologien werden in den letzten Jahren zunehmend weit fortgeschrittene Technologien und Methoden verstanden und gesammelt, welche Unternehmen bei der Entscheidungsfindung unterstützen (s. Kapitel 2.1). Gleichzeitig differiert die Anwendung von Business-Analytics in der Industrie sehr stark, da der Einsatz dieser Systeme unter unterschiedlichen Voraussetzungen und Rahmenbedingungen stattfindet. Somit muss zunächst der Untersuchungsgegenstand des technischen Subsystems systematisch durch *Merkmale und Merkmalsausprägungen* beschrieben werden. Aufbauend auf dieser rein ordnenden Leistung der Beschreibung von Merkmalen und deren Ausprägungen soll anschließend eine Typisierung durch Kombination der Merkmale erfolgen, welche die Ableitung verschiedener *Typen von Business-Analytics* zum Ergebnis hat. Diese Typen müssen die Anwendung von Business-Analytics in der Praxis widerspiegeln und durch eine hohe Anschaulichkeit den Einsatz für Führungskräfte aus der Praxis erleichtern. (s. WELTER 2006, S. 114)

Gleichzeitig muss im Rahmen der soziotechnischen Systemtheorie das soziale Subsystem beschrieben werden. Die Fokussierung des Einsatzes von Business-Analytics ermöglicht, die mit Business-Analytics interagierende (Teil-) Organisation und deren Mitarbeiter systematisch als *soziales Subsystem durch Merkmale und Ausprägungen* zu definieren und zu beschreiben.

Die Untersuchung der Interaktion zwischen den vorgenannten Subsystemen bildet eine weitere inhaltliche Anforderung. Die *wechselseitigen Wirkungsbeziehungen zwischen dem technischen und dem sozialen Subsystem* müssen hierfür aufgezeigt werden. Dies erfordert zum einen die Beschreibung der Beziehungen, zum anderen muss für den Anwender dargelegt werden, inwiefern Abhängigkeiten zwischen den einzelnen Merkmalen bestehen.

Aufbauend auf der Untersuchung des soziotechnischen Systems sollen unter Berücksichtigung von Gestaltungsinstrumenten aus dem Changemanagement *soziotechnische Gestaltungsinstrumente* abgeleitet werden. Diese sollen als praxisorientierte Gestaltungsempfehlungen direkt für Anwender aus der Praxis anwendbar sein und müssen daher so formuliert werden, dass eine einfache und klare Anwendung gegeben ist.

4.2 Theoretische Grundlagen zur Modellentwicklung

Für die Entwicklung der Modelle bedarf es zunächst der Herausstellung der Grundlagen zur Modellentwicklung, um die inneren Bestandteile und Relationen von Systemen und Modellen angemessen beschreiben zu können (s. ROPOHL 2009, S. 102 f.). Nachfolgend werden zunächst Grundlagen der allgemeinen Systemtheorie dargestellt, anschließend erfolgt die Darstellung der allgemeinen Modelltheorie.

4.2.1 Grundlagen der allgemeinen Systemtheorie

Die Anfänge des Systemdenkens können bis in die griechische Philosophie zurückgeführt werden. Der Universalgelehrte ARISTOTELES begründet in seinen Ausführungen das strukturale Systemkonzept, indem er den Begriff „*holon*", welcher eine Ganzheit unter Berücksichtigung der Anordnung der Teile beschreibt, definiert und diesen von „*pan*" als einfachem Mengenbegriff abgrenzt. (s. ROPOHL 2009, S. 71) Die Ursprünge der modernen Systemtheorie lassen sich auf vier Denkrichtungen zurückführen: Zum Ersten soll hier die allgemeine Systemlehre genannt werden, welche in den 1930er Jahren durch den Biologen VON BERTALANFFY begründet wurde und den aristotelischen Begriff der Ganzheit durch seine Definition des Ganzen im Sinne der Summe der Teile und der „Summe" der Beziehungen zwischen den Teilen präzisiert. Eine zweite Wurzel ist die Kybernetik, welche 1948 durch den Mathematiker und Philosophen WIENER initiiert wurde. Sein Beitrag besteht insbesondere in der Verallgemeinerung von Modellkonzepten der Regelung und Information in komplexen Anordnungen, welche das Systemdenken in der Kybernetik von Anfang an inkludieren. Die „Verwissenschaftlichung praktischen Problemlösens" bildet die dritte Richtung, welche nicht nur einzelwissenschaftliche Theorien, sondern eine interdisziplinäre Integration derer anstrebt. Hierbei werden Objekte als systemhafte Ganzheiten aufgefasst, welche von ganzheitlich konzipierten Arbeitsgruppen, bestehend aus Generalisten und Spezialisten unterschiedlicher Domänen, adressiert werden. Wichtige Vertreter dieser Gattung ist u. a. das Systems-Engineering. Nicht zuletzt bildet das strukturale Denken der modernen Mathematik eine vierte Wurzel der Systemtheorie. Das Konzept des Relationengebildes, welches als eine Menge von Elementen und eine Menge von Relationen definiert ist, ist eine Grundlage für das Selbstverständnis der Mathematik als Strukturwissenschaft. (s. ROPOHL 2009, S. 72 ff.)

Das heutige Begriffsverständnis des Systems orientiert sich an den vorgenannten Konzepten. Ein System im Allgemeinen wird durch verschiedene Grundmerkmale konstituiert: zum einen das *Element*, zum anderen die *Ganzheit*. Die einzelnen Elemente stehen innerhalb der Ganzheit in vielfältigen *Beziehungen*, welche die Ganzheit *strukturieren* bzw. *organisieren*. (s. ULRICH 1970, S. 105) Für die Anwendung der allgemeinen Systemtheorie in der Betriebswirtschaftslehre werden verschiedene Grundaussagen übernommen, ein Auszug wird nachfolgend dargestellt. In der modernen Systemtheorie werden die Systeme als „offen" betrachtet, sie können in ein „Innen" (Insystem) und „Außen" (Umwelt) unterteilt werden; zwischen diesen befinden sich Systemgrenzen, über welche ein Austausch stattfinden kann. (s. WOLF 2020, S. 165 f.) Eine weitere Eigenschaft ist die Dynamik. Zum einen zeigt das System ein Verhalten gegenüber der Umwelt, welches durch Inputs und Outputs beschrieben werden kann, zum anderen gibt es ein Verhalten im Inneren des Systems in Form von Aktivitäten zwischen den Elementen, welche als Prozesse bezeichnet werden können. (s. ULRICH 1970, S. 113 f.) Die beiden vorgenannten Autoren übernehmen mit der Systemkomplexität als weitere Grundaussage ein mehrteiliges Merkmal. Der Autor WOLF (2020) unterteilt dieses Merkmal in die Vielschichtigkeit, Vernetzung und Folgelastigkeit.

Hierbei beschreibt die Vielschichtigkeit das Niveau an funktionaler Differenzierung des Systems, wohingegen die Vernetzung die Art und das Ausmaß an wechselseitigen Abhängigkeiten aufzeigt. Die Folgelastigkeit stellt die Anzahl und das Gewicht der durch bestimmte Handlungen initiierte Kausalketten und Folgeprozesse innerhalb und außerhalb des Systems dar. (s. WOLF 2020, S. 166 f.)

Der Systembegriff umfasst die drei Aspekte, welche durch das funktionale, das strukturale und das hierarchische Systemkonzept ausgedrückt werden können. Das *funktionale Konzept* stellt das System als „Blackbox" dar und fokussiert somit die Außenperspektive. Es werden also insbesondere Inputs und Eingangsgrößen sowie Outputs und Ausgangsgrößen betrachtet. Eine Beschreibung des inneren Systemaufbaus ist explizit nicht Teil der Perspektive, der Fokus liegt auf dem Verhalten des Systems als Ganzheit mit seiner Umgebung. Das *strukturale Konzept* fokussiert die Innensicht, um das System als Ganzheit miteinander verknüpfter Elemente zu betrachten. (s. ROPOHL 2009, S. 75 ff.) Das *hierarchische Konzept* fasst ein Element eines Systems selbst als Element auf. Gleichzeitig kann ein System selbst als Teil eines umfassenderen Systems betrachtet werden; dieses wird als Übersystem bezeichnet. Werden die einzelnen Systeme in einen gewissen Zusammenhang gebracht und betrachtet, werden diese als System von Systemen bezeichnet. (s. HABERFELLNER ET AL. 2018, S. 30 f.) Mit dieser Sichtweise können maßgeblich Komplexität und Ungewissheit reduziert werden (s. WOLF 2020, S. 169). Erst die gleichzeitige Anwendung und Kombination der verschiedenen Systemperspektiven ermöglichen die vollständige Betrachtung des Systemmodells (s. ROPOHL 2009, S. 79). Eine Übersicht unterschiedlicher Konzepte der Systemtheorie ist in Abbildung 4-1 dargestellt.

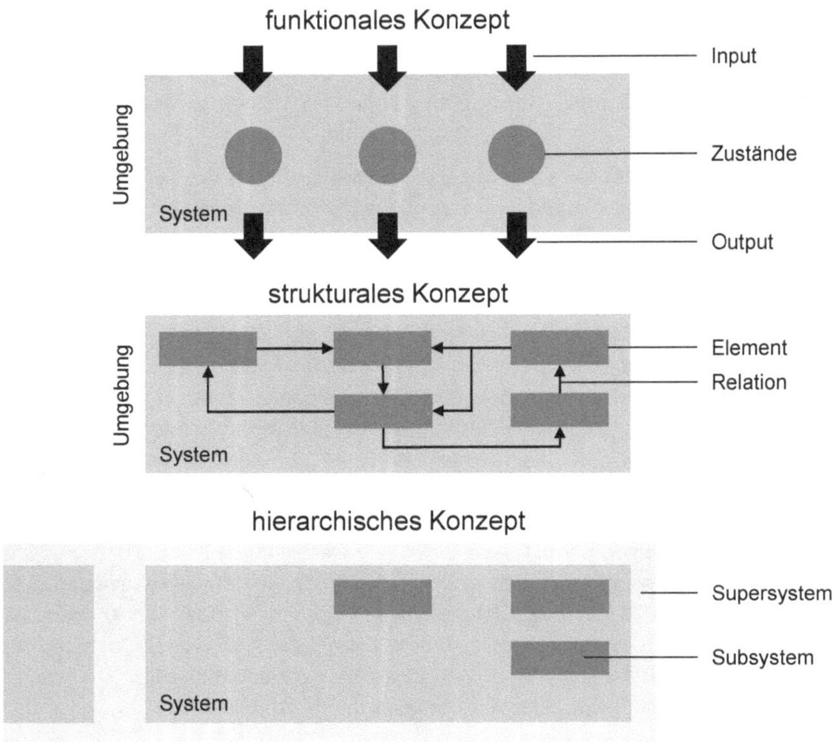

Abbildung 4-1: Konzepte der Systemtheorie (eigene Darstellung i. A. a. ROPOHL 2009)

Die Vorteile des systemtheoretischen Ansatzes ergeben sich in besonderer Weise aus der Offenheit gegenüber anderen Forschungsdisziplinen und -ansätzen. Diese Integrationsfunktion erlaubt die gleichzeitige Betrachtung verschiedener Einflussfaktoren und Variablen. Die heuristische Funktion des Systemansatzes ermöglicht die Betrachtung in Strukturmodellen, welche das Aufdecken und die Untersuchung neuer und wenig berücksichtigter Zusammenhänge ermöglichen. Ein weiterer Vorteil des systemtheoretischen Ansatzes, welcher insbesondere im Kontext der soziotechnischen Systemgestaltung wichtig ist, basiert auf der terminologischen Funktion. Diese stellt ein abstraktes, interdisziplinäres Begriffssystem zur Verfügung, welches nicht durch Vorurteile oder A-priori-Annahmen verfälscht wird. (s. ULRICH U. HILL 1976, S. 308) Das Ziel der Systemtheorie, welches in der Erstellung von Modellen zur Beschreibung komplexer Zusammenhänge und Verknüpfungen von Systemen besteht (s. HABERFELLNER ET AL. 2018, S. 35), ist kongruent mit dem des Dissertationsvorhabens. Vor dem Hintergrund, dass wissenschaftliche Modelle in der Regel als Systeme zu betrachten sind (s. STACHOWIAK 1973, S. 138), eignet sich der systemtheoretische Ansatz zur Verwendung als Grundlage für die Modellbildung in der vorliegenden Arbeit.

4.2.2 Grundlagen der allgemeinen Modelltheorie

Ein wesentliches Prinzip des Systemdenkens ist die modellhafte Abbildung und Veranschaulichung von Systemen und komplexen Zusammenhängen (s. HABERFELLNER ET AL. 2018, S. 35). Der Autor STACHOWIAK (1973) beschreibt ein Modell als abstrahierte, idealisierte und vereinfachte (homomorphe) Abbildung der Realität, mit dem Ziel, die Komplexität der Realität zu reduzieren, um diese für die Entwicklung theoretischer Lösungen zugänglich zu machen (s. STACHOWIAK 1973, S. 129). Wegen dieser Eigenschaften werden Modelle seit Beginn der Wissenschaft verwendet, die Modelltheorie als strukturiertes Denkmodell hat sich allerdings erst im Laufe der Zeit entwickelt (s. HILL 1994, S. 46). Heute werden Modelle zur Lösung komplexer Probleme eingesetzt. Hierbei findet zunächst die Abstraktion eines Problems statt. Diesem Abbild des Problems wird ein „Vorbild", d. h. ein grobes Konzept zur Lösung des Problems, gegenübergestellt und durch iterative Verbesserung, Verfeinerung und Vervollständigung eine Lösung erarbeitet. Dieses Vorgehen gilt mit der erfolgreichen Anwendung des Lösungskonzepts auf das Problem als abgeschlossen. (s. HABERFELLNER ET AL. 2018, S. 245 f.) Die Modelltheorie nach dem Verständnis des Autors STACHOWIAK (1973), welches für die vorliegende Arbeit maßgeblich ist, definiert den allgemeinen Modellbegriff durch drei Hauptmerkmale (s. STACHOWIAK 1973, S. 131 ff.):

- **Abbildungsmerkmal:** „Modelle sind stets Modelle von etwas, nämlich Abbildungen, Repräsentationen natürlicher oder künstlicher Originale, die selbst wieder Modelle sein können." (STACHOWIAK 1973, S. 131) Der Abbildungsbegriff wird somit ausgehend vom mathematischen Abbildungsbegriff gebildet (s. STACHOWIAK 1973, S. 132).
- **Verkürzungsmerkmal:** „Modelle erfassen im Allgemeinen nicht alle Attribute des durch sie repräsentierten Originals, sondern nur solche, die den jeweiligen Modellerschaffern und/oder Modellbenutzern relevant scheinen." (STACHOWIAK 1973, S. 132)
- **Pragmatisches Merkmal:** „Modelle sind ihren Originalen nicht per se eindeutig zugeordnet. Sie erfüllen ihre Ersetzungsfunktion a) für bestimmte – erkennende und/oder handelnde, modellbenutzende – Subjekte, b) innerhalb bestimmter Zeitintervalle und c) unter Einschränkung auf bestimmte gedankliche oder tatsächliche Operationen." (s. STACHOWIAK 1973, S. 132 f.)

Aufgrund der vorgenannten drei Hauptmerkmale wird bei der Konstruktion eines Modells nie die reale Ganzheit abgebildet. Die reale Ganzheit, die allgemeine Systemtheorie und die Modellkonstruktion stehen gleichzeitig in einem Zusammenhang (s. ROPOHL 2009, S. 84), dieser ist in Abbildung 4-2 dargestellt.

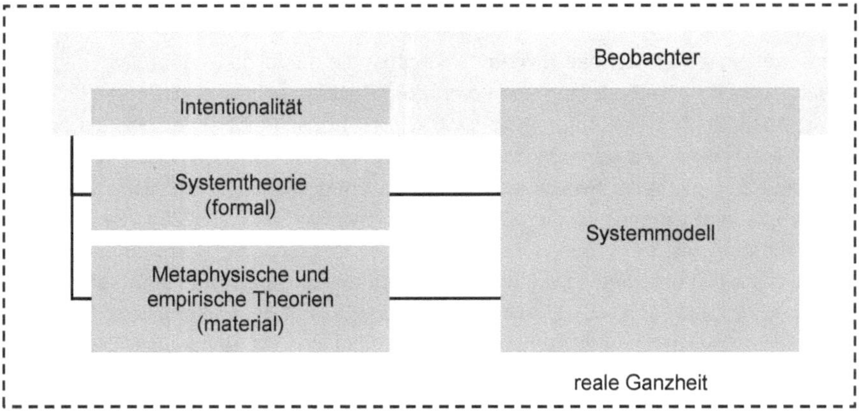

Abbildung 4-2: Zusammenhang zwischen der allgemeinen Systemtheorie und der Modellkonstruktion (eigene Darstellung i. A. a. ROPOHL 2009, S. 84)

Modelle werden somit immer von einem Beobachter mit bestimmten Intentionen erstellt. Mit dem Modell werden somit nur Teile einer realen Ganzheit dargestellt, welche den Beobachter mit seiner Perspektive auf die Wirklichkeit inkludieren. Hierbei stellt die allgemeine Systemtheorie formale Rahmenbedingungen für die Modellbildung zur Verfügung, sie enthält beispielsweise Minimalannahmen über die Realität (s. Kapitel 4.1.1). Diese Minimalannahmen werden ergänzt durch materiale Theorien, welche substanzielle Aussagen über die spezifische Beschaffenheit des betrachteten Wirklichkeitsausschnitts bereitstellen. Diese werden maßgeblich durch empirische Theorien (z. B. Entfernungsmessungen für die Erstellung einer Landkarte) und verallgemeinerte Vorstellungen von grundlegenden Zusammenhängen (metaphysische Theorien) ausgedrückt. Die metaphysischen Theorien postulieren transempirisch ein existenzielles Verweisungsverhältnis, welches nicht durch einzelne empirische Beobachtungen widerlegt werden kann. Dies bedeutet, dass z. B. grundsätzliche Annahmen über ein bestimmtes soziotechnisches Untersuchungsfeld bei dieser Theorie nicht durch eine einzelne, nicht zu einer bestimmten Aktion fähige Person widerlegt werden können. (s. ROPOHL 2009, S. 85 f.)

Die aufgeführte Grundeigenschaft von Modellen, nur Teile einer Ganzheit darzustellen, hat eine hohe Vielfalt unterschiedlicher Perspektiven zur Folge. Modelle werden zur Erreichung bestimmter Zielsetzungen entwickelt und können durch spezifische Eigenschaften beschrieben und abgegrenzt werden. (s. ZELEWSKI 2008, S. 43) Diese Differenzierbarkeit ermöglicht die Klassifizierung von Modellen, trotzdem hat sich bislang noch keine allgemein akzeptierte, systematische Darstellung durchgesetzt (s. LEHNER ET AL. 2008, S. 30). Die beiden vorgenannten Autoren erheben in ihrer Klassifizierung keinen Anspruch auf Vollständigkeit, gleichzeitig erscheinen die Klassifizierungen für die Verwendung in der Arbeit geeignet, da sie dem gewählten Fokus der Arbeit gerecht werden. Gemeinsam sind den Autoren die Modellklassen

Beschreibungs-, Erklärungs- und Gestaltungsmodelle. Aufgrund ihrer besonderen Bedeutung für das Dissertationsvorhaben werden diese nachfolgend erläutert, für die Aufzählung und Beschreibung weiterer Modellklassen wird auf die Ausführungen der Autoren verwiesen (s. LEHNER ET AL. 2008, S. 30 ff.; ZELEWSKI 2008, S. 43 ff.)

- **Beschreibungsmodelle:** Die präzise und leicht verständliche Darstellung von Sachverhalten bzw. die Repräsentation bestimmter Phänomene ist das Ziel von Beschreibungsmodellen. Der Verwendungszweck des Modells ist daher regelmäßig nicht endgültig determiniert. (s. LEHNER ET AL. 2008, S. 30 f.) Der Autor ZELEWSKI (2008) ergänzt den Aspekt der Wertfreiheit, um Interaktionen zwischen unterschiedlichen Attributen und der Eigenschaften aufzuzeigen und den Zweck des Beschreibungsmodells, die Beschreibung eines (realen) Problems, hervorzuheben (s. ZELEWSKI 2008, S. 44).
- **Erklärungsmodelle:** Der Autor ZELEWSKI (2008) fasst unter dem Gattungsbegriff Analysemodelle alle nachfolgend vorgestellten Modelle zusammen, da diese alle dem (betriebswissenschaftlichen) Erkenntnisgewinn dienen, welcher über die reine Sachverhaltsbeschreibung hinausgeht. (s. ZELEWSKI 2008, S. 44) Die Interpretation von Zusammenhängen zur Analyse konkreter empirischer Systeme sowie die Erklärung von Ursache-Wirkungsbeziehungen sind Ziele von Erklärungsmodellen. Die Grundlage von Erklärungsmodellen bilden Beschreibungsmodelle, da die Darstellung der zu interpretierenden Zusammenhänge eine notwendige Bedingung darstellt. (s. LEHNER ET AL. 2008, S. 31)
- **Gestaltungsmodelle:** Gestaltungsmodelle dienen der Verbesserung von Entscheidungen, indem sie die Umsetzung einzelner Gestaltungsalternativen empfehlen bzw. von dieser abraten. Da die einzelnen Alternativen gegeneinander abgewogen bzw. priorisiert werden können, werden Gestaltungsmodelle in diesem Kontext auch als Entscheidungsmodelle bezeichnet (s. ZELEWSKI 2008, S. 46). Die Bewältigung und Lösung von Problemstellungen werden durch die Vorbild-, Beispiel- bzw. Leitfunktionen dieser Modelle unterstützt. In verschiedenen Ausprägungen können sie z. B. als Hilfsmittel zur Optimierung von Entscheidungen oder der Zielerreichung fungieren (s. LEHNER ET AL. 2008, S. 32).

4.3 Methodische Grundlagen

In diesem Kapitel werden Denkansätze, Methoden und Modelle vorgestellt, welche die Gewährleistung der definierten formal-methodischen Kriterien in der Modellentwicklung unterstützen. Dafür werden zunächst zwei Methoden der Konfigurationstheorie mit dem Fokus auf Morphologien und Typisierung erläutert. Anschließend erfolgt die Detaillierung des fallstudienbasierten Ansatzes.

4.3.1 Konfigurationstheorie

Im Sinne des Konfigurationsansatzes stellen Organisationen komplexe Ganzheiten bzw. Entitäten dar, welche sich durch multidimensionale Ursache-Wirkungs-Strukturen auszeichnen (s. WOLF 2020, S. 462). Der Begriff Konfiguration stellt hierbei die „spezifische Ausprägung einer Organisation entlang einer Menge an organisations- und umweltbezogenen Merkmalen bzw. Variablen“ dar (WOLF 2020, S. 463). Ziel der Forschungsmethode als Teil analytischer Forschungsmethoden ist somit die systematische Ordnung einer Menge von Untersuchungsobjekten in Abhängigkeit des jeweiligen Untersuchungsziels (s. WELTER 2006, S. 113). Dieses ist kongruent mit der Beantwortung verschiedener Teilfragen des Dissertationsvorhabens, welche in Kapitel 1.2 aufgestellt wurden. Der Autor WELTER (2006) identifiziert die Klassifikation, die Typisierung und die morphologische Methode als relevante Verfahren innerhalb des Teilgebiets. Sie unterscheiden sich hinsichtlich der Anzahl erforderlicher Merkmale, der faktischen Wahrheit der Lösung sowie des primären Anwendungszwecks. (s. WELTER 2006, S. 113) Der Autor ZELEWSKI (2008) unterstützt diese Auswahl, indem er die Klassifizierung und Typisierung (die morphologische Methode wurde nicht betrachtet) als geeignete Methoden für die Gewinnung neuer Erkenntnisse in den Anwendungsbereichen Entdeckungs-, Begründungs- und Gestaltungszusammenhang empfiehlt. (s. ZELEWSKI 2008, S. 32 f.) Eine Unterscheidung des Autors WELTER (2006) ist in Tabelle 4-1 dargestellt.

Tabelle 4-1: Abgrenzung von Typologisierung, Klassifikation und morphologischer Methode nach WELTER (2006, S. 114)

	erforderliche Anzahl Merkmale	logische Wahrheit der Lösungen	faktische Wahrheit der Lösungen	**primäre Anwendung**
Klassifikation	1	Ja	Ja	Systematik, Entscheidungsunterstützung
Typisierung	> 1	Ja	Ja	Systematik, Entscheidungsunterstützung
Morphologische Methode	> 1	Ja	Nicht zwingend	Systematik, Entscheidungsunterstützung und Aufdecken neuer Lösungen

Die Klassifikation unterscheidet sich von der Typisierung und der morphologischen Methode in der Anzahl der Merkmale. Dabei wird bei der *Klassifikation* jedes Element nur exakt einer Klasse zugeordnet, sie weisen in einer Klasse alle das gleiche Merkmal auf (s. KNOBLICH 1969, S. 27). Jedes Element muss den Anforderungen an Eindeutigkeit, Ausschließlichkeit und Vollständigkeit entsprechen (s. KLUGE 1999, S. 32 f.). Die Beschreibung bzw. Einordnung des Betrachtungsobjekts erfolgt bei der Typologie respektive der morphologischen Methode hingegen durch mindestens zwei Merkmale. (s. WELTER 2006, S. 113) Die Abgrenzung der Typologisierung zur morphologischen Methode erfolgt über die empirische Verifizierbarkeit der möglichen Merkmalskombinationen. Die morphologische Methode zielt auf die Erfassung aller theoretisch denkbaren und nach logischen Gesichtspunkten sinnvollen Kombinationen von Merkmalsausprägungen ab. Im Gegensatz dazu werden bei der Typologisierung nur empirisch verifizierbare und real beobachtbare Ausprägungen entwickelt. (s. WELTER 2006, S. 114) Der Ausgangspunkt der Typenbildung ist somit die Morphologie bzw. der morphologische Kasten (s. HORAK 1993, S. 28).

Der morphologische Kasten als wesentliche Anwendung der *Morphologie* wurde vom Astrophysiker ZWICKY (1989) entwickelt. Der interdisziplinäre Ansatz ermöglicht geordnetes Denken und eine systematische Konstruktion für die vorurteilslose Herleitung von Lösungen für ein gegebenes Problem. (s. ZWICKY 1989, S. 17 f.) Hierzu trägt die Möglichkeit bei, auf Basis von Merkmalskombinationen alle theoretisch denkbaren und logischen Lösungen aufzuzeigen (s. SCHULTE-ZURHAUSEN 2014, S. 618 f.). Konkret wird das gegebene Problem durch Merkmale beschrieben, welchen jeweils alle denkbaren Merkmalsausprägungen zugeordnet werden. Ergebnis des Vorgehens ist eine morphologische Matrix. Diese bildet die Basis für den Kombinationsprozess, bei welchem jedem Untersuchungsgegenstand Ausprägungen für jedes Merkmal zugeordnet werden. Die Wahl der Merkmale und deren Ausprägungen bestimmt somit die Zahl der möglichen Lösungen. (s. ROPOHL 2009, S. 271) Die Merkmalsausprägungen sind hierbei die quantitativen bzw. qualitativen Ausgestaltungen der Merkmale. (s. WELTER 2006, S. 115) Die systematische Vorgehensweise unterteilt sich in fünf Schritte. Zunächst wird das Problem charakterisiert, im zweiten Schritt werden alle Parameter (Merkmale) bestimmt, die zur Lösung des Problems beitragen. Mit der Zuordnung von Ausprägungen zu den jeweiligen Merkmalen kann ein morphologischer Kasten gebildet werden (Schritt 3), der das Aufspannen des Lösungsraums ermöglicht. Aus diesem können in einem vierten Schritt alle möglichen Lösungen hinsichtlich eines definierten Zielkriteriums bewertet werden. Die Bewertung darf allerdings erst in diesem Schritt erfolgen, um die Vorurteilsfreiheit der vorgelagerten Schritte zu gewährleisten. Die Identifikation einer optimalen Lösung und die Anwendung dieser auf das gegebene Problem bilden den fünften und letzten Schritt. (s. ZWICKY 1989, S. 17 f.) Die generische Struktur des morphologischen Kastens als Ergebnis des dritten Schritts ist in Tabelle 4-2 dargestellt.

Tabelle 4-2: Generische Struktur eines morphologischen Kastens nach ROPOHL (2009, S. 270) und ZWICKY (1989, S. 15)

	Ausprägungen			
Merkmal 1	Ausprägung A1	Ausprägung A2	Ausprägung A3	Ausprägung A4
Merkmal 2	Ausprägung B1		Ausprägung B2	
Merkmal 3	Ausprägung C1	Ausprägung C2	Ausprägung C3	

Die **Typisierung** verfolgt die Zielsetzung, eine Menge an vielfältigen realen Erscheinungsformen eines Untersuchungsbereichs durch Abstraktion und Differenzierung zu ordnen und strukturiert darzustellen (s. GROSSE-OETRINGHAUS 1974, S. 36). Durch Festlegung typischer Merkmalsausprägungen lassen sich Idealtypen definieren, welche zwischen dem theoretisch Generellen und dem historisch Individuellem stehen (s. KNOBLICH 1969, S. 28). Die einzelnen Typen werden durch Kombinationen von Merkmalsausprägungen beschrieben, welche logisch widerspruchsfrei, empirisch verifizierbar und praktisch brauchbar im Hinblick auf das zu erreichende Untersuchungsziel sind. Die Typenbildung kann auf zwei unterschiedliche Weisen erfolgen: retrograd und progressiv. Bei der retrograden Vorgehensweise werden – aufbauend auf einem Vorverständnis der zu bildenden Typen – sukzessive Merkmale und Merkmalsausprägungen identifiziert, welche die einzelnen Typen kennzeichnen. Bei der progressiven bzw. synthetischen Typenbildung werden zunächst Merkmale und Merkmalsausprägungen gebildet, welche die Basis für die vorwärts gerichtete Verknüpfung und Konstruktion der Typen darstellen. In der Realität führt erst die Kombination der vorgenannten Vorgehensweisen zu aussagekräftigen Typen. (s. WELTER 2006, S. 115 f.) Hierbei ist es wichtig, dass die gebildeten Typen eine möglichst hohe interne Homogenität aufweisen, während sie untereinander eine möglichst hohe externe Heterogenität aufweisen sollten, um die Differenzierbarkeit zu erleichtern. Insgesamt können mit einer komplexen und differenzierten Typisierung somit sowohl Gemeinsamkeiten als auch Unterschiede im Untersuchungsbereich ermittelt und dargestellt werden. (s. KLUGE 1999, S. 30 f.) Diese sind immer zweckbestimmt, da sie im Hinblick auf die Lösung eines gegebenen Problems entwickelt werden und somit regelmäßig keine Allgemeingültigkeit haben. (s. KOSIOL 1968, S. 35)

4.3.2 Fallstudienbasierter Ansatz

Das Ziel der fallstudienbasierten Forschung ist die empirische Untersuchung aktueller Phänomene. Diese werden in ihrem jeweiligen Kontext betrachtet und auf ihre Wechselwirkungen zwischen den Phänomenen und dem jeweiligen Kontext hin analysiert. (s. EISENHARDT 1989, S. 534) Fallstudien können hierbei in unterschiedlichen Bereichen und Disziplinen eingesetzt werden (s. LASCH U. SCHULTE 2021, S. 5). Bei der Fallstudienforschung wird häufig ein qualitativer Ansatz verwendet, bei welchem die gesammelten und analysierten Daten unstrukturiert vorliegen. Die Methode wird in der Literatur nicht durch eine einheitliche Terminologie oder eine allgemein anerkannte Definition beschrieben. Gleichzeitig subsumiert die Autorin SIMONS (2009) aus verschiedenen analysierten Definitionen, dass bei der Fallstudienforschung eine Untersuchung aus unterschiedlichen Perspektiven zum Aufzeigen der Wechselwirkungen in einem realen Kontext stattfindet. Der Ansatz ist hierbei zumeist forschungsgetrieben, inkludiert verschiedene Methoden und soll evidenzgesteuert sein, um den Zweck der Offenlegung der Komplexität zu erfüllen. (s. SIMONS 2009, S. 19 ff.) Die Methoden differieren hierbei in Abhängigkeit der zu erreichenden Unterziele der Anwendung. Diese Unterziele bestehen u. a. in der Beschreibung realer Phänomene und deren Wirkungszusammenhänge, in der Verifizierung eines a priori erstellten Modells, sodass dieses bestätigt bzw. weiterentwickelt werden kann, in der Überprüfung von Theorien oder in der Nutzung des Ergebnisses der fallstudienbasierten Untersuchung als Ausgangspunkt für die Modellerstellung. (s. EISENHARDT 1989, S. 536)

Beim fallstudienbasierten Ansatz kann eine einzelne Fallstudie untersucht werden, alternativ kann auch eine Sammlung an Fallstudien untersucht werden. Wird eine Sammlung an Fallstudien untersucht, ist in der Regel eine Anzahl von 6-10 Fallstudien ausreichend, um eine ausreichende theoretische Sättigung zu erreichen. (s. YIN 2018, S. 103) Im Dissertationsvorhaben wird der fallstudienbasierte Ansatz für das oben genannte Unterziel der Verifizierung eines a priori erstellten Modells verwendet. Die Autorin EISENHARDT (1989) entwickelt hierfür ein mehrstufiges Vorgehen, welches unterschiedliche Werkzeuge der Datenerhebung und Auswertung inkludiert. Diese umfassen Interviews, Fragebögen, Aufzeichnungen, Dokumentationen, Beobachtungen, Rezensionen und physische Artefakte. Das Vorgehen wird in Abbildung 4-3 dargestellt.

Abbildung 4-3: Vorgehen Fallstudienforschung (eigene Darstellung i. A. a. EISENHARDT 1989, S. 533)

Das Vorgehen untergliedert sich in acht Schritte. Für den Beginn der Fallstudienforschung müssen bestimmte Vorbedingungen erfüllt sein. Diese umfassen das Vorhandensein eines a priori entwickelten Modells, welches fallstudienbasiert untersucht werden soll, zum anderen muss eine Forschungsfrage definiert werden. Die Auswahl der Fallstudien beeinflusst das erwartete Untersuchungsergebnis maßgeblich und muss daher systematisch durchgeführt werden. (s. EISENHARDT 1989, S. 536 f.) Der Autor YIN (2018) unterscheidet hierbei vier unterschiedliche Untersuchungsdesigns für die Auswahl der Fallstudien. Hierbei greift er auf Vorarbeiten von YIN ET AL. (1985) zurück. Bei der Berücksichtigung von Fallstudien wird zwischen der Untersuchung einer einzelnen Fallstudie und einer Auswahl an Fallstudien differenziert. Innerhalb der beiden Varianten unterscheidet der Autor zwischen einem übergreifenden/holistischen und dem eingebetteten Design. Beim holistischen Design erfolgt die Betrachtung als Ganzes ohne die Vornahme von Untergliederungen, beim eingebetteten Design wird eine Unterteilung in separate Analysebereiche vorgenommen. Insgesamt werden vier Auswahltypen abgeleitet: Einzelfallstudienbetrachtung mit einem Untersuchungsbereich,

Einzelfallstudienbetrachtung zur Analyse mehrerer Untersuchungsbereiche, Betrachtung einer Auswahl von Fallstudien mit einem Untersuchungsbereich und die Betrachtung einer Auswahl von Fallstudien mit mehreren Untersuchungsbereichen. (s. YIN 2018, S. 96) Die Sammlung von Informationen erfolgt durch die Anwendung verschiedener Instrumente. Hierbei können Methoden der qualitativen beziehungsweise quantitativen Datenerhebung kombiniert werden. (s. EISENHARDT 1989, S. 533) Für das Dissertationsvorhaben erfolgt die Auswahl der Fallstudien nach dem Ansatz von VOM BROCKE ET AL. (2009).

Den Einstieg in das Betrachtungsfeld bildet die Strukturierung der Fallstudien. Hierbei können potentielle Überschneidungen erkannt und bei Bedarf eine Anpassung der Datenerhebung vorgenommen werden. Auf dieser Basis können die betrachteten Fallstudien ausgewertet und analysiert werden. Unabhängig von der Anzahl der betrachteten Fallstudien wird zunächst jede Fallstudie separat betrachtet und auf die jeweilige Forschungsfrage hin untersucht. Dies ermöglicht die Identifikation von Mustern innerhalb der einzelnen Fallstudie. Anschließend erfolgt die fallstudienübergreifende Identifikation von Mustern. Dieser Teilschritt entfällt bei der Betrachtung einer einzelnen Fallstudie. (s. EISENHARDT 1989, S. 533)

Bei der anschließenden Konkretisierung des Modells werden die Konstrukte zusammengefasst und die interne Validität geprüft. Der Schritt dient der Zusammenführung der identifizierten Muster innerhalb der Fallstudie und, wenn zutreffend, zwischen den Fallstudien. Die Konkretisierung ist hierbei zweigeteilt, zum einen werden die Konstrukte geschärft, zum anderen die Erkenntnisse herausgestellt. Hierbei können auch Hypothesen entwickelt werden. (s. EISENHARDT 1989, S. 542 f.) Der Vergleich der Erkenntnisse mit den Ergebnissen aus einer Literaturrecherche unterstützt anschließend bei der Veri- bzw. Falsifizierung. Diese wird so lange durchgeführt, bis eine theoretische Sättigung erreicht wird. (s. EISENHARDT 1989, S. 544 f.) Für den Fall, dass das a priori erstellte Modell nicht verifiziert werden kann, schlägt der Autor YIN (2018) eine Überarbeitung des Modells und die erneute Durchführung der vorherigen Schritte vor, sodass das Vorgehen bis zur Finalisierung iterativ gestaltet wird. (s. YIN 2018, S. 327 ff.)

Das entwickelte Vorgehen der Autorin EISENHARDT (1989) wurde als ein sequentielles entwickelt, gleichzeitig können bei der Durchführung zeitliche Parallelitäten auftreten. Es findet ein iterativer Lernprozess zwischen Theorie und Empirie statt, hierdurch ist eine große Nähe zur Realität gewährleistet. (s. GASSMANN 1999, S. 13) Insgesamt bietet der Ansatz somit eine große Bandbreite an Möglichkeiten von der Beschreibung realer Phänomene und deren Wirkungszusammenhänge im Alltag über die Überprüfung von Theorien bis hin zur Generierung von neuen Theorien. (s. EISENHARDT 1989, S. 536)

4.4 Konzeptualisierung des Gesamtmodells

Ziel dieses Dissertationsvorhabens ist es, den erfolgreichen Einsatz verschiedener Typen von Business-Analytics durch soziotechnische Gestaltungsinstrumente sicherzustellen (s. Kapitel 1.2.). Für die Erreichung des Ziels soll ein Modell entwickelt werden, welches das soziotechnische System beschreibt und Gestaltungsinstrumente zum Einsatz verschiedener Typen von Business-Analytics aufzeigt. Das Modell wird in unterschiedliche Teilmodelle untergliedert, welche nach den im Kapitel 4.1.1 aufgestellten Anforderungen modular gestaltet werden und aufeinander aufbauen. Hierzu werden zunächst zwei Beschreibungsmodelle entwickelt; die Erkenntnisse aus diesen werden in einem Erklärungsmodell aggregiert. Basierend auf den Ergebnissen der vorgenannten Modelle wird ein Gestaltungsmodell entwickelt, welches Gestaltungsinstrumente für den Einsatz von Business-Analytics aufzeigt. Der Zusammenhang zwischen den einzelnen Teilmodellen ist in Abbildung 4-4 dargestellt.

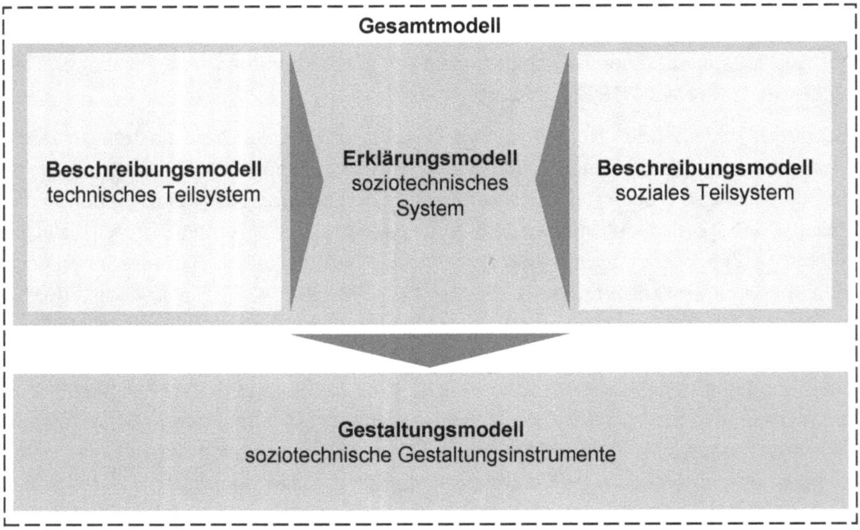

Abbildung 4-4: Konzeptualisierung des Gesamtmodells (eigene Darstellung)

Die beiden Beschreibungsmodelle umfassen die Identifikation und Detaillierung aller relevanten Merkmale und deren Ausprägungen der zu untersuchenden Subsysteme. Hierbei dient das Beschreibungsmodell des technischen Subsystems der systematischen Erfassung und Beschreibung von Business-Analytics. Durch die Kombination bestimmter Merkmalsausprägungen werden anschließend Typen konstituiert, welche den Einsatz von Business-Analytics in unterschiedlichen Anwendungsfällen beschreiben. Die Beschreibung von Business-Analytics und die Differenzierung unterschiedlicher Typen erfolgen nach der morphologischen Methode und durch Typisierung (s. Kapitel 4.3.1). Die Verifizierung der gebildeten Merkmale und Ausprägungen im morphologischen Kasten sowie die Bildung konsistenter Typen erfolgen mit einem fallstudienbasierten Ansatz. Somit wird durch das Beschreibungsmodell des technischen Subsystems die erste Unterforschungsfrage beantwortet: „*Was sind die relevanten Merkmale und deren Ausprägungen zur Beschreibung von Business-Analytics?*".

Das Beschreibungsmodell des sozialen Subsystems dient der systematischen Beschreibung und Untersuchung der mit Business-Analytics (technisches Subsystem) interagierenden (Teil-)Organisation und deren Mitarbeiter. Hierzu wird analog zur Entwicklung des technischen Subsystems die morphologische Methode verwendet. An dieser Stelle sind besondere Vorteile der Methodik der hohe Realitätsbezug und die einfache Handhabbarkeit, welche Anwendern des Modells die aufwandsarme Einordnung und Entwicklung sowohl des technischen als auch des sozialen Subsystems ermöglichen. Das Beschreibungsmodell des sozialen Subsystems dient insgesamt der Beantwortung der zweiten Unterforschungsfrage: „*Was sind die relevanten Merkmale und deren Ausprägungen zur Beschreibung des sozialen Subsystems für den Einsatz von Business-Analytics?*".

Die beiden vorgenannten Beschreibungsmodelle bilden als Gesamtheit das soziotechnische System, indem sie miteinander interagieren. Diese Wechselwirkungen werden im Erklärungsmodell zur Untersuchung des soziotechnischen Systems beschrieben. Hierzu werden die einzelnen Merkmale und deren Ausprägungen zwischen den beiden Subsystemen in Beziehung gesetzt und auf ihre gegenseitigen Ursache-Wirkungs-Beziehungen untersucht. Ein besonderer Fokus soll auf die einzelnen Typen, welche im technischen Subsystem gebildet werden, und deren Interaktion mit dem sozialen Subsystem gelegt werden. Die Erkenntnisse über die gegenseitigen Wirkungsbeziehungen als Ergebnis des Erklärungsmodells dienen gleichzeitig der Beantwortung der dritten Unterforschungsfrage: „*Wie lassen sich die wechselseitigen Wirkungsbeziehungen zwischen den Typen von Business-Analytics und den Merkmalen des sozialen Subsystems erklären?*".

Basierend auf den Erkenntnissen über das soziotechnische System, welche als Ergebnisse aus den beiden Beschreibungsmodellen und dem Erklärungsmodell gewonnen werden, können aus dem vierten Teilmodell, dem Gestaltungsmodell, soziotechnische Gestaltungsinstrumente abgeleitet werden. Diese sollen dem Anwender Gestaltungsmöglichkeiten aufzeigen und in Form von Handlungsinstrumenten den erfolgreichen Einsatz von Business-Analytics sicherstellen. Somit wird mit dem Gestaltungsmodell die vierte Forschungsfrage beantwortet: „*Welche soziotechnischen Gestaltungsinstrumente ergeben sich auf Basis der wechselseitigen Wirkungsbeziehungen für den erfolgreichen Einsatz von Business-Analytics?*".

Die Zusammenführung der abgeleiteten Anforderungen, die vorgestellten Wissenschaftstheorien und methodische Grundlagen bilden das konzeptionelle Grundgerüst dieser Arbeit. Die Beschreibung des soziotechnischen Systems für den Einsatz von Business-Analytics folgt hierbei dem soziotechnischen Systemansatz nach LEAVITT (1965). Dieser definiert in seinem Modell die beiden Teilsysteme *Technisches* und

Soziales Subsystem sowie die vier Dimensionen *Aufgabe*, *Technologie*, *Akteur* und *Struktur* (s. LEAVITT 1965, S. 1144 ff.). Die Zuordnung der einzelnen Dimensionen zu den einzelnen Subsystemen folgt dem Ansatz nach DREMEL ET AL. (2020). Die beiden erstgenannten Dimensionen sind hierbei dem technischen, die letztgenannten dem sozialen Subsystem zuzuordnen. (s. DREMEL ET AL. 2020, S. 3)

5 Detaillierung des Gestaltungsmodells

Nach der Grobkonzeption des Gestaltungsmodells im vorherigen Kapitel 4 erfolgt in diesem Kapitel die Detaillierung des Modells. Ziele der Modellierung sind das Aufzeigen von Wirkungszusammenhängen und die anschließende Ableitung von Handlungsempfehlungen, um das soziotechnische System als Ganzes zu gestalten. Im Fokus liegt hierbei die verknüpfte Optimierung, d. h., dass nicht ein Subsystem an das andere angepasst wird, sondern die Gestaltung für das gesamte soziotechnische System erfolgen muss (s. FREI ET AL. 1996, S. 152). Hierfür werden zunächst die einzelnen Subsysteme im Rahmen des soziotechnischen Systems detailliert, anschließend erfolgt die Untersuchung der typspezifischen Wechselwirkungen. Abschließend werden typspezifische soziotechnische Gestaltungsinstrumente entwickelt.

In Kapitel 5.1 erfolgt in Detaillierung des soziotechnischen Systems die Beschreibung des technischen Subsystems. Hierfür werden zunächst Merkmale und Ausprägungen von Business-Analytics definiert und in einem morphologischen Kasten zusammengefasst, es erfolgt hierbei eine Strukturierung anhand der Dimensionen *Aufgabe* und *Technologie*. Die Morphologie dient unter Verwendung eines Cross-Consistency-Assessments und unter Anwendung eines fallstudienbasierten Ansatzes der Bildung konsistenter Typen. Die Herleitung und Bildung des sozialen Subsystems zum Einsatz von Business-Analytics mit den Untergruppen *Akteur* und *Struktur* erfolgt in Kapitel 5.2 analog zum technischen Subsystem. In Kapitel 5.3 werden die inter- und intrasystemischen soziotechnischen Wechselwirkungen für die in Kapitel 5.1.5 gebildeten Typen untersucht. Anschließend werden in Kapitel 5.4 zunächst generische Gestaltungsinstrumente identifiziert. Unter Berücksichtigung der typspezifischen soziotechnischen Wechselwirkungen werden diese zur Gestaltung des soziotechnischen Systems für den Einsatz verschiedener Typen von Business-Analytics entwickelt. Zuletzt werden in Kapitel 5.5 die gesammelten Erkenntnisse und Ergebnisse zusammengefasst und die zentrale Funktionsweise des Gestaltungsmodells erläutert. Ein Überblick über die Inhalte und den strukturellen Aufbau der einzelnen Teilmodelle inkl. Zuordnung zu den einzelnen Kapiteln findet sich in Abbildung 5-1.

Abbildung 5-1: Übersicht über die Inhalte und den strukturellen Aufbau der Teilmodelle (eigene Darstellung)

5.1 Beschreibung und Typisierung von Business-Analytics

Das Beschreibungsmodell für das technische Subsystem beinhaltet die Charakterisierung von Business-Analytics anhand definierter Merkmale und Merkmalsausprägungen sowie die Ableitung praxisrelevanter Typen. Dies bildet die Grundlage für die anschließende soziotechnische Untersuchung von wechselseitigen Wirkungsbeziehungen mit dem sozialen Subsystem. Ein Teil der folgenden Ergebnisse zur Beschreibung und Typisierung von Business-Analytics ist bereits in einer Vorveröffentlichung der Öffentlichkeit zugänglich gemacht worden (vgl. MÜLLER ET AL. 2023).

5.1.1 Merkmale und Ausprägungen – Dimension Aufgabe

Mit der Einordnung eines Business-Analytics-Systems als Informationssystem (s. Kapitel 2.1) beschreibt die Dimension Aufgabe die Anforderungen an die Leistungserbringung durch ein Business-Analytics-System, welche für die Zielerreichung benötigt werden. (s. DREMEL ET AL. 2020, S. 3) Die Ziele und Ergebnisse sind hierbei mehrdimensional und vom jeweiligen Zweck des Systems abhängig. (s. LYYTINEN U. NEWMAN 2008, S. 595 ff.) Die Dimension Aufgabe wird durch die Merkmale *Leistungsversprechen*, *Informationsaufbereitung*, *Nachvollziehbarkeit der Ergebnisse* und *Stetigkeit der Analyse* konstituiert. Diese werden nachfolgend beschrieben und durch die Ableitung von Ausprägungen detailliert.

Merkmal und Merkmalsausprägungen: Leistungsversprechen

Der Einsatz von Business-Analytics-Systemen erfolgt unter einer bestimmten Prämisse und einer ausgewählten Zielsetzung, dem Leistungsversprechen. (s. DELEN U. RAM 2018, S. 8) Das Merkmal Leistungsversprechen stellt eine wichtige Einflussgröße in Bezug auf die Komplexität, den Ressourcenbedarf und den Aufwand für den Einsatz von Business-Analytics dar. Das Merkmal wird durch verschiedene Fragestellungen determiniert; der gesamte Prozess der Sammlung, Aufbereitung, Analyse und Auswertung der Daten dient der Beantwortung dieser Fragestellungen. (s. SCHUH ET AL. 2020, S. 18 ff.; DELEN U. RAM 2018, S. 9) Determiniert wird das Leistungsversprechen ebenfalls durch den zeitlichen Bezug. Bei der Datenanalyse werden immer vergangenheitsbezogene bzw. nahezu Echtzeitdaten verarbeitet. Somit erfolgt die Differenzierung hinsichtlich der Zeit.

Unter Berücksichtigung der analysierten Quellen in Kapitel 3.2 zur Beschreibung von Business-Analytics werden vier Ausprägungen gebildet. Diese Leistungsversprechen stellen Weiterentwicklungen der jeweiligen vorherigen Ausprägung dar und bauen entsprechend aufeinander auf.

- *Ex-post-Analyse*: Beim Leistungsversprechen der Ex-post-Analyse steht die vergangenheitsorientierte Analyse im Vordergrund. Es wird primär nach der Beantwortung der Frage, was gerade im Unternehmen passiert bzw. passiert ist, gestrebt. Es soll somit die Fragestellung „Was ist geschehen?“ bzw. „Was passiert gerade?“ beantwortet werden. Die Schlussfolgerungen zur Beantwortung werden dabei aus der Vergangenheit gewonnen. (s. DELEN U. RAM 2018, S. 8; SHARDA ET AL. 2013, S. 174) Der Zeitbezug der Analyseergebnisse liegt ebenfalls in der Vergangenheit bzw. besteht nahezu in Echtzeit. (s. SAKR ET AL. 2018, S. 2 f.) Somit stehen Entscheidungsträgern Informationen in aufbereiteter Form zur Verfügung, auf deren Grundlage Entscheidungen getroffen werden können. (s. FRAZZETTO ET AL. 2019, S. 578)
- *Wirkungszusammenhang*: Die Durchführung von Ursachenanalysen ermöglicht den Unternehmen, Wissen über Wirkungszusammenhänge aufzubauen. Durch semantische Verknüpfung von Daten zu Informationen und die Einordnung in den Kontext entsteht Wissen, welches als Grundlage für die weitere Entscheidungsfindung durch den Menschen zur Verfügung steht. (s. SCHUH ET AL. 2020, S. 20) Als Erweiterung der Ex-post-Analyse steht die Erkennung von Mustern im Vordergrund, welche ein- oder gegenseitige Abhängigkeiten von Ereignissen bzw. der zugeordneten Daten und Informationen ermöglichen. (s. FRAZZETTO ET AL. 2019, S. 578) Der Zeitbezug der Auswertung und der Ergebnisse liegt in der Vergangenheit bzw. der nahezu Echtzeit. Ziel ist die Beantwortung der Fragestellung „Warum ist etwas geschehen?“. (s. AJAH U. NWEKE 2019, S. 7)
- *Prognose*: Ziel der Anwendungen von Business-Analytics mit dem Leistungsversprechen Prognose ist die proaktive Anwendung fortgeschrittener Analysetechniken, um Vorhersagen über zukünftige Ereignisse oder Entwicklungen zu

treffen (s. GLUCHOWSKI 2016, S. 276). Auf Basis der Antizipation zukünftiger Ereignisse können diese beim Treffen von Entscheidungen berücksichtigt und gegebenenfalls geeignete Reaktionsmaßnahmen getroffen werden. Die Einleitung dieser Entscheidungen erfolgt dabei noch manuell, jedoch können die Auswirkungen von potenziellen Problemsituationen durch die frühzeitige Erkennung und Vorwarnung limitiert werden. (s. SCHUH ET AL. 2020, S. 20) Bei dieser Ausprägung fällt der Zeitbezug der analysierten Daten mit dem Ergebnis auseinander – die analysierten Daten sind vergangenheits- bzw. nahezu echtzeitbezogen, die Prognose beschreibt und antizipiert die nahe Zukunft. Somit dient die Prognose der Beantwortung der Fragestellung „Was wird passieren?". (s. DELEN U. RAM 2018, S. 9)

- *Automatisierte Entscheidung*: Das Leistungsversprechen Automatisierte Entscheidung zielt auf die Erreichung eines optimalen Zielzustands ab. Dabei werden unterschiedliche Zukunftsszenarien selbstständig durch das System simuliert, analysiert und bewertet. Aufbauend auf den Ergebnissen werden selbstständig vom System unter Berücksichtigung kontextspezifischer Kosten-Nutzen-Funktionen, Parameter, Störgrößen, Erfahrungswerten und Prognosen Handlungsempfehlungen aufgezeigt und eine optimale Handlungsalternative vorgeschlagen bzw. automatisch vom System initiiert. (s. WEBER 2020, S. 11; GLUCHOWSKI 2016, S. 276) Es erfolgt die Auswertung interner und externer Daten mit dem Ziel, auf unterschiedliche Entscheidungsszenarien vorbereitet zu sein und diese ihrer Wahrscheinlichkeit nach einzuordnen. Der iterative Abgleich zwischen einem Ist- und Sollzustand ermöglicht dem System, automatisiert Aktionen durchzuführen, um ein gewünschtes Szenario zu erreichen. (s. DELEN U. RAM 2018, S. 9)

Insgesamt lassen sich somit für das Merkmal Leistungsversprechen vier Ausprägungen ableiten, diese sind in Abbildung 5-2 dargestellt.

Merkmal	Merkmalsausprägungen			
Leistungs-versprechen	Ex-post-Analyse	Wirkungs-zusammenhang	Prognose	automatisierte Entscheidung

Abbildung 5-2: Merkmal Leistungsversprechen und Merkmalsausprägungen (eigene Darstellung)

Merkmal und Merkmalsausprägungen: Informationsaufbereitung

Die Informationsaufbereitung zeigt auf, wann Daten, Informationen und Ergebnisse vom Business-Analytics-System für die weitere Verarbeitung durch den Nutzer zur Verfügung gestellt werden. Das Merkmal determiniert somit insbesondere, wann bzw. ob der Nutzer bei Eintritt eines bestimmten Ereignisses durch das Business-Analytics-System informiert wird, indem Informationen selbstständig und automatisiert verarbeitet und analysiert werden. (s. LEPENIOTI ET AL. 2020, S. 58) Die Art der Ausgabe des Systems kann hierbei vielfältig sein, diese kann von der Datenbereinigung und -clusterung und der strukturierten Darstellung in Tabellen, Diagrammen und Schaubildern über die Darstellung von Ursache-Wirkungsbeziehungen bis hin zum Aufzeigen von Optimierungspotentialen und deren automatisierte Umsetzung reichen. (s. WEBER 2020, S. 8 ff.) Das Merkmal Informationsaufbereitung untergliedert sich in zwei unterschiedliche Ausprägungen:

- *Reaktiv*: Bei der reaktiven Informationsaufbereitung werden Informationen und Ergebnisse erst bei Bedarf verarbeitet und zur Verfügung gestellt. Dies bedeutet, dass das Business-Analytics-System Inputparameter zunächst vorhält und diese regelmäßig nicht weiter analysiert werden, bis sie durch einen aktiven Abruf für ein zukünftiges Ereignis Anwendung finden. (s. LEPENIOTI ET AL. 2020, S. 58) Dieser Bedarf kann entweder in regelmäßigen Zeitabständen automatisiert (z. B. monatliche Umsatzberichte) oder nach Auftreten eines bestimmten Ereignisses in Verbindung mit der Registrierung und Verarbeitung durch den Nutzer entstehen und als Aufforderung zur Informationsaufbereitung an das System gegeben werden. (s. BOOBIER 2018, S. 18 ff.)
- *Proaktiv*: Die proaktive Informationsaufbereitung weist auf die eigenständige, bedarfsgerechte Bereitstellung von Informationen durch das Business-Analytics-System hin. Es erfolgt bei Eingang eines neuen bzw. aktualisierten Dateninputs eine direkte (Vor-)Verarbeitung der Informationen durch das System. (s. HLAVÁČ U. ŠTEFANOVIČ 2020, S. 3) In Abhängigkeit des Analyseergebnisses, welches in einer wechselseitigen Wirkungsbeziehung zum Zielsystem steht, wird der Nutzer ohne menschliche Kontrolle und Aufforderung über ein Ereignis informiert, zur Ergreifung von Gestaltungsmaßnahmen aufgefordert oder über die automatisierte Entscheidung des Systems benachrichtigt. (s. LEPENIOTI ET AL. 2020, S. 58)

Insgesamt lassen sich somit für das Merkmal Informationsaufbereitung zwei Ausprägungen ableiten, diese sind in Abbildung 5-3 dargestellt.

Merkmal	Merkmalsausprägungen	
Informations-aufbereitung	reaktiv	proaktiv

Abbildung 5-3: Merkmal Informationsaufbereitung und Merkmalsausprägungen (eigene Darstellung)

Merkmal und Merkmalsausprägungen: Nachvollziehbarkeit der Ergebnisse

Business-Analytics-Systeme verwenden unterschiedliche Methoden, Instrumente und Tools, um die geforderten Ergebnisse zu erarbeiten. Der Einsatz beeinflusst maßgeblich die Möglichkeit der Nachvollziehbarkeit der Ergebnisse durch den Nutzer. Mit steigender Reife der analytischen Verfahren wird der Ergebnisfindungsprozess für den Nutzer aufgrund der zunehmenden technischen Komplexität und Datenmenge zunächst schwieriger nachvollziehbar. Bei weit fortgeschrittenen Anwendungen, wie im

Bereich der Künstlichen Intelligenz (z. B. künstliche neuronale Netze (KNN), bestimmte Methoden des Maschinellen Lernens), ist eine Nachvollziehbarkeit de facto nicht mehr gegeben. (s. KREUTZER U. SIRRENBERG 2019, S. 12) Beim Merkmal Nachvollziehbarkeit wird somit der Fokus auf die Logik, welche zu den Entscheidungen geführt hat, gelegt. Diese wird zum einen durch die Parameter und Störgrößen beeinflusst, welche für die Entscheidungsfindung berücksichtigt werden, zum anderen durch den Analyseprozess an sich. Regelmäßig ist bei komplexen Methoden nur eine Nachvollziehbarkeit – wenn überhaupt – im Nachhinein gegeben, d. h. es kann nur die Lösungsfindung des vorliegenden Ergebnisses nachvollzogen werden. (s. WEBER 2020, S. 37 ff.) Unterstützend kann hierbei die Anwendung und Generierung vereinfachender Modelle zum Einsatz kommen, um beispielsweise einzelne Modellergebnisse zu erklären. (s. BAARS U. KEMPER 2021, S. 165) Die Transparenz des Lösungsfindungsprozesses wird maßgeblich durch die Nachvollziehbarkeit beeinflusst und daher an dieser Stelle subsumiert. Das Merkmal Nachvollziehbarkeit der Ergebnisse kann durch drei Ausprägungen differenziert werden, diese werden jeweils im Hinblick auf ihre Nachvollziehbarkeit bei den Inputparametern (Daten), den verwendeten Methoden (Prozess) und ihren Output (Ergebnis) untersucht:

- *Nachvollziehbar*: Bei der Lösung strukturierter Probleme, wie beispielsweise der Visualisierung von Ist-Zuständen, ist die Datengrundlage klar definiert und kann durch verschiedene Qualitätsdimensionen beschrieben werden. Dadurch sind die Parameter, die einen Einfluss auf die Entscheidung nehmen, im Vorfeld bekannt. (s. SEITER 2017, S. 74 ff.) Darüber hinaus ist für den Nutzer nicht nur nachvollziehbar, durch welche Algorithmen die Ergebnisse des Business-Analytics-Systems erzielt wurden, sondern auch, wie diese zum Ergebnis geführt haben. (s. KREUTZER U. SIRRENBERG 2019, S. 12 f.) Das System ermöglicht es, jeden Schritt der Ergebniserarbeitung des Systems nachzuvollziehen (s. DELEN U. RAM 2018, S. 9). Nicht zuletzt müssen die ausgelieferten Daten und Ergebnisse des Systems nachvollziehbar sein, d. h. sie sollten bei der Übergabe von Daten des Business-Analytics-Systems an ein anderes System auch bei einer automatisierten Schnittstelle eine Nachvollziehbarkeit für den Nutzer ermöglichen. Bei einer direkten Übergabe der Ergebnisse an den Menschen erhöht eine leicht verständliche Aufbereitung auch für mathematisch und statistisch wenig geschulte Nutzer die Nachvollziehbarkeit. (s. KREUTZER U. SIRRENBERG 2019, S. 13)
- *Teilweise nachvollziehbar*: Bei der Lösung komplexerer, unstrukturierter Probleme ist der Umfang zu berücksichtigender Parameter wesentlich größer. Dies bedingt, dass nicht zwangsläufig alle Parameter vollumfänglich bekannt sind, welche in den Prozess einbezogen werden. Durch eine Gewichtungsmöglichkeit bleibt jedoch die teilweise Nachvollziehbarkeit gegeben, obwohl Rückschlüsse auf die Einflussgrößen mit steigender technischer Komplexität und bei Einsatz fortgeschrittener Anwendungen mit Künstlicher Intelligenz zunehmend geringer werden. (s. WEBER 2020, S. 10 ff.) Die verwendeten Methoden sind für

den Nutzer teilweise nachvollziehbar, indem beispielsweise für einzelne Modellergebnisse der Lösungsweg vollständig dargestellt werden kann. Dies hat auch einen positiven Einfluss auf die Nachvollziehbarkeit des Systemergebnisses an sich. (s. BAARS U. KEMPER 2021, S. 165)

- *Nicht nachvollziehbar*: Weit fortgeschrittene Business-Analytics-Anwendungen beziehen oft wenig oder nur sehr oberflächlich die Endparameter in den Modellen mit ein. Häufig stehen unstrukturierte Geschäftsprobleme im Vordergrund, welche nicht konfirmativ, sondern explorativ mithilfe von zufällig bzw. als Beiprodukte erhobenen Daten gelöst werden sollen. Auch die verwendeten Algorithmen an sich sind nicht nachvollziehbar, sie werden häufig als „Blackbox" bezeichnet. Kontrollen sind häufig nicht in den Daten vorhanden, zudem können Kausalitäten kaum aufgedeckt werden. Im Fokus steht somit die Genauigkeit des Gesamtmodells und damit die Fähigkeit, richtige Entscheidungen zu treffen und unstrukturierte Geschäftsprobleme mit Daten zu lösen. (s. WEBER 2020, S. 10 f.) Die Untersuchung von Zusammenhängen, welche die Grundlage für die Entscheidungsfindung bilden, werden durch das System vorgenommen, da die einzelnen Modellparameter sowie deren Auswertung für den Nutzer nicht mehr nachvollziehbar sind. Der Mensch erhält lediglich das Systemergebnis, z. B. in Form von Informationen, Entscheidungsalternativen oder initiierten Handlungen. (s. SCHUH ET AL. 2020, S. 20 f.)

Insgesamt lassen sich somit für das Merkmal Nachvollziehbarkeit der Ergebnisse drei Ausprägungen ableiten, diese sind in Abbildung 5-4 dargestellt.

Merkmal	Merkmalsausprägungen		
Nachvollziehbarkeit der Ergebnisse	nachvollziehbar	teilweise nachvollziehbar	nicht nachvollziehbar

Abbildung 5-4: Merkmal Nachvollziehbarkeit der Ergebnisse und Merkmalsausprägungen (eigene Darstellung)

Merkmal und Merkmalsausprägungen: Stetigkeit der Analyse

Ein großes wirtschaftliches Potential für den Einsatz von Business-Analytics liegt in der Beschleunigung der Entscheidungs- und Anpassungsprozesse. Maßgeblich wird die Geschwindigkeit der Entscheidungsfindung durch die Datenverfügbarkeit, die Datenverarbeitung und die Datenanalyse beeinflusst. Hierbei ist die zeitliche Dauer zwischen der Datenentstehung bis zur Speicherung, Verarbeitung und Analyse von entscheidender Bedeutung. (s. SCHUH ET AL. 2020, S. 11) Je geringer der zeitliche Abstand zwischen den einzelnen Schritten ist, desto eher können auf Ereignisse reagiert sowie Entscheidungen getroffen und umgesetzt werden. (s. SOLTANPOOR U. SELLIS 2016, S. 248) Der Fokus der Betrachtung verschiebt sich somit von der Frage „Was ist passiert?" hin zu „Was passiert gerade?". Mit der zunehmenden Häufigkeit der Analysen und der Näherung an Echtzeit-Anwendungen entstehen kontinuierliche Prozesse.

(s. DELEN U. RAM 2018, S. 8) Das Merkmal Echtzeitanalyse kann durch zwei unterschiedliche Ausprägungen untergliedert werden:

- *Periodisch*: Bei der periodischen Analyse werden vom Business-Analytics-System Daten und Informationen in bestimmten Zeitabständen analysiert. Diese Untersuchungen können in regelmäßigen Zeitabständen erfolgen oder durch den Nutzer angestoßen werden. Bei der periodischen Analyse werden in der Vergangenheit liegende Daten zu konkreten Zeitpunkten analysiert, sodass eine Echtzeitverarbeitung und Erkenntnisgewinn für die Entscheidungsfindung nicht vorliegen. Der potentielle Wert der gewonnenen Informationen nimmt mit steigender zeitlicher Distanz ab. (s. LEPENIOTI ET AL. 2020, S. 58)
- *Kontinuierlich*: Bei der kontinuierlichen Analyse, welche auch als Streaming-Analytics bezeichnet wird, werden die Daten in einem kontinuierlichen Prozess erhoben und verarbeitet. Die Betrachtung und das Setzen einzelner Zeitpunkte zur Realisierung einer Analyse durch das Business-Analytics-System rückt in den Hintergrund, vielmehr soll nahezu in Echtzeit der Entscheidungsprozess durch die kontinuierliche Erfassung, Verarbeitung und Analyse von Daten unterstützt werden. (s. AJAH U. NWEKE 2019, S. 2) Diese direkte Verarbeitung von (kontinuierlichen) Datenströmen direkt nach Eingang im System ermöglicht die kontinuierliche Analyse und Bereitstellung von Handlungsalternativen nahezu in Echtzeit und veranschaulicht das hohe Potential von Business-Analytics-Systemen. (s. LEPENIOTI ET AL. 2020, S. 58)

Insgesamt lassen sich somit für das Merkmal Stetigkeit der Analyse zwei Ausprägungen ableiten, diese sind in Abbildung 5-5 dargestellt.

Merkmal	Merkmalsausprägungen	
Stetigkeit der Analyse	periodisch	kontinuierlich

Abbildung 5-5: Merkmal Stetigkeit der Analyse und Merkmalsausprägungen (eigene Darstellung)

5.1.2 Merkmale und Ausprägungen – Dimension Technologie

Der Dimension Technologie im technischen Subsystem werden alle Techniken, Systeme, Praktiken, Methoden, Werkzeuge, technische Plattformen und Applikationen, die eine Ausführung von Aufgaben und Prozessen ermöglichen, zugerechnet. (s. ASHRAFI ET AL. 2019, S. 2) Maßgeblich für den Einsatz von Business-Analytics ist hierbei die bei der Entscheidungsfindung verwendete Datengrundlage und die zur Verfügung stehende IT-Infrastruktur, um die durchgängige Datenverarbeitung zu gewährleisten (s. WEBER 2020, S. 13). Die Dimension Technologie wird durch die Merkmale *Analysemethodik*, *IT-Infrastruktur*, *Datenmenge*, *Datenart* und *Datenstruktur* konstituiert. Diese werden nachfolgend beschrieben und durch die Ableitung von Ausprägungen detailliert.

Merkmal und Merkmalsausprägungen: Analysemethodik

Die Auswahl einer geeigneten Datenanalysemethode ist als Teilschritt bei der durchgängigen Datenverarbeitung von essentieller Wichtigkeit, die Auswahl der richtigen Methode für die jeweilige Business-Analytics-Anwendung bildet einen signifikanten Beitrag für den effizienten und zielgerichteten Einsatz im Unternehmen. (s. KRECHTING 2020, S. 1) Die Anzahl an möglichen Methoden für den Einsatz von Business-Analytics steigt mit der Weiterentwicklung und dem technischen Fortschritt von Business-Analytics. Eine einheitliche und allgemeingültige Zuordnung und Clusterung von Methoden existiert aktuell nicht. Der Autor KRECHTING (2020) identifiziert z. B. elf unterschiedliche Zuordnungen bzw. Vorgehensweisen für die Auswahl, Clusterung und den Einsatz von Methoden (s. KRECHTING 2020, S. 46 ff.), die Autoren KO U. GILLANI (2020) 15 Taxonomien (s. KO U. GILLANI 2020, S. 99 ff.).

Die vorliegende Arbeit folgt bei der Klassifizierung der Methoden dem Ansatz von LEPENIOTI ET AL. (2020), dieser wird um weitere Methodenklassen anderer Autoren wie WEBER (2020) und KO U. GILLANI (2020) ergänzt. Die Autoren LEPENIOTI ET AL. (2020) definieren sieben Kategorien, in welche sich die einzelnen Methoden eingliedern: statistische Analysen, probabilistische Modelle, Maschinelles Lernen/Data-Mining, mathematische Programmierung, evolutionäre Algorithmen und Computing, Simulation und logikbasierte Modelle. Diese Kategorien werden ergänzt um die Datenvisualisierung, um technisch weniger komplexe Business-Analytics-Anwendungen und -Methoden zu erfassen. Eine Detaillierung der einzelnen Methodenklassen findet in der vorliegenden Arbeit nicht statt, hierfür sei auf die Ausführungen und Arbeiten z. B. der vorgenannten Autoren KO U. GILLANI (2020), KRECHTING (2020), LEPENIOTI ET AL. (2020) oder WEBER (2020) verwiesen.

Das Merkmal der Analysemethodik dient somit dazu, die vielseitigen Einsatzmöglichkeiten von Business-Analytics darzustellen. Der Fokus liegt hierbei auf der datengestützten Entscheidungsfindung, welche in Abhängigkeit der jeweiligen Anwendung variiert. Das Merkmal wird in die nachfolgend beschriebenen acht Ausprägungen untergliedert:

- *Datenvisualisierung*: Die Visualisierung der verfügbaren Daten bildet oft nur einen Teilschritt im Datenverarbeitungsprozess, gleichzeitig kann sie bereits das Ergebnis einer Business-Analytics-Anwendung darstellen. Die Visualisierung der Daten findet hierbei im Anschluss an die Datenvorbereitung statt, die Informationen werden hierbei dem Nutzer verständlich dargestellt. Es ist möglich, hierbei erste Tests und Hypothesen mit den Daten durchzuführen und somit datenbasiert die Entscheidungsfindung zu unterstützen. Mithilfe der Datenvisualisierung können bereits die relevantesten Funktionen und Abhängigkeiten von Datensätzen aufgezeigt sowie relevante Einflussgrößen und Parameter bestimmt werden. (s. WEBER 2020, S. 26) Die Methode wird häufig zur Erstellung von Geschäftsberichten verwendet und beschränkt sich regelmäßig auf die reine Beschreibung der Daten (s. KO U. GILLANI 2020, S. 111). Aufgrund der geringen technischen Komplexität und der prinzipiell einfachen Handhabbarkeit für den Nutzer stellt die Visualisierung von Daten eine häufig verwendete Methode dar (s. DELEN U. RAM 2018, S. 8).

- *Statistische Analysen:* Die Anwendung statistischer Analysen zur Untersuchung von Ursache-Wirkungsbeziehungen dient regelmäßig der Bestätigung von aufgestellten Hypothesen bei der Verwendung von Kausalmodellen. Sowohl in der industriellen Anwendung als auch im Forschungskontext stellt die Methodenklasse eine häufig genutzte Kategorie dar. (s. DELEN U. RAM 2018, S. 10) Zudem ermöglicht die Anwendung statistischer Analysen die Strukturierung und Ordnung der Daten zum Zwecke des Aufzeigens von Trends und Mustern (s. LEPENIOTI ET AL. 2020, S. 60; WEBER 2020, S. 9). Statistischen Analysen können unter anderem Diskriminanzanalysen mit ihren unterschiedlichen Ausprägungen sowie die logistische Regression zugeordnet werden. (s. KRECHTING 2020, S. 95)
- *Maschinelles Lernen/Data-Mining*: Maschinelles Lernen bildet eine Anwendung der Künstlichen Intelligenz, welche auf der Datengrundlage vergangener Daten selbstlernend Aussagen über die Zukunft treffen kann. (s. HLAVÁČ U. ŠTEFANOVIČ 2020, S. 1 f.) Die Besonderheit ist hierbei die Verwendung von Algorithmen, welche auf Grundlage von Beispieldaten, welche als Trainingsdaten bezeichnet werden, ein mathematisches Modell zur Vorhersage bzw. Entscheidungsunterstützung erstellen, ohne explizit für die Durchführung der Aufgabe programmiert worden zu sein. Das Data-Mining bildet den Prozess der Entdeckung von Mustern in großen Datensätzen mit dem Ziel, Informationen zu extrahieren und sie in eine verständliche Struktur für die weitere Verwendung umzuwandeln. Aufgrund der großen Komplementarität des Maschinellen Lernens und des Data-Minings können diese einer Methodenklasse und somit einer einzelnen Ausprägung zugeordnet werden. (s. LEPENIOTI ET AL. 2020, S. 59 f.)
- *Probabilistische Modelle*: Unter Anwendung probabilistischer Modelle können Ungewissheiten quantifiziert und Aussagen über die Dynamiken einer Verteilung in der Zukunft mittels Modellvorhersagen getroffen werden. (s. LEPENIOTI ET AL. 2020, S. 59) Aufgrund der Möglichkeit des Einbezugs unbekannter Parameter und der Nutzung von Wahrscheinlichkeitsverteilungen können Modellunsicherheiten adressiert werden (s. YOUNES ET AL. 2004, S. 47).
- *Mathematische Programmierung*: Bei der mathematischen Programmierung erfolgt eine Optimierung einer oder mehrerer Zielgrößen unter Berücksichtigung verschiedener limitierender Rahmenbedingungen. Im Kontext des Einsatzes von Business-Analytics ist das Ziel dieser Optimierung unter Anwendung der mathematischen Programmierung regelmäßig die Ressourcenoptimierung. Unter Anwendung der Methoden der mathematischen Programmierung sollen optimale bzw. nahezu optimale Lösungen für komplexe Entscheidungsprobleme aufgezeigt werden. (s. LEPENIOTI ET AL. 2020, S. 60) Die zugrundeliegende Theorie der Ressourcenoptimierung ist der ressourcenbasierte Ansatz (eng.

Resource Based Theory). Bei diesem soll durch den bestmöglichen Einsatz der vorhandenen Ressourcen eines Unternehmens (z. B. materielle und immaterielle Ressourcen sowie menschliche Fähigkeiten) die strategische Positionierung und Wettbewerbsfähigkeit beibehalten bzw. gestärkt werden. (s. AYDINER ET AL. 2019, S. 229)

- *Evolutionäre Algorithmen und Computing*: Das Ziel des Einsatzes evolutionärer Algorithmen und Computing ist die intelligente Optimierung, welche auf den Faktoren rechnergestützte Intelligenz, kontinuierliche Verfeinerung und Verbesserung des Modells, dem Entwurf eines effektiven Optimierungsalgorithmus und der anschließenden Erzielung einer optimalen Lösung bzw. einer zufriedenstellenden Lösung für komplexe Probleme basiert (s. WANG U. ALAVI 2019, S. ix). Inspiriert von der biologischen Evolution und verankert u. a. in der Künstlichen Intelligenz, handelt es sich bei dieser Ausprägung technisch gesehen um ein populationsbasiertes Trial-and-Error-Problemlöseverfahren mit einem metaheuristischen bzw. stochastischen Optimierungscharakter. Zunächst wird hierbei eine initiale Menge an Lösungsvorschlägen erzeugt und iterativ aktualisiert. Bei jeder Iteration werden nicht erwünschte Lösungen entfernt, gleichzeitig werden zufällige Änderungen eingesteuert. Somit können komplexe Probleme in datenreichen Umgebungen adressiert werden, für welche keine exakten Lösungen abgeleitet werden können. (s. LEPENIOTI ET AL. 2020, S. 60)
- *Simulation*: Die Simulation ermöglicht die Untersuchung der Funktionsweise eines Systems durch die Modellierung einer realen oder fiktiven Situation. Hierbei können durch die Untersuchung der Einflussgrößen und -Parameter sowie die Untersuchung des Systems selbst Vorhersagen zum Systemverhalten getroffen und somit die Entscheidungsfindung unterstützt werden. Die Vorhersage und die Bestimmung der Veränderung des Systemverhaltens ermöglichen die Untersuchung der Auswirkung z. B. von neuen Geschäftsmodellen im Vorfeld der tatsächlichen Einführung. (s. LEPENIOTI ET AL. 2020, S. 60 f.)
- *Logikbasierte Modelle*: Bei logikbasierten Modellen steht die hypothetische Beschreibung von Ursache-Wirkungsbeziehungen und insbesondere die Untersuchung der Auswirkungen von Entscheidungsalternativen im Vordergrund. Hierbei kommen regelbasierte Systeme zum Einsatz, welche die proaktive Entscheidungsfindung unterstützen. (s. LEPENIOTI ET AL. 2020, S. 61)

Insgesamt lassen sich somit für das Merkmal Analysemethodik acht Ausprägungen ableiten, diese sind in Abbildung 5-6 visualisiert.

Merkmal	Merkmalsausprägungen			
Analysemethodik	Daten-visualisierung	Maschinelles Lernen/ Data-Mining	mathematische Programmierung	Simulation
	statistische Analysen	probabilistische Modelle	evolutionäre Algorithmen & Computing	logikbasierte Modelle

Abbildung 5-6: Merkmal Analysemethodik und Merkmalsausprägungen

Merkmal und Merkmalsausprägungen: IT-Infrastruktur

Die IT-Infrastruktur sichert in der Regel den fortlaufenden Betrieb und damit die Möglichkeit zu wirtschaftlichen Handlungen. Somit stellt die Sicherstellung des Betriebs eine notwendige Bedingung dar. Gleichzeitig muss diese Infrastruktur effizient ausgelastet werden (s. HERZWURM U. HENZEL 2020, S. 878). Der Autor WEBER (2020) stellt in seinem Business-Analytics-Technologieframework die Wichtigkeit einer leistungsfähigen IT-Infrastruktur heraus, indem er die einzelnen Aufgaben und Funktionen für die Business-Analytics-Anwendungen beschreibt. (s. WEBER 2020, S. 15 ff.) Für die Nutzung von Business-Analytics ist hierbei eine IT-Infrastruktur notwendig, welche die Daten, welche durch die V-Dimensionen (vgl. Kapitel 2.1.4) gekennzeichnet werden, verarbeiten kann. Die IT-Infrastruktur ist somit entscheidend für die Integration innovativer Technologien und Applikationen. (s. NAM ET AL. 2019, S. 414) Der Einsatz von Business-Analytics erfordert in der Regel temporär hohe Datenverarbeitungsleistungen. Insbesondere die Verarbeitung nicht strukturierter Daten sowie der Einsatz rechenintensiver Methoden sind wesentliche Treiber für die beim Einsatz von Business-Analytics benötigte Rechenleistung. Auch die zeitliche Kritikalität (z. B. bei Echtzeitanwendungen, bei welchen Rechenoperationen zu angegebenen Zeitfristen durchgeführt werden müssen) beeinflusst die Anforderungen an die IT-Infrastruktur. (s. WEBER 2020, S. 3 ff.) Bei der Auslegung der IT-Infrastruktur müssen insbesondere Lastspitzen berücksichtigt werden, d. h. das Elastizitätsproblem adressiert werden. Hierbei muss das System so ausgelegt werden, dass die bereitgestellten Ressourcen möglichst effizient in Anspruch genommen werden. (s. HERZWURM U. HENZEL 2020, S. 879 f.) Dabei können Flexibilität und Skalierbarkeit unterstützen. Eine flexible Architektur erlaubt es dem System, zu wachsen und auf neue Anforderungen zu reagieren, während die Skalierbarkeit die Integration mehrerer Bereiche und neuer Datenquellen zulässt (s. YEOH U. KORONIOS 2010, S. 27). Skalierbarkeit manifestiert sich in der einfachen Integration neuer Nutzer, Prozesse, Bereiche und Applikationen. Dafür muss die IT-Infrastruktur gleichzeitig mehr und andersartige Daten und deren Quellen integrieren können (s. BOYTON ET AL. 2015, S. 317). Die IT-Infrastruktur für den Einsatz von Business-Analytics kann grundsätzlich durch eine unternehmenseigene IT-Abteilung oder einen externen Dienstleister bereitgestellt werden (s. SEITER 2017, S. 80). Insgesamt kann das Merkmal durch drei Ausprägungen differenziert werden:

- *Isolierte IT-Systeme*: Isolierte IT-Systeme verschieben und verarbeiten Daten als monolithische Datensätze auf einer lokalen Hardware (beispielsweise Server). Die Datenmengen, die mit dieser Methodik verarbeitet werden können, sind dabei stark limitiert, weil die Anwendung betriebssystemabhängig und hardwaregebunden ist. Auch die Speicherung der Daten erfolgt in der lokalen Infrastruktur; somit ist grundsätzlich der Zugriff auf die Daten schon dadurch geschützt, dass nur Personal, das auch Zugang zu der Hardware hat, diese verarbeiten kann. Isolierte IT-Systeme können somit ausschließlich bei Business-Analytics-Anwendungen, bei welchen nur geringe Datenmengen verarbeitet werden müssen, eingesetzt werden, da die Kapazitäten durch den Systemspeicher und die Verarbeitungsfähigkeit begrenzt sind. (s. WEBER 2020, S. 17)
- *Teilverknüpfte IT-Systeme*: Teilverknüpfte Systeme bilden eine Verbindung zwischen isolierten und skalierbaren IT-Systemen. Durch die Möglichkeit, Anwendungen teilweise aus einer geschlossenen Umgebung in vernetzte Systeme (z. B. Cloud-Infrastruktur) zu verlagern, wird eine Steigerung der Verarbeitungs- sowie Speicherkapazitäten ermöglicht. Somit können komplexere Anwendungen realisiert werden. (s. WEBER 2020, S. 17)
- *Skalierbare IT-Systeme*: Skalierbare IT-Systeme zeichnen sich durch einen kontinuierlichen Datenaustausch und Vernetzung aus. Somit ist es möglich, Ressourcen für Business-Analytics-Anwendungen effizient zu koordinieren und zu allokieren. Hierbei können insbesondere hochkomplexe und rechenintensive Anwendungen realisiert werden, da „on Demand“ Rechenleistung und Speicherplatz angefordert und eingesetzt werden können. (s. WEBER 2020, S. 19) Die Modularität und Flexibilität skalierbarer IT-Systeme erleichtern zudem den Umgang mit unvorhergesehen Änderungen (s. WIXOM U. WATSON 2001, S. 33).

Insgesamt lassen sich somit für das Merkmal IT-Infrastruktur drei Ausprägungen ableiten, diese sind in Abbildung 5-7 dargestellt.

Merkmal	Merkmalsausprägungen		
IT-Infrastruktur	isolierte IT-Systeme	teilverknüpfte IT-Systeme	skalierbare IT-Systeme

Abbildung 5-7: Merkmal IT-Infrastruktur und Merkmalsausprägungen (eigene Darstellung)

Merkmal und Merkmalsausprägungen: Benötigte Datenmenge

Die exponentiell steigende Zahl an datenliefernden Komponenten führt dazu, dass die generierte Datenmenge exponentiell größer wird. Gleichzeitig kommen mit steigender technologischer Reife immer mehr Methoden und Verfahren zum Einsatz, welche auf große Datenmengen angewiesen sind. (s. SCHUH ET AL. 2020, S. 28) Auch für den Einsatz von Business-Analytics spielt die zur Verfügung stehende Datenmenge eine zunehmend entscheidende Rolle. Die wachsende Anzahl an Daten und deren Analyse helfen Unternehmen dabei, die Vergangenheit besser zu verstehen und die Zukunft vorauszusehen. (s. AJAH U. NWEKE 2019, S. 2) Dies bedeutet aber auch, dass bestimmte Anwendungen von Business-Analytics nur durch die Zurverfügungstellung hinreichend großer Datenmengen Anwendung finden können. Insgesamt beeinflussen drei Faktoren die Datenmenge: Tabellen, Attribute und Tupel. Die Datenbanktabelle stellt die Objekte einer Klasse in einem Datenbanksystem dar, je mehr Tabellen in die Untersuchung einbezogen werden, desto größer wird die Datenmenge. Innerhalb der Tabelle beeinflusst die Anzahl der Attribute und Tupel die Datenmenge. Das Attribut wird regelmäßig einem Merkmal des Objekts zugewiesen, im Allgemeinen Sprachgebrauch ist dies die Spalte einer Tabelle. Das Tupel beschreibt die Kombination von Attributwerten und kann als Zeile einer Tabelle verstanden werden. (s. KRECHTING 2020, S. 125 f.) Der Autor KRECHTING (2020) stellt für die vorgenannten Faktoren verschiedene Werte vor, ordnet diese allerdings nicht ein (s. KRECHTING 2020, S. 129). In der vorliegenden Arbeit werden die drei Faktoren Tabellen, Attribute und Tupel als maßgebliche Treiber der Datenmenge übernommen. Die Merkmalsausprägungen der Datenmenge werden binär in den Stufen *gering* und *hoch* ausgedrückt. Den Merkmalsausprägungen des Merkmals Datenmenge werden keine expliziten Schwellenwerte (in Form von Datengröße oder Anzahl an Datensätzen) zugeschrieben, da sich die Schwellwerte, welche Datenmengen als gering oder hoch anzugeben sind, durch das exponentielle technologische Wachstum kontinuierlich verändern. Das Merkmal wird somit durch zwei Merkmalsausprägungen differenziert, die Visualisierung ist in Abbildung 5-8 dargestellt.

Merkmal	Merkmalsausprägungen	
benötigte Datenmenge	gering	hoch

Abbildung 5-8: Merkmal benötigte Datenmenge und Merkmalsausprägungen (eigene Darstellung)

Merkmal und Merkmalsausprägungen: Datenart

Business-Analytics-Anwendungen verarbeiten umfangreiche Datensätze, welche die Hauptressource und das Hauptpotential von BA-Systemen darstellen. (s. NAM ET AL. 2019, S. 412) Essentiell hierbei ist die Gewinnung qualitativ hochwertiger Daten, da unvollständige, disparate und inakkurate Datensets eines der Hauptprobleme im organisatorischen Umgang mit Daten darstellen (s. WATSON U. WIXOM 2007, S. 96). Damit diese Daten, welche im Rahmen von Business-Analytics-Anwendungen durch Methoden, Algorithmen und Modelle verarbeitet werden, valide und wertstiftend sind, bedarf es einer geeigneten Handhabung in Abhängigkeit der Datenart. (s. KLIER U. HEINRICH 2016, S. 489) Die Datenart der zu speichernden, zu verarbeitenden und auszuwertenden Daten hat einen maßgeblichen Einfluss auf die (zeitliche) Komplexität. (s. HLAVÁČ U. ŠTEFANOVIČ 2020, S. 3) Für das Merkmal Datenart können die folgenden zwei Ausprägungen differenziert werden:

- *Statische Daten*: Statische Daten sind nach der Entstehung bzw. Verarbeitung von ihrer Struktur her unveränderlich, d. h. es wird ein fester Datensatz erzeugt. Dieser muss regelmäßig nicht aktualisiert werden und ist u. a. in Bezug auf Größe der Struktur festgelegt; somit kann auch die Datenanalyse in einem linearen Prozess erfolgen. Zu den statischen Daten zählen historischen Datensätze, welche beispielsweise im Verlauf des Geschäftsjahres gesammelt wurden. (s. HLAVÁČ U. ŠTEFANOVIČ 2020, S. 3)
- *Dynamische Daten*: Dynamische Daten können fortlaufend aktualisiert und verändert werden. Diese Veränderung findet asynchron statt, sobald neue Informationen verfügbar werden. Dynamische Daten sind auch bezüglich ihrer Struktur ständig veränderbar, sie können in Echtzeit erzeugt, bearbeitet und analysiert werden. Im Unternehmenskontext werden dynamische Daten teilweise als Transaktionsdaten bezeichnet. (s. HLAVÁČ U. ŠTEFANOVIČ 2020, S. 3; LEPENIOTI ET AL. 2020, S. 58)

Insgesamt lassen sich somit für das Merkmal Datenart zwei Ausprägungen ableiten, diese sind in Abbildung 5-9 dargestellt.

Merkmal	Merkmalsausprägungen	
Datenart	statische Daten	dynamische Daten

Abbildung 5-9: Merkmal Datenart und Merkmalsausprägungen (eigene Darstellung)

Merkmal und Merkmalsausprägungen: Datenstruktur

Neben der Datenart determiniert die Datenstruktur die Art und Weise, wie und mit welchen Methoden, Tools und Algorithmen die Daten gespeichert, aufbereitet und verarbeitet werden können. (s. ARORA 2019, 14 f.) Hierbei ist die Art und Weise der Datengenerierung und -verarbeitung maßgeblich für das Format der Daten und die entstehende strukturelle Homo- bzw. Heterogenität der Daten (s. WEBER 2020, S. 3). Die Möglichkeiten der Datenverarbeitung steigen kontinuierlich und ermöglichen eine zunehmende Prozessierung immer unstrukturierterer Datenformate. Klassisch genutzte betriebliche Informationssysteme wie Enterprise-Resource-Planning-Systeme, welche überwiegend strukturierte, in relationalen Datenbanken gespeicherte Daten verarbeiten, werden zunehmend durch die Verarbeitungsmöglichkeiten von nicht strukturierten Daten ergänzt. (s. GADATSCH 2017, S. 5) Die Daten können hierbei unabhängig von ihrer Struktur sowohl intern im Unternehmen selbst oder außerhalb vom Unternehmen erzeugt werden. Regelmäßig entstehen strukturierte Daten überwiegend im Unternehmen selbst durch die Aufnahme von Prozess- und Geschäftsdaten. Externe Daten umfassen beispielsweise Social-Media-Daten, Informationen über Märkte oder Geschäftsverbindungen und stellen regelmäßig aufgrund ihrer nicht einheitlichen Datenstruktur hohe Anforderungen an die Beschaffung, Strukturierung und Weiterverarbeitung externer Datenquellen. (s. APPELBAUM ET AL. 2017, S. 34) Für das Merkmal

Datenstruktur kann zwischen den nachfolgend detaillierten drei Ausprägungen unterschieden werden:

- *Strukturierte Daten*: Daten, die in Datenbanken geordnet und gespeichert sind, werden als strukturierte Daten bezeichnet. Zu den Datenbanken gehören beispielsweise Data-Warehouses oder Data-Marts. Zu den strukturierten Daten liegen strukturgebende Informationen, sogenannte Metadaten, vor, welche die Daten definieren. Diese Metadaten enthalten beispielsweise Informationen über erlaubte Werte, das Format oder die semantische Bedeutung. (s. GADATSCH 2017, S. 5) Strukturierte Daten bilden laut Statistiken lediglich ein Viertel der im Unternehmen insgesamt vorkommenden Daten; sie können sowohl menschlich durch manuelle Eingabe in Datenbanken oder maschinell z. B. aus Sensordaten erzeugt werden. Aufgrund ihrer Strukturiertheit können Business-Analytics-Anwendungen mit wenig komplexen Methoden, Algorithmen oder Tools bereits aus geringen Datenmengen Erkenntnisse generieren. (s. ARORA 2019, S. 14 f.)
- *Semi-strukturierte Daten*: Unstrukturierte und semi-strukturierte Daten sind in der Erscheinung und Handhabung ähnlich. Semi-strukturierte Daten weisen strukturgebende Eigenschaften und Informationen auf. Sie sind nicht in typischen, traditionellen Datenbankstrukturen angeordnet, vereinfachen jedoch die Weiterverarbeitung aufgrund ihrer Eigenschaften. Damit folgen semi-strukturierte Daten einer formlosen Formatierung, sie können somit beliebig erweitert werden. (s. ARORA 2019, S. 16)
- *Unstrukturierte Daten*: Im Gegensatz zur traditionellen Zeilen-Spalten-Datenbankstruktur existiert bei unstrukturierten Daten kein einheitliches Format bei der Speicherung. Unstrukturierte Daten machen einen Großteil der zur Verfügung stehenden Daten aus. Sie können sowohl maschinell als auch menschlich erzeugt werden. Typische Beispiele für unstrukturierte, maschinell erzeugte Daten sind Satellitenbilder und von Radargeräten erfasste Daten, während die unstrukturierten, von Menschen erzeugte Daten z. B. aus Webinhalten, sozialen Medien, Fotos oder Videos bestehen. Bis vor einigen Jahren wurden solche Daten manuell gespeichert und analysiert, da die technischen Anforderungen zur automatisierten Datenanalyse zu komplex und anspruchsvoll waren. (s. ARORA 2019, S. 15 f.)

Insgesamt können somit für das Merkmal Datenstruktur drei Ausprägungen abgeleitet werden, diese sind in Abbildung 5-10 dargestellt.

Merkmal	Merkmalsausprägungen		
Datenstruktur	strukturierte Daten	semi-strukturierte Daten	unstrukturierte Daten

Abbildung 5-10: Merkmal Datenstruktur und Merkmalsausprägungen (eigene Darstellung)

5.1.3 Zusammenfassung und Visualisierung der Merkmale und -ausprägungen

Zur Beschreibung von Business-Analytics unter soziotechnischen Gesichtspunkten im Rahmen des technischen Subsystems wurden neun Merkmale mit insgesamt 29 Merkmalsausprägungen gebildet. Diese können in einem morphologischen Kasten zusammengefasst und dargestellt werden. Als strukturierendes Element dient hierbei die Zuordnung der einzelnen Merkmale zu den Dimensionen „Aufgabe" und „Technologie", abgeleitet aus dem soziotechnischen Systemansatz nach LEAVITT (s. LEAVITT 1965, Kap. 4.4). Die einzelnen Merkmale und Merkmalsausprägungen wurden – unter Wahrung der methodischen Strenge – im Rahmen einer Literaturrecherche auf Basis des aktuellen Stands der Forschung (s. Kap. 3.2) hergeleitet.

Der morphologische Kasten wird in Abbildung 5-11 visualisiert und stellt aus soziotechnischer Perspektive ein holistisches Bild von Business-Analytics dar. In der Dimension Aufgabe werden hierbei die zentralen Potentiale und Möglichkeiten zur Unterstützung und Befähigung bei der Entscheidungsfindung und -unterstützung abgebildet. Die konstituierenden Merkmale sind Leistungsversprechen, Informationsaufbereitung, Nachvollziehbarkeit der Ergebnisse und Stetigkeit der Analyse. Die Dimension Technologie zeigt die technischen Rahmenbedingungen auf und gibt auf einer für Anwender aus der Praxis verständlichen Ebene die unterschiedlichen technischen Möglichkeiten wieder. Die konstituierenden Merkmale der Dimension sind Analysemethodik, IT-Infrastruktur, Datenmenge, Datenart und Datenstruktur.

	Merkmal	Merkmalsausprägungen			
Aufgabe	Leistungsversprechen	Ex-post-Analyse	Wirkungszusammenhang	Prognose	automatisierte Entscheidung
	Informationsaufbereitung	reaktiv		proaktiv	
	Nachvollziehbarkeit der Ergebnisse	nachvollziehbar	teilweise nachvollziehbar	nicht nachvollziehbar	
	Stetigkeit der Analyse	periodisch		kontinuierlich	
Technologie	Analysemethodik	Datenvisualisierung	Maschinelles Lernen/ Data Mining	mathematische Programmierung	Simulation
		statistische Analysen	probabilistische Modelle	evolutionäre Algorithmen und Computing	logikbasierte Modelle
	IT-Infrastruktur	isolierte IT-Systeme	teilverknüpfte IT-Systeme	skalierbare IT-Systeme	
	benötigte Datenmenge	gering		hoch	
	Datenart	statische Daten		dynamische Daten	
	Datenstruktur	strukturierte Daten	semi-strukturierte Daten	unstrukturierte Daten	

Abbildung 5-11: Zusammenfassung der Merkmale und Merkmalsausprägungen zur Beschreibung von Business-Analytics (eigene Darstellung)

5.1.4 Cross-Consistency-Assessment

Die Bildung einzelner Typen von Business-Analytics erfolgt auf Grundlage des gebildeten morphologischen Kastens (s. Kap. 5.1.3) unter Anwendung eines Cross-Consistency-Assessments. Dieses stellt sicher, dass nur inhaltlich konsistente Typen gebildet werden; zudem wird der Lösungsraum präzisiert. Das Cross-Consistency-Assessment ist eine Kreuzauswertung, welche mögliche Szenarien bei schwer quantifizierbaren und multidimensionalen Problemen aufzeigt. Hierzu werden alle Parameter des morphologischen Kastens gegenübergestellt und paarweise miteinander verglichen. Das Ergebnis der Untersuchung jedes Wertepaars ist die Information, ob das jeweilige Paar koexistieren kann, d. h. eine konsistente Beziehung aufweist. Eine Aussage über eine Richtung oder Kausalität der Beziehung wird hierbei nicht getroffen. (s. RITCHEY 2015, S. 1 ff.) Ein Vorteil der Methode ist, dass der Lösungsraum, welcher durch den morphologischen Kasten gebildet wird, um bis zu 90 % reduziert werden kann. In jedem Fall steigt die Zahl der Wertepaare im Vergleich zu der exponentiell ansteigenden Zahl an Kombinationsmöglichkeiten wesentlich langsamer an. Somit kann auch bei vielen Kombinationsmöglichkeiten mit wesentlich geringerem Aufwand die Konsistenz- und Typenbildung durchgeführt werden. (s. JOHANSEN 2018, S. 118 f.)

Die sich im Cross-Consistency-Assessment ergebenden Inkonsistenzen können auf einer formalen, empirischen und normativen Ebene entstehen. Hierbei können bei Auftreten einer formalen Inkonsistenz Beziehungen ausgeschlossen werden, welche aufgrund des Fehlens eines logischen oder analytischen Zusammenhangs bzw. bei Auftreten eines Widerspruchs der zugrundeliegenden Konzepte entfallen. Bei der empirischen Inkonsistenz können diejenigen Beziehungen ausgeschlossen werden, welche empirisch als höchst unwahrscheinlich oder unplausibel eingestuft werden. Bei einer normativen Inkonsistenz können Beziehungen ausgeschlossen werden, welche aufgrund von, auf sozialen Normen, Ethiken oder Standards basierenden, Unvereinbarkeiten oder Diskrepanzen entfallen. (s. RITCHEY 2015, S. 8 ff.)

Die Bewertung der Beziehungen erfolgt in der vorliegenden Arbeit in einer Matrixform. In dieser werden die einzelnen Merkmalsausprägungen zur Beschreibung von Business-Analytics anhand eines binären Bewertungsschemas miteinander verglichen. Dieses unterscheidet hinsichtlich der Konsistenz zwischen konsistenten (durch „+" gekennzeichnet) und inkonsistenten (durch „-" gekennzeichnet) Beziehungen. Die vom Autor RITCHEY (2015) vorgeschlagene Konsistenzuntersuchung wird im Rahmen des Dissertationsvorhabens auf ein binäres Bewertungsschema reduziert, da insbesondere der Ausschluss inkonsistenter Merkmalskombinationen im Vordergrund steht (s. RITCHEY 2015, S. 13). Auf den beiden Achsen sind die Merkmale und Merkmalsausprägungen aufgetragen. Die Ergebnisse der Untersuchung werden in Abbildung 5-12 dargestellt.

"+": konsistente Beziehung
"-": inkonsistente Beziehung

		Leistungsversprechen				I.-aufbereitung		Nachvollziehbarkeit			Stetigkeit der Analyse		Analysemethodik								IT-Infrastruktur			Datenmenge		Datenart		Datenstruktur		
		Ex-Post Analyse	Wirkzusammenhang	Prognose	automatisierte Entscheidung	reaktiv	proaktiv	nachvollziehbar	teilweise nachvollziehbar	nicht nachvollziehbar	periodisch	kontinuierlich	Datenvisualisierung	statistische Analysen	Maschinelles Lernen	probabilistische Modelle	mathematische Programmierung	evolutionäres Computing	Simulation	logikbasierte Modelle	isolierte IT-Systeme	teilverknüpfte IT-Systeme	skalierbare IT-Systeme	gering	hoch	statische Daten	dynamische Daten	strukturierte Daten	semi-strukturierte Daten	unstrukturierte Daten
Leistungsversprechen	Ex-Post Analyse					+	-	+	-	-	+	-	+	+	-	-	-	-	-	-	+	-	-	+	+	+	-	+	-	-
	Wirkzusammenhang					+	-	+	+	-	+	+	+	+	+	+	-	-	-	-	+	+	+	+	+	+	+	+	+	+
	Prognose					+	+	+	+	+	+	+	+	+	+	+	+	-	+	-	-	+	+	-	+	+	+	+	+	+
	automatisierte Entscheidung					+	+	-	+	+	+	+	+	+	+	+	+	+	+	+	-	-	+	-	+	+	+	+	+	+
Informationsaufbereitung	reaktiv							+	+	+	+	-	+	+	+	+	+	-	+	-	+	+	+	+	+	+	+	+	+	+
	proaktiv							+	+	+	+	+	+	+	+	+	+	+	+	+	+	+	+	-	+	+	+	+	+	+
Nachvollziehbarkeit	nachvollziehbar										+	+	+	+	-	-	-	-	-	-	+	+	+	+	-	+	+	+	+	+
	teilweise nachvollziehbar										+	+	-	-	+	+	+	-	+	-	+	+	+	+	+	+	+	+	+	+
	nicht nachvollziehbar										+	+	-	-	+	+	+	+	+	+	+	+	+	-	+	+	+	+	+	+
Stetigkeit der Analyse	periodisch												+	+	+	+	+	+	+	+	+	+	+	+	+	+	+	+	+	+
	kontinuierlich												+	+	+	+	+	+	+	+	+	+	+	-	+	+	+	+	+	+
Analysemethodik	Datenvisualisierung																				+	+	+	+	+	+	+	+	+	+
	statistische Analysen																				+	+	+	+	+	+	+	+	+	+
	Maschinelles Lernen																				-	+	+	-	+	+	+	+	+	+
	probabilistische Modelle																				-	-	+	-	+	+	+	+	+	+
	mathematische Programmierung																				-	+	+	-	+	+	+	+	+	+
	evolutionäres Computing																				-	-	+	-	+	+	+	+	+	+
	Simulation																				-	-	+	-	+	+	+	+	+	+
	logikbasierte Modelle																				-	-	+	-	+	+	+	+	+	+
IT-Infrastruktur	isolierte IT-Systeme																							+	-	+	-	+	+	+
	teilverknüpfte IT-Systeme																							+	+	+	+	+	+	+
	skalierbare IT-Systeme																							+	+	+	+	+	+	+
Datenmenge	gering																									+	+	+	+	+
	hoch																									+	+	+	+	+
Datenart	statische Daten																											+	+	+
	dynamische Daten																											+	+	+
Datenstruktur	strukturierte Daten																													
	semi-strukturierte Daten																													
	unstrukturierte Daten																													

Abbildung 5-12: Cross-Consistency-Assessment zur Sicherstellung der Konsistenz (eigene Darstellung)

Für das Cross-Consistency-Assessment werden durch die Untergliederung der neun Merkmale in ihre Ausprägungen und den paarweisen Vergleich insgesamt 359 Wechselwirkungspaare untersucht. Im Folgenden werden aufgrund der hohen Anzahl an zu erläuternden Wechselwirkungsbeziehungen nur ausgewählte Aspekte und Besonderheiten als Ergebnis der Durchführung des Cross-Consistency-Assessments aufgezeigt. Die Untersuchung basiert hierbei zum Ersten auf der Analyse der aktuellen Literatur in Forschung und Industrie. Zum Zweiten wird die Untersuchung durch die Expertise des Autors unterstützt, welcher in seinen Funktionen als Projektmanager und stellvertretender Bereichsleiter des Bereichs Business Transformation und Projektbearbeiter der Forschungsprojekte *BASuccess* und *BAValue* Fachwissen aufgebaut hat. Zum Dritten hat eine Validierung durch 29 Experten aus Unternehmen der Projektbegleitenden Ausschüsse der vorgenannten Forschungsprojekte stattgefunden. Die Darstellung der besonderen Wechselwirkungspaare unterstützt die Nachvollziehbarkeit für die anschließende Typenbildung.

Das *Leistungsversprechen* hat insbesondere in der Dimension Aufgabe stark differierende Konsistenzen. Die Wechselwirkungspaare, welche sich mit der Informationsaufbereitung, der Nachvollziehbarkeit und der Entscheidungsfindung ergeben und inkonsistent sind, resultieren insbesondere aus empirischen und logischen Inkonsequenzen. Unter der Prämisse, dass die einzelnen Leistungsversprechen aufeinander aufbauen (s. Kap. 5.1.1), sind bestimmte Merkmalsausprägungen für alle Typen möglich. Beispielsweise wäre es möglich, mit der automatisierten Entscheidungsfindung auch Aufgaben zu erfüllen, welche mit der Ex-post-Analyse gelöst werden können. Dies würde jedoch dem Zweck der Typenbildung, real existierende Typen von Business-Analytics deskriptiv-strukturell zu beschreiben, widersprechen. Somit wird die Analyse vorwärtsgerichtet durchgeführt und rückwärtsgewandte Merkmalskombinationen, welche nicht dem Primärzweck folgen, vernachlässigt. Die *Informationsaufbereitung* zeigt insbesondere mit der Stetigkeit der Analyse sowie der Analysemethodik differierende Konsistenzen auf, da bei reaktiver Informationsaufbereitung keine echtzeitfähige Entscheidungsfindung durch das System stattfinden kann (logische Inkonsistenz). Hierdurch werden in der Konsequenz verschiedene Analyse-Methodiken ausgeschlossen. Auch die *Nachvollziehbarkeit* zeigt insbesondere Inkonsistenzen mit der Analysemethodik auf. Aufgrund des notwendigen Einsatzes von komplexen Methoden der Entscheidungsfindung durch ein Business-Analytics-System bei einer automatisierten Entscheidung ist die vollständige Nachvollziehbarkeit durch den Menschen regelmäßig nicht gegeben. Die *Analysemethodik* selbst zeigt insbesondere mit steigender Komplexität und fortschreitender technischer Reife Inkonsistenzen mit der IT-Leistungsfähigkeit, da isolierte und teilverknüpfte Systeme den hohen Anforderungen regelmäßig nicht gerecht werden (s. WEBER 2020, S. 12). Bei diesem und insbesondere den nachfolgenden Merkmalen *Datenmenge*, *Datenart* und *Datenstruktur* findet sich eine hohe Anzahl an konsistenten Wechselwirkungspaaren, welche auf die technologischen Reifegrade zurückzuführen sind, die jeweils die Basis füreinander bilden.

5.1.5 Typenbildung

Die Typenbildung erfolgt auf der Grundlage der Ergebnisse des morphologischen Kastens (s. Kap. 5.1.3) und des Cross-Consistency-Assessments (s. Kap. 5.1.4). Vorgeschaltet wird dem Typenbildungsprozess eine fallstudienbasierte Validierung des zugrundeliegenden morphologischen Kastens, iterativ mit der Typenbildung erfolgt die fallstudienbasierte Validierung mit den identifizierten Typen von Business-Analytics.

Für die Identifikation geeigneter Fallstudien wurden erneut die drei Suchmaschinen Google Scholar, IEEE Xplore und Scopus verwendet. Analog zu der in Kapitel 3 durchgeführten Literaturanalyse wurden insbesondere die Suchbegriffe „Business-Analytics" und „Fallstudien" mit ihren entsprechenden Variationen und englischen Übersetzungen genutzt. Die Ergebnisse aus der Verwendung der verschiedenen Suchstrings mündet in der Identifikation von 969 Quellen, welche nachfolgend unter Anwendung der Verfahren von VOM BROCKE ET AL. (2009) und PAGE ET AL. (2021) durch verschiedene Filter und Kriterien auf ihre tatsächliche Relevanz geprüft wurden. Das Ergebnis der Literaturrecherche ist in Abbildung 5-13 dargestellt.

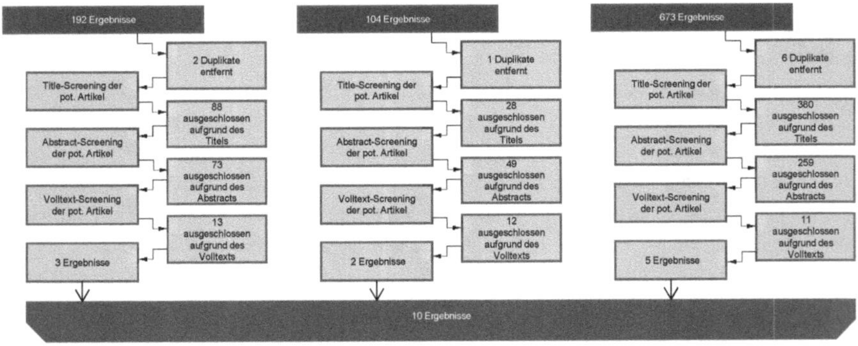

Abbildung 5-13: Literaturrecherche zur Identifikation geeigneter Fallstudien zur Validierung und Unterstützung der Typenbildung (eigene Darstellung)

Die Identifikation der Literatur beschränkt sich auf Veröffentlichungen, in welchen Unternehmen oder Experten Fallbeispiele für den Einsatz von Business-Analytics vorstellen. Durch die Analyse diverser Quellen der vorgenannten Datenbanken wird eine große Bandbreite an verschiedenen Anwendungsmöglichkeiten abgedeckt. Insgesamt konnten zehn Quellen identifiziert werden, welche nachfolgend der Validierung des morphologischen Kastens und der zu bildenden Typen dienen. Die Kurzbeschreibung der identifizierten Quellen ist im Anhang B aufgeführt, eine zusammenfassende Darstellung findet sich in Tabelle 5-1.

Tabelle 5-1: Auflistung der in der fallstudienbasierten Validierung verwendeten Quellen

Lfd. Nr.	Autor der Fallstudie	Lfd. Nr.	Autor der Fallstudie
1	WESSEL ET AL. (2013)	6	VILLEGAS-CH ET AL. (2020)
2	CHANDE (2015)	7	BIALOGORSKI (2021)
3	CAVALCANTI U. FONSECA (2021)	8	OUAHILAL U. EL MOHAJIR (2016)
4	XU ET AL. (2017)	9	MEGAHED ET AL. (2015)
5	EGGERS ET AL. (2021)	10	SHANKS ET AL. (2011)

Das Kriterium der theoretischen Begründung der Fallstudienauswahl ist mit der Durchführung der Literaturanalyse und den wissenschaftlich anerkannten Reduktionsprozessen gegeben. Die Auswahl und der Einbezug von zehn relevanten Quellen erfüllen somit die Anforderung des Autors YIN (2018), welcher eine Mindestanzahl von sechs bis zehn Fallstudien zur Validierung eines A-priori-Modells fordert (s. YIN 2018, S. 103).

Bei der fallstudienbasierten Analyse werden zunächst die neun Merkmale mit ihren jeweiligen Merkmalsausprägungen, welche im morphologischen Kasten (s. Kap. 5.1.3) zusammengefasst sind, untersucht. Das Ergebnis der Untersuchung ist die Verifizierung sämtlicher Merkmale und Ausprägungen, dieses wird in Abbildung 5-14 visualisiert. Es kann insgesamt gezeigt werden, dass bereits nach fünf Quellen eine Sättigung eintritt und alle Merkmale und Ausprägungen auch in der Praxis identifiziert werden können.

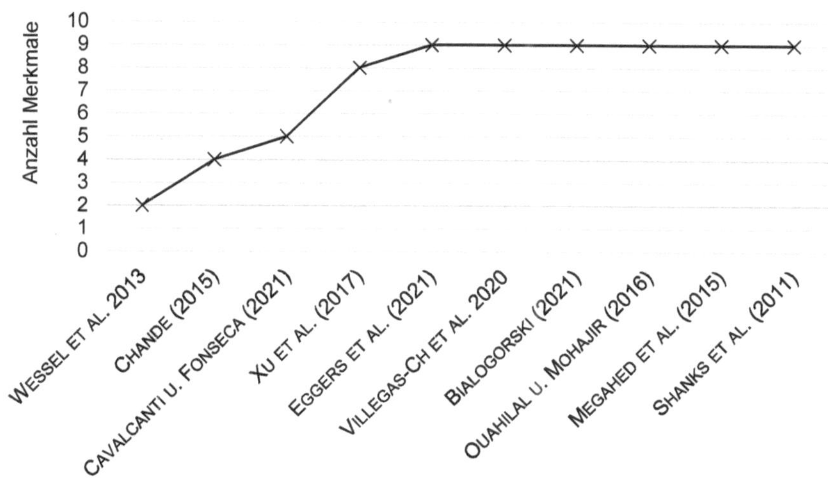

Abbildung 5-14: Fallstudienbasierte Validierung des morphologischen Kastens (eigene Darstellung)

Auf Basis des mit Fallstudien validierten morphologischen Kastens, unter Berücksichtigung der Ergebnisse des Cross-Consistency-Assessments und unter Einbezug der Fallstudien werden nachfolgend insgesamt drei verschiedene Typen gebildet. Das Vorgehen folgt hierbei analog zu Kapitel 5.1.4 einem retrograd-analytischen Ansatz, da konkrete Typen (s. Kap. 3.2) in der Forschung und Praxis bereits existieren, diese jedoch nicht einheitlich und nicht unter soziotechnischen Aspekten entwickelt wurden. Der Einbezug der repräsentativen Fallstudien stellt hierbei die Praxisgültigkeit der zu bildenden Typen sicher und zeigt gleichzeitig die Dynamik des technologischen Fortschritts auf. Die Typen geben bereits einen ersten Anhaltspunkt über den potentiellen Nutzen, welcher bei Einsatz im Unternehmen entstehen kann und welche Voraussetzungen für die Implementierung im Unternehmen geschaffen werden müssen.

Typ I – Descriptive Analytics

Der Typ Descriptive Analytics hat in Bezug auf die technische Komplexität den geringsten Reifegrad und unterstützt den Anwender im Wesentlichen mit deskriptiven Elementen. Im Fokus stehen die Beschreibung und das Aufdecken von Wirkungszusammenhängen und Mustern, basierend auf der Analyse von historischen Daten. Das Geschäftsproblem ist klar definiert, da Ereignisse, welche in der Vergangenheit stattgefunden haben, analysiert werden. Die eingesetzten Analysemethoden beschränken sich auf einfache Datenvisualisierungen, z. B. in Form von Dashboards, und statistischen Analysen. (s. WEBER 2020, S. 8 f.) Die Informationsaufbereitung erfolgt somit reaktiv immer dann, wenn der Nutzer den Befehl zur Untersuchung an das Business-Analytics-System erteilt. Die Nachvollziehbarkeit der Ergebnisse ist gegeben, da nur wenig komplexe Verfahren zum Einsatz kommen. Der Nutzer selbst nutzt die aggregierten Informationen, um basierend auf dieser Grundlage, unter Einbezug seiner eigenen Intuition und Erfahrung, eine Entscheidung zu treffen und diese umzusetzen. Die Informationen müssen somit nicht in Echtzeit gesammelt und verarbeitet werden, sondern nur periodisch. Insgesamt müssen mit dem Business-Analytics-System nur wenig komplexe Aufgaben gelöst werden, da die Verantwortung und der Großteil des Interpretations- und Entscheidungsaufwands beim Nutzer liegen.

Diese Tatsache spiegelt sich in der Dimension Technologie wider. Die Analysemethodiken, welche bei diesem Typen zum Einsatz kommen, bestehen in der Datenvisualisierung und in statistischen Analysen. Diese können in isolierten IT-Systemlandschaften eingesetzt werden, da die benötigte Rechenleistung regelmäßig niedrig ist (s. BOYTON ET AL. 2015, S. 317). Auch die zu involvierende Datenmenge ist gering. Die alleinige Betrachtung und Untersuchung vergangener Ereignisse ermöglichen, dass nur statische Daten verarbeitet werden; dies trägt zur Reduktion der Anforderungen bei. Zumeist erfolgt nur die Analyse interner, strukturierter Daten, welche beispielsweise aus internen Systemen wie z. B. ERP-Systemen generiert werden und in Data Warehouses vorgehalten werden (s. GADATSCH 2017, S. 5). Die Zusammenfassung des gebildeten Typs Descriptive Analytics findet sich in Abbildung 5-15.

<table>
<tr><th></th><th>Merkmal</th><th colspan="6">Merkmalsausprägungen</th></tr>
<tr><td rowspan="4">Aufgabe</td><td>Leistungsversprechen</td><td>Ex-post-Analyse</td><td colspan="2">Wirkungszusammenhang</td><td colspan="2">Prognose</td><td>automatisierte Entscheidung</td></tr>
<tr><td>Informationsaufbereitung</td><td colspan="3">reaktiv</td><td colspan="3">proaktiv</td></tr>
<tr><td>Nachvollziehbarkeit der Ergebnisse</td><td colspan="2">nachvollziehbar</td><td colspan="2">teilweise nachvollziehbar</td><td colspan="2">nicht nachvollziehbar</td></tr>
<tr><td>Stetigkeit der Analyse</td><td colspan="3">periodisch</td><td colspan="3">kontinuierlich</td></tr>
<tr><td rowspan="6">Technologie</td><td rowspan="2">Analysemethodik</td><td>Datenvisualisierung</td><td colspan="2">Maschinelles Lernen/ Data Mining</td><td colspan="2">mathematische Programmierung</td><td>Simulation</td></tr>
<tr><td>statistische Analysen</td><td colspan="2">probabilistische Modelle</td><td colspan="2">evolutionäre Algorithmen und Computing</td><td>logikbasierte Modelle</td></tr>
<tr><td>IT-Infrastruktur</td><td colspan="2">isolierte IT-Systeme</td><td colspan="2">teilverknüpfte IT-Systeme</td><td colspan="2">skalierbare IT-Systeme</td></tr>
<tr><td>benötigte Datenmenge</td><td colspan="3">gering</td><td colspan="3">hoch</td></tr>
<tr><td>Datenart</td><td colspan="3">statische Daten</td><td colspan="3">dynamische Daten</td></tr>
<tr><td>Datenstruktur</td><td colspan="2">strukturierte Daten</td><td colspan="2">semi-strukturierte Daten</td><td colspan="2">unstrukturierte Daten</td></tr>
</table>

Abbildung 5-15: Typ I – Descriptive Analytics (eigene Darstellung)

Typ II – Predictive Analytics

Der Fokus des Typ II – Predictive Analytics liegt insbesondere auf der Prognose zukünftiger Ereignisse, basierend auf der Untersuchung komplexer Wirkungszusammenhänge. Der Typ bildet hierbei eine logische Weiterentwicklung von Typ I – Descriptive Analytics (s. DELEN U. RAM 2018, S. 8 ff.). Somit ist die Unterstützung des Nutzers durch das System wesentlich umfangreicher, gleichzeitig ist der Nutzer weiterhin stark in die Entscheidungsfindung eingebunden. Dies äußert sich beispielsweise in der Informationsaufbereitung, welche insgesamt reaktiv stattfindet. Die höhere Komplexität der zu lösenden Geschäftsprobleme spiegelt sich im Umfang der Parameter wider, die einen Einfluss auf das Ergebnis nehmen. Da die Menge der untersuchten Daten zunimmt und der Einfluss ebendieser im Vorfeld schwer zu identifizieren ist, nimmt das Wissen über die Parameter ab. Dies führt dazu, dass nur noch Gewichtungen einzelner Parameter nachvollziehbar sind, d. h. der Nutzer die Ergebnisse, welche durch das Business-Analytics-System generiert werden, somit nur noch teilweise nachvollziehen kann. (s. WEBER 2020, S. 10 ff.) Der Nutzer erhält beispielsweise die Kenntnis über zukünftige Ereignisse, gleichzeitig nimmt er die Reaktion auf die antizipierten Ereignisse z. B. durch die Veränderung von Ressourcenallokationen selbst vor. Hierbei legt der Nutzer den Fokus der Untersuchung, welcher durch das System vorgenommen werden soll, fest. Aufgrund der nicht-kontinuierlichen Reaktionsfähigkeit des

Menschen kann die Analyse des Systems periodisch stattfinden. Die Dimension Aufgabe zeigt somit eine gestiegene Komplexität bezüglich ihres Unterstützungsumfangs für den Nutzer auf, da komplexere Problemstellungen wie die Optimierung von Prozessen angegangen und gelöst werden können.

Die erhöhten Potentiale spiegeln sich in den Anforderungen und Ausprägungen der Dimension Technologie wider. So kommen als Analysemethoden beispielsweise statistische Analysen, das Maschinelle Lernen in Verbindung mit Data Mining oder probabilistische Modelle zum Einsatz. Diese Methoden generieren den Nutzen durch die Vorhersage zukünftiger Ereignisse; je präziser und schneller sie den Eintrittszeitpunkt und die zugrundeliegenden Wirkungszusammenhänge bestimmen, desto wertvoller wird ihr Einsatz. (s. LEPENIOTI ET AL. 2020, S. 58) Somit steigen die Anforderungen an die zugrundeliegende IT-Infrastruktur. Die Rechenkapazitäten singulärer Hardware können die Anforderungen nicht abbilden, es bedarf somit mindestens des Einsatzes teilverknüpfter IT-Systeme, um besonders rechenintensive Analysen z. B. in Cloudsysteme auszulagern. Hierzu werden regelmäßig große Datenmengen benötigt. Während weiterhin insbesondere statische Daten verarbeitet werden, steigt die Komplexität der Datenstruktur. In den Untersuchungsbereich werden zunehmend semi-strukturierte Daten integriert, da verstärkt externe Datenquellen einbezogen werden, um eine umfangreiche Betrachtung aller möglichen Einflussparameter zu ermöglichen. Diese im Vergleich zu Typ I – Descriptive Analytics stark gestiegenen Datenmengen ermöglichen den Einsatz fortschrittlicher Business-Analytics-Anwendungen, um fundierte Aussagen über künftige Ereignisse treffen zu können. Die Zusammenfassung des gebildeten Typs Predictive Analytics findet sich in Abbildung 5-16.

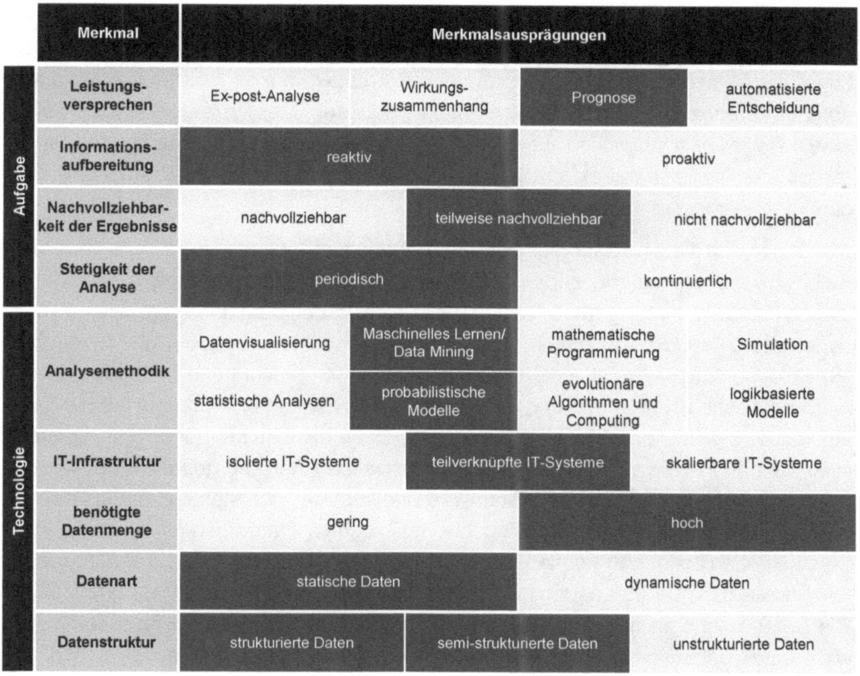

Abbildung 5-16: Typ II – Predictive Analytics (eigene Darstellung)

Typ III – Prescriptive Analytics

Prescriptive Analytics stellt die fortgeschrittenste und komplexeste Art der Datenverarbeitung im Rahmen von Business-Analytics dar, im Mittelpunkt steht dabei das automatisierte Treffen von Entscheidungen in einem komplexen Unternehmensumfeld. Dabei werden unterschiedliche Zukunftsszenarien simuliert und bewertet, um zu einer optimalen Entscheidung zu gelangen. Dies setzt den Einsatz hochkomplexer mathematischer Modelle voraus, die sich an neue Umstände anpassen können und Daten in Echtzeit verwerten. (s. GLUCHOWSKI 2016, S. 276) Somit müssen Informationen proaktiv aufbereitet und bereitgestellt werden. Die auf den Entscheidungsprozess Einfluss nehmenden Parameter sind dabei sehr umfangreich, sodass diese dem Nutzer und sogar dem Ersteller des zugrundeliegenden Analysemodells unbekannt sind. Gründe hierfür liegen neben der Kompetenz der Mitarbeiter in der Technologie an sich: Geschäftsanwender können die komplexen, mathematischen Modelle nur schwer nachvollziehen. Datenwissenschaftler bzw. Entwickler dieser Modelle verfügen zum einen häufig über ein nicht ausreichendes Geschäftsverständnis, um die Parameter zu erkennen; zum anderen sind die verwendeten Algorithmen häufig an sich nicht nachvollziehbar, sodass eine „Blackbox" entsteht. (s. SCHUH ET AL. 2020, S. 20 f.) In der höchsten Reife der Technologie wird danach gestrebt, dass Entscheidungen nicht nur datenbasiert getroffen werden, sondern autonom durch das System. Um die autonome

Reaktion auf zukünftige Ereignisse zu ermöglichen, muss das System kontinuierlich Daten erheben und verarbeiten. Das System ist somit nahezu echtzeitfähig in der Lage, die Entscheidungsfindung zu unterstützen bzw. in ihrer höchsten Ausprägung autonom durchzuführen und Maßnahmen zu initiieren. Der Prozess kann hierbei mit einem Regelkreis verglichen werden, in welchem ständig die Erfassung des Ist-Zustands, der Abgleich mit einem Soll-Zustand und die Reaktion bei Abweichung erfolgen. (s. LEPENIOTI ET AL. 2020, S. 58)

Die Dimension Technologie muss den im Vergleich mit den anderen Typen höchsten Anforderungen der zu erfüllenden Aufgabe entsprechen. Die verwendeten Methodiken dienen hierbei der intelligenten Optimierung unter Berechnung und Prognose verschiedener Szenarien, der Ausarbeitung von Handlungsoptionen und der Auswahl der besten Entscheidungsalternative. Dafür kommen weit fortgeschrittene Methoden wie die mathematische Programmierung, evolutionäre Algorithmen und Computing, die Simulation oder logikbasierte Modelle zum Einsatz. Die einzelnen Methoden werden häufig in Kombination verwendet und es werden teilweise Analyseergebnisse der weniger reifen Typen I und II genutzt. Hierfür müssen skalierbare IT-Systeme zum Einsatz kommen, um die Echtzeitanalyse großer und heterogener Datenmengen zu bewältigen. Diese Rechenleistungen können zum heutigen Stand der Technik nur durch dezentrale, skalierbare Cloud-Lösungen erbracht werden. (s. LEPENIOTI ET AL. 2020, S. 58) Die Datenmenge ist groß, da die Erarbeitung von Lösungsalternativen und die Auswahl einer optimalen Entscheidungsmöglichkeit viele Informationen erfordern. Die analysierten Daten sind dynamische Daten, welche fortlaufend erzeugt, aktualisiert und verarbeitet werden. Für die Analysen werden große Mengen vor allem an semi- und unstrukturierten Daten einbezogen, welche innerhalb und insbesondere außerhalb des Unternehmens erzeugt werden. Die Analyse dieser historischen und transaktionalen Daten, welche regelmäßig in großen Mengen in Echtzeit erzeugt werden, ist im industriellen Kontext erst seit wenigen Jahren möglich. Sie wird aber aufgrund der großen Potentiale zunehmend in den Unternehmen eingesetzt. (s. WEBER 2020, S. 12) Die Merkmale und charakterisierenden Ausprägungen des Typs III – Prescriptive Analytics sind zusammenfassend in Abbildung 5-17 dargestellt.

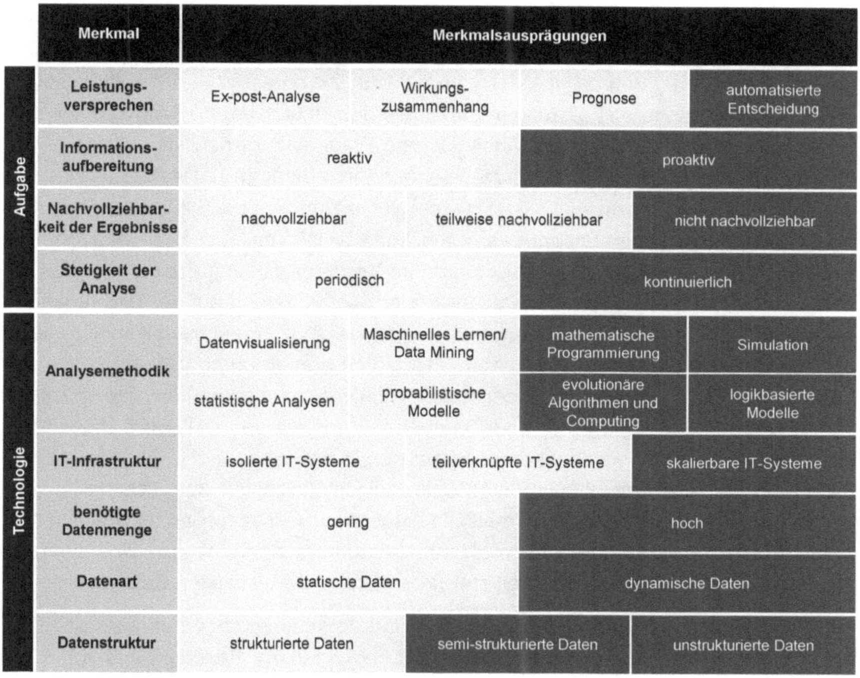

Abbildung 5-17: Typ III – Prescriptive Analytics (eigene Darstellung)

5.1.6 Zusammenfassung der Beschreibung und Typisierung von Business-Analytics

Strukturiert durch die Dimensionen Aufgabe und Technologie des technischen Subsystems wurde in Kapitel 5.1 Business-Analytics beschrieben und typisiert. Hierzu wurden zunächst die vier Merkmale Leistungsversprechen, Informationsaufbereitung, Nachvollziehbarkeit der Ergebnisse und Stetigkeit der Analyse für die Dimension Aufgabe mit insgesamt elf Ausprägungen literaturbasiert hergeleitet. Anschließend wurden in der Dimension Technologie die fünf Merkmale Analysemethodik, IT-Infrastruktur, Datenmenge, Datenart und Datenstruktur mit insgesamt 18 Ausprägungen hergeleitet. In Form eines morphologischen Kastens wurden die einzelnen Merkmale und Ausprägungen unter Zuordnung zu den Dimensionen Aufgabe und Technologie strukturiert. Die anschließende Anwendung eines Cross-Consistency-Assessments diente der Vorbereitung für die Typenbildung. Hierzu wurden zunächst alle Parameter des morphologischen Kastens in Paaren auf ihre Konsistenz hin geprüft, insgesamt wurden 359 Wechselwirkungspaare untersucht. Inkonsistente Parameterpaare, welche auf formaler, empirischer oder normativer Ebene existieren, wurden hierbei von der weiteren Betrachtung ausgenommen.

Daraufhin wurde die Typenbildung vorgenommen. Hierbei erfolgte zunächst die fallstudienbasierte Validierung des morphologischen Kastens, anschließend wurden insgesamt drei Typen retrograd-analytisch hergeleitet. Die bereits zur fallstudienbasierten Validierung verwendeten Fallstudien wurden hierbei genutzt, um die Bildung der Typen Descriptive Analytics, Predictive Analytics und Prescriptive Analytics, welche in der Forschung und Industrie bereits zur Anwendung kommen, zu unterstützen. Der Typ Descriptive Analytics versinnbildlicht hierbei vor allem die beschreibende Form von Analytics, es steht insbesondere das Aufdecken von Wirkungszusammenhängen basierend auf der Analyse historischer Daten im Vordergrund. Bei Predictive Analytics hingegen steht die Prognose zukünftiger Ereignisse basierend auf der Untersuchung komplexer Wirkungszusammenhänge im Fokus. Der Typ Prescriptive Analytics weist die höchste Komplexität auf und unterstützt Unternehmen durch das automatisierte Treffen von Entscheidungen in einem komplexen Unternehmensumfeld. Die einzelnen Typen sind in ihrer Reife aufeinander aufbauend und werden in ihren Dimensionen Aufgabe und Technologie zunehmend komplexer. Somit decken die Typen ihrer Reife nach prinzipiell den Leistungsumfang der jeweiligen Vorgänger ab. Gleichzeitig wurden die rückwärtsgewandten Merkmalskombinationen, welche nicht direkt den Primärzweck unterstützen, aus der weiteren Betrachtung herausgenommen. Dies dient der besseren Untersuchbarkeit der Wechselwirkungen mit dem sozialen Subsystem.

In diesem Kapitel 5.1 wurde somit die erste Unterforschungsfrage beantwortet: „*Was sind die relevanten Merkmale und deren Ausprägungen zur Beschreibung von Business-Analytics?*".

5.2 Beschreibung des sozialen Subsystems

Das soziale Subsystem für den Einsatz von Business-Analytics wird durch die Dimensionen Organisation und Akteur (s. Kap. 4.4) strukturiert. Das soziale Subsystem beeinflusst den erfolgreichen Einsatz hierbei maßgeblich, da Business-Analytics erst im Zusammenspiel zwischen Mensch, Technik und Organisation einen Mehrwert bietet und der Paradigmenwechsel in der Entscheidungsfindung erst in dieser Kombination möglich wird. (s. DREMEL ET AL. 2020, S. 6 ff.) Im Folgenden wird zunächst die Dimension Struktur durch fünf Merkmale geordnet und anhand der jeweiligen Merkmalsausprägungen detailliert. Der Prozess erfolgt anschließend analog für die Dimension Akteur, welche durch vier Merkmale strukturiert wird. Wichtig für das soziale Subsystem ist, dass das technische Subsystem hierbei nicht durch die Technologie einen Sachzwang auslöst, d. h., dass der Mensch als Erweiterung der Maschine/ des Business-Analytics-Systems zu sehen ist, sondern dass eine gleichzeitige Betrachtung und Optimierung des Gesamtsystems erfolgen müssen. (s. FREI ET AL. 1996, 153 ff.) Zuletzt erfolgt die Zusammenfassung der Ergebnisse in Form eines morphologischen Kastens. Dieser ist als Teilmodell des Gesamtmodells notwendig, um anschließend die Wechselwirkungen zwischen dem technischen und dem sozialen Subsystem typspezifisch aufzuzeigen.

5.2.1 Merkmale und Ausprägungen – Dimension Struktur

Die Struktur-Ebene des sozialen Subsystems beschreibt die Organisationsstruktur, welche zur Erfüllung der primären Aufgabe beiträgt. Die Organisationsstruktur fokussiert hierbei nicht zwangsläufig die Gesamtorganisation, sondern regelmäßig den Bereich innerhalb der Organisation, welcher mit der Technik in Interaktion steht (z. B. die Abteilungen, welche mit dem Business-Analytics-System arbeiten). (s. FREI ET AL. 1996, S. 149) Organisationen sind in diesem Kontext soziale Systeme, welche durch einen hohen Grad an formal definierten Regeln, Rollen und Entscheidungswegen gekennzeichnet sind. Sie verfolgen dauerhaft bestimmte Ziele und verteilen unter Zuhilfenahme formaler und informaler Strukturen Ressourcen, koordinieren Organisationsmitglieder und stellen somit die Zielerreichung sicher. (s. MAUCHER ET AL. 2002, S. 130 f.) Die Dimension Struktur wird durch die Merkmale *Verortung von Experten*, *Knowledge-Absorptive-Capacity*, *Data-Governance*, *Kollaborationsinitiative* und *Entscheidungsbefugnis* konstituiert. Diese werden nachfolgend beschrieben und durch die Ableitung von Ausprägungen detailliert.

Merkmal und Merkmalsausprägungen: Verortung von Experten

Bei der Initiierung und Umsetzung von Business-Analytics-Projekten muss die organisationale Verortung der Akteure bestimmt werden. Die Art und Weise der Einbindung in die Organisation hat hierbei einen großen Einfluss. (s. TROILO ET AL. 2017, S. 629) Die Akteure können im Kontext von Business-Analytics in verschiedene Rollen unterteilt werden. Der Autor WEBER (2020) unterscheidet beispielsweise den Geschäftsanwender, den Business-Analysten und den Datenwissenschaftler (s. WEBER 2020, S. 19 f.), die Autoren VIDGEN ET AL. (2017) ergänzen die Rolle des IT-Mitarbeiters zur Gewährleistung der IT-Grundinfrastruktur (s. VIDGEN ET AL. 2017, S. 632). Darüber hinaus können weitere, häufig neu entstehende Rollen auf Geschäftsführungsebene (z. B. *Chief Data Officer*, *Chief Information Officer*, *Chief Analytics Officer* oder der *Chief Digital Officer*) definiert werden (s. LEE ET AL. 2014, S. 2).

Die Kernaufgabe des Geschäftsanwenders besteht darin, auf Grundlage der vom Business-Analytics-System abgeschlossenen Analyse und deren Ergebnissen Entscheidungen zu treffen und Handlungen einzuleiten (s. DAVENPORT U. HARRIS 2007, S. 7). Typischerweise ist diese Person kein Mitglied einer Analytik-Abteilung, sondern Teil des betroffenen Fachbereichs oder des Managements. Sie verfügt zumeist über grundlegende Fähigkeiten sowie domänenbasiertes Wissen und erfüllt entsprechende Anforderungen. (s. WEBER 2020, S. 20)

Der Business-Analyst hat einen wirtschaftlichen Fokus. Die Kernaufgabe besteht in der Anwendung von Modellen zur Analyse. Der Akteur nutzt die Datenauswertung, um Handlungsalternativen zu finden und so den Entscheidungsprozess zu unterstützen (s. BONESSO ET AL. 2020, S. 35). Die Kernaufgaben des Business-Analysten werden in drei Bereiche unterteilt. Der Business-Analyst sollte zum Ersten die Bedingungen des Modells kennen. Zum Zweiten soll er die Modelle anwenden und zum Dritten in der Lage sein, die generierten Ergebnisse des Business-Analytics-Systems zu bewerten.

(s. DAVENPORT U. HARRIS 2007, S. 7) Die Anforderung an den Business-Analysten ist somit, den unternehmerischen Kontext, in welchem die Daten gelten, zu verstehen und zu kommunizieren (s. VIDGEN ET AL. 2017, S. 634). Der Akteur nimmt somit vor diesem Hintergrund eine Schnittstellenposition ein, welche die Lücke zwischen wirtschaftlicher und datenwissenschaftlicher Seite schließen soll (s. BONESSO ET AL. 2020, S. 35; DAVENPORT U. HARRIS 2007, S. 8).

Der Datenwissenschaftler, welcher häufig durch unterschiedliche Untergliederungen wie Data-Engineer, Data-Scientist, Data-Analyst, Machine-Learning-Engineer differenziert wird, hat insbesondere die Datenaufbereitung und -auswertung sowie die Kommunikation der Ergebnisse zur Aufgabe. (s. BONESSO ET AL. 2020, S. 24 ff.) Im Zuge der Auswertung sollen Muster erkannt werden, sodass beispielsweise von Korrelationen auf Kausalitäten geschlossen werden kann oder zukünftige Trends und Ereignisse vorhergesagt werden können. Hierfür werden Programmierkenntnisse zur Implementierung von Analysemethoden und deren Anwendung in der Praxis benötigt. Die Daten- und Ergebnisvisualisierung ist hierbei ein essentieller Bestandteil des Aufgabenspektrums. (s. BONESSO ET AL. 2020, S. 26; s. ZWEIG 2019, S. 118 f.)

Die datenorientierten Managementrollen entwickeln sich aktuell in der Praxis und Forschung, sodass verschiedene Rollen mit überschneidenden Aufgabenbereichen existieren, über welche noch kein einheitliches Verständnis besteht (s. DAVENPORT U. BEAN 2018). Insgesamt teilen die Rollen jedoch die Aufgabe, den Einsatz von Big Data und datenbasierte Entscheidungsfindung z. B. mit dem Einsatz von Business-Analytics zu ermöglichen (s. DAVENPORT U. BEAN 2018; LEE ET AL. 2014, S. 2). In dieser Arbeit ist die Rollen- und Aufgabenbeschreibung zum Zwecke der Untersuchung der Verankerung der Experten auf dem vorgestellten Abstraktionslevel ausreichend, sodass eine weitere Differenzierung nicht vorgenommen wird.

Bei der Betrachtung der Verankerung der Experten können die Geschäftsanwender (Fachabteilung) und die datenorientierten Managementrollen (Geschäftsführung/Vorstand) in der Organisation verortet werden. Somit erfolgt die Untersuchung der Verortung der Experten nachfolgend für die Datenwissenschaftler und Business-Analysten. Die Verortung der Experten kann hierbei Einfluss auf die Koordinationsfähigkeit zur effektiven und effizienten Umsetzung der Business-Analytics-Projekte nehmen (s. HAGEN U. HESS 2020, S. 6). Im Wesentlichen kann das Merkmal Verortung von Experten durch drei Ausprägungen detailliert werden, hierbei folgt der Autor dem Ansatz der Autoren HAGEN U. HESS (2020) und erweitert diesen:

- *Zentral*: Bei der zentralen Verankerung werden alle Experten zentral in einem Team oder einer Abteilung innerhalb eines Unternehmens angesiedelt. Sämtliche Projekte und Koordinationsaufwände werden somit über eine zentrale Instanz abgewickelt. (s. HAGEN U. HESS 2020, S. 6)
- *Hybrid/Externalisierung*: Die hybride Verankerung bildet die Schnittstelle und kombiniert zentrale und dezentrale Aspekte. Die Experten haben auf Basis ihrer Verortung unterschiedliche Aufgaben. Die Business-Analytics-Projekte werden

über eine zentrale Instanz koordiniert, gleichzeitig kann z. B. die Identifikation oder Interpretation einzelner Business-Analytics-Projekte durch Datenwissenschaftler dezentral in den jeweiligen Fachabteilungen erfolgen. Die hybride Struktur wird zudem durch den Aspekt der Auslagerung bestimmter Aufgaben z. B. durch externe Dienstleister ergänzt, um der Realisierung in der Praxis Rechnung zu tragen. Laut einer Studie von MAUERER (2018) kooperieren über 75 % der Unternehmen beim Einsatz von Business-Analytics mit externen Dienstleistern (s. MAUERER 2018, S. 15). Somit umfasst die hybride Verortung von Experten explizit die Auslagerung bestimmter Aufgaben im Rahmen des Einsatzes von Business-Analytics.

- *Dezentral*: Bei der dezentralen Verortung werden die Experten in den Bereichen (z. B. Einkaufsabteilung), in welchen der Bedarf für die Unterstützung bei der datenbasierten Entscheidungsfindung besteht, eingesetzt. Somit soll die Umsetzung erleichtert und eine datenorientierte Kultur in der jeweiligen Abteilung etabliert werden. Jede Abteilung soll hierbei direkt mit Analysemethoden und Denkweisen ausgestattet werden, welche datengetriebene Entscheidungsfindungen ermöglichen; eine zentrale Instanz zur Koordination ist hierbei gleichzeitig nicht vorgesehen. (s. TROILO ET AL. 2017, S. 629)

Insgesamt lassen sich somit für das Merkmal Verortung von Experten drei Ausprägungen ableiten; diese sind in Abbildung 5-18 visualisiert.

Merkmal	Merkmalsausprägungen		
Verortung von Experten	zentral	hybrid/ Externalisierung	dezentral

Abbildung 5-18: Merkmal Verortung von Experten und Merkmalsausprägungen (eigene Darstellung)

Merkmal und Merkmalsausprägungen: Knowledge-Absorptive-Capacity

Die Knowledge-Absorptive-Capacity ist ein wichtiges Bindeglied zwischen den Business-Analytics-Fähigkeiten und der Qualität der Entscheidungsfindung, da diese sicherstellt, dass das in den Business-Analytics-Systemen entwickelte Wissen als Entscheidungsgrundlage in den organisationalen Entscheidungsprozess eingebunden wird (s. WANG U. BYRD 2017, S. 518). Das Merkmal basiert auf der von COHEN U. LEVINTHAL (1990) entwickelten Definition, dass mit der Knowledge-Absorptive-Capacity die Fähigkeit einer Organisation zur Aufnahme von relevanten Informationen und der Nutzung von Wissensressourcen beschrieben wird (s. Kap. 3.2.2). Die Knowledge-Absorptive-Capacity beschreibt hierbei im Zusammenhang mit Informationssystemen die Fähigkeit, durch den Einsatz von digitalen Technologien mit der Identifikation, Verarbeitung und Interpretation von externen und internen Informationen einen Mehrwert durch verbessertes und beschleunigtes Treffen von Entscheidungen zu generieren (s. WANG U. BYRD 2017, S. 524). Die Knowledge-Absorptive-Capacity kann als dynamische Fähigkeit gesehen werden, bei welcher Unternehmen durch eine Reihe von

Prozessen Wissen erlangen, aufnehmen, transformieren und verwenden (s. ZAHRA U. GEORGE 2002, S. 186). Dieser Prozess ist eng verwandt mit dem organisationalen Lernen, grenzt sich aber insbesondere durch den aktiven Aufbau von Wissen und die Fokussierung externen Wissens von diesem ab (s. ROBERTS ET AL. 2012, S. 630).

Die erfolgsbeeinflussende Wirkung entsteht durch die Implementierung von Regeln, Prozessen und Strukturen, mit denen Wissen wertschöpfend eingesetzt werden kann. Das geeignete Management von Wissen führt hierbei zu verbesserten Fähigkeiten zum Einsatz von Business-Analytics und einem Wettbewerbsvorteil insbesondere in volatilen und innovativen Marktumfeldern. (s. GUPTA U. GEORGE 2016, S. 1053 ff.) Dies umfasst die Strukturierung und Routinisierung der Akquise und Nutzung von Daten sowie die Integration fremden Wissens zur Entscheidungsunterstützung. Hierbei ist die Akzeptanz für die Nutzung von Daten, fremder Expertise und datenverarbeitenden Technologien unabdingbar. (s. FERRARIS ET AL. 2018, S. 1931) Neben der Steigerung der allgemeinen organisatorischen Kompetenz für den Umgang mit Business-Analytics werden auch die Kompetenzen von Nutzern und Projektteammitgliedern verbessert. Die ständige Exposition zu neuem Wissen sorgt für einen effizienteren und routinierteren Umgang mit neuen Technologien und Skills. (s. MIKALEF ET AL. 2017a, S. 8) Die Autoren MIAO ET AL. (2021) zeigen in diesem Zusammenhang auf, dass der Einsatz von Business-Analytics und eine hohe Knowledge-Absorptive-Capacity essentiell für die langfristige Wettbewerbsfähigkeit sind. (s. MIAO ET AL. 2021, S. 5 ff.) Das Merkmal Knowledge-Absorptive-Capacity kann nach der Autorin FLATTEN (2010) in vier Merkmalsausprägungen unterteilt werden, welche durch das Konzept von ZAHRA U. GEORGE (2002) weiterentwickelt wurden:

- *Aneignung von Wissen*: Die Informationsakquise steht im Vordergrund bei der Aneignung von Wissen. Hierzu müssen die Informationen zunächst identifiziert und zugänglich gemacht werden. Die Merkmalsausprägung wird insbesondere durch die Faktoren Intensität, Geschwindigkeit und Pfadabhängigkeiten beeinflusst. Hierbei determinieren die beiden erstgenannten Faktoren die direkte Akquisitionsfähigkeit, die Pfadabhängigkeit detailliert die Beeinflussung der zu akquirierenden Informationen durch das Unternehmen selbst (z. B. Informationen, welche vom Lieferanten oder Kunden bereitgestellt werden). (s. FLATTEN 2010, S. 44) Für die Autoren WANG U. BYRD (2017) ist hierbei die Fähigkeit zur Wissensaneignung durch die effektive und effiziente Nutzung von Business-Analytics-Datenaggregationstools entscheidend (s. WANG U. BYRD 2017, S. 521).
- *Assimilation*: Die Anpassung des erworbenen Wissens an die eigene Organisation erfolgt durch die Verarbeitung und Interpretation des akquirierten Wissens. Es stehen somit insbesondere Prozesse und Routinen zur Informationsverarbeitung im Fokus, welche durch Anreicherung der Informationen und Verknüpfung der kontextgebundenen Informationen mit komplementärem Wissen die Organisation bei Entscheidungsunterstützungsprozessen unterstützen. (s. FLATTEN 2010, S. 44 f.) Im Bereich der Business-Analytics-Fähigkeiten steht hierbei insbesondere die Fähigkeit zur Verwendung von Datenanalysetools im

Fokus. Diese unterstützen bei der Verarbeitung großer Mengen an strukturierten, semi- und unstrukturierten Daten, teilweise in Echtzeit. (s. WANG U. BYRD 2017, S. 522)

- *Transformation*: Die Umwandlung der analysierten Informationen und des gewonnenen Wissens in den allgemeinen Wissensaufbau und die Innovationsfähigkeiten stehen im Fokus dieser Merkmalsausprägung. Hierbei ist die Kombination zwischen dem bestehenden Wissen und den neu akquirierten Informationen essentiell. Diese Kombination kann entweder in einer Erweiterung der Informationsbasis oder in der Umdeutung bzw. Ersetzung bestehender Informationen erreicht werden. (s. FLATTEN 2010, S. 45; S. 87) Für diese Ausprägung wichtig sind die Fähigkeiten zur Visualisierung der Daten und das Generieren von Handlungsempfehlungen. Somit werden ein systematisches und verständliches Reporting sichergestellt und Potentiale zur Verbesserung durch Anwendung von Business-Analytics aufgezeigt. (s. WANG U. BYRD 2017, S. 523)
- *Exploitation*: Die Ausprägung Exploitation wird durch die Anwendung des gewonnenen Wissens, z. B. durch die Initiierung von Maßnahmen zur Erreichung von organisationalen Zielen und zur Beibehaltung der Wettbewerbsfähigkeit, beschrieben. Somit steht insbesondere die organisationale Fähigkeit der Integration des Wissens in die Prozesse und die konkrete Anwendung durch Reaktion im Vordergrund. (s. FLATTEN 2010, S. 45) Neben der Anpassung und Optimierung bestehender Technologien und Prozesse können hierbei auch neue Kompetenzen, Routinen, Produkte und Organisationsformen entwickelt werden (s. CAMISÓN U. FORÉS 2010, S. 709).

Die Autoren CAMISÓN U. FORÉS (2010) bestätigen in einer Untersuchung mit 952 Unternehmen die grundsätzliche Validität der in der Arbeit verwendeten vier Ausprägungen. (vgl. CAMISÓN U. FORÉS 2010). Diese werden in Abbildung 5-19 dargestellt.

Merkmal	Merkmalsausprägungen			
Knowledge-Absorptive-Capacity	Aneignung von Wissen	Assimilation	Transformation	Exploitation

Abbildung 5-19: Merkmal Knowledge-Absorptive-Capacity und Merkmalsausprägungen (eigene Darstellung)

Merkmal und Merkmalsausprägungen: Data-Governance

Die existentielle Bedeutung von Daten und Informationen für Unternehmen als eigener Produktionsfaktor bedingt einen Ordnungsrahmen für das effektive Management der digitalen Daten und Informationen und ist von der IT(-Systemlandschaft) abzugrenzen (s. FRICK 2021, S. 106). Ohne geeignete organisatorische Strukturen und Governance-Frameworks wird die unternehmensweite Datenerfassung und -Analyse erschwert bzw. ist nicht möglich. Business-Analytics-Anwendungen erfordern eine zentralisierte Datenerfassung und -analyse, welche sicherstellt, dass alle Projekte innerhalb eines Unternehmens die gleichen Standards, Protokolle, Methoden und Tools anwenden. (s.

SCHUH ET AL. 2020, S. 31) Aktuell existiert in der Forschung und Praxis keine einheitliche Definition der Terminologie und des Umfangs der Data-Governance (vgl. AL-RUITHE ET AL. 2019). Laut einer Untersuchung der Autorin WEBER (2009) stehen bei der Data-Governance autorenübergreifend die Koordination von Entscheidungsrechten, Verantwortungen, Weisungsbefugnissen sowie deren Überwachung und Kontrolle im Vordergrund. Des Weiteren liegt der Fokus auf dem Management von Anspruchsgruppen, Prozessen und Technologien, welches durch die Definition und Durchsetzung von Richtlinien und Prozessen unterstützt wird. Ein grundlegender Unterschied gegenüber der Organisation des Datenqualitätsmanagements ist die externe Komponente, d. h. der Einbezug externer Anspruchsgruppen. Insgesamt steht die Data-Governance somit für die Gesamtheit der Verantwortlichkeiten und Entscheidungsprozesse für das unternehmensweite und qualitätsorientierte Management der Ressource Daten. (s. WEBER 2009, S. 61) Es können verschiedene Ziele formuliert werden, deren Erreichung durch die Etablierung einer Data-Governance unterstützt werden. Die Datenintegration muss über die gesamten Informationssysteme hinweg erfolgen; hierbei wird die Vereinheitlichung der Informationen und Inhalte vorangetrieben. Das Stammdatenmanagement bildet hierbei einen wichtigen Faktor neben dem Metadatenmanagement und der semantischen Anreicherung der Daten, um letztlich einen reibungslosen Informationsfluss innerhalb des Unternehmens sicherzustellen. (s. WEBER ET AL. 2009, S. 6 f.) Das Setzen dieser Standards sollte hierbei fachübergreifend erfolgen, damit sie den Anforderungen aller Bereiche entsprechen (s. YEOH U. POPOVIČ 2016, S. 144). Das Merkmal Data-Governance wird durch fünf Merkmalsausprägungen differenziert, welche nachfolgend dargestellt werden:

- *Initial*: Bei dieser Merkmalsausprägung ist das Bewusstsein für die Wichtigkeit von Informationen und Daten nur gering. Feste Standards für die Datenerfassung, -verarbeitung und -speicherung sind nicht vorhanden. Die Datenverwaltung erfolgt in nicht verknüpften IT-Systemen (Datensilos). Beim Auftreten von Problemen erfolgt die Problemlösung nicht systematisch, sondern ad-hoc. Dies erschwert die Einhaltung von Projektfristen; die organisationale Informationsverfügbarkeit ist aufgrund fehlender formaler Strukturen nur implizit bei den einzelnen Mitarbeitern gebunden. (s. JIMENEZ ET AL. 2019, S. 8 f.) Bei diesen entsteht aber häufig die Formulierung von Anforderungen nach Tools und Werkzeugen für das Datenmanagement (s. BITTERER 2007, S. 3)
- *Reaktiv*: Ein Verständnis für den Wert von Informationen ist vorhanden, die Organisation reagiert durch die Anpassung von Prozessen, um auch im Tagesgeschäft die Relevanz von Informationen zu erhöhen. Es erfolgt ein teaminterner (typischerweise auf Abteilungs- oder Anwendungsebene) Austausch von Daten. Erste Ansätze für die Nutzung von Informationsmanagementsystemen sind vorhanden, sodass Daten und Informationen über Systeme hinweg gemeinsam genutzt werden können. Gleichzeitig sind die Ansätze zur Sicherung der Informationsqualität nur reaktiv, sodass regelmäßig Unstimmigkeiten in den Daten und den daraus abgeleiteten Ergebnissen auftreten. (s. BITTERER 2007, S. 3 f.)

- *Definiert*: Diese Merkmalsausprägung zeigt auf, dass Richtlinien für das Datenmanagement bestehen und eine Integration in die Unternehmensprozesse stattfindet. Die Richtlinien an sich sind konkret formuliert und finden in der gesamten Organisation Anwendung. Informationsmanagement-Systeme zur Datenverwaltung werden organisationsweit eingesetzt. (s. JIMENEZ ET AL. 2019, S. 9; BITTERER 2007, S. 4)
- *Quantitativ gesteuert*: Daten werden als strategischer Wettbewerbsvorteil angesehen, welcher essentiell für das Unternehmen ist. Alle Prozesse und Projekte folgen den Richtlinien und Grundsätzen der Data-Governance. Hierbei werden alle Datenmodelle dokumentiert und im gesamten Unternehmen über Informationssysteme rollenbasiert verfügbar gemacht. (s. BITTERER 2007, S. 5) Messbare Qualitätsziele für sämtliche Abläufe und Prozesse sind vorhanden, die Performance wird kontinuierlich mit den gesetzten Zielen verglichen. Bei Abweichung wird ein systematisches Vorgehen angewendet. (s. JIMENEZ ET AL. 2019, S. 9)
- *Kontinuierlich optimierend*: Data-Governance ist bei dieser Ausprägung eine unternehmensweite Aufgabe, welche zur kontinuierlichen Erhöhung der Produktivität und Effizienz der gesamten Organisation beiträgt. Im Fokus stehen die kontinuierliche Kostensenkung und Verbesserung des Datenmanagement. (s. JIMENEZ ET AL. 2019, S. 9)

Insgesamt lassen sich somit für das Merkmal Data-Governance fünf Ausprägungen ableiten, diese sind in Abbildung 5-20 dargestellt.

Merkmal	Merkmalsausprägungen				
Data-Governance	initial	reaktiv	definiert	quantitativ gesteuert	kontinuierlich optimierend

Abbildung 5-20: Merkmal Data-Governance und Merkmalsausprägungen (eigene Darstellung)

Merkmal und Merkmalsausprägungen: Kollaborationsinitiative

Die Kollaborationsinitiative zeigt auf, von welchem Akteur bzw. von welcher Abteilung die Durchführung von Business-Analytics-Projekten angestoßen wird. (s. HAGEN U. HESS 2020, S. 6) Der Einsatz von Business-Analytics in Unternehmen bedingt strukturelle Herausforderungen wie die Allokation datenanalytischen Wissens und Fähigkeiten sowie neue funktionale Beziehungen zwischen Geschäftsbereichen und Datenabteilungen (z. B. Data-Science- oder IT-Abteilung). Diese Abteilungen müssen – sofern sie organisatorisch getrennt sind – sicherstellen, dass geeignete Business-Analytics-Projekte identifiziert und initiiert werden. Hierzu müssen Arbeitsmethoden, welche die abteilungsübergreifende Zusammenarbeit unterstützen, berücksichtigt werden. (s. DREMEL ET AL. 2020, S. 5) Elementar hierbei sind sowohl die Schaffung einer realistischen Erwartung(-shaltung) gegenüber den Potentialen von Business-Analytics bei der Geschäftseinheit und ein grundlegendes Verständnis der Technologie als auch die

Kommunikation des zugrundeliegenden Geschäftsproblems bei der Dateneinheit (s. HAGEN U. HESS 2020, S. 6 f.). Die Kollaborationsinitiative hat maßgeblichen Einfluss auf den Aufbau von relationalem Wissen in der Organisation. Dieses veranschaulicht die Fähigkeit der Kommunikation und Zusammenarbeit zwischen den Datenwissenschaftlern und den weiteren für den Business-Analytics-Prozess benötigten Akteuren: Je besser hierbei der Austausch organisiert ist, desto erfolgreicher gelingt der Einsatz von Business-Analytics. (s. AKTER ET AL. 2016, S. 119) Das Merkmal Kollaborationsinitiative wird durch drei Merkmalsausprägungen differenziert, welche nachfolgend dargestellt werden:

- *Geschäftseinheit*: Bei Lösung eines konkreten Geschäftsproblems, welches mithilfe von Business-Analytics gelöst werden soll, stößt die Geschäftseinheit eine Kollaboration an, um die Lösungsfindung voranzutreiben. Der Business-Analytics Prozess wird hierbei beispielsweise nach der Identifikation eines strategisch relevanten Geschäftsproblems initiiert, für welches aus Sicht der Geschäftsabteilung eine hinreichende Menge an Daten und Informationen vorliegt. (s. HAGEN U. HESS 2020, S. 7)
- *Daten- und Geschäftseinheit*: Je nach Anwendungsfall und Dateneigentümerschaft kann die Initiative zur Zusammenarbeit auch gemeinsam vom Geschäfts- und Datenteam ausgehen, sollte gemeinsam erkannt werden, dass Potenziale besser genutzt werden können. Eine solche Zusammenarbeit kann beispielsweise durch einen regelmäßigen Austausch zwischen den Abteilungen unterstützt werden. (s. HAGEN U. HESS 2020, S. 7)
- *Dateneinheit*: Bei der Analyse und Untersuchung großer Datenmengen können Muster in diesen erkannt werden, die bei der Lösung eines Geschäftsproblems hilfreich sind. Bei dieser Art der Initiative muss die Geschäftseinheit die Korrelation von Mustern zunächst verifizieren, da Anomalien nicht zwangsläufig Anzeichen für Optimierungspotentiale aufweisen. (s. HAGEN U. HESS 2020, S. 7)

Insgesamt lassen sich somit für das Merkmal Kollaborationsinitiative drei Ausprägungen ableiten, diese sind in Abbildung 5-21 dargestellt.

Merkmal	Merkmalsausprägungen		
Kollaborations-initiative	Geschäftseinheit	Daten- und Geschäftseinheit	Dateneinheit

Abbildung 5-21: Merkmal Kollaborationsinitiative und Merkmalsausprägungen (eigene Darstellung)

Merkmal und Merkmalsausprägungen: Entscheidungsbefugnis

Durch die Anwendung fortgeschrittener Datenanalysen, Algorithmen und Künstlicher Intelligenz verändert sich die Art und Weise der Entscheidungsfindung, diese findet zunehmend dezentral statt. Der Nutzer des Systems erhält dadurch zunehmend mehr Wissen und Kompetenzen, dies beeinflusst die Verortung der Entscheidungsbefugnis.

Der Einbezug von internen wie auch externen Akteuren sowie virtuellen Partnern (z. B. IBM Watson) als (gleichberechtigte) Teilnehmer bei der Entscheidungsfindung führt zu einer Anpassung bei der Entscheidungsbefugnis, um die Kongruenz im Gesamtsystem aufrechtzuerhalten. (s. PASMORE ET AL. 2019, S. 76) Durch die Übertragung von Entscheidungskompetenzen und die Schaffung von Gestaltungsspielräumen rückt die Verantwortung der einzelnen Mitarbeiter zunehmend in den Vordergrund. Einerseits trägt jeder einzelne somit eine größere Verantwortung für getroffene Entscheidungen, andererseits steigt die Verantwortung zur Gestaltung von Veränderungen und das Bewusstsein, diese nicht nur mitzutragen, sondern auch zu initialisieren. (s. SCHUH ET AL. 2020, S. 38 f.) Somit kommt es zu einer Verschiebung der Verantwortung und in logischer Konsequenz zur Dezentralisierung der Entscheidungsbefugnis. Entscheidungen werden zunehmend mehr vom Kollektiv und jedem Einzelnen getragen. Das Merkmal Entscheidungsbefugnis wird durch zwei Merkmalsausprägungen differenziert, welche nachfolgend dargestellt werden:

- *Zentral*: Die zentrale Entscheidungsfindung ist stark mit einer hierarchischen Unternehmensstruktur verbunden. Entscheidungen werden zentral von wenigen Akteuren getroffen. (s. SCHUH ET AL. 2020, S. 24 f.) Ergebnisse, welche z. B. durch einen dezentralen Nutzer herausgestellt werden, sind lediglich unterstützender Natur, die Handlungsalternativen werden von einem zentralen Akteur selbst bewertet und getroffen (s. FRAZZETTO ET AL. 2019, S. 578).
- *Dezentral*: Bei einer dezentralen Entscheidungsbefugnis erfolgt das Treffen von Entscheidungen dezentral, zumeist auf Ebene der einzelnen Nutzer. Der Einfluss einzelner Mitarbeiter auf die Entscheidungsfindung ist somit sehr hoch. Zur Sicherstellung der Zielerreichung im Gesamtsystem muss ein kontinuierlicher Austausch zwischen zentralen und dezentralen Entscheidungsinstanzen bestehen. (s. SCHUH ET AL. 2020, S. 39)

Insgesamt lassen sich somit für das Merkmal Entscheidungsbefugnis zwei Ausprägungen ableiten, diese sind in Abbildung 5-22 dargestellt.

Merkmal	Merkmalsausprägungen	
Entscheidungs-befugnis	zentral	dezentral

Abbildung 5-22: Merkmal Entscheidungsbefugnis und Merkmalsausprägungen (eigene Darstellung)

5.2.2 Merkmale und Ausprägungen – Dimension Akteur

Die Dimension Akteur als Teil des sozialen Subsystems umfasst alle Individuen (insbesondere Nutzer), welche direkt oder indirekt durch die Technologie, d. h. den Einsatz des Business-Analytics-Systems, beeinflusst werden (s. DREMEL ET AL. 2020, S. 3). Grundsätzlich dienen sie der Erfüllung der definierten Aufgaben (s. HAGEN U. HESS 2020, S. 2). Die Dimension Akteur wird durch die Merkmale *Führungsstil*,

Entscheidungsfindung, *Treffen von Entscheidungen* sowie *Akzeptanz von Systemergebnissen* konstituiert. Diese werden nachfolgend beschrieben und durch die Ableitung von Ausprägungen detailliert.

Merkmal und Merkmalsausprägungen: Führungsstil

Der Führungsstil des Managements ist ein entscheidender Erfolgsfaktor bei der Implementierung neuer, disruptiver Technologien (s. VIDGEN ET AL. 2017, S. 628). Um kurzfristig Entscheidungen treffen zu können, bedarf es neben dem richtigen Wissen zur Ableitung von Maßnahmen auch schneller Entscheidungsprozesse für die Umsetzung ebendieser Maßnahmen (s. SCHUH ET AL. 2020, S. 39). Führung zielt hierbei auf die Ausrichtung des individuellen Handelns unter Berücksichtigung einer asymmetrischen sozialen Beziehung der Über- bzw. Unterordnung ab. Die Interaktion, in welche eine Führungskraft mit ihren Mitarbeitern tritt, dient hierbei der Verwirklichung vorgegebener Ziele und stellt daher ein wichtiges Managementinstrument dar. (s. GUDERGAN ET AL. 2022, S. 40) Der Führungsstil ist hierbei elementar, da der Einsatz von Business-Analytics regelmäßig einen iterativen Charakter hat und somit der frühzeitigen Lenkung und Problemlösung fachübergreifender Themen bedarf. Der Führungsstil beeinflusst darüber hinaus die Bereitschaft und das Verständnis für eine kontinuierliche und konsistente Bereitstellung finanzieller und menschlicher Ressourcen. (s. YEOH U. POPOVIČ 2016, S. 140) Aus struktureller, organisatorischer Sicht müssen gezielt Entscheidungs- und Gestaltungsspielräume geschaffen werden. Zusätzlich muss zwischen den Mitarbeitern und den Führungskräften ein vertrauensvolles Verhältnis bestehen, sodass Entscheidungen nicht nur zügig getroffen, sondern auch schnell umgesetzt werden. (s. SCHUH ET AL. 2020, S. 39) Ein weiterer Faktor ist das Überwinden organisatorischer und soziopolitischer Widerstände, da Mitarbeiter häufig zu Erwartungskonformität neigen. Die Motivation und die Akzeptanz gegenüber dem Einsatz von Business-Analytics kann somit durch den Führungsstil beeinflusst werden. (s. BOYTON ET AL. 2015, S. 314) Nicht zuletzt kann der Führungsstil maßgeblich zur Umsetzung einer Business-Analytics-freundlichen Kultur beitragen, indem Führungskräfte das Treffen von datenbasierten Entscheidungen favorisieren und Ergebnisse von Datenanalysen in die strategische Ausrichtung des Unternehmens einfließen (s. NAM ET AL. 2019, S. 417).

Eine besondere Rolle bei Betrachtung des Führungsstils bildet das Topmanagement. Die Unterstützung des Topmanagements (Geschäftsführung/Vorstand) zählt beim Einsatz von Business-Analytics regelmäßig zu den wichtigsten Einflussfaktoren (s. BOOBIER 2018, S. 179). Das Topmanagement tritt hierbei regelmäßig als Sponsor auf und sollte den Bedarf aus Geschäfts- und Strategiesicht zeigen. Dies ist insbesondere vor dem Hintergrund der hohen strategischen und operativen Relevanz bei der Entscheidungsfindung und -unterstützung essentiell. (s. YEOH U. KORONIOS 2010, S. 26)

Beim Einsatz neuer, digitaler Technologien bedarf der Führungsstil einer Veränderung (s. HENSELLEK 2019, S. 10). Über die vergangenen Jahrzehnte haben sich unterschiedliche Definitionen und Ausprägungen von Führungsstilen entwickelt. Diese können in die transaktionale und transformationale Führung unterschieden werden (s. WINKLER U. NIEDERMEIER 2020, S. 211). Diese Unterscheidung dient nachfolgend als Grundlage für die Bildung von Merkmalsausprägungen:

- *Transaktional*: Bei der transaktionalen Führung liegt der Fokus auf der Transaktion zwischen dem Mitarbeiter und der Führungskraft. Dabei werden Mitarbeiter durch die Klärung von Zielen motiviert. Eine Zielvereinbarung regelt, welche Erwartungen an den Mitarbeiter gestellt werden und welche Belohnungen bzw. Nachteile aus deren Leistung resultieren. Somit entsteht de facto ein Tauschgeschäft, bei welchem die Zielerreichung gegen eine Belohnung getauscht wird. Beim transaktionalen Führungsstil stehen somit die Kontrolle, Messbarkeit, Beurteilbarkeit bei gleichzeitiger Ziel- und Ergebnisorientierung sowie die Strukturierung von Arbeitsabläufen und die Motivation nach dem Belohnungsprinzip im Vordergrund. (s. WINKLER U. NIEDERMEIER 2020, S. 211) Regelmäßig ist aus Sicht der Führung das Denken vom Handeln getrennt, dies führt zur Bildung von deutlich definierten Hierarchien. Mitarbeitern werden bestimmte Tätigkeiten zugewiesen, meist jedoch ohne ihnen ein Verständnis über den Grund für deren Aufgaben zu vermitteln. Das Anreizsystem ist hierbei ausschließlich ökonomisch. Unternehmen belohnen basierend auf individuellen Leistungen und legen nur geringen Wert auf Teamfähigkeit. Es herrscht eine interne Wettbewerbskultur und die Kooperation zwischen Mitarbeitern wird selten incentiviert. (s. DIJKSTERHUIS ET AL. 1999, S. 572 f.) Mitarbeiter gelten hierbei als Ressourcen, deren Einsatz es – losgelöst von individuellen Bedürfnissen – zu optimieren gilt (s. SCHUH ET AL. 2020, S. 39). Mit der Ausrichtung am rationalen Denken orientiert sich der transaktionale Führungsstil am „Homo oeconomicus", die Führung gibt eine klare Handlungslinie vor (s. GUDERGAN ET AL. 2022, S. 41).
- *Transformational*: Der transformationale Führungsstil wird als veränderungsorientierte Führung verstanden, bei der der Mensch im Fokus steht. Dabei wird ein vertrauensvolles Verhältnis zwischen Mitarbeiter und Führungskraft aufgebaut. Dies wird erreicht, indem gemeinsame Visionen entwickelt und überzeugend kommuniziert werden sowie die Entwicklung der Mitarbeiter in den Vordergrund gestellt wird. (s. WINKLER U. NIEDERMEIER 2020, S. 210 f.) Die Autoren BASS U. AVOLIO (1990) ordnen dem transformationalen Führungsstil verschiedene konstituierende Faktoren zu, welche sie als vier I's bezeichnen: *Idealized Influence* (idealisierter Einfluss), *Individualized Consideration* (individualisierte Unterstützung und Berücksichtigung), *Intellectual Stimulation* (intellektuelle Stimulierung) und *Inspirational Motivation* (inspirierende Motivation). Bei der *Idealized Influence* steht die Vorbildfunktion und die Identifikation im Vordergrund, d. h. der Respekt durch die Mitarbeiter und der Aufbau von Vertrauen. *Individualized Consideration* veranschaulicht die Förderung der individuellen Weiterentwicklung der Mitarbeiter durch die Führungskraft z. B. in einer Mentorenrolle. Bei der *Intellectual Stimulation* steht die intellektuelle Stimulation für eine kreative

und innovative Problemlösung im Vordergrund. Zuletzt wird mit der *Inspirational Motivation* eine Vision als Ziel vorgegeben, für dessen Realisierung die Mitarbeiter animiert werden. (s. BASS U. AVOLIO 1990, S. 22) Beim transformationalen Führungsstil werden Fehler nach Möglichkeit proaktiv durch Antizipation und Monitoring minimiert, bei Fehlerauftritt werden diese als Möglichkeit zum Lernen verstanden. (s. HENSELLEK 2019, S. 8)

In der Praxis können die Führungsstile empirisch gegeneinander abgegrenzt werden. Nichtsdestotrotz bedarf es in der Praxis – situativ angepasst – des Einsatzes von Elementen der vorgenannten Führungsstile. (s. HENSELLEK 2019, S. 7). In dieser Arbeit erfolgt bei diesem Merkmal eine Zuordnung zur jeweiligen Merkmalsausprägung, wenn diese zum überwiegenden Teil übereinstimmt. Insgesamt lassen sich somit für das Merkmal Führungsstil zwei Ausprägungen ableiten, diese sind in Abbildung 5-23 dargestellt.

Merkmal	Merkmalsausprägungen	
Führungsstil	transaktional	transformational

Abbildung 5-23: Merkmal Führungsstil und Merkmalsausprägungen (eigene Darstellung)

Merkmal und Merkmalsausprägungen: Entscheidungsfindung

Der Einsatz von Business-Analytics-Anwendungen im Unternehmen wird maßgeblich durch die Zuordnung der Verantwortlichkeit zur Untersuchung von Ursache-Wirkungsstrukturen, zur Erstellung von Prognosen, Handlungsalternativen, und zur Initiierung von Handlungen determiniert. Diese Zuordnung von Verantwortlichkeiten hat einen großen Einfluss auf den Grad der Unterstützung durch das Business-Analytics-System bei der Entscheidungsfindung. (s. DREMEL ET AL. 2020, S. 6 ff.) Die stetige Weiterentwicklung der Systeme ermöglicht es, Analysen und Untersuchungen zunehmend weg vom Mitarbeiter auf das System zu verlagern. Diese Entwicklung ist das Ergebnis verschiedener Entwicklungen. Einerseits wird die Datengrundlage, insbesondere im Kontext von Big Data, auf der Entscheidungen basieren, zunehmend größer und komplexer und damit weniger ersichtlich für den Menschen. Andererseits sind fortgeschrittene BA-Anwendungen dazu in der Lage, Schlussfolgerungen zu treffen, welche für den Nutzer nicht direkt bzw. in der Geschwindigkeit nachvollziehbar oder ersichtlich sind. Zudem steigen die Fähigkeiten des Systems bei der Untersuchung gewisser Problemstellungen exponentiell und übersteigen somit die menschlichen Fähigkeiten. (HAGEN U. HESS 2020, S. 7 f.) Zusammengefasst entstehen somit Potentiale zur (teilweisen) Automatisierung der Entscheidungsfindung, welche sich nicht nur auf das Treffen von Entscheidungen an sich, sondern auch auf die Weiterverarbeitung von teilverarbeiteten Daten und Informationen sowie den Einbezug von Einflussgrößen und Parametern beziehen. (s. SHARDA ET AL. 2013, S. 174 f.) Um den zuvor aufgezeigten Entwicklungen gerecht zu werden, wird das Merkmal Entscheidungsfindung durch drei Ausprägungen differenziert:

- *Mensch*: Die Untersuchung von Zusammenhängen strukturierter Probleme erfolgt durch den Nutzer, beispielsweise bei der Auswertung von Implikationen unterschiedlicher Key Performance Indikatoren auf zukünftige Entscheidungen. (s. HAGEN U. HESS 2020, S. 7 f.) Der Nutzer verwendet das Business-Analytics-System insofern, als dass er Analyseergebnisse des Systems in seine Entscheidungsfindung aufnimmt. Gleichzeitig muss der Nutzer selbst auf Grundlage der zur Verfügung gestellten Daten Handlungsalternativen erarbeiten. Der Nutzer kann vollumfänglich alle ihm bekannten und ihn betreffenden Umwelteinflüsse und Parameter in die Entscheidung einfließen lassen, er trifft die Entscheidung somit selbstständig und ist ergo allein für diese verantwortlich. (s. WEBER 2020, S. 8 f.)
- *Kollaborativ*: Bei der kollaborativen Entscheidungsfindung wird die eigentliche Untersuchung der Zusammenhänge vom System vorgenommen, beispielsweise bei der Ursachenanalyse zur Aufdeckung von Wirkungszusammenhängen oder der Ausarbeitung von Handlungsalternativen. Die Richtung der Analyse sowie der Schwerpunkte, die dabei berücksichtigt werden sollen, werden bei der kollaborativen Entscheidungsfindung vom Nutzer vorgegeben. (s. HLAVÁČ U. ŠTEFANOVIČ 2020, S. 3) Diese Form der Zusammenarbeit ermöglicht dem Nutzer, sich Ergebnisse und Handlungsempfehlungen durch das System geben zu lassen. Diese kann der Nutzer entweder selbst mit seinen Parametern anreichern und iterieren. Zudem kann sich der Nutzer Handlungsoptionen, aus welchen er wählen kann, ausgeben lassen sowie Handlungsempfehlungen annehmen oder ablehnen. (s. KOWALCZYK U. BUXMANN 2017, S. 53 ff.)
- *System*: Die Ausprägung Entscheidungsfindung durch das System veranschaulicht den technologischen Fortschritt von Business-Analytics-Systemen insbesondere in den letzten Jahren und Jahrzehnten (s. FRAZZETTO ET AL. 2019, S. 575). Der Nutzer bestimmt (teilweise) die Parameter, welche bei der Entscheidungsfindung durch das System berücksichtigt werden sollen, und initiiert den Entscheidungsfindungsprozess. Unter Zuhilfenahme von Modellen und Algorithmen analysiert das System die zur Verfügung stehenden Daten, bezieht alle relevanten Parameter und Störgrößen mit ein und ermittelt die stochastisch beste Option. Dadurch können eine kurzfristige Reaktion auf Ereignisse gewährleistet bzw. unter Antizipation des zukünftigen Geschehens vor dem tatsächlichen Eintritt Maßnahmen vorgeschlagen werden. (s. LEPENIOTI ET AL. 2020, S. 58) Der Nutzer selbst ist bei der Entscheidungsfindung nicht Teil des Prozesses. Das System kann z. B. selbstständig ein Defizit im Warenbestand antizipieren und diesen vor dem tatsächlich entstehenden Warenengpass durch den Vorschlag der Nachbestellung vermeiden. Die Komplexität der Einflussfaktoren und Modellparameter erschwert die Einflussnahme im Entscheidungsfindungsprozess durch den Nutzer, sodass dieser erst nach Prozessabschluss

über die vom System vorgeschlagene Handlung informiert wird. (s. SEITER 2017, S. 24 ff.)

Insgesamt lassen sich somit für das Merkmal Entscheidungsfindung drei Ausprägungen ableiten, diese sind in Abbildung 5-24 abgebildet.

Merkmal	Merkmalsausprägungen		
Entscheidungs-findung	Mensch	kollaborativ	System

Abbildung 5-24: Merkmal Entscheidungsfindung und Merkmalsausprägungen (eigene Darstellung)

Merkmal und Merkmalsausprägungen: Treffen von Entscheidungen

Das Treffen von Entscheidungen spiegelt die Autonomität des Business-Analytics-Systems bzw. den Grad der Einbindung des Mitarbeiters wider. Während die Untersuchung von Zusammenhängen und die Entscheidungsfindung zunehmend auf das System verlagert werden (s. Kap. 5.1.1), ist das Treffen von Entscheidungen ein nachgelagerter, unabhängiger Schritt. Das Treffen von Entscheidungen bestimmt darüber, ob ein Business-Analytics-System nur Entscheidungsalternativen aufzeigt und priorisiert, welche dann durch den Nutzer selbst angenommen oder abgelehnt und somit eingeleitet werden. Alternativ kann das System selbst die entsprechenden Maßnahmen initiieren und selbstständig, ohne die notwendige Bestätigung des Nutzers, auf Situationen reagieren. (s. SEITER 2017, S. 24 ff.) Insbesondere bei Entscheidungssituationen, die eine hohe zeitliche Kritikalität haben, hängt der Wert der getroffenen Entscheidung zunehmend von der Minimierung der Reaktionslatenz ab (s. AYDINER ET AL. 2019, S. 228). Gleichzeitig kann ein Fehlen der Plausibilitätschecks, welche häufig durch den Nutzer vor der Initiierung der vorgeschlagenen Maßnahme durchgeführt werden, den vorgenannten Vorteil reduzieren bzw. aufheben (s. KREUTZER U. SIRRENBERG 2019, S. 11 ff.) Die Autorin KREUTZER U. SIRRENBERG (2019) zeigt unterschiedliche Stufen für das Treffen von Entscheidungen auf. Wenn das System keine Entscheidungsunterstützung bietet, entscheidet allein der Mensch. In drei weiteren Stufen (assistiertes, teilweises und geprüftes) Entscheiden stellt die Autorin unterschiedliche Grade der Automation des Entscheidens dar, gleichzeitig erfolgt die Entscheidungsfindung weiter durch den Menschen. Erst in der vierten und fünften Stufe, dem delegierten und autonomen Entscheiden werden (teilweise) Entscheidungen durch das System getroffen und Maßnahmen initiiert. Die Entscheidungsverantwortung liegt hierbei beim System. (s. KREUTZER U. SIRRENBERG 2019, S. 13 ff.) Grundsätzlich werden – auch bei Unterteilung in die vorgenannten Stufen – Entscheidungen nur entweder durch das System oder den Menschen getroffen. Es ergeben sich somit zwei Merkmalsausprägungen, welche nachfolgend dargestellt werden:

- *Mensch*: Bei dieser Merkmalsausprägung werden die Entscheidungen durch den Nutzer getroffen. Der Grad der Automatisierung der Entscheidung kann variieren. Hierbei stellt das System auf der geringsten Stufe einzelne Informationen bereit, welche das Treffen der Entscheidung unterstützen, auf der höchsten Stufe empfiehlt das System eine bestimmte, unter den Rahmenbedingungen optimale Entscheidungsalternative und schlägt Handlungsmaßnahmen vor (s. KREUTZER U. SIRRENBERG 2019, S. 13 f.). Letztendlich bedürfen die Entscheidung und die Initiierung von Maßnahmen jedoch immer einer Interaktion durch den Nutzer.

- *System*: Das Treffen von Entscheidungen durch das Business-Analytics-System bedeutet eine autonome Handlung ohne eine weitere menschliche Interaktion oder Intervention (s. KREUTZER U. SIRRENBERG 2019, S. 14 f.). Der Nutzer wird somit nur noch insofern eingebunden, dass er Informationsempfänger für das Ergebnis bzw. die getroffene Entscheidung ist (s. FRAZZETTO ET AL. 2019, S. 592; SEITER 2017, S. 25).

Insgesamt lassen sich somit für das Merkmal Treffen von Entscheidungen zwei Ausprägungen ableiten, diese sind in Abbildung 5-25 dargestellt.

Merkmal	Merkmalsausprägungen	
Treffen von Entscheidungen	Mensch	System

Abbildung 5-25: Merkmal Treffen von Entscheidungen und Merkmalsausprägungen (eigene Darstellung)

Merkmal und Merkmalsausprägungen: Akzeptanz von Systemergebnissen

Die Akzeptanz der vom Business-Analytics-System ausgegebenen Ergebnisse durch den Nutzer ist abhängig von verschiedenen Faktoren; Die Akzeptanz wird unter anderem bereits bei der Einführung eines Business-Analytics-Systems beeinflusst. Der Aufbau von persönlichen Fähigkeiten und allgemeinen organisatorischen Fähigkeiten zum Umgang mit Business-Analytics spielt hierbei eine große Rolle für die spätere Akzeptanz der Systemergebnisse. (s. MIKALEF ET AL. 2017a, S. 8) Darüber hinaus wird die Akzeptanz maßgeblich durch die Verständlichkeit der verwendeten Methoden und Technologien (s. Kap. 5.1) beeinflusst (s. SHIN 2021, S. 2). Das Vorhandensein eines Business-Analytics-Systems allein erzeugt für das Unternehmen noch keinen Nutzen. Erst wenn eine Unternehmenskultur besteht, in welcher die Nutzer dem System vertrauen und die Systemergebnisse verwenden, kann Business-Analytics einen signifikanten Beitrag leisten. (s. SCHUH ET AL. 2020, S. 36)

Häufig besteht die Erwartungshaltung, dass durch den Einsatz von Business-Analytics in kurzer Zeit eine deutliche Verbesserung der Entscheidungsfindung stattfinden muss. Gelingt dies nicht, hat dies häufig eine hohe Skepsis und eine Aversion zur Nutzung der generierten Systemergebnisse zur Folge. Dies führt dazu, dass Mitarbeiter keine Notwendigkeit für den Einsatz sehen und altbewährte Systeme weiter nutzen. Auch bei einer deutlichen Verbesserung gegenüber der konventionellen

Entscheidungsfindung kann es zu einer Verminderung der Akzeptanz kommen, wenn die Ergebnisse nicht perfekt vorhergesagt werden können. Dies ist insbesondere bei komplexen Entscheidungs- und Vorhersagesituationen der Fall und widerspricht den objektiven Vorteilen der Verbesserung der Entscheidungsfindung durch den Einsatz von Business-Analytics. (s. JUNG U. SEITER 2021, S. 510 ff.) Dieses Akzeptanzproblem ist unter anderem durch den grundsätzlichen Vorzug der eigenen menschlichen Intuition gegenüber Ergebnissen, welche mit Unterstützung von Algorithmen errechnet wurden, erklärbar (s. KAHNEMAN 2012, S. 281 ff.). Die Autoren JUNG U. SEITER (2021) bestätigen dieses Phänomen in einer Studie und zeigen dabei auf, dass die Nutzer sogar eher Algorithmen vertrauen, bei welchen sie die Fehlerwahrscheinlichkeit des Algorithmus nicht kennen (s. JUNG U. SEITER 2021, S. 510 ff.). An dieser Stelle werden die verhaltenspsychologischen und -ökonomischen Phänomene nicht weiter differenziert, hierfür wird u. a. auf die Veröffentlichungen der Autoren JUNG U. SEITER (2021), KAHNEMAN ET AL. (2021), KAHNEMAN (2012) sowie DIETVORST ET AL. (2015) verwiesen. In der Konsequenz werden für das Merkmal Akzeptanz von Ergebnissen drei Merkmalsausprägungen abgeleitet, welche nachfolgend dargestellt werden:

- *Aversion*: Bei dieser Merkmalsausprägung werden die vom Business-Analytics-System bereitgestellten Ergebnisse durch den Nutzer nicht akzeptiert. Dies hat zur Konsequenz, dass Systemergebnisse nicht in den Entscheidungsprozess einfließen, da es an Vertrauen in die Richtigkeit dieser fehlt. Dies kann z. B. auf die Existenz einer (vermeintlich) fehlerhaften Datengrundlage oder Algorithmen zurückgeführt werden. Häufig mangelt es an einem Verständnis über die Notwendigkeit und Verbesserung der Entscheidungsfindung durch datenbasierte Systeme. Der isolierte Erfahrungswert Einzelner wird gegenüber der Entscheidungsfindung mit datenbasierten Systemen präferiert. (s. SCHUH ET AL. 2020, S. 37)
- *Kontrolle*: Die Merkmalsausprägung Kontrolle zeigt sich insbesondere in der Anfangsphase des Einsatzes von Business-Analytics. Die Ergebnisse des Systems werden grundsätzlich in die Entscheidungsfindung mit einbezogen, werden allerdings entweder durch die Anwendung eigener Modelle oder den Abgleich mit dem eigenen Erfahrungswissen abgeglichen. (s. JUNG U. SEITER 2021, S. 507 ff.)
- *Direkte Adaption*: Bei der direkten Adaption ist ein daten- und faktenbasiertes Handeln handlungsleitend. Die Reaktion auf Ereignisse erfolgt nicht mehr „aus dem Bauch heraus“ sondern folgt einem auf Daten basierendem Verständnis. Elementar für die direkte Adaption ist das Vertrauen in die Richtigkeit der Systemergebnisse, welches auf der Richtigkeit der Datengrundlage und der Verarbeitung der Daten entsteht. Das Entscheiden basierend auf isolierten Erfahrungswerten wird zugunsten der höheren Entscheidungsqualität basierend auf der Grundlage zurückgestellt. (s. SCHUH ET AL. 2020, S. 36 f.) Hierfür müssen die Systeme durch die Nutzer konsequent verwendet werden. Die Nutzer wurden hierbei befähigt, die Funktionsweise und den Lösungsfindungsprozess des

Systems zu verstehen und erkennen den konkreten Nutzen aus dem Systemergebnis. (s. SCHUH ET AL. 2020, S. 39) In der Konsequenz werden Systemergebnisse insofern direkt ohne weitere Kontrolle übernommen, ohne dass sie einer weiteren Überprüfung bedürfen. Dies ermöglicht vollständig automatisierte Prozesse und beschleunigt die Entscheidungsfindung und Maßnahmeninitiierung.

Insgesamt lassen sich somit für das Merkmal Akzeptanz von Systemergebnissen zwei Ausprägungen ableiten, diese sind in Abbildung 5-26 dargestellt.

Merkmal	Merkmalsausprägungen		
Akzeptanz von Systemergebnissen	Aversion	Kontrolle	direkte Adaption

Abbildung 5-26: Merkmal Akzeptanz von Systemergebnissen und Merkmalsausprägungen (eigene Darstellung)

5.2.3 Zusammenfassung und Visualisierung der Merkmale und -ausprägungen

Für die Beschreibung des sozialen Subsystems für den Einsatz von Business-Analytics wurden insgesamt neun Merkmale mit insgesamt 27 Ausprägungen gebildet. Analog zum technischen Subsystem können diese in einem morphologischen Kasten zusammengefasst werden. Dieser wird durch die Dimensionen Struktur und Akteur – basierend auf dem in Kapitel 4.4 dargelegten soziotechnischen Systemverständnis – untergliedert. Die Merkmale Verortung von Experten, Knowledge-Absorptive-Capacity, Data-Governance, Kollaborationsinitiative und die Entscheidungsbefugnis werden hierbei der Dimension Struktur zugeordnet. Die Merkmale Führungsstil, Entscheidungsfindung, Treffen von Entscheidungen und die Akzeptanz von Systemergebnissen sind Teil der Dimension Akteur. Die Herleitung der Merkmale erfolgte hierbei im Rahmen einer systematischen Literaturrecherche auf Basis des aktuellen Stands der Forschung (s. Kap. 3.2). In anschließenden Gesprächen mit Experten konnte der morphologische Kasten vollständig validiert und verifiziert werden.

Der morphologische Kasten ist in Abbildung 5-27 dargestellt. Das soziale Subsystem für den Einsatz von Business-Analytics veranschaulicht, dass die Organisation mit ihren Mitarbeitern eine essentielle Rolle für den Erfolg und Nutzung der Technologie hat. Auf der Strukturebene müssen die organisatorischen Rahmenbedingungen für den Einsatz bereitgestellt werden. Die Akteur-Ebene beschreibt insbesondere die Nutzer, welche mit dem Business-Analytics-System interagieren. Hierbei muss nicht nur die direkte Interaktion mit dem System, sondern auch der Umgang mit Systemergebnissen betrachtet werden, um ein holistisches Bild für den Einsatz von Business-Analytics zu geben. Insgesamt kann mit dem sozialen Subsystem somit der organisationale Status quo für den Einsatz von Business-Analytics erfasst werden.

	Merkmal	Merkmalsausprägungen				
Struktur	Verortung von Experten	zentral	hybrid/ Externalisierung	dezentral		
Struktur	Knowledge-Absorptive-Capacity	Aneignung von Wissen	Assimilation	Transformation	Exploitation	
Struktur	Data-Governance	initial	reaktiv	definiert	quantitativ gesteuert	kontinuierlich optimierend
Struktur	Kollaborations-initiative	Geschäftseinheit	Daten- und Geschäftseinheit	Dateneinheit		
Struktur	Entscheidungs-befugnis	zentral	dezentral			
Akteur	Führungsstil	transaktional	transformational			
Akteur	Entscheidungs-findung	Mensch	kollaborativ	System		
Akteur	Treffen von Entscheidungen	Mensch	System			
Akteur	Akzeptanz von System-ergebnissen	Aversion	Kontrolle	direkte Adaption		

Abbildung 5-27: Zusammenfassung der Merkmale und Merkmalsausprägungen zur Beschreibung des sozialen Subsystems (eigene Darstellung)

In diesem Kapitel 5.2 wurde die zweite Unterforschungsfrage beantwortet: „*Was sind die relevanten Merkmale und deren Ausprägungen zur Beschreibung des sozialen Subsystems für den Einsatz von Business-Analytics?*".

5.3 Untersuchung der soziotechnischen Wechselwirkungen

Die in diesem Kapitel stattfindende Gegenüberstellung und Untersuchung der Wechselwirkungen der beiden Subsysteme basiert auf dem in Kapitel 4.4 vorgestellten Ansatz nach LEAVITT (1965), welcher von den Autoren DREMEL ET AL. (2020) weiterentwickelt wurde und in der Form in der vorliegenden Arbeit übernommen wird. Mit dem Framework, welches in den vorherigen Unterkapiteln für den Einsatz von Business-Analytics adaptiert wurde, wird die in Kapitel 1.2 adressierte Frage der wechselseitigen Wirkungsbeziehungen zwischen den Typen von Business-Analytics und den Merkmalen des sozialen Subsystems beantwortet und der in Kapitel 3 identifizierte Forschungsbedarf adressiert.

Die Untersuchung der Wechselwirkungen findet innerhalb des soziotechnischen Systems zwischen dem technischen und dem sozialen Subsystem statt. Das technische Subsystem wird durch die soziotechnischen Entitäten *Aufgabe* und *Technologie* untergliedert, das soziale Subsystem wird durch seine sozio-technischen Entitäten *Akteur* und *Struktur* beschrieben. Die Betrachtung der Wechselwirkungen erfolgt typspezifisch, hierfür werden die in Kapitel 5.1.5 gebildeten Typen als Grundlage verwendet. Somit erfolgt jeweils eine Untersuchung der Wechselwirkungen für die Typen Descriptive Analytics, Predictive Analytics und Prescriptive Analytics, um die unterschiedlichen Konsequenzen des Einsatzes der verschiedenen Typen von Business-Analytics offenzulegen. Die Untersuchung der soziotechnischen Entitäten, welche durch die Merkmale und Merkmalsausprägungen untergliedert werden, können als Einflussvariablen des soziotechnischen Systems verstanden werden und ermöglichen die Untersuchung der Auswirkungen von Veränderungen innerhalb des Systems. (s. DREMEL ET AL. 2020, S. 3) Eine Visualisierung der zu untersuchenden Wechselwirkungen im soziotechnischen System ist in Abbildung 5-28 dargestellt.

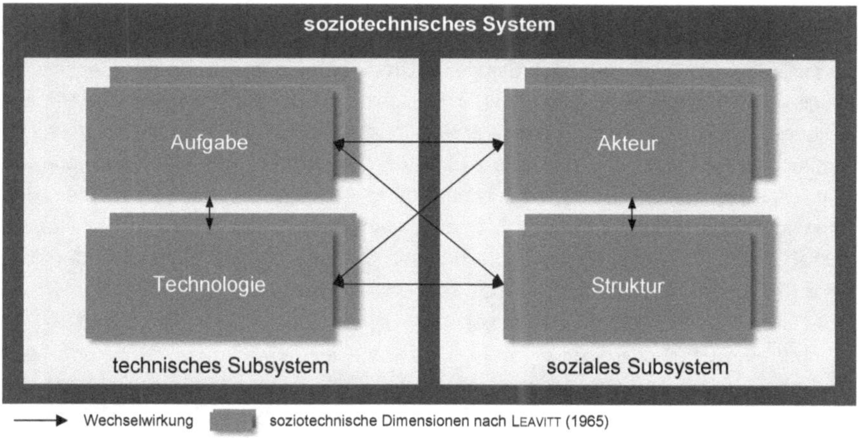

Abbildung 5-28: Schematisches Modell für die Untersuchung des soziotechnischen Systems für den Einsatz von Business-Analytics (eigene Darstellung)

Auf Dimensionsebene können für jede typspezifische Untersuchung sechs soziotechnische Wechselwirkungspaare untersucht werden. Diese untergliedern sich in zwei intrasystemische und vier intersystemische, d. h. über die jeweiligen Subsystemgrenzen hinweg verlaufende Wechselwirkungspaare. Die Aufgabenpaare sind hierbei *Aufgabe – Technologie*, *Akteur – Struktur*, *Aufgabe – Akteur*, *Aufgabe – Struktur*, *Technologie – Akteur*, *Technologie – Struktur*. Aufgrund der sich verändernden Ausprägungen im technischen Subsystem in Abhängigkeit des jeweiligen Typs von Business-Analytics verändern sich die einzelnen Wechselwirkungspaare. Lediglich das intrasystemische Paar Akteur – Struktur zeigt gegenüber der Typspezifität keine Abhängigkeit. Es wird angenommen, dass die in den Kapiteln 5.1 und 5.2 gebildeten Subsysteme die Systemgrenze des soziotechnischen Systems bilden und ein holistisches Bild des Untersuchungsraums darstellen. Somit werden nur die vorherigen sechs beschriebenen Wechselwirkungen in die Betrachtung aufgenommen. Die zuvor beschriebenen sechs Wechselwirkungspaare sind in Abbildung 5-29 visualisiert.

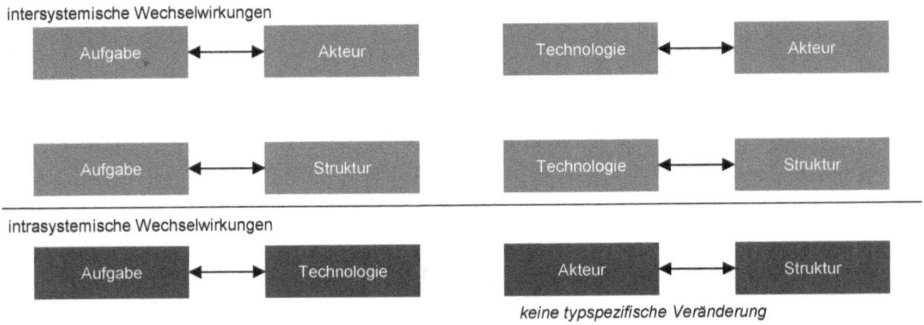

Abbildung 5-29: Wechselwirkungen im soziotechnischen System (eigene Darstellung)

Insgesamt werden in der nachfolgenden Untersuchung auf Dimensionsebene 16 Wechselwirkungspaare untersucht. Die hier gezeigte Dimensionsebene stellt in der Untersuchung lediglich die höchste Aggregationsebene dar; tatsächlich erfolgt die Untersuchung der Wechselwirkungen auf Ebene der Merkmale und Merkmalsausprägungen. Dies hat den Vorteil, dass eine detaillierte Aussage darüber getroffen werden kann, inwiefern sich die einzelnen Elemente wechselseitig beeinflussen. Dies verbessert ebenfalls die anschließende Ableitung von Gestaltungsinstrumenten für den optimalen Einsatz von Business-Analytics. Maßgeblich hierfür sind die in den vorherigen Unterkapiteln gebildeten Morphologien bzw. Typen. Das technische Subsystem, in welchem die unterschiedlichen Typen von Business-Analytics gebildet werden, wird hierbei auf der Ausprägungsebene untersucht. Somit können die Auswirkungen der einzelnen Typen von Business-Analytics auf die Organisation mit ihren Mitarbeitern dargestellt werden. Die typspezifischen Ausprägungen der einzelnen Merkmale von Business-Analytics werden auf Wechselwirkungen mit den Merkmalen des sozialen Subsystems hin analysiert, um eine grundsätzliche Interaktion festzustellen. Hierzu erfolgen zunächst die Bildung und Erläuterung des Wechselwirkungspaars auf Ausprägungs- (technisches Subsystem) bzw. Merkmalsebene (soziales Subsystem). Der Autor dieser Arbeit folgt hierbei dem Ansatz und der Argumentation der Autoren HAGEN U. HESS (2020), welche die teilweise Kombination von sich nicht gegenseitig ausschließenden Merkmalsausprägungen zulassen (s. HAGEN U. HESS 2020, S. 4). Anschließend erfolgen die Zusammenführung in eine Wechselwirkungstabelle und die typspezifische Bestimmung des Grads der Interaktion und Wechselwirkung.

Um Aussagen über den Grad bzw. die Stärke der Wechselwirkung treffen zu können, werden diese anhand einer mehrstufigen Skala qualitativ bewertet. Diese zeigt die Stärke der Wechselwirkungen auf, d. h. sie drückt das Ausmaß der Interaktion bzw. des Veränderungsdrucks für den Menschen (insbesondere den Nutzer), die Organisation bzw. die Technologie aus. Je stärker somit die Wechselwirkungen zwischen den jeweiligen Elementen des technischen und des sozialen Subsystems sind, desto mehr kann der Einsatz von Business-Analytics durch positive Veränderung, z. B. durch den Einsatz von Gestaltungsinstrumenten, verbessert werden. Die Stärke der

Wechselwirkungen wird durch die folgenden Stufen beschrieben und gilt sowohl für die Detailuntersuchung auf Merkmals- und Merkmalsausprägungsebene als auch für die Aggregation auf Dimensionsebene:

- *Starke Wechselwirkungen*: „++"
- *Mittlere Wechselwirkungen*: „+"
- *Keine signifikanten Wechselwirkungen*: „0"

Der dynamische Charakter des soziotechnischen Systems wird durch zwei Eigenschaften des Gesamtmodells abgebildet. Zum Ersten werden Typen aus dem technischen Subsystem abgeleitet. Diese Typen basieren dabei auf der technologischen Reife von Business-Analytics. Die Abstufung in die Typen Descriptive Analytics, Predictive Analytics und Prescriptive Analytics induziert somit den progressiven Charakter der kontinuierlichen Weiterentwicklung der Technologie und der Business-Analytics-Systeme (s. Kap. 5.1.5). Zum Zweiten werden die Merkmale und deren Ausprägungen im sozialen Subsystem im Hinblick auf die Veränderung des Systems ausgewählt und zeigen somit die notwendige Evolution des Gesamtsystems auf.

In den nachfolgenden Unterkapiteln werden zunächst die intersystemischen Wechselwirkungen aufgezeigt, anschließend die intrasystemischen. Es werden je Typ 81 intersystemische Paare und 20 intrasystemische Paare (*Aufgabe – Technologie*) untersucht. Die intersystemischen Paare untergliedern sich in 20 Wechselwirkungspaare *Aufgabe – Struktur*, 25 Wechselwirkungspaare *Technologie – Struktur*, 16 Wechselwirkungspaare *Aufgabe – Akteur* und 20 Wechselwirkungspaare *Technologie – Akteur*. Zudem werden übergreifend die intrasystemischen Wechselwirkungen zwischen dem Wechselwirkungspaar Struktur – Akteur (20 Wechselwirkungspaare) aufgezeigt. Aufgrund der Vielzahl der zu untersuchenden Wechselwirkungspaare (insgesamt 323) wird im Folgenden nur auf Besonderheiten eingegangen.

5.3.1 Untersuchung der Wechselwirkungen für Descriptive Analytics

Die Untersuchung der Wechselwirkungen zwischen dem Typ Descriptive Analytics und dem sozialen Subsystem ist im Fokus dieses Unterkapitels. Der Typ Descriptive Analytics ist der in den Unternehmen aktuell am weitesten verbreitete (s. AJAH U. NWEKE 2019, S. 7) und stellt nur geringe Anforderungen an die einzelnen Dimensionen. Dies zeigt sich an der geringen Zahl und Stärke der Wechselwirkungen zwischen den beiden Subsystemen.

Für die Beschreibung der Wechselwirkungspaare des Typs Descriptive Analytics werden in diesem Kapitel zunächst die intersystemischen Wechselwirkungspaare und darauf die intrasystemischen Wechselwirkungspaare analysiert.

Intersystemische Wechselwirkungen

Eine Übersicht über die Stärke der Wechselwirkungen zwischen den Dimensionen für Descriptive Analytics ist in Abbildung 5-30 dargestellt.

	Merkmale & *Merkmalsausprägungen Descriptive Analytics*	**Struktur**					**Akteur**			
		Verankerung von Experten	Knowledge-Absorptive-Capacity	Data-Governance	Kollaborations-initiative	Entscheidungs-befugnis	Führungsstil	Entscheidungs-findung	Treffen von Entscheidungen	Akzeptanz von Systemergebnissen
Aufgabe	Leistungsversprechen: *Ex-post-Analyse & Wirkzusammenhang*	0	0	+	0	0	0	0	0	0
	Informationsaufbereitung: *reaktiv*	0	0	+	0	0	0	+	0	0
	Nachvollziehbarkeit der Ergebnisse: *nachvollziehbar*	0	0	0	0	0	0	+	0	0
	Stetigkeit der Analyse: *periodisch*	0	0	0	0	0	0	0	0	0
Technologie	Analysemethodik: *Visualisierung & statistische Analyse*	0	0	+	0	0	0	+	0	+
	IT-Infrastruktur: *isolierte IT-Systeme*	0	0	0	0	0	0	0	0	0
	Benötigte Datenmenge: *gering*	0	0	+	0	0	0	0	0	0
	Datenart: *statische Daten*	0	0	+	0	0	0	0	0	0
	Datenstruktur: *strukturierte Daten*	0	0	+	0	0	0	0	0	0

Abbildung 5-30: Stärke der intersystemischen Wechselwirkungen für den Typ Descriptive Analytics (eigene Darstellung)

Insgesamt weisen die einzelnen Wechselwirkungspaare nur wenige signifikante Wechselwirkungen auf. In der Dimension *Aufgabe – Struktur* weisen von 20 Wechselwirkungspaaren nur zwei eine signifikante Wechselwirkung von mittlerer Stärke auf. Sowohl das Leistungsversprechen, welches durch die Ex-post-Analyse und den Wirkungszusammenhang, als auch die Informationsaufbereitung, welche bei Descriptive Analytics reaktiv ist, interagieren mit der Data-Governance. Dies ist darauf zurückzuführen, dass die Data-Governance schon bei wenig komplexen Aufgaben eine hohe Bedeutung hat. Dies zeigt sich ebenfalls beim Wechselwirkungspaar *Technologie – Struktur*. Auch hier interagieren alle signifikanten typspezifischen Merkmale mit der Data-Governance. Schon bei geringen Datenmengen, bei der Verarbeitung statischer Daten und bei wenig komplexen strukturierten Daten ist eine vorhandene Data-Governance wichtig. Für die Durchführung statistischer Analysen und die Datenvisualisierung als Teil der Analysemethodik können Wechselwirkungen mittlerer Stärke identifiziert werden. Die Berücksichtigung und Etablierung einer Data-Governance sind bei dem wenig komplexen Typ Descriptive Analytics von Bedeutung, da ohne geeignete organisatorische Strukturen und Governance-Strukturen die unternehmensweite Datenerfassung und -analyse erschwert werden. Bei der Verarbeitung statischer Daten, welche von ihrer Struktur her unveränderlich sind, müssen zwar keine regelmäßigen Aktualisierungen vorgenommen werden, sodass die Datenanalyse in einem linearen

Prozess erfolgen kann, dennoch sollten durch eine Data-Governance einheitliche Standards etabliert und durchgesetzt werden. (s. SCHUH ET AL. 2020, S. 31).

In der Dimension *Aufgabe – Akteur* können zwei Wechselwirkungen mittlerer Stärke identifiziert werden. Sowohl die reaktive Informationsaufbereitung als auch die Nachvollziehbarkeit der Ergebnisse interagieren jeweils in mittlerer Stärke mit der Entscheidungsfindung. Bei der Lösung strukturierter Probleme, wie der Visualisierung von Ist-Zuständen, ist die Datengrundlage klar definiert und die Parameter, die einen Einfluss auf die Entscheidung nehmen, sind im Vorfeld bekannt (s. SEITER 2017, S. 74 f.). Gleichzeitig können bei Descriptive Analytics durch Störgrößen die Nachvollziehbarkeit und die reaktive Informationsaufbereitung beeinflusst werden (s. WEBER 2020, S. 10). Aufgrund des geringen Leistungsversprechens von Descriptive Analytics wird der Nutzer nur teilweise in der Entscheidungsfindung unterstützt. Auf der Ebene *Technologie – Akteur* gibt es ebenfalls zwei Wechselwirkungen mittlerer Stärke. Die Analysemethodik, welche bei Descriptive Analytics durch die Datenvisualisierung und den Einsatz statistischer Analysen charakterisiert werden kann, interagiert in mittlerer Stärke mit der Akzeptanz von Systemergebnissen. Dies ist insbesondere darauf zurückzuführen, dass der Interpretations- und Entscheidungsaufwand des Nutzers sehr hoch ist und die Ergebnisse des Business-Analytics-Systems nur der Unterstützung bei der Entscheidungsfindung dienen. Zudem gibt es eine Wechselwirkung mittlerer Stärke zwischen der Analysemethodik und der Akzeptanz von Systemergebnissen. Die Akzeptanz wird hierbei nicht nur durch die Verständlichkeit beeinflusst (s. SHIN 2021, S. 2), sondern z. B. bereits durch Farben und Farbkombinationen im Reporting, d. h. durch die Darstellung von Systemergebnissen und Datenvisualisierung. (vgl. HEERING U. HUPFER 2020)

Intrasystemische Wechselwirkungen

Auf der Ebene *Aufgabe – Technologie* können insgesamt neun Wechselwirkungen identifiziert werden. Eine zusammenfassende Darstellung der Stärke der Wechselwirkungen für den Typ Descriptive Analytics ist in Abbildung 5-31 dargestellt.

Merkmale & *Merkmalsausprägungen Descriptive Analytics*		Technologie				
		Analysemethodik: *Visualisierung & statistische Analysen*	IT-Infrastruktur: *isolierte IT-Systeme*	Datenmenge: *gering*	Datenart: *statische Daten*	Datenstruktur: *strukturierte Daten*
Aufgabe	Leistungsversprechen: *Ex-post-Analyse & Wirkungszusammenhang*	+	0	0	0	0
	Informationsaufbereitung: *reaktiv*	+	0	0	0	0
	Nachvollziehbarkeit der Ergebnisse: *nachvollziehbar*	+	0	+	0	+
	Stetigkeit der Analyse: *periodisch*	0	0	0	0	0

Abbildung 5-31: Stärke der intrasystemischen Wechselwirkungen Aufgabe – Technologie für den Typ Descriptive Analytics (eigene Darstellung)

Das Leistungsversprechen, welches bei Descriptive Analytics in der Ex-post-Analyse und der Untersuchung von Wirkungszusammenhängen besteht, interagiert mit der Analysemethodik in mittlerer Stärke. Dies ist darauf zurückzuführen, dass das Leistungsversprechen nur von geringem Umfang ist; dies spiegelt sich in den Anforderungen an die Technologie wider. Die reaktive Informationsaufbereitung interagiert in mittlerer Stärke mit der Analysemethodik, da diese bei neuen Informationsbedarfen verwendet wird. Die Nachvollziehbarkeit der Ergebnisse interagiert sowohl mit der Analysemethodik und der geringen Datenmenge als auch mit der Datenstruktur. Eine gute Visualisierung der Daten und die Verwendung statistischer Analysen erleichtern dem Nutzer die Nachvollziehbarkeit der zugrundeliegenden Ereignisse, welche aus den Daten interpretiert werden. Eine geringe Datenmenge und das Vorliegen von strukturierten Daten ermöglichen die Nachvollziehbarkeit der zu analysierenden Daten.

Das Dimensionspaar *Struktur – Akteur* ist nicht typspezifisch und wird nachfolgend dargelegt. Bei den weiteren Untersuchungen der Typen Predictive und Prescriptive Analytics gelten die hier identifizierten Wechselwirkungen gleichermaßen. Das Ergebnis der Untersuchung der Wechselwirkungen ist in Abbildung 5-32 dargestellt.

	Merkmale	Akteur: Führungsstil	Akteur: Entscheidungs-findung	Akteur: Treffen von Entscheidungen	Akteur: Akzeptanz von Systemergebnissen
Struktur	Verankerung von Experten	0	+	+	+
Struktur	Knowledge-Absorptive-Capacity	+	++	0	+
Struktur	Data-Governance	0	0	0	++
Struktur	Kollaborationsinitiative	0	+	0	0
Struktur	Entscheidungsbefugnis	++	+	++	0

Abbildung 5-32: Stärke der typunabhängigen Wechselwirkungen Struktur – Akteur (eigene Darstellung)

Die Verankerung der Experten beeinflusst in mittlerer Stärke die Entscheidungsfindung, das Treffen von Entscheidungen und die Akzeptanz von Systemergebnissen. Dies ist darauf zurückzuführen, dass die Nutzer des Business-Analytics-Systems in den jeweiligen Fachabteilungen Systemergebnisse erhalten, deren Herleitung sie regelmäßig nur bedingt nachvollziehen können. Somit ist die organisatorische Gestaltung der Verortung und Zusammenarbeit zwischen den BA-Experten und der Fachabteilung von hoher Relevanz. Die Knowledge-Absorptive-Capacity steht in mittlerer Wechselwirkung mit dem Führungsstil und der Akzeptanz von Systemergebnissen sowie in starker Wechselwirkung mit der Entscheidungsfindung. Der Führungsstil hat Einfluss darauf, wie sehr externes Wissen in die Entscheidungsfindung einbezogen wird, indem die Führungskräfte dies Vorleben bzw. als Korrektiv in die Prozesse des Unternehmens inkludieren. Der Einbezug von externem Wissen ist ein maßgeblicher Treiber von datenbasierter Entscheidungsfindung, da regelmäßig die aus externen Quellen einbezogenen Informationen durch den Nutzer selbst nicht mehr verarbeitbar sind. Die Fähigkeit, dieses in die Erstellung von Handlungsempfehlungen einzubinden, hat einen Einfluss auf die Akzeptanz der generierten Ergebnisse. (s. SCHUH ET AL. 2020, S. 36)

Die Data-Governance interagiert stark mit der Akzeptanz von Systemergebnissen, da ein hohes Vertrauen der Nutzer in die Richtigkeit der Datengrundlage und den eingesetzten Methoden von elementarer Bedeutung ist. Die Kollaborationsinitiative interagiert in mittlerer Stärke mit der Entscheidungsfindung, z. B. bei dateninduzierten Projekten aus der BA-Abteilung, welche sich von geschäftsprobleminduzierten BA-Projekten aus einem Geschäftsbereich unterscheiden können (s. HAGEN U. HESS 2020, S. 6). Zuletzt interagiert die Entscheidungsbefugnis stark mit dem Führungsstil und dem Treffen von Entscheidungen sowie in mittlerer Stärke mit der Entscheidungsfindung.

Die Zentralität der Entscheidungsbefugnis steht in starker Wechselwirkung mit dem Führungsstil, da beide Elemente maßgeblich die Entscheidungs- und Gestaltungsspielräume der Nutzer determinieren (s. PASMORE ET AL. 2019, S. 76). Die Entscheidungsfindung wird dabei nur in mittlerer Stärke beeinflusst, die Zentralität der Entscheidungsbefugnis selbst interagiert stark mit dem Treffen von Entscheidungen. Dies ist darauf zurückzuführen, dass aufgrund der Potentiale der BA-Systeme zunehmend mehr Wissen dezentral vorliegt und somit immer mehr Instanzen die Möglichkeit für das Treffen von Entscheidungen haben.

Insgesamt können 22 Wechselwirkungspaare in mittlerer Stärke und vier Wechselwirkungspaare mit hoher Stärke identifiziert werden. Die geringe Anzahl an Wechselwirkungen mittlerer und hoher Stärke ist hierbei ein Indikator für die geringe technische Komplexität, zeigt gleichzeitig aber die Wichtigkeit für die grundsätzliche soziotechnische Systemgestaltung auf. Die zahlenmäßigen Ergebnisse der Untersuchung sind in Tabelle 5-2 zusammengefasst.

Tabelle 5-2: Anzahl und Stärke der Wechselwirkungen für den Typ Descriptive Analytics

Stärke der Wechselwirkung	intersystemisch				intrasystemisch		Summe
	Aufgabe-Struktur	Aufgabe-Akteur	Technologie-Struktur	Technologie-Akteur	Aufgabe-Technologie	Struktur-Akteur	
0	18	14	21	18	15	9	**95**
+	2	2	4	2	5	7	**22**
++	0	0	0	0	0	4	**4**

5.3.2 Untersuchung der Wechselwirkungen für Predictive Analytics

Mit der Prognose zukünftiger Ereignisse basierend auf der Untersuchung komplexer Wirkungszusammenhänge bildet der Typ Predictive Analytics eine logische Weiterentwicklung der Descriptive Analytics. Dies spiegelt sich in der nachfolgenden Untersuchung der soziotechnischen Wechselwirkungen wider, in welcher ein wesentlicher Anstieg der Anzahl und Stärke der Wechselwirkungen festgestellt wird. Zunächst werden die intersystemischen, anschließend die intrasystemischen Wechselwirkungen aufgezeigt.

Intersystemische Wechselwirkungen

Die Auswertung der Stärke der Wechselwirkungen zwischen den vier intersystemischen Wechselwirkungspaaren für den Typ Predictive Analytics ist in Abbildung 5-33 dargestellt, sie werden nachfolgend erläutert.

	Merkmale & *Merkmalsausprägungen Predictive Analytics*	Struktur					Akteur			
		Verankerung von Experten	Knowledge-Absorptive-Capacity	Data-Governance	Kollaborationsinitiative	Entscheidungsbefugnis	Führungsstil	Entscheidungsfindung	Treffen von Entscheidungen	Akzeptanz von Systemergebnissen
Aufgabe	Leistungsversprechen: *Prognose*	0	+	++	+	0	0	+	+	+
	Informationsaufbereitung: *reaktiv*	0	0	+	0	0	0	+	0	0
	Nachvollziehbarkeit der Ergebnisse: *teilweise nachvollziehbar*	+	0	0	+	++	+	+	+	+
	Stetigkeit der Analyse: *periodisch*	0	0	0	0	0	0	0	0	0
Technologie	Analysemethodik: *Maschinelles Lernen, Data Mining & Probabilistische Modelle*	0	+	++	+	0	0	0	0	++
	IT-Infrastruktur: *teilverknüpfte IT-Systeme*	+	0	0	0	0	0	0	0	0
	benötigte Datenmenge: *hoch*	0	+	+	0	0	0	+	0	+
	Datenart: *statische Daten*	0	0	+	0	0	0	0	0	0
	Datenstruktur: *semi-strukturierte Daten*	0	0	++	0	0	0	0	0	+

Abbildung 5-33: Stärke der intersystemischen Wechselwirkungen für den Typ Predictive Analytics (eigene Darstellung)

Die Wechselwirkungen zwischen den einzelnen Dimensionen sind im Vergleich zum Typ Descriptive Analytics wesentlich stärker. Es werden insgesamt sieben Wechselwirkungen für das Wechselwirkungspaar *Aufgabe – Struktur* identifiziert. Das Leistungsversprechen, welches bei Predictive Analytics in der Prognose besteht, steht in starker Wechselwirkung mit der Data-Governance. Dies ist insbesondere darauf zurückzuführen, dass bei steigenden Anforderungen der Aufgabe die zugrundeliegende Datenbasis und die datenorientierten Prozesse ein kritisches Element für den Einsatz von Business-Analytics darstellen. (s. WEBER 2009, S. 61) Darüber hinaus interagieren die Knowledge-Absorptive-Capacity und die Kollaborationsinitiative in mittlerer Stärke mit dem Leistungsversprechen. Die Prognose zukünftiger Ereignisse erfordert eine zunehmend stärkere Integration von externen Informationen, um z. B. Marktveränderungen in die Analysen zu integrieren. Für die Durchführung von Prognosen ist somit der Aufbau von Strukturen und Routinen für die Integration externen Wissens essentiell. (s. FERRARIS ET AL. 2018, S. 1931) Das Leistungsversprechen des jeweiligen BA-Projekts wird durch die Kollaborationsinitiative beeinflusst, da die Kollaborationsinitiative die Richtung der Problemlösung definiert. Dies ist insofern relevant, dass beim datenorientierten Angang in bereits vorhandenen Daten Anomalien identifiziert werden, während beim geschäftsproblemorientierten Angang das Vorliegen von Daten zunächst nicht immer gewährleistet sein muss. (s. HAGEN U. HESS 2020, S. 6) Die Wechselwirkung mittlerer Stärke zwischen der reaktiven Informationsaufbereitung und der Data-Governance wurde bereits für den Typ Descriptive Analytics ausführlich erläutert, somit unterbleibt eine weitere Erklärung an dieser Stelle. Die zunehmende Schwierigkeit, den Lösungsweg und die konkrete Lösungsfindung nachzuvollziehen, wird durch die teilweise Nachvollziehbarkeit ausgedrückt, welche in mittlerer Stärke mit der Verankerung von Experten und der Kollaborationsinitiative interagiert. Beide Merkmale haben einen Einfluss auf die Nachvollziehbarkeit, da die organisatorische Verankerung der Data-Scientists bzw. die Ausgangsrichtung des Problems das Verständnis der Nutzer unterstützen können. Zudem ist die Entscheidungsbefugnis mit der teilweisen Nachvollziehbarkeit in starker Wechselwirkung, da sich das Wissen zunehmend dezentralisiert.

Für das Paar *Technologie – Struktur* werden acht Wechselwirkungen identifiziert. Die Analysemethodik, welche bei Predictive Analytics durch Maschinelles Lernen/Data-Mining sowie durch probabilistische Modelle konkretisiert wird, interagiert mit der Knowledge-Absorptive-Capacity, mit der Data-Governance und mit der Kollaborationsinitiative. Die weit fortgeschrittenen Methoden bedingen einen hohen Grad der Einbindung von externem Wissen (mittlere Wechselwirkung). Auch die Kollaborationsinitiative beeinflusst durch die Richtung der Problemlösung und der Einbindung der Data-Scientists die Wahl der Analysemethodik (mittlere Wechselwirkung). Die Wechselwirkung mit der Data-Governance ist stark, da der Einsatz der komplexen Analyse-Methodiken wohldefinierter Prozesse und Strukturen für das Datenmanagement bedarf (s. AKTER ET AL. 2016, S. 120). Die teilverknüpften IT-Systeme interagieren in mittlerer Stärke mit der Verankerung der Experten, da die organisatorische Verortung der Data-Scientists z. B. den Zugang zur IT-Infrastruktur (insb. Cloudsysteme), um auch komplexe Operationen durchzuführen, beeinflusst. Die zunehmende Datenkomplexität, welche durch eine hohe Datenmenge, statische Daten und die zunehmende Verarbeitung von semistrukturierten Daten ausgedrückt wird, interagiert mit der Data-Governance. Während die Ausprägung der Datenart im Vergleich zu Descriptive Analytics gleich bleibt und somit analog eine mittlere Wechselwirkung zeigt, erhöht sich die benötigte Datenmenge und die Komplexität der Datenstruktur. Trotz der hohen Datenmenge wird weiterhin eine Wechselwirkung mittlerer Stärke identifiziert. Die Verarbeitung semi-strukturierter Daten, welche durch den kontinuierlichen technologischen Fortschritt immer besser möglich wird, ist sehr komplex und stellt hohe Anforderungen. Somit wird dem vorgenannten Wechselwirkungspaar eine Interaktion hoher Stärke zugewiesen. Die hohe Relevanz der Data-Governance zeigt sich in den insgesamt sechs signifikanten Wechselwirkungspaaren, von denen drei eine hohe Stärke haben, zwischen der Aufgabe und Technologie mit der Struktur. Auch in der Erfolgsfaktorenforschung wird dieses Merkmal regelmäßig als essentiell herausgestellt, da es einen hohen Einfluss auf andere Faktoren hat. (s. YEOH U. POPOVIČ 2016, S. 141)

Bei den intrasystemischen Wechselwirkungspaaren Aufgabe – Akteur und Technologie – Akteur wird insgesamt nur ein starkes Wechselwirkungspaar identifiziert. Dies zeigt, dass die Herausforderungen beim Einsatz von Predictive Analytics maßgeblich auf Strukturebene entstehen. Gleichzeitig erhöht sich die Zahl der Wechselwirkungen mittlerer Stärke signifikant. Auf der Ebene *Aufgabe – Akteur* vervierfacht sich die Zahl der mittleren Wechselwirkungen gegenüber dem Typ Descriptive Analytics. Das Leistungsversprechen in Form der Erstellung von Prognosen interagiert mit der Entscheidungsfindung, dem Treffen von Entscheidungen und der Akzeptanz der Systemergebnisse jeweils in mittlerer Stärke. Während bei Descriptive Analytics vergangene Ereignisse dargestellt und Wirkungszusammenhänge aufgezeigt werden und der Nutzer des Systems somit ohne Systemunterstützung zukünftige Ereignisse und Zustände antizipiert, wird beim Einsatz von Predictive Analytics eine solche Unterstützung bereitgestellt. Dies führt dazu, dass der Nutzer den Entscheidungsfindungsprozess teilweise auslagert. Sofern der Nutzer zusätzlich zu den vom BA-System bereitgestellten Ergebnissen eigene Prognosen erstellt, erhält der Nutzer ein Korrektiv, welches maßgeblich die Akzeptanz der Systemergebnisse beeinflusst. (s. JUNG U. SEITER 2021, S. 510 ff.) Analog zu Descriptive Analytics erfolgt die Informationsaufbereitung reaktiv, somit unterbleibt eine redundante Erklärung an dieser Stelle. Die reduzierte Nachvollziehbarkeit der Systemergebnisse interagiert in mittlerer Wechselwirkung mit sämtlichen Merkmalen der Dimension Akteur. Die Verschiebung des Wissens hin zum Mitarbeiter interagiert mit dem Führungsstil, da es für die Führungskraft zunehmend schwieriger wird, die mit komplexen Methoden erstellten Ergebnisse und somit das Handeln bzw. die Handlungsvorschläge der Mitarbeiter nachzuvollziehen. Das Vertrauen in die von den Mitarbeitern erarbeiteten Ergebnisse spielt somit eine immer größere Rolle. (vgl. MUGGE ET AL. 2021) Gleichzeitig beeinflusst die reduzierte Nachvollziehbarkeit auch die Nutzer selbst. Die Interaktion mit der Entscheidungsfindung kommt dadurch zustande, dass die Nutzer nicht mehr zwangsläufig alle Parameter vollumfänglich kennen, gleichzeitig über eine Gewichtung die teilweise Nachvollziehbarkeit erhalten bleibt. Die mit steigender technischer Komplexität immer geringer werdende Möglichkeit, die Systemergebnisse nachzuvollziehen, beeinflusst daher über die Entscheidungsfindung hinaus das Treffen von Entscheidungen und die Akzeptanz der Systemergebnisse. (s. WEBER 2020, S. 10 ff.)

Auf Ebene *Technologie – Akteur* können drei Wechselwirkungen mittlerer Stärke und eine von hoher Stärke identifiziert werden. Für das Merkmalspaar der Analysemethodik-Akzeptanz der Systemergebnisse ergibt sich eine starke Wechselwirkung. Für die Analyse werden bei Predictive Analytics Methoden des Data-Minings bzw. des Maschinellen Lernens sowie probabilistische Modelle eingesetzt. Diese haben systemimmanente Elemente, welche die menschliche Nachvollziehbarkeit ausschließen bzw. erheblich erschweren. (s. KREUTZER U. SIRRENBERG 2019, S. 12 f.) Diese Eigenschaften stehen diametral dem Verlangen des Nutzers zur Nachvollziehbarkeit gegenüber und verursachen somit Wechselwirkungen von hoher Stärke. Für die Erstellung von Prognosen werden einerseits regelmäßig große Datenmengen benötigt, um das

Leistungsversprechen erfüllen zu können, andererseits liegen häufig große Datenmengen vor, welche durch den Nutzer ohne Systemunterstützung häufig nicht (wirtschaftlich sinnvoll) interpretiert werden können. (s. AJAH U. NWEKE 2019, S. 2) Die Systemunterstützung wird somit unumgänglich. Somit werden in der Konsequenz durch die hohe Datenmenge die Entscheidungsfindung und die Akzeptanz der Systemergebnisse beeinflusst. Nicht zuletzt hat die zunehmende Verarbeitung von semi-strukturierten Daten einen Einfluss auf die Akzeptanz der Systemergebnisse. Die fehlende Anordnung in typischen, traditionellen Datenbanken erschwert die Verständlichkeit der Daten für den Nutzer und steht somit in Wechselwirkung mittlerer Stärke (s. ARORA 2019, 16).

Intrasystemische Wechselwirkungen

Auf der Ebene *Aufgabe – Technologie* können insgesamt neun Wechselwirkungen identifiziert werden. Eine zusammenfassende Darstellung der Stärke der Wechselwirkungen für den Typ Predictive Analytics ist in Abbildung 5-34 dargestellt.

	Merkmale & *Merkmalsausprägungen Predictive Analytics*	**Technologie**				
		Analysemethodik: *Maschinelles Lernen, Data Mining & probabilistische Modelle*	IT-Infrastruktur: *teilverknüpfte IT-Systeme*	Datenmenge: *hoch*	Datenart: *statische Daten*	Datenstruktur: *semi-strukturierte Daten*
Aufgabe	Leistungsversprechen: *Prognose*	++	+	+	0	+
	Informationsaufbereitung: *reaktiv*	+	0	0	0	0
	Nachvollziehbarkeit der Ergebnisse: *teilweise nachvollziehbar*	++	0	+	0	+
	Stetigkeit der Analyse: *periodisch*	0	0	0	0	0

Abbildung 5-34: Stärke der intrasystemischen Wechselwirkungen Aufgabe – Technologie für den Typ Predictive Analytics (eigene Darstellung)

Die Merkmalsausprägung des Leistungsversprechen interagiert mit drei typspezifischen Merkmalsausprägungen der Dimension Technologie. Der Einsatz von Data-Mining, Maschinellem Lernen und probabilistischen Modellen ist essentiell für die Durchführung von Prognosen, somit interagiert das Merkmalspaar mit starker Wechselwirkung. Die vorgenannten Analysemethoden erfordern regelmäßig die Bereitstellung einer hohen Rechenleistung, somit ist die Auslagerung besonders rechenintensiver Anwendungen zum heutigen Stand der Technik in Cloudsysteme erforderlich (s. WEBER 2020, S. 17). Ein Treiber hierfür ist auch die hohe benötigte Datenmenge, um die benötigten Insights zu generieren und somit das Leistungsversprechen zu erfüllen. In der Konsequenz interagieren die IT-Infrastruktur und die benötigte hohe Datenmenge mit dem Leistungsversprechen. Die teilweise Nachvollziehbarkeit der Ergebnisse interagiert in starker Wechselwirkung mit der Analysemethodik. Der Einsatz der Methodik bestimmt von technischer Seite die Nachvollziehbarkeit für den Nutzer. Mit der bereits bei der Betrachtung des Wechselwirkungspaars Aufgabe – Akteur dargelegten Erklärung der systemimmanenten Bestandteile kann die zunehmend geringere Nachvollziehbarkeit bei Steigerung der Komplexität der Analysemethodik erklärt werden. Somit gibt es hier eine starke Wechselwirkung. Die hohe Datenmenge, welche beim Einsatz von Predictive Analytics verwendet wird, sowie die Struktur der Daten reduzieren die Nachvollziehbarkeit, da eine komplette Sichtung der Daten durch den Nutzer wirtschaftlich häufig nicht darstellbar ist. Es erfolgt somit häufig nur eine stichprobenartige Überprüfung und die Analyse von Anomalien in den zugrundeliegenden Daten. (s. SEITER 2017, S. 119 ff.) Insgesamt können für das Paar Aufgabe – Technologie sechs Wechselwirkungen mittlerer Stärke und zwei hoher Stärke identifiziert werden.

In Kapitel 5.3.1 wurde bereits erläutert, dass das Wechselwirkungspaar *Struktur – Akteur* typunabhängig ist. Daher unterbleibt an dieser Stelle die weitere Erläuterung, sondern es wird auf Abbildung 5-32 verwiesen.

Insgesamt können 35 Wechselwirkungspaare in mittlerer Stärke und 11 Wechselwirkungspaare mit hoher Stärke identifiziert werden. Die im Vergleich zu Descriptive Analytics fast doppelt so hohe Zahl an signifikanten Wechselwirkungen, welche insbesondere auf Strukturebene stattfinden, zeigt die hohen Anforderungen des Einsatzes von Predictive Analytics für die Organisation und deren Strukturen. Die Sicherstellung der Rahmenbedingungen für den Einsatz des Systems ist hierbei essentiell. Eine zusammenfassende Darstellung der einzelnen Wechselwirkungen auf Dimensionsebene ist in Tabelle 5-3 visualisiert.

Tabelle 5-3: Anzahl und Stärke der Wechselwirkungen für den Typ Predictive Analytics

Stärke der Wechselwirkung	intersystemisch				intrasystemisch		Summe
	Aufgabe-Struktur	Aufgabe-Akteur	Technologie-Struktur	Technologie-Akteur	Aufgabe-Technologie	Struktur-Akteur	
0	13	8	17	16	12	9	**75**
+	5	8	6	3	6	7	**35**
++	2	0	2	1	2	4	**11**

5.3.3 Untersuchung der Wechselwirkungen für Prescriptive Analytics

Im Vergleich zu Descriptive und Predictive Analytics stellt Prescriptive den komplexesten und fortgeschrittensten Typ beim Einsatz von Business-Analytics dar. Im Mittelpunkt steht die automatisierte Generierung von Handlungsempfehlungen bzw. das Treffen von diesen in einem komplexen Unternehmensumfeld. Dies führt zu einer sehr hohen Zahl an Wechselwirkungen, da sich das technische und soziale Subsystem teilweise sehr stark beeinflussen. Analog zu den vorherigen Unterkapiteln 5.3.1 und 5.3.2 werden zunächst die intersystemischen, anschließend die intrasystemischen Wechselwirkungen aufgezeigt.

Intersystemische Wechselwirkungen

Die Auswertung der Stärke der Wechselwirkungen zwischen den vier intersystemischen Wechselwirkungspaaren für den Typ Prescriptive Analytics ist in Abbildung 5-35 dargestellt und wird nachfolgend erläutert. Aufgrund der Vielzahl der zu erläuternden Wechselwirkungen werden die Wechselwirkungspaare auf Dimensionsebene kursiv und fett gekennzeichnet, die nachfolgenden Beschreibungen der Merkmale und -ausprägungen gelten dann für das jeweilige Dimensionspaar.

	Merkmale & *Merkmalsausprägungen Prescriptive Analytics*	Struktur					Akteur			
		Verankerung von Experten	Knowledge-Absorptive-Capacity	Data-Governance	Kollaborationsinitiative	Entscheidungsbefugnis	Führungsstil	Entscheidungsfindung	Treffen von Entscheidungen	Akzeptanz von Systemergebnissen
Aufgabe	Leistungsversprechen: *automatisierte Entscheidung*	0	++	++	+	++	+	++	++	++
	Informationsaufbereitung: *proaktiv*	0	0	++	0	+	+	++	+	+
	Nachvollziehbarkeit der Ergebnisse: *nicht nachvollziehbar*	++	0	0	+	++	+	++	++	++
	Stetigkeit der Analyse: *kontinuierlich*	0	0	+	0	+	0	+	+	0
Technologie	Analysemethodik: *u. a. logikbasierte Modelle und Simulation*	0	+	++	++	0	0	+	++	++
	IT-Infrastruktur: *skalierbare IT-Systeme*	+	0	0	0	+	0	0	0	0
	benötigte Datenmenge: *hoch*	0	+	+	0	0	0	+	0	+
	Datenart: *dynamische Daten*	0	0	++	0	0	0	+	0	0
	Datenstruktur: *unstrukturierte Daten*	0	0	++	0	0	0	0	0	+

Abbildung 5-35: Stärke der intersystemischen Wechselwirkungen für den Typ Prescriptive Analytics (eigene Darstellung)

Zunächst werden die Wechselwirkungen des Paares *Aufgabe – Struktur* beschrieben. Das Leistungsversprechen, welches bei Prescriptive Analytics in der automatisierten Generierung von Handlungsempfehlungen bzw. automatisierten Entscheidungen besteht, interagiert mit Ausnahme der Verankerung von Experten mit allen Merkmalen des sozialen Subsystems. Nachfolgend werden die einzelnen Wechselwirkungspaare, die jeweils mit dem Leistungsversprechen signifikant in Beziehung stehen, erläutert. Die Knowledge-Absorptive-Capacity interagiert mit hoher Stärke, da der Einbezug von externem Wissen von hoher Bedeutung beim Treffen automatisierter Entscheidungen ist (s. MIAO ET AL. 2021, S. 7). Anders als in den weniger entwickelten Typen fließt in den operationalen Analyseprozess kein direktes implizites Wissen, welches beim Nutzer liegt, in den Entscheidungsprozess ein. Somit muss sichergestellt werden, dass insbesondere externe Informationen dem System vorliegen und somit im Prozess berücksichtigt werden (s. LEPENIOTI ET AL. 2020, S. 64 f.). Analog zu Predictive Analytics ist die Sicherstellung der Datenqualität essentiell. Mit steigendem Leistungsumfang steigt die Relevanz sogar noch weiter. Aufgrund der bereits zuvor gewählten stärksten Ausprägung und der Analogie unterbleibt an dieser Stelle eine weitere Detaillierung. Die Kollaborationsinitiative interagiert in mittlerer Stärke, da es für das Design des Systems von Bedeutung ist, ob das Business-Analytics-Projekt aus Geschäfts- oder aus Datenperspektive angegangen wird (s. HAGEN U. HESS 2020, S. 6). Die Verortung der Entscheidungsbefugnis ist von entscheidender Bedeutung und interagiert daher mit hoher Stärke. Das automatisierte Treffen von Entscheidungen bewirkt eine starke Verschiebung der Informationsverfügbarkeit und bedingt vielfach die Unterstützung durch neue Unternehmensprozesse.

Die proaktive Informationsaufbereitung erfordert detaillierte Governance-Strukturen, um die kontinuierliche Aufnahme, Verarbeitung von Informationen und proaktive Bereitstellung von Systemergebnissen zu ermöglichen. Durch die direkte Verarbeitung aktualisierter Dateninputs können wichtige Informationen umgehend und proaktiv zur Verfügung gestellt werden. (s. HLAVÁČ U. ŠTEFANOVIČ 2020, S. 3) Daher gibt es eine starke Wechselwirkung mit der Data-Governance. Mit dem Merkmal Verortung der Entscheidungsbefugnis gibt es eine Wechselwirkung mittlerer Stärke, da bei automatisierten Entscheidungen dezentral Informationen vorliegen. Um die Reaktionslatenz zu verringern, bedarf es hierbei geeigneter Strukturen. (s. AYDINER ET AL. 2019, S. 228)

Aufgrund der eingesetzten Methoden und Werkzeuge ist die Nachvollziehbarkeit durch den Nutzer regelmäßig nicht mehr gegeben. Die einzelnen Schritte und Prozesse des Systems werden immer mehr zur Blackbox, vielmehr steht das Gesamtmodell und dessen Fähigkeit, relevante und richtige Systemergebnisse bereitzustellen, im Vordergrund. (s. WEBER 2020, S. 10 f.) Daher liegt eine Wechselwirkung hoher Stärke mit der Verankerung der Experten vor. Je näher diese organisatorisch an den Nutzern verortet sind, desto besser gelingen die Erklärung und die gemeinsame Überprüfung der generierten Systemergebnisse. Insbesondere bei der Einbindung externer Data-Scientists ist das Wechselwirkungspaar von sehr hoher Bedeutung, da relevante Entscheidungsprozesse, die z. T. für die Mitglieder des anwendenden Unternehmens nicht nachvollziehbar sind, durch externe Experten aufgesetzt werden. Mit der Kollaborationsinitiative gibt es eine Wechselwirkung mittlerer Stärke. Diese ergibt sich aus der Perspektive des zu lösenden Problems (s. HAGEN U. HESS 2020, S. 6 f.).

Die im Vergleich zu den beiden anderen Typen kontinuierlich stattfindende Analyse der Daten zeigt eine mittlere Wechselwirkung mit der Data-Governance. Die kontinuierliche Verarbeitung der Daten erfordert geeignete Strukturen, um z. B. Anforderungen an eine Echtzeitfähigkeit zu erfüllen. Der Forderung, Ergebnisse in einem definierten Zeitintervall garantiert zu berechnen, muss eine Data-Governance Rechnung tragen. (vgl. JANSSEN ET AL. 2020) Mit der Verortung der Entscheidungsbefugnis gibt es eine Wechselwirkung mittlerer Stärke, da der Mehrwert kontinuierlichen Analysen insbesondere in der Minimierung von Reaktionslatenzen besteht. Die Zentralität bzw. Dezentralität der Entscheidungsbefugnis hat somit einen großen Einfluss auf die Sicherstellung der schnellen Reaktionsfähigkeit. (s. SCHUH ET AL. 2020, S. 38 f.)

Auf der Ebene *Technologie – Struktur* entstehen die meisten Wechselwirkungen mit der Analysemethodik. Die eingesetzten Methoden, welche einen hohen technologischen Reifegrad aufweisen, können erst bei einer ausreichenden Informationsmenge Daten-Insights generieren. Somit steht die Knowledge-Absorptive-Capacity in mittlerer Wechselwirkung. Die Data-Governance ist insbesondere bei technologisch komplexen Methoden essentiell, somit können starke Wechselwirkungen festgestellt werden. Die Kollaborationsinitiative steht ebenfalls in starker Wechselwirkung, da beim Einsatz dieser hochkomplexen Analysemethoden sowohl geeignete Daten als auch ein geeignetes Geschäftsproblem, welches gelöst werden soll, vorliegen müssen.

Die IT-Infrastruktur muss durch skalierbare IT-Systeme dargestellt werden, um die hohen Anforderungen insbesondere an die Rechenkapazität zu erfüllen. Für die Verteilung der Aufgaben an das BA-System und die Sicherstellung der Zusammenarbeit mit der IT-Abteilung ist daher die Verortung der Experten relevant (mittlere Stärke). Die skalierbaren Rechensysteme, welche insbesondere durch externe Dienstleister bereitgestellt werden, haben eine Wechselwirkung mittlerer Stärke mit der Verortung der Entscheidungsbefugnis, da die Entscheidungsstrukturen mit der Einbindung externer Dienstleister zunehmend dezentraler werden. (s. MAUERER 2018, S. 15)

Die Wechselwirkungen der Struktur mit der hohen benötigten Datenmenge wurden bereits in Kapitel 5.3.2 dargelegt, daher wird an dieser Stelle auf die weitere Detaillierung verzichtet. Die Verarbeitung dynamischer Daten steht ebenso wie die Verarbeitung unstrukturierter Daten in hoher Wechselwirkung mit der Data-Governance. Die Verarbeitung dieser Daten bedarf wohldefinierter Prozesse und Strukturen. Das Schema der Daten wird häufig erst beim Lesen dieser definiert, da viele Anwendungsfälle nicht vorhersehbar sind und somit ein integriertes Schema nicht a priori definiert werden kann (s. QUIX 2021, S. 89 f.).

Die meisten dimensionsbezogenen Wechselwirkungen entstehen beim Paar *Aufgabe – Akteur*. Dies veranschaulicht insbesondere die starke Unterstützung des Systems für den Nutzer. Das Leistungsversprechen interagiert in mittlerer Stärke mit dem Führungsstil. Der Nutzer des Systems erhält durch das große Leistungsversprechen große Entscheidungsmöglichkeiten und einen Wissensvorsprung gegenüber anderen Akteuren. Die ihm zugeordnete Führungskraft kann aufgrund der Menge und Dichte an Informationen diese regelmäßig nicht vollständig erfassen, somit wird der Wissensvorsprung immer größer. Der Führungskraft obliegt somit die Aufgabe, durch den Führungsstil geeignete Rahmenbedingungen zu schaffen, um den Nutzer bei der Erfüllung des Leistungsversprechens zu unterstützen. (s. BOOBIER 2018, S. 179 ff.) Dies umfasst unter anderem die Bereitstellung von notwendigen Ressourcen (s. YEOH U. POPOVIČ 2016, S. 140). Die Entscheidungsfindung interagiert mit hoher Stärke, da das System diese vollständig übernehmen kann. Der Nutzer kann hierbei im Extremfall die Rolle eines Informationsempfängers einnehmen, der keine aktive Rolle mehr hat. Das Treffen von Entscheidungen hat ebenfalls eine hohe Wechselwirkung. Das System kann im höchsten Reifegrad automatisiert und autonom Entscheidungen treffen. Der Nutzer beeinflusst das Treffen der Entscheidungen nur insofern, dass er den Prozess initiiert und das zu erreichende Ziel festlegt. Das große Leistungsversprechen hat somit auch eine starke Wechselwirkung mit der Akzeptanz der Systemergebnisse, da der Nutzer einen großen Teil seiner Entscheidungsmacht und -verantwortung auf das System überträgt. Somit ist das Vertrauen in die Richtigkeit der Systemergebnisse essentiell. (s. BOOBIER 2018, S. 179)

Die proaktive Informationsaufbereitung von Informationen interagiert in mittlerer Stärke mit dem Führungsstil. Die Proaktivität des Systems gegenüber dem Nutzer bedingt eine Beziehung mit der Führungskraft, sodass bei relevanten neuen Informationen schnell Entscheidungen getroffen werden können. Weitere Wechselwirkungen entstehen mit der Entscheidungsfindung (stark), dem Treffen von Entscheidungen sowie der Akzeptanz von Systemergebnissen (jeweils mittel). Dies ist darauf zurückzuführen, dass der Nutzer mit neuen Informationen konfrontiert wird, auch wenn er damit gerade nicht rechnet. Dies führt dazu, dass es einen Einfluss auf die Entscheidungsfindung und das Treffen derselben gibt. (s. AYDINER ET AL. 2019, S. 229)

Die mangelnde Nachvollziehbarkeit hat einen großen Einfluss auf den Akteur. Die vorgenannte Beziehung mit der Führungskraft, ausgedrückt durch den Führungsstil, interagiert mit mittlerer Stärke, da sowohl der Nutzer als auch die Führungskraft auf die Richtigkeit und Adäquanz der Systemergebnisse vertrauen müssen. Die Entscheidungsfindung wird stark beeinflusst, da die Nachvollziehbarkeit aufgrund der Komplexität (wirtschaftlich) nicht gegeben ist. Auch das Treffen von Entscheidungen steht in starker Wechselwirkung im Extremfall über getroffene Entscheidungen des Systems informiert wird, ohne den Lösungsweg und die Richtigkeit selbst nachvollziehen zu können. Eine starke Wechselwirkung entsteht ebenfalls mit der Akzeptanz der Systemergebnisse, da der Nutzer vor dem Dilemma steht, ohne Nachvollziehbarkeit zu entscheiden, ob er die bereitgestellten Informationen akzeptieren kann und soll. (s. KREUTZER U. SIRRENBERG 2019, S. 12 ff.)

Das Merkmal Stetigkeit der Analyse steht in mittlerer Wechselwirkung mit der Entscheidungsfindung und dem Treffen der Entscheidungen. Die kontinuierliche Analyse ist die Voraussetzung dafür, dass neue oder veränderte Informationen kurzfristig erfasst werden, um auf diese zu reagieren. Wenn das System diese nahezu in Echtzeit durchführt, wird eine verbesserte Entscheidungsfindung und das Treffen von Entscheidungen ermöglicht.

Zuletzt erfolgt die Untersuchung der Wechselwirkungen für das Paar *Technologie – Akteur*. Die Analysemethodik steht in mittlerer Wechselwirkung mit der Entscheidungsfindung, da die Wahl der Methodik maßgeblich definiert, welchen Grad der Entscheidungsunterstützung der Nutzer erfährt. Mit dem Treffen der Entscheidungen hat die

Wahl der Methodik eine starke Wechselwirkung. Der Nutzer kann dem Leistungsspektrum von mathematischer Programmierung, der Simulation, evolutionären Algorithmen und Computing sowie bei logikbasierten Modellen nur rudimentäre eigene Modelle gegenüberstellen. Somit besteht eine starke Wechselwirkung mit der Akzeptanz der Systemergebnisse. (vgl. JUNG U. SEITER 2021)

Die Wechselwirkungen des Akteurs mit der hohen benötigten Datenmenge wurden bereits in Kapitel 5.3.2 dargelegt, daher wird an dieser Stelle auf die weitere Detaillierung verzichtet. Die Datenart der dynamischen Daten interagiert in mittlerer Stärke mit der Entscheidungsfindung, da diese regelmäßig nicht harmonisiert und in ein einheitliches Schema, analog zu relationalen Datenbanksystemen (z. B. Data-Warehouses) überführt werden. Das „Schema-on-Read"-Modell, welches durch die Vielzahl, Heterogenität und Agilität der Datenquellen zum Einsatz kommt, erschwert die Interpretierbarkeit durch den Nutzer und hat somit eine mittlere Wechselwirkung mit der Entscheidungsfindung. Nicht zuletzt hat die Verarbeitung semi- und unstrukturierter Daten zur Folge, dass keine Informationen aus den Schemata der Datenbanken selbst generiert werden können, sondern erst durch Interpretation der Daten selbst sowie der dazugehörigen Metadaten. (s. QUIX 2021, S. 89 ff.) Dies ist für die Akzeptanz der Systemergebnisse von Bedeutung, der Wechselwirkung wird eine mittlere Stärke zugeordnet.

Intrasystemische Wechselwirkungen

Auf der Ebene *Aufgabe – Technologie* können insgesamt 12 Wechselwirkungen identifiziert werden. Eine zusammenfassende Darstellung der Stärke der Wechselwirkungen für den Typ Prescriptive Analytics ist in Abbildung 5-36 dargestellt.

	Merkmale & *Merkmalsausprägungen Prescriptive Analytics*	**Technologie**				
		Analysemethodik: *u. a. logikbasierte Modelle und Simulation*	IT-Infrastruktur: *skalierbare IT-Systeme*	benötigte Datenmenge: *hoch*	Datenart: *dynamische Daten*	Datenstruktur: *unstrukturierte Daten*
Aufgabe	Leistungsversprechen: *eigenständige Entscheidungen*	++	++	+	+	+
	Informationsaufbereitung: *proaktiv*	+	0	0	0	0
	Nachvollziehbarkeit der Ergebnisse: *nicht nachvollziehbar*	++	0	++	+	+
	Stetigkeit der Analyse: *kontinuierlich*	+	0	0	+	0

Abbildung 5-36: Stärke der intrasystemischen Wechselwirkungen Aufgabe – Technologie für den Typ Prescriptive Analytics (eigene Darstellung)

Das Wechselwirkungspaar *Aufgabe – Technologie* zeigt zwölf Wechselwirkungen, davon vier mit starken Wechselwirkungen. Die komplexen Aufgaben, welche mit einem

BA-System gelöst werden können, interagieren somit sehr stark mit der zugrundeliegenden Technologie. Das Leistungsversprechen interagiert mit allen Merkmalen der Technologie. Die Anforderung, automatisierte Entscheidungen zu treffen, erfordert weit fortgeschrittene Methoden, da diese Ereignisse vorhersagen, Handlungsalternativen aufzeigen und daraus die nutzenoptimale Alternative auswählen müssen. (s. GLUCHOWSKI 2016, S. 276) Hierfür muss eine entsprechende IT-Infrastruktur bereitgestellt werden, was sich in der starken Wechselwirkung äußert. Nur mit skalierbaren IT-Systemen kann mit heutigem Stand der Technik genügend Rechenkapazität bereitgestellt werden, um automatisiert verschiedene Handlungsalternativen zu erstellen, die nutzenoptimale Variante auszuwählen und automatisiert Handlungen einzuleiten (s, NAM ET AL. 2019, S. 414). Die Verarbeitung der Daten, welche „typische" Big-Data-Eigenschaften haben (s. Kap. 2.1.4), stellt höchste Anforderungen an die Technologie. Gleichzeitig entstehen die „Data-Insights", aus welchen die Potentiale und die Möglichkeiten zur Erzielung strategischer Wettbewerbsvorteile resultieren, erst durch diese Daten. (s. ARORA 2019, 13) Daher interagieren die Datenmenge, Datenart und Datenstruktur in mittlerer Wechselwirkung mit dem Leistungsversprechen. Die drei Merkmale können an dieser Stelle zusammengefasst betrachtet werden, da diese in ihren Ausprägungen hohe Datenmenge, dynamische Daten und semi- bzw. unstrukturierte Daten die vorgenannten Big-Data-Eigenschaften aufweisen.

Die proaktive Informationsaufbereitung interagiert in mittlerer Stärke mit der Analysemethodik. Die Analysemethodik muss geeignet sein, die Proaktivität zu unterstützen, damit das BA-System bei sich ändernden Rahmenbedingungen entsprechend reagieren kann. Gleichzeitig verursacht der Einsatz der technisch weit fortgeschrittenen Methoden eine mangelnde Nachvollziehbarkeit durch den Nutzer. Dieser bei Predictive Analytics beschriebene Zusammenhang wird durch die gestiegene Komplexität noch weiter verstärkt und interagiert mit starker Wechselwirkung. Für die begrenzten Aufnahme- und Verarbeitungskapazitäten des Nutzers stellen insbesondere hohe Datenmengen eine Hürde für die Nachvollziehbarkeit dar. Auch dynamische Daten und die gedankliche Verarbeitung von semi- und unstrukturierten Daten stellen für den menschlichen Nutzer eine Hürde dar. Somit interagieren die beiden letztgenannten Paare in mittlerer Wechselwirkung mit der Nachvollziehbarkeit.

Die kontinuierliche Analyse interagiert in mittlerer Wechselwirkung mit der Analysemethodik. Es muss sichergestellt werden, dass neue Daten kontinuierlich in die Datenverarbeitung mit aufgenommen werden, um die Reaktionslatenzen zu minimieren. Eine mittlere Wechselwirkung ergibt sich ebenfalls mit der Verarbeitung dynamischer Daten, da diese zeitkritisch sind und somit einer kontinuierlichen Datenverarbeitung bedürfen. (s. HLAVÁČ U. ŠTEFANOVIČ 2020, S. 3)

Insgesamt können 37 Wechselwirkungspaare mittlerer Stärke und 27 Wechselwirkungspaare hoher Stärke identifiziert werden. Die hohe Zahl signifikanter Wechselwirkungen veranschaulicht die hohe Komplexität des Einsatzes von Business-Analytics. Im Vergleich zu den Typen Descriptive und Predictive Analytics können bei Prescriptive Analytics die meisten Wechselwirkungen festgestellt werden. Dies ist ein Indiz für die resultierenden hohen soziotechnischen Gestaltungsoptionen und den Bedarf für die Optimierung des Gesamtsystems. Die in der Anzahl und Stärke stark gestiegenen Wechselwirkungspaare insbesondere auf Akteur-Ebene zeigen die hohen Anforderungen an den Nutzer auf. Eine zusammenfassende Darstellung der Wechselwirkungen der einzelnen Wechselwirkungen auf Dimensionsebene ist in Tabelle 5-4 visualisiert.

Tabelle 5-4: Anzahl und Stärke der Wechselwirkungen für den Typ Prescriptive Analytics

Stärke der Wechselwirkung	intersystemisch				intrasystemisch		Summe
	Aufgabe-Struktur	Aufgabe-Akteur	Technologie-Struktur	Technologie-Akteur	Aufgabe-Technologie	Struktur-Akteur	
0	9	2	16	13	8	9	**57**
+	5	7	5	5	8	7	**37**
++	6	7	4	2	4	4	**27**

5.3.4 Zusammenfassung der Untersuchung der soziotechnischen Wechselwirkungspaare

Mit steigender technologischer Reife der BA-Systeme steigen die Anzahl und Stärke der Wechselwirkungen zwischen dem technischen und dem sozialen Subsystem. So steigert sich beispielsweise die Zahl der starken Wechselwirkungen von vier bei Descriptive Analytics auf 27 bei Prescriptive Analytics. Nachfolgend werden die Wechselwirkungen auf Dimensionsebene zusammengefasst, um die übergeordneten Zusammenhänge aufzuzeigen.

Insgesamt werden 136 mittlere und starke Wechselwirkungen identifiziert, bei insgesamt 363 Wechselwirkungspaaren. Somit haben 37,4 % der Wechselwirkungspaare eine mittlere oder starke Wechselwirkung. Bei der Zusammenfassung der Wechselwirkungsstärken auf Dimensionsebene wird als Schwellenwert für die mittlere Stärke der Wechselwirkungen die Hälfte der signifikanten Wechselwirkungen des jeweiligen Wechselwirkungspaares gelegt. Somit ergibt sich für die intersystemischen Wechselwirkungspaare ein Schwellenwert von vier. Starke Wechselwirkungen fließen mit einer doppelten Gewichtung ein. Der Schwellenwert für starke Wechselwirkungen liegt bei der Hälfte der Wechselwirkungen des jeweiligen Dimensionspaares, d. h. bei 20 Wechselwirkungspaaren muss ein Wert von mindestens 10 erreicht werden.

Descriptive Analytics

Bei Descriptive Analytics treten nur wenige signifikanten Wechselwirkungen auf. Diese Bewertung ist auf den einfachen Charakter und die geringen Anforderungen von Descriptive Analytics zurückzuführen. In Abbildung 5-37 werden die Wechselwirkungspaare zusammengefasst und bewertet.

Wechselwirkungspaar	Fokus	Bewertung
intersystemisch		
Aufgabe – Struktur	Die durch das BA-System zu erfüllende Aufgabe ist wenig komplex, daher müssen nur wenige strukturelle Rahmenbedingungen erfüllt werden.	0
Aufgabe – Akteur	Der Nutzer erfährt nur eine geringe Entscheidungsunterstützung durch das BA-System, er ist insbesondere für die Ableitung von Entscheidungsalternativen und Handlungsoptionen zuständig.	0
Technologie – Struktur	Es werden leicht bedienbare, einfach zu verstehende Technologien benutzt. Gleichzeitig ist es auch bei geringer technischer Komplexität essentiell, durch Data Governance strukturelle Rahmenbedingungen zu gewährleisten.	+
Technologie – Akteur	Die geringe Komplexität der Technologie und die gute Verständlichkeit dieser für den Nutzer resultiert in wenig signifikanten Wechselwirkungen.	0
intrasystemisch		
Aufgabe – Technologie	Die Aufgabe und die Technologie ergänzen sich in ihrem einfachen, strukturierten und nachvollziehbaren Charakter.	+
Struktur – Akteur	Die organisationale Gestaltung für das Finden und Treffen von Entscheidungen interagiert stark mit dem Akteur, da der Nutzer maßgeblich durch organisatorische Rahmenbedingungen in seinem Handeln beeinflusst wird.	++

++ | starke Wechselwirkung + | mittlere Wechselwirkung 0 | keine signifikante Wechselwirkung

Abbildung 5-37: Wechselwirkungen auf Dimensionsebene für den Typ Descriptive Analytics (eigene Darstellung)

Von den insgesamt vier intersystemischen Wechselwirkungspaaren wird nur den Wechselwirkungspaaren *Technologie – Struktur* und *Aufgabe – Technologie* eine mittlere Wechselwirkung zugeordnet. Die Entscheidungsfindung und das Treffen von Entscheidungen erfolgen maßgeblich durch den Nutzer, da dieser die Interpretation vergangener Ereignisse für zukünftiges Handeln selbstständig durchführen muss. Regelmäßig bildet der Einsatz von Descriptive Analytics aufgrund der geringen Anforderungen den Einstieg für den Einsatz von Business-Analytics. Gleichzeitig müssen auch hier insbesondere strukturelle Rahmenbedingungen gewährleistet werden. Beispielhaft hierfür ist die Data-Governance, welche sechs Wechselwirkungspaare mit den Merkmalen des technischen Subsystems bildet. Im Vordergrund steht somit weniger die technische Komplexität von Descriptive Analytics, vielmehr werden erste Schritte für eine datenbasierte Entscheidungskultur gelegt. (s. SCHUH ET AL. 2020, S. 37) Das typunabhängige Wechselwirkungspaar *Struktur – Akteur* wird mit einer starken Wechselwirkung bewertet, da die organisationalen Rahmenbedingungen maßgeblich den Handlungsspielraum, d. h. die Möglichkeiten des Mitarbeiters für das Finden und Treffen von Entscheidungen, determinieren.

Predictive Analytics

Die im Vergleich zu Descriptive Analytics gestiegene technische Komplexität spiegelt sich in der zunehmenden Stärke der Wechselwirkungen. Den vier interorganisationalen Wechselwirkungspaaren auf Dimensionsebene werden mindestens mittlere Stärken zugeordnet. Die beiden intrasystemischen Wechselwirkungspaare interagieren beide in starker Wechselwirkung. Die zusammenfassende Darstellung der Stärke der Wechselwirkungspaare für Predictive Analytics ist in Abbildung 5-38 dargestellt.

Wechselwirkungspaar	Fokus	Bewertung
	intersystemisch	
Aufgabe – Struktur	Mit der steigenden Komplexität der Aufgabe erfolgt eine zunehmende Dezentralisierung des Wissens, welcher in der Struktur entsprochen werden muss.	+
Aufgabe – Akteur	Durch die Vorhersage zukünftiger Ereignisse wird der Nutzer zunehmend stärker in seinen Entscheidungen beeinflusst, insbesondere die Nachvoll - ziehbarkeit für den Nutzer spielt somit eine immer größere Rolle.	+
Technologie – Struktur	Die Technologie erfordert eine datenorientierte Struktur und entsprechende organisatorische Rahmenbedingungen, um insbesondere die zunehmende Komplexität der zu verarbeitenden Daten zu adressieren.	++
Technologie – Akteur	Von der gestiegenen technischen Komplexität ist der Nutzer in wenigen Aspekten betroffen.	+
	intrasystemisch	
Aufgabe – Technologie	Die gestiegene Komplexität sowohl der Aufgabe als auch der Technologie äußert sich insbesondere durch viele Wechselwirkungen bei dem gestiegenen Leistungsversprechen und der sinkenden Nachvollziehbarkeit.	++
Struktur – Akteur	Die organisationale Gestaltung für das Finden und Treffen von Entscheidungen interagiert stark mit dem Akteur, da der Nutzer maßgeblich durch organisatorische Rahmenbedingungen in seinem Handeln beeinflusst wird.	++

++ | starke Wechselwirkung + | mittlere Wechselwirkung 0 | keine signifikante Wechselwirkung

Abbildung 5-38: Wechselwirkungen auf Dimensionsebene für den Typ Predictive Analytics (eigene Darstellung)

Die stark gestiegene technische Komplexität übt einen großen Einfluss auf die Struktur aus. Der gestiegene Umfang der Aufgabe interagiert mit dem sozialen Subsystem in mittlerer Stärke, da eine zunehmend stärkere Dezentralisierung des Wissens entsteht, der Nutzer wird gleichzeitig zunehmend in seinen Entscheidungen beeinflusst. Auf der *Technologie-Struktur*-Ebene bestehen starke Wechselwirkungen, da die hohen Anforderungen der Technologie insbesondere strukturell verankert werden müssen. Gleichzeitig ist der Akteur von diesen Auswirkungen nur begrenzt betroffen. Intrasystemisch besteht bei dem Paar *Aufgabe – Technologie* eine starke Wechselwirkung, da beide Dimensionen einen stark gestiegenen Reifegrad haben und stark voneinander abhängig sind. Das typunabhängige Dimensionspaar *Struktur – Akteur* wird ausführlich in der Beschreibung von Descriptive Analytics dargelegt; somit unterbleibt an dieser Stelle eine weitere Ausführung.

Prescriptive Analytics

Die soziotechnische Untersuchung ergibt eine ausschließlich mittlere oder hohe Stärke an inter- und intrasystemischen Wechselwirkungen. Diese hohe Anzahl und Stärke an Wechselwirkungen lassen sich auf den hohen Grad der Entscheidungsunterstützung, die hohe Komplexität der Technologie und die vielen Interaktionen mit dem sozialen Subsystem zurückführen. Eine zusammenfassende Darstellung der Wechselwirkungen auf Dimensionsebene für den Typ Prescriptive Analytics ist in Abbildung 5-39 dargestellt.

Wechselwirkungspaar	Fokus	Bewertung
intersystemisch		
Aufgabe – Struktur	Der Paradigmenwechsel, welcher durch das automatisierte Entscheiden entsteht, muss sich in der Anpassung der Struktur widerspiegeln.	++
Aufgabe – Akteur	Der hohe Grad der Unterstützung des Nutzers wird als starker Eingriff in die Entscheidungsfindung und das Treffen von Entscheidungen wahrgenommen.	++
Technologie – Struktur	Die hohe Reife der Technologie erfordert eine datenorientierte Struktur und Richtlinien, entsprechende organisatorische Rahmenbedingungen müssen darüber hinaus gewährleistet werden.	++
Technologie – Akteur	Die Technologie steht in zunehmender Wechselwirkung mit dem Akteur, da diese hoch komplex ist.	+
intrasystemisch		
Aufgabe – Technologie	Der mit der Aufgabe einhergehende hohe Automatisierungs- und Reifegrad der Technologie spiegelt sich in einer sehr hohen Anzahl und Stärke an Wechselwirkungen wider.	++
Struktur – Akteur	Die organisationale Gestaltung für das Finden und Treffen von Entscheidungen interagiert stark mit dem Akteur, da der Nutzer maßgeblich durch organisatorische Rahmenbedingungen in seinem Handeln beeinflusst wird.	++

++ | starke Wechselwirkung + | mittlere Wechselwirkung 0 | keine signifikante Wechselwirkung

Abbildung 5-39: Wechselwirkungen auf Dimensionsebene für den Typ Prescriptive Analytics (eigene Darstellung)

Der Paradigmenwechsel, welcher auf Ebene der Aufgabe mit der teilweise vollständigen Automatisierung von Entscheidungen entsteht, resultiert in starken Wechselwirkungen mit dem sozialen Subsystem. Sowohl die Struktur- als auch die Akteur-Ebene interagieren mit hoher Stärke mit der Aufgabe. Die Technologie tritt in starke Wechselwirkungen mit der Struktur, da für die technisch weit fortgeschrittenen Systeme die entsprechenden organisatorischen Rahmenbedingungen bereitgestellt werden müssen. Diese Komplexität der Technologie erfahren zunehmend auch die Nutzer der BA-Systeme, wenn auch nur in mittlerer Wechselwirkungsstärke.

Auf intrasystemischer Ebene gibt es starke Wechselwirkungen für das Dimensionspaar *Aufgabe – Technologie*. Der hohe Grad der Entscheidungsunterstützung muss durch die Technologie dargestellt werden, dies resultiert in einer hohen technischen Reife des Systems. Das typunabhängige Dimensionspaar *Struktur – Akteur* wird ausführlich in der Beschreibung von Descriptive Analytics dargelegt, somit unterbleibt an dieser Stelle eine weitere Ausführung.

Zusammenfassung und Vergleich der Typen

Die Zusammenführung der Ergebnisse zeigt eine kontinuierliche Steigerung der Anzahl und Stärke der Wechselwirkungen im soziotechnischen System von Descriptive über Predictive bis hin zu Prescriptive Analytics. Dabei spielen mehrere Faktoren eine entscheidende Rolle. Auffallend ist, dass vor allem die Aufgabe einen großen Einfluss auf die Struktur und den Akteur hat. Im Gegensatz zur Technologie werden im Modell vermehrt sehr starke Wechselwirkungsbeziehungen, von der Aufgabe ausgehend, festgestellt. Die Entwicklung der Stärke der Wechselwirkungen zwischen den Dimensionen in Abhängigkeit des jeweiligen BA-Typs ist in Abbildung 5-40 dargestellt.

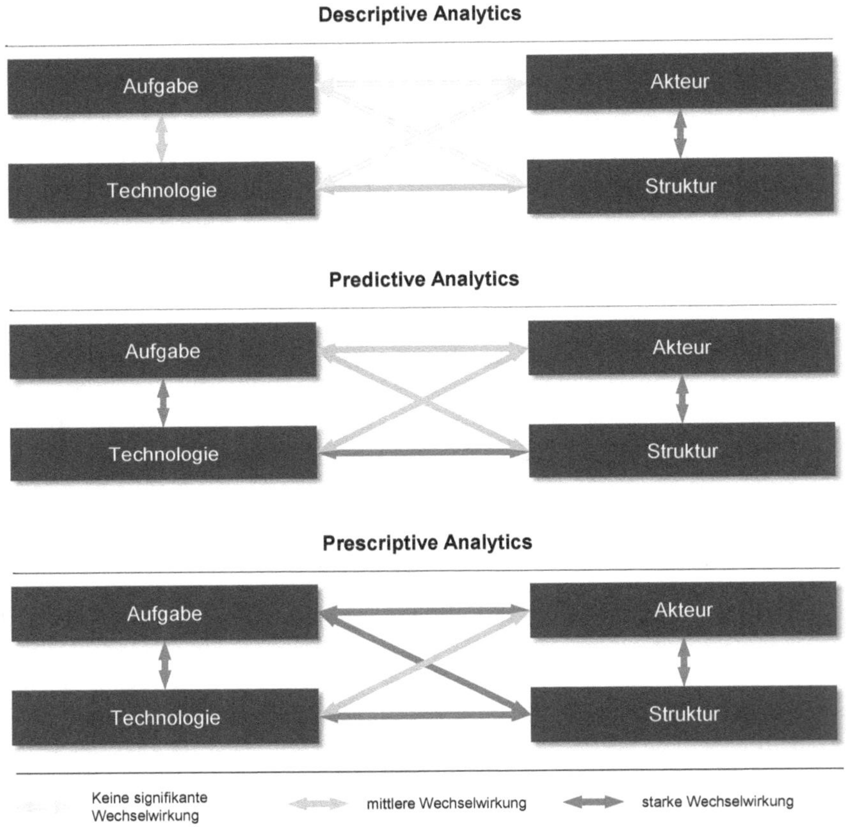

Abbildung 5-40: Typspezifische Entwicklung der Anzahl und Stärke soziotechnischer Wechselwirkungspaare auf Dimensionsebene (eigene Darstellung)

Descriptive Analytics weist die wenigsten Wechselwirkungen mit dem sozialen Subsystem auf. Diese Erkenntnis lässt sich mit der geringen Komplexität der Technik und der resultierenden nachvollziehbaren Entscheidungsunterstützung erklären. Häufig bildet der Einsatz von Descriptive Analytics den Startpunkt für den Einsatz von Business-Analytics. Da sich diesem Einsatz häufig der Einsatz der weiter entwickelten Typen anschließt, ist die optimale Gestaltung der Rahmenbedingungen, welche sich im sozialen Subsystem widerspiegeln, von hoher Bedeutung.

Der Einsatz von Predictive Analytics stellt höhere Anforderungen an das soziotechnische System, dies spiegelt sich in einer gesteigerten Zahl und Stärke an Wechselwirkungen wider. Gleichzeitig stellt Predictive Analytics „nur" eine logische Weiterentwicklung von Descriptive Analytics dar, der Grad der Entscheidungsunterstützung steigt (s. DELEN U. RAM 2018, S. 8 ff.). Der gestiegenen technischen Reife muss durch die

Struktur, d. h. durch Schaffung organisationaler Rahmenbedingungen, entsprochen werden. Der Grad der Entscheidungsunterstützung steigt, gleichzeitig trifft der Nutzer weiterhin die Entscheidungen selbst.

Der Paradigmenwechsel findet bei der Nutzung von Prescriptive Analytics statt. Der hohe Grad der Entscheidungsunterstützung hat hierbei insbesondere Auswirkungen auf den Akteur, das Wechselwirkungspaar *Aufgabe – Akteur* hat in der Anzahl und Stärke die meisten Beziehungen untereinander. Dies erklärt sich daraus, dass neben datenorientierten Fähigkeiten auch persönliche Aspekte und Bedürfnisse der Nutzer wie Vertrauen, Akzeptanz, Kultur, aber auch der Führungsstil eine große Rolle spielen. Durch die Dezentralisierung der Entscheidungsmacht in Kombination mit dem notwendigen Aufbau neuer Kompetenzen steht der Mitarbeiter im Zentrum der Veränderung. Dadurch steht dieser nicht nur in großer Verantwortung, sondern trägt auch maßgeblich zum erfolgreichen Einsatz von Business-Analytics bei. Neben der veränderten Anforderung hinsichtlich Mitarbeiterkompetenzen und Verantwortung ändert sich auch der Modus Operandi für den Mitarbeiter, da Aufgaben zunehmend vom System übernommen werden.

Eine zusammenfassende Darstellung der typspezifischen Wechselwirkungspaare auf Dimensionsebene ist in Abbildung 5-41 enthalten.

Wechselwirkungspaare	Typen		
	Descriptive Analytics	Predictive Analytics	Prescriptive Analytics
intersystemisch			
Aufgabe – Struktur	0	+	++
Aufgabe – Akteur	0	+	++
Technologie – Struktur	+	++	++
Technologie – Akteur	0	+	+
intrasystemisch			
Aufgabe – Technologie	+	++	++
Struktur-Akteur	++	++	++

++ | starke Wechselwirkung + | mittlere Wechselwirkung 0 | keine signifikante Wechselwirkung

Abbildung 5-41: Vergleich der typspezifischen soziotechnischen Wechselwirkungspaare auf Dimensionsebene (eigene Darstellung)

Die soziotechnische Untersuchung veranschaulicht, dass der Einsatz von Business-Analytics weit über die technische Gestaltung fortschrittlicher Analyseverfahren hinausgeht. Vielmehr muss das Gesamtsystem als Zusammenspiel der einzelnen Systemelemente als Ganzes optimiert werden. Die steigende technologische Reife, welche durch die Typen Descriptive, Predictive und Prescriptive Analytics abgebildet wird, erfordert eine entsprechende Gestaltung der organisatorischen Rahmenbedingungen und gleichzeitig die Befähigung der Mitarbeiter zur erfolgreichen Nutzung des Systems.

In diesem Kapitel 5.3 wurde somit die dritte Unterforschungsfrage beantwortet: „*Wie lassen sich die wechselseitigen Wirkungsbeziehungen zwischen den Typen von Business-Analytics und den Merkmalen des sozialen Subsystems erklären?*".

5.4 Entwicklung typspezifischer soziotechnischer Gestaltungsinstrumente

Die wechselseitige Beeinflussung des sozialen und technischen Systems führt dazu, dass soziotechnische Systeme immer als Gesamtsystem optimiert werden müssen (s. SONY U. NAIK 2020, S. 1). Die Optimierung des soziotechnischen Systems für den Einsatz von Business-Analytics kann durch Gestaltungsinstrumente unterstützt werden (s. VIDGEN ET AL. 2017, S. 635). Somit bedarf es der Identifikation adäquater Handlungsmöglichkeiten, um in Abhängigkeit eines spezifischen Business-Analytics-Typs das Gesamtsystem erfolgreich zu gestalten.

Grundsätzlich müssen bei der Gestaltung eines Systems alle Einflussgrößen enthalten sein, welche für die Erfüllung definierter Anforderungen oder Aufgaben erforderlich sind (s. LEHNER ET AL. 2008, S. 31). Eine Grundlage hierfür bildet die Kenntnis über die Wirkungszusammenhänge zwischen den einzelnen Merkmalen und Ausprägungen der jeweiligen Dimensionen des soziotechnischen Systems. Aufbauend auf der Detaillierung der einzelnen Dimensionen des soziotechnischen Systems für den Einsatz von Business-Analytics und in Abhängigkeit der jeweiligen Typen wurden in Kapitel 5.3 die einzelnen Wirkungszusammenhänge, welche sich beim Einsatz der Typen Descriptive, Predictive und Prescriptive Analytics ergeben, untersucht. Hierbei konnte aufgezeigt werden, dass typspezifische Wechselwirkungen beim Einsatz von Business-Analytics entstehen. Generische Gestaltungsinstrumente werden daher zum einen nicht den Anforderungen der einzelnen BA-Typen gerecht, zum anderen berücksichtigen diese nicht die gleichzeitige Beeinflussung verschiedener Dimensionen.

In der Forschung und Praxis existieren zahlreiche generische Instrumente und Handlungsempfehlungen, um die Einführung und den Einsatz von Business-Analytics zu unterstützen. Durch die Zusammenführung mit den typspezifischen Wechselwirkungen, welche die soziotechnischen Systemzusammenhänge berücksichtigen, können präzise Handlungsempfehlungen abgeleitet werden. Somit können Führungskräfte, welche mit der Sicherstellung eines erfolgreichen Einsatzes von Business-Analytics betraut sind, im Vergleich zu generischen Instrumenten zielgerichteter unterstützt werden. Zudem werden individuelle Herausforderungen und Problemstellungen besser adressiert.

Ziel des Kapitels ist daher, unter Berücksichtigung der in den vorherigen Kapiteln identifizierten Wechselwirkungen, die Generierung von typspezifischen soziotechnischen Gestaltungsinstrumenten, welche insbesondere für Führungskräfte aus der Praxis geeignet sind. Als Grundlage hierfür dienen generische Gestaltungsempfehlungen, welche insbesondere im Zusammenhang mit dem Konzept der kritischen Erfolgsfaktoren zu finden sind. Es findet in der wissenschaftlichen Auseinandersetzung nicht zuletzt aufgrund der Untersuchungen zur Ursache des Produktivitätsparadoxons der Informationstechnologie breite Anwendung. Dieses beschreibt das Phänomen, dass Investitionen in IT nicht zu der erwarteten Steigerung der Unternehmensproduktivität führen. (s. GUPTA U. GEORGE 2016, S. 1049) Unterstützt durch eine Literaturrecherche und unter Verwendung des Konzepts der theoretischen Sättigung werden hierbei zunächst relevante Erfolgsfaktoren identifiziert. Die in die weitere Betrachtung aufgenommenen Faktoren werden anschließend detailliert und generische Gestaltungsempfehlungen abgeleitet. Anschließend erfolgt unter Berücksichtigung der soziotechnischen Wechselwirkungen die Generierung typspezifischer soziotechnischer Gestaltungsinstrumente.

5.4.1 Identifikation generischer Gestaltungsinstrumente

Der Einsatz von Business-Analytics stellt hohe Anforderungen an die Organisation und ihre Mitarbeiter sowie die technische Infrastruktur (s. TIM ET AL. 2020, S. 642). Die Identifikation und Analyse von Gemeinsamkeiten erfolgreicher Projekte in Form kritischer Erfolgsfaktoren soll der hohen Fehlerrate bei BA-Projekten (65 – 80 %) entgegenwirken (s. MÜLLER ET AL. 2020, S. 1). Die Fokussierung der Ressourcen auf die global erfolgversprechendsten Vorgänge soll dabei unterstützen, die knappen Ressourcen optimal einzusetzen (s. YEOH U. KORONIOS 2010, S. 23). Das Konzept der kritischen Erfolgsfaktoren wurde initial von DANIEL (1961) vorgestellt und von ROCKART (1979) weiterentwickelt. Dieser definiert kritische Erfolgsfaktoren als *„die begrenzte Anzahl von Bereichen, in denen die Ergebnisse, wenn sie zufriedenstellend sind, eine erfolgreiche Wettbewerbsleistung für das Unternehmen gewährleisten. Es sind die wenigen Schlüsselbereiche, in denen "alles richtig laufen muss", damit das Unternehmen floriert.“* (ROCKART 1979, S. 85) Kritische Erfolgsfaktoren müssen somit maßgeblich zur Zielerreichung beitragen. Sie beschreiben gleichzeitig einen begrenzten und kohärenten Lösungsraum, welcher kontinuierlich gemessen wird (s. ROCHART 1979, S. 85 ff.).

Dieser Lösungsraum besteht bei der nachfolgenden Identifikation von Gestaltungsinstrumenten in Einführung und Einsatz von Business-Analytics. Verschiedene Studien zeigen auf, dass der Einbezug kritischer Erfolgsfaktoren einen positiven Einfluss für die Einführung und den Einsatz von Business-Analytics hat. Gleichzeitig ist das Konzept der kritischen Erfolgsfaktoren insbesondere in der Forschung nicht unumstritten (vgl. z. B. DÖMÖTÖR (2011) oder BRAUN (2020)). Diese Kritik ist auf verschiedene

Ursachen zurückzuführen; eine ausführliche Diskussion unterbleibt allerdings im Rahmen dieser Arbeit, da die Erfolgsfaktoren lediglich die Grundlage zur Identifikation generischer Gestaltungsempfehlungen darstellen. Die häufig in der Kritik stehende Betrachtung der wechselseitigen Kausalität und Signifikanz der Erfolgsfaktoren ist nicht relevant: Die einzelnen Erfolgsfaktoren werden an sich aus der Literatur hergeleitet, die übergreifende Betrachtung verschiedener Metastudien in der Arbeit stellt die Relevanz der Faktoren sicher. Nachfolgend wird daher eine systematische Literaturanalyse zur Identifikation relevanter Quellen, welche für die Analyse und Destillation von Gestaltungsempfehlungen geeignet sind, durchgeführt.

Die Grundlage bildet die systematische Literaturanalyse nach VOM BROCKE ET AL. (2009) (s. Kap. 3.1). Hierzu wurden analog zu den in Kapitel 3 durchgeführten Literaturanalysen die drei Suchmaschinen Google Scholar, IEEE Xplore und Scopus verwendet. Innerhalb der verwendeten Suchmaschinen wurden Kombinationen aus den folgenden Worten als Suchbegriffe verwendet: „Business-Analytics“ (inkl. Abkürzungen und angrenzende Begriffe), „Business-Intelligence“ (inkl. Abkürzungen und angrenzende Begriffe) in Verbindung mit „Critical Success Factors“ und „Success Factors“, „Change Management“ und „socio-technical factors“. Insgesamt wurden 484 Quellen identifiziert. Sie wurden inhaltlich durch Title-Screening, Abstract-Screening sowie Lesen der Volltexte auf ihre tatsächliche Relevanz geprüft. Hierbei war es wichtig, insbesondere Metastudien zu identifizieren, welche die Erfolgsfaktoren verschiedener Autoren aggregieren, um ein holistisches Bild der Gestaltungsinstrumente und -empfehlungen zu erhalten. Das Ergebnis der Analyse ist in Abbildung 5-42 dargestellt. Auf eine detaillierende Darstellung der Quellen wird verzichtet, da diese selbst nur eine Aggregation von bestehender Literatur (*Literature Review*) darstellen.

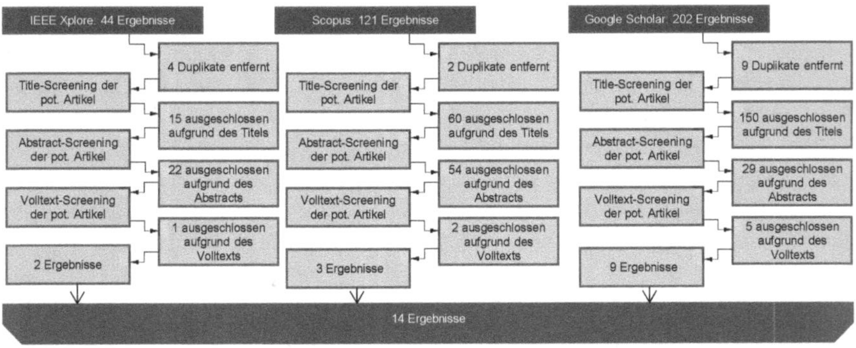

Abbildung 5-42: Vorgehen zur Identifikation und Auswertung von Publikationen für die Identifikation generischer Gestaltungsinstrumente (eigene Darstellung)

Insgesamt wurden durch den Literaturrecherche- und -analyseprozess 14 Quellen kondensiert, welche in der nachfolgenden Untersuchung verwendet werden. In Tabelle 5-5 findet sich eine Auflistung der verwendeten Quellen.

Tabelle 5-5: Übersicht über die in der fallstudienbasierten Untersuchung verwendeten Quellen

Lfd. Nr.	Autor der Fallstudie	Lfd. Nr.	Autor der Fallstudi
1	OLSZAK U. ZIEMBA (2012)	8	YEOH U. KORONIOS (2010)
2	LAUREANO ET AL. (2016)	9	MIKALEF ET AL. (2017a)
3	KUMAR U. KRISHNAMOORTHY (2020)	10	TROILO ET AL. (2017)
4	ACHEAMPONG U. MOYAID (2016)	11	MILLER (2019)
5	WIXOM U. WATSON (2001)	12	WIRGES ET AL. (2020)
6	DAWSON U. VAN BELLE (2013)	13	APPELBAUM ET AL. (2017)
7	CHEN ET AL. (2012)	14	ADRIAN ET AL. (2017)

Das Kriterium der theoretischen Begründung der Fallstudienauswahl ist mit der Durchführung der Literaturanalyse und dem wissenschaftlich anerkannten Reduktionsprozess gegeben. Die Auswahl und der Einbezug von 14 relevanten Quellen in die fallstudienbasierte Untersuchung zur Identifikation von Erfolgsfaktoren erfüllen somit die Anforderung des Autors YIN (2018), welcher eine Mindestanzahl von sechs bis zehn Fallstudien zur Validierung eines A-priori-Modells fordert (s. YIN 2018, S. 103). Das Ergebnis der Untersuchung ist die Extrahierung von insgesamt 58 Erfolgsfaktoren. Eine Sättigung stellt sich nach 10 Quellen ein, somit wird das Abbruchkriterium erfüllt. Der Verlauf der Sättigung der identifizierten Erfolgsfaktoren ist in Abbildung 5-43 dargestellt.

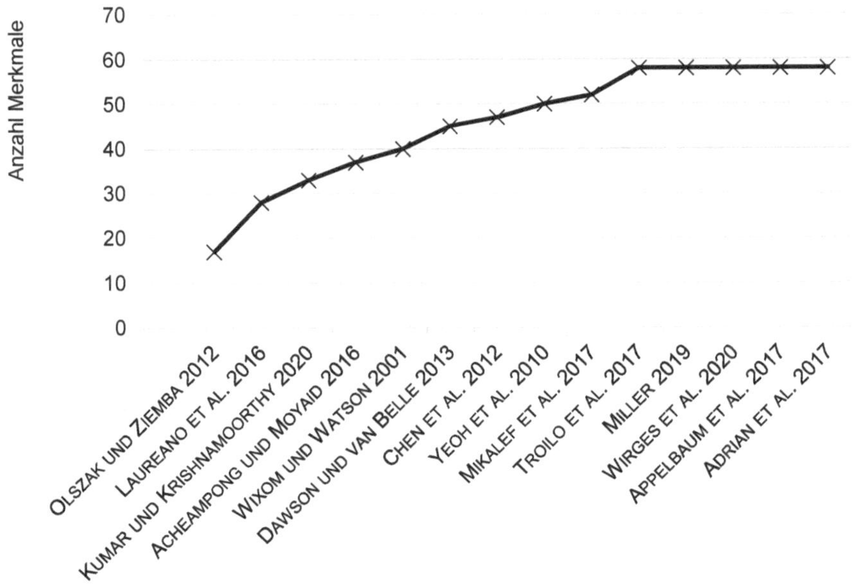

Abbildung 5-43: Sättigungskurve der identifizierten Faktoren

Die ermittelten Erfolgsfaktoren können unterschiedlichen Feldern zugeordnet werden, diese werden als technische, soziale und sonstige Erfolgsfaktoren bezeichnet (s. Anhang C). Den einzelnen Feldern lassen sich 21 technische, 30 soziale und sieben sonstige Erfolgsfaktoren zuordnen. Bei der sich nach zehn Autoren einstellenden Sättigung von 58 Erfolgsfaktoren ist auffällig, dass viele Erfolgsfaktoren nur von wenigen Autoren genannt werden. Dies ist darauf zurückzuführen, dass die einzelnen Erfolgsfaktoren terminologisch inkonsistent definiert sind und somit gleiche Themenfelder mit unterschiedlichen Erfolgsfaktoren adressiert werden. Eine Zusammenführung der einzelnen Erfolgsfaktoren ergibt die Definition von 21 subsumierten Erfolgsfaktoren, welche nachfolgend als Cluster bezeichnet werden. Die Bezeichnung der Cluster stellt hierbei eine aussagekräftige Zusammenfassung der subsumierten Faktoren dar. Findet keine Zusammenfassung statt, wird stattdessen der Name des Erfolgsfaktors übernommen. Im Rahmen der Zusammenführung werden die Cluster in das soziotechnische Systemmodell eingeordnet. Die Zuordnung folgt dem in dieser Arbeit verwendeten Ansatz nach LEAVITT (1965), die Dimensionen ergeben sich somit zu Aufgabe und Technologie für das technische Subsystem sowie zu Struktur und Akteur für das soziale Subsystem.

Die Anzahl an Nennungen gibt eine Indikation für die Wichtigkeit der einzelnen Erfolgsfaktoren. Je häufiger ein einzelner Erfolgsfaktor übergreifend von den Autoren gezählt wird, desto höher ist der Indikator für die Relevanz. Bei 14 Autoren liegt die maximale Anzahl an Nennungen eines einzelnen Erfolgsfaktors bei 14. Nachfolgend werden die wichtigsten drei Faktoren der jeweiligen Dimensionen benannt, anschließend erfolgt die Exkludierung von wenig relevanten Clustern durch das Setzen eines Schwellenwerts. Zuletzt erfolgt die Detaillierung der einzelnen Cluster und die Ableitung von Gestaltungsinstrumenten.

Der Dimension Struktur als Teil des sozialen Subsystems können acht Cluster zugeordnet werden. Im Vergleich zu allen anderen Clustern und Dimensionen absolut am meisten genannt wird hierbei die organisatorische Infrastruktur mit 14 Nennungen. Der Support durch das Management und die Organisationskultur wird von mehr als zwei Dritteln der Autoren genannt. Die Dimension Akteur beinhaltet fünf Cluster. Das Commitment ist mit 14 absoluten Nennungen ein autorenübergreifend häufig genutztes Konzept, die in der Häufigkeit nachfolgenden Cluster Nutzerbeteiligung und Training der Akteure werden von fast der Hälfte der Autoren genannt.

Die Dimension Aufgabe als Teil des technischen Subsystems umfasst lediglich drei Cluster. Diese werden alle von weniger als einem Drittel der Autoren genannt und bestehen im Funktionsumfang, der Komplexität und den technischen Aufgaben. Die Dimension Technologie umfasst fünf Cluster. Die drei meistgenannten Cluster werden von über der Hälfte der Autoren genannt, sie bestehen in der Datenkompetenz, der Systemkompatibilität und der Tool-Chain, welche den Einsatz geeigneter Technologien, Werkzeuge, Software und die technische Infrastruktur beinhaltet. Eine zusammenfassende Übersicht der einzelnen Cluster, die zu den Clustern zugeordneten Erfolgsfaktoren und die absolute Zahl der Nennungen ist in Tabelle 5-6 dargestellt.

Tabelle 5-6: Zusammenfassung der Cluster und Anzahl der Nennungen

Cluster	zuordenbare Faktoren	Nennungen
Struktur		
Management-Support	Top-Management-Support, Senior-Management-Support, Effective Leadership, Führungsverständnis	**12**
organisatorische Infrastruktur	Organisationsgröße, Organisationsstruktur, Performance -Monitoring	**11**
Vision und Strategie	Vision, Mission, Organisationsstrategie/ -ziele, Ziele und Aufgaben	**10**
Organisationskultur	Kultur, datengesteuerte Organisationskultur, Transparenz und Kommunikation, kundenorientierte Kultur	**9**
Change- und Projektmanagement	agile und klassische PM-Methoden, Change -Management, Projektablaufplan	**8**
Business-Championship		**4**
Organisations-performance	Business-Case, Economic Performance, wahrgenommene Kosten	3
Datenschutz und Risikomanagement		2
Akteur		
Commitment	Mitarbeiterbereitschaft, organisatorische Bereitschaft	**14**
Nutzerbeteiligung	Benutzerfreundlichkeit, Kundenakzeptanz	**7**
Kompetenzaufbau	Kompetenzentwicklung	**6**
Führungsverständnis		3
Rollenprofil und Team-zusammensetzung	Data-Scientist, gemischte Entwicklungsteams	2
Aufgabe		
Funktionsumfang	Systemqualität, BA-Reifegrad	**4**
Komplexität		1
technische Aufgaben		1
Technologie		
Datenmanagement	Datenqualität, Datenverfügbarkeit, Wissensmanagement, Organisationsdatenumgebung	**14**
Systemkompatibilität	Integration alter & neuer Systeme, zentrale Dateneinheit, Konnektivität, passende Software, Kompatibilität	**12**
Flexibilität und Skalierbarkeit	geeignete Technologie & Werkzeuge, Kollaborationsplattformen, technische Infrastruktur, Technologieanlagen, technische Flexibilität	**8**
wahrgenommener Nutzen		3
technologische Kompetenz	technische Kompetenz, Entwicklungstechnologien	2

Tabelle 5-6 bildet die Grundlage für die nachfolgende Detaillierung und Ableitung der Gestaltungsinstrumente. Eine Reduktion der Cluster zur Sicherstellung der Relevanz erfolgt basierend auf dem Konzept von YIN U. FERNANDEZ (2020). Diese setzen einen Schwellenwert für die Anzahl der Nennungen fest; alle Faktoren oberhalb des Schwellenwerts werden in die nachfolgende Untersuchung aufgenommen. Somit werden lediglich Cluster mit hoher Zitationszahl, welche ein Indikator für die Relevanz darstellen, in die Betrachtung aufgenommen. Für die Arbeit werden nur Cluster in die weitere Betrachtung eingeschlossen, wenn mindestens ein Viertel der Autoren dieses in ihren Untersuchungen betrachten. Der Schwellenwert wird somit bei 14 Autoren auf den Wert vier gesetzt. In der Konsequenz werden die beiden Cluster Organisationsperformance sowie Datenschutz und Risikomanagement aus der Dimension Struktur ausgenommen. Das Führungsverständnis sowie das Rollenprofil und Teamzusammensetzung aus der Dimension Akteur als Teil des sozialen Subsystems werden für die weitere Betrachtung exkludiert. Analog erfolgt das Vorgehen für das technische Subsystem, bei welchem die Komplexität und die technischen Aufgaben als Teile der Dimension Aufgabe und die technologische Kompetenz sowie der wahrgenommene Nutzen als Teile der Dimension Technologie exkludiert werden. In Tabelle 5-6 sind die inkludierten Cluster zur besseren Unterscheidung fett gekennzeichnet. Im Ergebnis werden somit 13 Cluster in die weitere Betrachtung aufgenommen. Nachfolgend erfolgt die Detaillierung dieser sowie die Ableitung von Gestaltungsinstrumenten. Die in den Literaturanalysen der untersuchten Autoren genannten Quellen werden hierbei in den Untersuchungsbereich aufgenommen.

Management-Support

Die Unterstützung durch das Management ist bei der Einführung und dem Einsatz von Business-Analytics elementar. In der Dimension Struktur ist das Cluster Management-Support das am meisten von den Autoren genannte. Regelmäßig wird der Management-Support als der wichtigste Faktor bezeichnet (vgl. KUMAR U. KRISHNAMOORTHY 2020; ADRIAN ET AL. 2017; APPELBAUM ET AL. 2017; MIKALEF ET AL. 2017b; TROILO ET AL. 2017; OLSZAK U. ZIEMBA 2012). Allgemein wird daher davon ausgegangen, dass es für den erfolgreichen Einsatz von Business-Analytics der ausreichenden Unterstützung des Managements bedarf. Das Management besteht in diesem Kontext in der direkten Beteiligung der Geschäftsleitung (z. B. CEO) oder in der (Geschäfts-)Bereichsleitung (z. B. Einkaufs- oder Vertriebsleiter). Alternativ kann die Unterstützung durch andere Führungspersönlichkeiten, welche einen hohen Einfluss in der Organisation und auf die Mitarbeiter haben, erfolgen. (s. YEOH U. POPOVIČ 2016, 140) Um das Management zur Unterstützung zu gewinnen, ist es daher essentiell, dass dieses über ein ausgeprägtes Verständnis für das BA-Projekt verfügt (s. KREUTZER 2018, S. 263; s. VILLAMARÍN GARCÍAA U. DÍAZ PINZÓNA 2017, S. 57). Für eine höhere Erfolgswirkung sollten dem Management die Schlüsselrollen bekannt sein. Nur so kann verhindert werden, dass aufgrund von Macht oder politischer Position, welche die Personen innerhalb und außerhalb des Unternehmens haben, eine nicht zielführende Beeinflussung bei der Projektauswahl, -initiierung und -durchführung stattfindet (s. VILLAMARÍN GARCÍAA U. DÍAZ PINZÓNA 2017, S. 57). Unterstützend hierbei kann der Einbezug eines Mentors, welcher zum verbesserten Verständnis des Managements beiträgt, wirken. Dieser hat idealerweise ein breites Vorwissen über den Einsatz von Business-Analytics (s. KREUTZER 2018, S. 263 f.).

Das Management selbst sollte über die Bereitschaft verfügen, datengetriebene Entscheidungen einer rein erfahrungsbasierten Lösungsfindung vorzuziehen. Hierzu sollten Ergebnisse von Datenanalysen in die strategische Ausrichtung des Unternehmens einfließen. (s. NAM ET AL. 2019, S. 417; GUPTA U. GEORGE 2016, S. 1053) Das Management sollte die Unterstützung für das BA-Projekt hierbei intern und extern kommunizieren. Neben der Kommunikation der Unterstützung sollten alle Interessengruppen regelmäßig über den Stand bzw. Erfolg des Einsatzes von Business-Analytics informiert werden. (s. AHMED U. MOHAMAD 2016, S. 55) Nicht zuletzt sollte das Management als Sponsor der BA-Projekte auftreten und somit kontinuierlich für die Ressourcenbereitstellung und die strategische Relevanz als Business-Projekt sorgen (s. YEOH U. POPOVIČ 2016, S. 140; YEOH ET AL. 2008, S. 1360 ff.). Aufgrund des besseren thematischen Fits erfolgt die Detaillierung in den Clustern Organisatorische Infrastruktur bzw. Vision und Strategie. Letztlich sollte der gesamte Einsatz von Business-Analytics in den Aufgaben- und Unterstützungsbereich des Managements fallen, da dieses die (Teil-)Organisation steuert und somit eventuell auftretende Probleme besser adressieren und abfangen kann. Insgesamt werden somit die folgenden Gestaltungsinstrumente (G) für das Cluster Management-Support identifiziert:

- G1: Unterstützung des BA-Projekts durch eine Führungskraft mindestens aus dem Geschäftsbereich mit Nutzen am Einsatz des BA-Systems
- G2: Aufbau eines ausgeprägten Verständnisses über das Projekt inkl. Kenntnis der wichtigsten Projektbeteiligten durch das involvierte Management
- G3: Einsatz eines Mentors zur Verständnisunterstützung
- G4: Vorzug von datengetriebenen Entscheidungen gegenüber rein erfahrungsbasierter Lösungsfindung
- G5: Regelmäßiges Update aller Interessengruppen

Organisatorische Infrastruktur

Die Entwicklung hin zu einer datengetriebenen Organisation ist eine komplexe und vielschichtige Aufgabe und erfordert ein abgestimmtes Vorgehen des Unternehmens (s. MIKALEF ET AL. 2020, S. 8). Das Unternehmen verfügt im Sinne der Ressourcentheorie über Ressourcen und Kompetenzen, welche es kontinuierlich anpassen bzw. weiterentwickeln muss. Diese werden zum einen für die gegenwärtige Wertschöpfung benötigt, zum anderen für die Sicherung der zukünftigen Wettbewerbsfähigkeit. Um den Einsatz von Business-Analytics zu unterstützen, müssen diese Ressourcen kontinuierlich bereitgestellt werden. Dies erfolgt zumeist durch das Management in Form von finanziellen und menschlichen Ressourcen sowie durch die Bereitstellung von genügend Zeit. (s. MIKALEF ET AL. 2017a, S. 2; GUPTA U. GEORGE 2016, S. 1050) Eine elementare Ressource für den Einsatz von Business-Analytics stellt die Datengrundlage dar, diese wird im Cluster Datenstandards detailliert. Auch die Infrastruktur, um die Daten zu verarbeiten und Erkenntnisse aus diesen zu gewinnen, stellt eine wichtige Ressource dar, welche im Cluster Flexibilität und Skalierbarkeit weiter detailliert wird. Im Sinne einer optimalen Ressourcenallokation sollten Investitionen und Budgets für spezifische BA-Projekte priorisiert getätigt und freigegeben werden, sofern der erwartete Geschäftsnutzen hierzu Anlass gibt (s. AKTER ET AL. 2016, S. 124 ff.).

Die Organisation wird zudem maßgeblich durch ihre Struktur bestimmt. Für den Einsatz von Business-Analytics sollte die Organisationsstruktur möglichst dezentral sein. Zentralisierte Organisationsstrukturen sind häufig durch zu viele Verantwortungsebenen gekennzeichnet, welche insbesondere beim Einsatz von Business-Analytics die Abläufe verlangsamen und den Informationsfluss behindern. Dezentrale

Organisationsstrukturen hingegen unterstützen die schnelle Reaktionsfähigkeit von Unternehmen, indem inner- und interbetriebliche Informationsflüsse zwischen den Abteilungen sowie weiteren Partnern schnell ausgetauscht werden können. Dadurch werden Reaktionslatenzen minimiert und strukturelle Informationsdefizite, welche durch eine zunehmende Dezentralisierung des Wissens entstehen, durch die Übergabe von mehr Verantwortung an die einzelnen Akteure verringert. (s. AL-ALAWI ET AL. 2007, S. 38) Insgesamt werden somit die folgenden Gestaltungsinstrumente für das Cluster Organisatorische Infrastruktur identifiziert:

- G6: Kontinuierliche Bereitstellung und Reallokation der benötigten Ressourcen für den Einsatz von Business-Analytics
- G7: Priorisierung von Mittelbereitstellungen für spezifische BA-Projekte, basierend auf dem erwarteten Geschäftsnutzen
- G8: Dezentralisierung der Unternehmensstruktur

Vision und Strategie

Das Vorhandensein einer klaren Vision und einer definierten Strategie ermöglichen es Unternehmen, zukünftige und zukunftsweisende Stoßrichtungen vorzugeben und somit zur langfristigen Erhaltung der Wettbewerbsfähigkeit beizutragen. Auch für den Einsatz von Business-Analytics ist es elementar, eine Strategie für diesen zu entwickeln und an den Geschäftsbedürfnissen auszurichten. (s. KUMAR U. KRISHNAMOORTHY 2020, S. 86) Es sollte hierbei eine Kongruenz zwischen der Unternehmensvision und -strategie sowie der Vision und Strategie für den Einsatz von Business-Analytics bestehen. Die Strategie sollte in Abstimmung der Anforderungen und Potentiale von BA-Applikationen derart gestaltet sein, dass die Erstellung und Realisierung eines Business-Case ermöglicht wird. Der Business-Case sollte dabei zur Erfüllung der Unternehmensziele und -bedürfnisse beitragen und konkrete Geschäftsziele, wie die Kostenreduzierung, Markterweiterung oder die Kundenbindung, unterstützen. (s. YEOH U. KORONIOS 2010, S. 26) Hilfreich dafür ist die initiale Erstellung eines Unternehmens- und Applikationsprofils, um Visionen und Ziele zu definieren, ein geeignetes Applikationsportfolio auszuwählen und den Ressourcenaufwand sowie die benötigten Fähigkeiten abschätzen zu können (s. VILLAMARÍN GARCÍAA U. DÍAZ PINZÓNA 2017, S. 60; YEOH U. KORONIOS 2010, S. 30). Die Strategie sollte für alle Beteiligten erkennbare, zweckmäßige und anspruchsvolle Zielvorgaben besitzen; diese sollten durch quantitative Zielgrößen und Maßnahmenpläne unterstützt werden (s. MÜLLER ET AL. 2020, S. 3). Dies ist insbesondere wichtig vor dem Hintergrund, dass der Einsatz von Business-Analytics regelmäßig die gesamte Organisation beeinflusst und eine Vielzahl an unterschiedlichen Stakeholdern involviert ist (s. MAGAIREAH ET AL. 2017, S. 459). Den einzelnen Stakeholdern müssen die Ziele klar aufgezeigt und vorgegeben werden. Ein Teil der Zielvorgaben sollte dabei kurzfristig erreichbar sein. So wird sichergestellt, dass bereits nach kurzer Zeit erste sichtbare Erfolge auftreten. Diese Erfolge fördern das Selbstvertrauen der Mitarbeiter und unterstützen damit den langfristig erfolgreichen Einsatz von Business-Analytics. (s. VAHS U. WEIAND 2020, S. 19) Es werden somit die folgenden Gestaltungsinstrumente für das Cluster Vision und Strategie identifiziert:

- G9: Definition von erkennbaren, zweckmäßigen und anspruchsvollen Zielvorgaben
- G10: Klare und konsistente BA-Strategie als Leitplanke zur Umsetzung der Vision
- G11: Strategie für den Einsatz von Business-Analytics zum Erreichen konkreter Geschäftsziele (z. B. Kostenreduzierung, Markterweiterung oder Kundenbindung)
- G12: Vorgabe von quantitativen Zielgrößen, inkl. Erstellung von Business-Cases
- G13: Einsatz von Business-Analytics als expliziter Teil der Unternehmensstrategie

Organisationskultur

Ein inhärenter Faktor, welcher schwierig zu beeinflussen, jedoch elementar für den erfolgreichen Einsatz von Business-Analytics ist, wird durch die Organisationskultur beschrieben (s. DAWSON U. VAN BELLE 2013, S. 7). Als intangible Ressource kann sie nicht in direkten finanziellen Kennzahlen gemessen werden, gleichzeitig ist sie kontextabhängig von hohem Wert. Die Organisationskultur wird in diesem Kontext definiert als die Summe an gemeinsamen Grundannahmen, welche sich eine Organisation durch die Interaktion mit der Umwelt und bei der Lösung von Problemen angeeignet hat und welche (neuen) Mitgliedern als Herangehensweise und Lösungsweg vermittelt werden. Somit entwickelt jede Organisation eine individuelle Kultur, welche sich in sichtbaren (z. B. in den vertretenen Werten, Philosophie, Mission) und unsichtbaren (unausgesprochene Werte, welche trotzdem maßgeblich für das Handeln der Mitglieder sind) Dimensionen äußern. (s. AL-ALAWI ET AL. 2007, S. 25)

Die Autoren GUPTA U. GEORGE (2016) fordern beim Einsatz von Business-Analytics die Organisationskultur als eine datengetriebene Entscheidungskultur. Sie zeigen hierbei auf, dass die Organisationskultur entscheidend für den Erfolg ist. Nicht erfolgreiche Business-Analytics-Projekte hängen häufig weniger mit den Daten und der Technologie, sondern oftmals mit der Unternehmenskultur zusammen, welche den Einsatz von Business-Analytics entweder hemmt oder verbessert. (s. GUPTA U. GEORGE 2016, S. 1054)

Essentiell für die Etablierung einer datengetriebenen Kultur ist die Etablierung einer datengetriebenen Entscheidungskultur auf allen Unternehmensebenen. Häufig sammeln Unternehmen eine Vielzahl von Daten, nutzen aber insbesondere bei der strategischen Entscheidungsfindung nur einen geringen Prozentsatz der verfügbaren Daten und Erkenntnisse. Die Unternehmen präferieren in diesen Situationen wichtiger Entscheidungen häufig die Intuition ihrer Führungskräfte. Die Entwicklung einer datengetriebenen Kultur umfasst somit alle Mitglieder der Organisation von der

Führungsebene bis zu den unteren Ebenen. Das Treffen von Entscheidungen findet auf allen Unternehmensebenen statt, insofern müssen alle Mitglieder einer Organisation unabhängig von ihrer Position befähigt werden, datengestützte Erkenntnisse in die Entscheidungsfindung und das Treffen von Entscheidungen zu integrieren. (s. GUPTA U. GEORGE 2016, S. 1054) Hilfreich hierbei ist eine besondere Fokuslegung auf die Gewinnung neuer und relevanter (externer) Informationen, welche des Einsatzes von Business-Analytics bedürfen. Diese mit Business-Analytics gewonnenen Erkenntnisse sollten anschließend in die Entscheidungen integriert werden. (s. MIKALEF ET AL. 2017a, S. 8)

Die Elemente Stabilität, Teamorientierung, Grundwerte, Befähigung und Belohnungssysteme sind einige der wichtigsten Faktoren der Organisationskultur, die das Organisationsklima bei der Umsetzung von Veränderungen beeinflussen (s. APPELBAUM ET AL. 2017, S. 34) Elementar ist in diesem Zusammenhang die Fehlerkultur. Diese sollte insbesondere in der Anfangsphase beim Einsatz von Business-Analytics derart gestaltet sein, dass auftretende Fehler als Quelle für Verbesserungen betrachtet werden. Fehler sollten somit nicht verschwiegen, sondern konsequent dokumentiert werden. Der Fokus sollte insbesondere auf der Ursachenerforschung und Lösungsfindung liegen, weniger auf der Suche nach einem potentiellen Schuldigen. (s. SCHUH ET AL. 2020, S. 37) Insgesamt werden somit die folgenden Gestaltungsinstrumente für das Cluster Organisationskultur identifiziert:

- G14: Datengetriebene Kultur auf allen Unternehmensebenen
- G15: Faktenbasierte und lernende Kultur inkl. Zugang der Mitarbeiter zur datenbasierten Entscheidungsfindung
- G16: Besonderer Fokus auf der Gewinnung neuer und relevanter (externer) Informationen und deren Integration
- G17: Steigerung des Vertrauens der Mitarbeiter durch Vorleben der datenbasierten Entscheidungsfindung durch die Führungsebene
- G18: Offener Austausch zu aufgetretenen Fehlern mit konsequenter Dokumentation und Ursachen- und Lösungssuche

Change- und Projektmanagement

Der Einsatz von Business-Analytics bewirkt regelmäßig eine digitale Transformation, welche eine gewollte Veränderung mit einem definierten Zielzustand darstellt. Diese Transformation muss durch die Neu- und Weiterentwicklung betrieblicher Prozesse gestaltet werden, zudem müssen soziopolitische Hemmnisse und Herausforderungen überwunden werden. Hierfür kommen ein nutzerorientiertes und interaktives Changemanagement und das Projektmanagement, bestehend aus klassischen und agilen Methoden, zum Einsatz. (s. VILLAMARÍN GARCÍAA U. DÍAZ PINZÓNA 2017, S. 52) Elementar hierbei sind die frühzeitige Definition eines Ziels, die zeitliche Begrenztheit und die Bereitstellung von Mitarbeitern zur Aufgabenerfüllung. (s. SCHLICHER ET AL. 2017, S. 4)

Eine Hauptfunktion des Changemanagements besteht aus der Kommunikation und dem Herstellen von Transparenz. Diese haben zum Ziel, die geplanten Veränderungen zu kommunizieren, die Ziele verständlicher zu machen und die Vorteile des Einsatzes von Business-Analytics aufzuzeigen (s. YEOH U. POPOVIČ 2016, S. 9 ff.). Nicht zuletzt aufgrund von transparenten und offenen Kommunikationsstrukturen haben es erfolgreiche Unternehmen geschafft, den Einsatz von Business-Analytics zu etablieren und durch das Treffen von datenbasierten analytischen Entscheidungen die Entscheidungsqualität zu verbessern (s. DAVENPORT U. BEAN 2018).

Eine weitere Aufgabe des Changemanagements besteht aus der gezielten und kontinuierlichen Bewertung und Anpassung der relevanten Prozesse. Diese dienen nicht allein der besseren Integration der BA-Systeme, sondern der Performancesteigerung der Prozesse selbst (s. BOYTON ET AL. 2015, S. 316) Die Vorbereitung und Begleitung der Organisation mit ihren Mitarbeitern in der Transformation beim Einsatz von Business-Analytics tragen maßgeblich zur Erreichung von Projektzielen in der richtigen Zeit, Qualität und Kosten bei (s. ESTEVES U. PASTOR-COLLADO 2001, S. 4).

Das Projektmanagement hat die Sicherstellung der Zielerreichung von Projekten zum Ziel. Projekte sind in diesem Kontext Vorhaben, welche im Wesentlichen durch ihre Einmaligkeit der Bedingungen (z. B. Zielvorgabe, zeitliche, finanzielle oder organisatorische Faktoren) gekennzeichnet sind. (s. MEYER U. REHER 2020, S. 2) Das Projektmanagement wird durch Prozesse umgesetzt; die Anwendung von Methoden, Techniken und Kompetenzen stellt die Erfüllung der Anforderungen der Stakeholder sicher (s. DIN 69901-1. 2009, S. 10). Das Projektmanagement sollte hierbei so gestaltet werden, dass Teilziele operationalisiert, Ressourcen- und Arbeitspläne definiert, Meilensteinen gesetzt und das kontinuierliche Tracking des Projektfortschritts etabliert werden. (s. FINNEY U. CORBETT 2007, S. 336) So können die Komplexität minimiert und Vorteile früh materialisiert werden. (s. YEOH U. KORONIOS 2010, S. 27)

Das Projektmanagement umfasst darüber hinaus die Planung, das Umfangsmanagement und die Teamzusammensetzung eines Projekts (s. MÜLLER ET AL. 2020, S. 3). Die Planung unterstützt die Erkennung des Ressourcenbedarfs und die frühzeitige Identifikation von kritischen Pfaden. Zudem kann durch die Planung die Ressourcenverteilung bei gleichzeitiger Kontrolle des Budgets optimiert werden. (s. ESTEVES U. PASTOR-COLLADO 2001, S. 5) Das Umfangsmanagement, welches der Sicherstellung der Definition und Durchführung sinnvoller Aufgaben für den Projekterfolg dient, sollte geschäftsmodellorientiert sein und sich an der Unternehmensstrategie ausrichten. In diesem Zusammenhang sollte ein kurzzyklisches und iteratives Vorgehen gewählt werden, um wandelbare und anpassungsfähige Strukturen zu etablieren, damit die im Rahmen des Umfangsmanagements definierten Aufgaben auch unter wechselnden Rahmenbedingungen zum Erfolg führen. (s. YEOH U. KORONIOS 2010, S. 27) Die Teamzusammensetzung sollte interdisziplinär realisiert werden, d. h., es sollte die benötigte technische und unternehmerische Perspektive vereinen. BA-Projekte sollten somit durch eine enge Kooperation von Mitarbeitern aus der geschäftsorientierten Fachabteilung und technologiertem Fokus (z. B. IT-Abteilung und Data-Scientists) umgesetzt werden. (s. YEOH ET AL. 2008, S. 1363; FINNEY U. CORBETT 2007, S. 336) Die Zusammenarbeit der Akteure sollte hierbei mit einer klaren Rollen- und Aufgabenverteilung gestaltet werden (s. HWANG ET AL. 2004, S. 8). Zur Sicherstellung und Koordination der interdisziplinären Teams sollten regelmäßige Meetings durchgeführt werden (s. KREUTZER 2018, S. 264).

Für das Projektmanagement sollten Governance-Strukturen vorgesehen werden. Diese sollen die Umsetzung, das Alignment und die Zielerreichung im Sinne des Projektsponsors sicherstellen, es sollte somit einem Top-down-Ansatz folgen. (s. VIDGEN ET AL. 2017, S. 631) In diesem Zusammenhang sollte ein Performance-Monitoring etabliert werden, um relevante Leistungsindikatoren (KPIs) zu definieren und kontinuierlich zu messen (s. GUPTA U. GEORGE 2016, S. 1049 ff.). Insgesamt werden somit die folgenden Gestaltungsinstrumente für das Cluster Change- und Projektmanagement identifiziert:

- G19: Herstellen von Transparenz und Kommunikation über die angestrebten Veränderungen und Ziele
- G20: Kontinuierliche Bewertung und Anpassung der Prozesse
- G21: Definierter Projektumfang und kontinuierliche Erfassung des Fortschritts
- G22: Festlegung von Meilensteinen und Review-Perioden
- G23: Frühzeitige Identifikation von kritischen Pfaden
- G24: Kurzzyklisches und iteratives Vorgehen im Projekt
- G25: Top-down definierte Governance-Strukturen
- G26: Enge Kooperation von Mitarbeitern aus der Fachabteilung und Technologieexperten (z. B. Data-Scientists) in interdisziplinären Teams
- G27: Gestaltung der Zusammenarbeit mit klarer Rollen- und Aufgabenverteilung
- G28: Regelmäßige, funktionsübergreifende Meetings
- G29: Performance-Monitoring durch Definition von KPIs

Business-Championship

Zur Unterstützung des erfolgreichen Einsatzes von Business-Analytics sollte für BA-Projekte ein „Business-Champion" gewählt werden. Diese separat vom Management stehende Person sollte nach Auffassung der Autoren YEOH ET AL. (2008) eine von Business-Analytics überzeugte Person mit fundierten Kenntnissen der Geschäftsprozesse eines Unternehmens und einer Affinität für technologische Innovationen sein. (s. YEOH ET AL. 2008, S. 1362) Als solche unterstützt und fördert sie den Einsatz von Business-Analytics aktiv, indem sie Bewusstsein schafft, Informationen, politische Unterstützung und materielle Ressourcen identifiziert und auf deren Bereitstellung einwirkt und eine wichtige Rolle bei der organisatorischen Akzeptanz von Business-Analytics durch ihr Vorbild und Identifikation schafft. (s. ACHEAMPONG U. MOYAID 2016, S. 92) Im Zusammenhang mit der Führung von interdisziplinären Teams sollte sie darüber hinaus über gute Kommunikationskompetenzen verfügen (s. YEOH U. KORONIOS 2010, S. 27). Insgesamt werden somit die folgenden Gestaltungsinstrumente für das Cluster Business-Championship identifiziert:

- G30: Identifikation von Mitarbeitern mit fundierten Geschäftskenntnissen und Affinität für den Einsatz von Business-Analytics (Business-Champions) und Nutzung dieser als Vorbilder
- G31: Führung von interdisziplinären Teams durch Mitarbeiter mit hohem Commitment für das BA-Projekt und guten technischen, organisatorischen und Kommunikationskompetenzen

Commitment

Das Commitment wird als die Verbundenheit einer Person zu einem Ziel definiert. Im Unternehmenskontext wird Commitment durch die Einstellung der Mitarbeiter zu ihren Arbeitsaufgaben beschrieben. (s. MEYER U. HERSCOVITCH 2001, S. 300 f.) Fehlt das Commitment der Mitarbeiter zu ihren Arbeitsaufgaben, erfolgt insbesondere bei Transformationen, z. B. beim Einsatz von Business-Analytics, nur ein oberflächlicher Wandel. Der Einsatz findet z. B. nur scheinbar Anwendung, gleichzeitig ändern die Mitarbeiter ihre Arbeitsabläufe nicht und verbleiben in ihren Routinen, welche auch als Komfortzone beschrieben werden kann. (s. KREUTZER 2018, S. 260) Gelingt das Erzeugen von Commitment, fühlen sich Mitarbeiter mit der Organisation verbunden und sind überzeugt, die Ziele des Unternehmens zu verstehen und zu unterstützen (s. MYER ET AL. 2004, 991 ff.). Ein hohes Commitment der Mitarbeiter ist somit beim Einsatz von Business-Analytics essentiell. Das Verständnis über die Ziele und das Aufzeigen des übergeordneten Gesamtbilds (Big Picture) beim Einsatz von Business-Analytics schafft die Grundlage für das Commitment. Dies beinhaltet, dass die Anforderungen an die Mitarbeiter bekannt sind. Zur Förderung der Motivation für die häufig zusätzlich zum Tagesgeschäft erbrachten Aufgaben sollten die Leistungsbeiträge der einzelnen Mitarbeiter angemessen gewürdigt und kommuniziert werden. Dies beinhaltet die wichtige Aufgabe, Erfolge für alle Beteiligten sichtbar zu machen. (s. KREUTZER 2018, S. 264) Insgesamt werden somit die folgenden Gestaltungsinstrumente für das Cluster Commitment identifiziert:

- G32: Aufzeigen des übergeordneten Gesamtbilds und Kommunikation der Ziele für den Aufbau von Verständnis und Identifikation der Mitarbeiter mit jenen
- G33: Belohnung und öffentliche Würdigung von besonderen Leistungen

Nutzerbeteiligung

Die Beteilung der Nutzer beschreibt die aktive Einbindung dieser bei der Neu- und Weiterentwicklung von Prozessen. Ihnen wird hierbei die Möglichkeit gegeben, ihre Ansichten zu äußern, Projektpläne und -ziele zu beeinflussen und Details zu erfahren. (s. MILLER 2019, S. 58) Beim Einsatz von Business-Analytics sollten insbesondere die (End-)Nutzer des Systems frühzeitig eingebunden werden, um eine unternehmensweit konsistente Erwartungshaltung und Bereitschaft zu erzeugen (s. BOOBIER 2018, S. 180). Die Autoren HWANG ET AL. (2004) können in einer von ihnen durchgeführten

Studie nachweisen, dass eine frühe Einbindung und Beteilung der Nutzer evident zu einer besseren Integration von Nutzeranforderungen und -erwartungen führen (s. HWANG ET AL. 2004, S. 15). Auch die Autoren WIXOM U. WATSON (2001) zeigen auf, dass bei einer frühen Nutzerbeteiligung Forderungen und Erwartungen der Nutzer besser aufgenommen und Vorteile direkter kommuniziert werden können (s. WIXOM U. WATSON 2001, S. 24). Neben der frühen Einbindung sollte die Nutzerbeteiligung kontinuierlich entlang des Projektlebenszyklus stattfinden, um besser auf das Feedback der Nutzer reagieren zu können (s. FINNEY U. CORBETT 2007, S. 342 f.). Insgesamt werden somit die folgenden Gestaltungsinstrumente für das Cluster Nutzerbeteiligung identifiziert:

- G34: Frühzeitige Einbindung der Nutzer
- G35: Kontinuierliche Einbindung der Nutzer in die Erhebung und Validierung von Prozessanforderungen und die -umsetzung beim Einsatz von Business-Analytics

Kompetenzaufbau

Beim Einsatz von Business-Analytics sind Kompetenzen erforderlich, um durch die Integration, den Aufbau und die Umgestaltung von internen und externen Kompetenzen auf sich schnell verändernde Umgebungen zu reagieren und die Wettbewerbsfähigkeit zu erhalten (s. TEECE 2007, S. 1319). Die Kompetenzen können hierbei entweder organisch, z. B. durch Schulungen oder Trainings, oder anorganisch durch die Akquise von Kompetenzen, z. B. Recruiting, Partnerschaften, Joint-Ventures oder den Einkauf von Dienstleistungen, aufgebaut werden (s. MÜLLER ET AL. 2020, S. 3).

Das Training der bereits im Unternehmen arbeitenden Akteure ist ein wichtiges Element beim Einsatz von Business-Analytics. Führungskräfte und Mitarbeiter sollten frühzeitig durch Schulungen, Trainings und Coachings in die Lage versetzt werden, sich auf die Aufgaben und Herausforderungen vorzubereiten (s. KREUTZER 2018, S. 58 f.). Somit ist es für die Unternehmen elementar, mit geeigneten Lehr- und Lernkonzepten die Mitarbeiter zu schulen; diese können entweder intern entwickelt oder extern zugekauft werden. Sie sollten über den gesamten Zyklus des Einsatzes von Business-Analytics angeboten und weiterentwickelt werden. (s. MIKALEF ET AL. 2017b, S. 566) Die Konzepte sollten sowohl mehrdimensional sein, d. h. gleichermaßen methodische, technische, geschäftliche und soziale Grundlagen wie Kommunikationsfähigkeiten vermitteln (s. BOYTON ET AL. 2015, S. 316). Gleichzeitig sollte der Aufbau von technischen Fähigkeiten zur Bedienung des Systems im besonderen Fokus stehen (s. MIKALEF ET AL. 2017a, S. 8).

Der organische Kompetenzaufbau sollte mit im Budget eingeplant werden und frühzeitig sowie kontinuierlich erfolgen (s. UMBLE ET AL. 2003, S. 246). Der Adressatenkreis sollte zudem nicht allein die Nutzer, sondern auch weitere Akteure betreffen (s. FINNEY U. CORBETT 2007, S. 338). Dies ist insbesondere vor dem Hintergrund, dass neben der Kompetenzentwicklung die Einstellung gegenüber dem System positiv beeinflusst wird, von Bedeutung (s. HWANG ET AL. 2004, S. 8 f.). Der organische Aufbau von

Kompetenzen ist insbesondere wegen des im BA-Bereich vorherrschenden Fachkräftemangels von entscheidender Bedeutung (s. GUPTA U. GEORGE 2016, S. 1052). Der organisationale Kompetenzaufbau sollte hierbei insbesondere durch ein Wissensmanagement unterstützt werden. Dieses sollte mit geeigneten Technologien und Methoden aufgebaut werden. (s. FERRARIS ET AL. 2018, S. 1930)

Sollte es intern insbesondere an technischer Expertise fehlen, sollte die Sicherstellung des Erfolgs beim Einsatz von Business-Analytics durch Einbindung von externer Unterstützung erfolgen. (s. YEOH ET AL. 2008, S. 1363; FINNEY U. CORBETT 2007, S. 336) Im Ergebnis sollte insbesondere das Vorhandensein von Kompetenzen auf den Gebieten Technologie und -management, geschäftsorientierter Einsatz von Business-Analytics sowie inter-/intraorganisationale Kollaboration zur Bedienung der BA-Systeme vorhanden sein (s. AKTER ET AL. 2016, S. 119). Insgesamt werden somit die folgenden Gestaltungsinstrumente für das Cluster Kompetenzaufbau identifiziert:

- G36: Angebot geeigneter Lehr- und Lernkonzepte für den Einsatz von Business-Analytics durch Eigenentwicklung oder Akquise
- G37: Schulung aller involvierten Akteure, nicht nur der Nutzer des Systems
- G38: Fokus auf technische Fähigkeiten, darüber hinaus Vermittlung von methodischen, geschäftlichen und sozialen Grundlagen (insbes. Kommunikation)
- G39: Aufbau eines übergreifenden Wissensmanagements und Einsatz hierfür geeigneter Technologien und Methoden
- G40: Kontinuierliches Angebot von Weiterbildungsmöglichkeiten während des gesamten Einsatzes von Business-Analytics
- G41: Frühzeitiger Aufbau und Weiterentwicklung der Mitarbeiterkompetenzen, insbesondere der Endanwender, mit ausreichendem Budget
- G42: Einbindung externer Unterstützung bei mangelnder Expertise

Funktionsumfang

Der Funktionsumfang von Business-Analytics-Systemen hat einen direkten Einfluss auf die Komplexität und die Verarbeitungstiefe der vom System gelieferten Informationen bzw. Ergebnisse (s. CHEN ET AL. 2012, S. 1166). Der Funktionsumfang wird hierbei insbesondere durch die eingesetzten Technologien und Methoden determiniert, mit welchen große Datenmengen nutzbar gemacht werden können. Daher sollte eine Bewertung verschiedener Systeme, Technologien und Methoden zur Nutzbarmachung von Big Data durchgeführt werden, um die technische Realisierbarkeit und die geforderte Leistungsfähigkeit des Systems für die zu lösenden Aufgabenstellungen zu gewährleisten. (s. BOYTON ET AL. 2015, S. 317)

Das System muss Anforderungen bezüglich der Benutzerfreundlichkeit, Systemflexibilität, Integrierbarkeit, Reaktionszeit und Zuverlässigkeit genügen. Je besser das System den vorgenannten Anforderungen in der Mensch-Maschine-Interaktion entspricht, desto mehr erfahren die mit dem System interagierende Akteure einen Mehrwert durch den Einsatz von Business-Analytics. Das System sollte so konzipiert sein, dass auch

Führungskräfte, welche im Umgang mit Abfragesprachen und fortgeschrittenen Technologien nicht geschult sind, das System nutzen und verstehen können. Besonders entscheidend hierfür ist eine einfach zu verstehende Benutzeroberfläche, welche Bedienungsmöglichkeiten für Personen mit verschiedenen Graden an technischen Kenntnissen bieten sollte (s. YEOH U. KORONIOS 2010, S. 28; WIXOM U. WATSON 2001, S. 19) Insgesamt werden somit die folgenden Gestaltungsinstrumente für das Cluster Funktionsumfang identifiziert:

- G43: Bewertung verschiedener Systeme, Technologien und Methoden zur Nutzbarmachung von Big Data
- G44: Auswahl eines reaktionsschnellen, flexiblen und benutzerfreundlichen Systems

Datenmanagement

Das richtige Datenmanagement determiniert in hohem Maße die Informationsqualität des Systems. Die Informationsqualität ist hierbei ein semantisches Konzept, welches die Relevanz der Ergebnisse für den Nutzer beschreibt. Die Relevanz wird hierbei durch inhaltliche und zeitliche Faktoren, aber auch durch die Adäquatheit und Detailtiefe der Informationen beeinflusst. Nach DOOLEY ET AL. müssen daher grundsätzlich sowohl die verarbeiteten Daten als auch die generierten Informationen bestimmte Voraussetzungen in Bezug auf ihre Genauigkeit, Rechtzeitigkeit, Vollständigkeit der Darstellung des Formats und nicht zuletzt die Zugänglichkeit erfüllen. (s. DOOLEY ET AL. 2018, S. 71) Hierbei ist es essentiell, die Effektivität der Datenverwaltungsaufgaben sicherzustellen, zu denen die Data-Governance, die Datenquellen, der Datenzugang, die Datenintegration, die Datenlieferung und der Datenschutz gehören (s. ADRIAN ET AL. 2017, S. 4). Hierzu sollte ein unternehmensweit einheitliches Datenmodell etabliert werden (s. NAM ET AL. 2019, S. 419 f.). Unterstützend hierbei ist die frühzeitige Etablierung von einheitlichen Definitionen und Standards. Sie sollte bereits zu einem frühen Zeitpunkt des Einsatzes von Business-Analytics erfolgen, um einen gemeinsamen Konsens über die Terminologie und Standards zu entwickeln und unabhängig vom Quellsystem ein für alle involvierten Akteure gleiches Verständnis zu erreichen. (s. YEOH U. KORONIOS 2010, S. 28) Die Entwicklung selbst sollte fachübergreifend etabliert werden, um den Anforderungen aller Bereiche zu genügen (s. YEOH U. POPOVIČ 2016, S. 144).

Die Regeln für die Erzeugung und Nutzung von Daten sowie die Verwendung von BA-Applikationen sollte durch eine der nachfolgenden Methoden geregelt werden: strukturell (z. B. durch Rollenverteilung), prozessual (z. B. durch Ressourcenzuweisung) oder relational (z. B. durch Kooperationsregeln). Somit wird sichergestellt, dass auch hohe Datenmengen mit hoher Komplexität den Anforderungen entsprechend verarbeitet werden können. (s. MIKALEF ET AL. 2017b, S. 563) Nicht zuletzt sollte die Integration vielfältiger interner und externer Datenquellen unter Beibehaltung definierter Standards ermöglicht werden. Die gelungene Integration vielfältiger externer Datenquellen führt regelmäßig zu einer höheren Innovationsfähigkeit der Unternehmen (s. MIKALEF ET AL. 2017b, S. 563). Insgesamt werden somit die folgenden Gestaltungsinstrumente für das Cluster Datenmanagement identifiziert:

- G45: Unternehmensweit einheitliches Datenmodell
- G46: Frühzeitiges Festlegen einheitlicher Definitionen und Standards
- G47: Einsatz struktureller, prozessualer oder relationaler Methoden zur Regelung der Datenerzeugung und -nutzung sowie der Verwendung von BA-Applikationen
- G48: Integration vielfältiger interner und externer Datenquellen unter Beibehaltung der definierten Standards

Systemkompatibilität

Während sich ein Großteil der Diskussion über den Einsatz von Business-Analytics speziell auf die Datenintegration und die damit verbundenen Tools bezieht, stellt die Integration von bereits verwendeten Systemen und Datenspeichern in vielen Bereichen eine große Herausforderung dar. Die Integration beschreibt hierbei die physische oder funktionale Vernetzung, welche einen Mehrwert schaffen soll, der über die Summe der einzelnen Systemnutzen hinausgeht. (s. IŞIK ET AL. 2013, S. 15) BA-Systeme sollten in der Lage sein, mit anderen Systemen innerhalb der IT-Landschaft im Unternehmen zu kommunizieren. Wenn die Systeme nicht kompatibel sind, werden Zwischenschritte benötigt, was wiederum einen erheblichen Aufwand bedeutet. Außerdem sollten sich Firmen in Bezug auf die IT-Systeme nicht von einem einzigen Anbieter abhängig machen, und sich auf eine unabhängige Software verlassen. (s. EDER U. KOCH 2018, S. 39) Hierzu sollten frühzeitig substantielle technische Probleme identifiziert und beseitigt werden (s. SHAMIM ET AL. 2019, S. 4). Insgesamt werden somit die folgenden Gestaltungsinstrumente für das Cluster Systemkompatibilität identifiziert:

- G49: Größtmögliche Kompatibilität von BA-Systemen mit bestehenden Systemen in der IT-Landschaft
- G50: Vorzug einer unabhängigen Softwarelösung

Flexibilität und Skalierbarkeit

Die Flexibilität bestimmt, inwiefern die BA-Applikationen kontinuierlich an sich verändernde Geschäftsprozesse angepasst werden können. Das System sollte z. B. in der Lage sein, neue oder aktualisierte Geschäftsprozesse, Personalveränderungen sowie Anpassungen von Geschäfts- und Wertschöpfungsmodellen adaptieren zu können. (s. WIXOM U. WATSON 2001, S. 19 ff.) Die flexible Architektur ermöglicht somit die schnelle Adaption, gleichzeitig muss das System skalierbar sein. Neue BA-Applikationen und die Anbindung von neuen und vielfältigen Datenströmen sollten einfach möglich sein. Skalierbare Systeme müssen in der Lage sein, zusätzliche Datenquellen, Attribute, und dimensionale Bereiche für faktenbasierte Analysen einzubeziehen und diese im geforderten Zeitraum analysieren können. Dies ist insbesondere bei Nahezu-in-

Echtzeit-Analysen relevant. Nicht zuletzt sollten externe Daten z. B. von Lieferanten, Auftragnehmern, Aufsichtsbehörden und industriellen Benchmarkings integriert werden können. (s. YEOH U. KORONIOS 2010, S. 27) Gleichzeitig sollte eine aufwandsarme Integrierbarkeit von neuen Nutzern, Prozessen und Applikationen sichergestellt werden (s. BOYTON ET AL. 2015, S. 317). Insgesamt werden somit die folgenden Gestaltungsinstrumente für das Cluster Flexibilität und Skalierbarkeit identifiziert:

- G51: Aufbau einer flexiblen BA-Infrastruktur mit einfacher Integrierbarkeit von neuen Datenquellen, Nutzern, Prozessen und Applikationen
- G52: Aufbau einer skalierbaren BA-Infrastruktur, um exponentiell ansteigende Datenmengen verlässlich und in angemessener Zeit (bis nahezu Echtzeit) verarbeiten zu können
- G53: Sicherstellung der technischen Integrierbarkeit externer Datenquellen

Zusammenfassung der generischen Gestaltungsinstrumente

Insgesamt können aus 13 Clustern 53 generische Gestaltungsinstrumente abgeleitet werden. Sie werden in Tabelle 5-7 in Form eines Katalogs dargestellt. Die einzelnen Gestaltungsinstrumente werden gemäß ihrer Zuordnung zu den einzelnen Clustern den soziotechnischen Dimensionen Aufgabe, Technologie, Struktur und Akteur gegliedert.

Tabelle 5-7: Katalog der generischen Gestaltungsinstrumente

Dimension	Nr.	Generische Gestaltungsinstrumente
Struktur	G1	Unterstützung des BA-Projekts durch eine Führungskraft mindestens aus dem Geschäftsbereich mit Nutzen am Einsatz des BA-Systems
	G2	Aufbau eines ausgeprägten Verständnisses über das Projekt inkl. Kenntnis der wichtigsten Projektbeteiligten durch das involvierte Management
	G3	Einsatz eines Mentors zur Verständnisunterstützung
	G4	Vorzug von datengetriebenen Entscheidungen gegenüber rein erfahrungsbasierter Lösungsfindung
	G5	Regelmäßiges Update aller Interessengruppen
	G6	kontinuierliche Bereitstellung und Reallokation der benötigten Ressourcen für den Einsatz von BA
	G7	Priorisierung von Mittelbereitstellungen für spezifische BA-Projekte, basierend auf dem erwarteten Geschäftsnutzen
	G8	Dezentralisierung der Unternehmensstruktur
	G9	Definition von erkennbaren, zweckmäßigen und anspruchsvollen Zielvorgaben
	G10	klare und konsistente BA-Strategie als Leitplanke zur Umsetzung der Vision
	G11	Strategie für den Einsatz von Business-Analytics zum Erreichen konkreter Geschäftsziele (z. B. Kostenreduzierung, Markterweiterung oder Kundenbindung)
	G12	Vorgabe von quantitativen Zielgrößen, inkl. Erstellung von Business-Cases
	G13	Einsatz von Business-Analytics als expliziter Teil der Unternehmensstrategie
	G14	Datengetriebene Kultur auf allen Unternehmensebenen
	G15	faktenbasierte und lernende Kultur inkl. Zugang der Mitarbeiter zur datenbasierten Entscheidungsfindung
	G16	besonderer Fokus auf der Gewinnung neuer und relevanter (externer) Informationen und deren Integration
	G17	Steigerung des Vertrauens der Mitarbeiter durch Vorleben der datenbasierten Entscheidungsfindung durch die Führungsebene
	G18	offener Austausch zu aufgetretenen Fehlern mit konsequenter Dokumentation und Ursachen- und Lösungssuche
	G19	Herstellen von Transparenz und Kommunikation über die angestrebten Veränderungen und Ziele
	G20	kontinuierliche Bewertung und Anpassung der Prozesse
	G21	definierter Projektumfang und kontinuierliche Erfassung des Fortschritts
	G22	Festlegung von Meilensteinen und Review-Perioden
	G23	frühzeitige Identifikation von kritischen Pfaden
	G24	kurzzyklisches und iteratives Vorgehen im Projekt
	G25	Top-down definierte Governancestrukturen
	G26	enge Kooperation von Mitarbeitern aus der Fachabteilung und Technologie-Experten (z. B. Data-Scientists) in interdisziplinären Teams
	G27	Gestaltung der Zusammenarbeit mit klarer Rollen- und Aufgabenverteilung
	G28	regelmäßige, funktionsübergreifende Meetings
	G29	Performance-Monitoring durch Definition von KPIs
	G30	Identifikation von Mitarbeitern mit fundierten Geschäftskenntnissen und Affinität für den Einsatz von Business-Analytics (Business-Champions) und Nutzung dieser als Vorbilder
	G31	Führung von interdisziplinären Teams durch Mitarbeiter mit hohem Commitment für das BA-Projekt und guten technischen, organisatorischen und Kommunikationskompetenzen
Akteur	G32	Aufzeigen des übergeordneten Gesamtbilds und Kommunikation der Ziele für den Aufbau von Verständnis und Identifikation der Mitarbeiter mit diesen
	G33	Belohnung und öffentliche Würdigung von besonderen Leistungen
	G34	frühzeitige Einbindung der Nutzer
	G35	kontinuierliche Einbindung der Nutzer in die Erhebung und Validierung von Prozessanforderungen und die -umsetzung beim Einsatz von Business-Analytics
	G36	Angebot geeigneter Lehr- und Lernkonzepte für den Einsatz von Business-Analytics durch Eigenentwicklung oder Akquise
	G37	Schulung aller involvierten Akteure, nicht nur der Nutzer des Systems
	G38	Fokus auf technische Fähigkeiten, darüber hinaus Vermittlung von methodischen, geschäftlichen und sozialen Grundlagen (insb. Kommunikation)
	G39	Aufbau eines übergreifenden Wissensmanagements und Einsatz hierfür geeigneter Technologien und Methoden
	G40	kontinuierliches Angebot von Weiterbildungsmöglichkeiten während des gesamten Einsatzes von BA
	G41	frühzeitiger Aufbau und Weiterentwicklung der Mitarbeiterkompetenzen, insbesondere der Endanwender, mit ausreichendem Budget
Aufgabe	G42	Einbindung externer Unterstützung bei mangelnder Expertise
	G43	Bewertung verschiedener Systeme, Technologien und Methoden zur Nutzbarmachung von Big Data
Technologie	G44	Auswahl eines reaktionsschnellen, flexiblen und benutzerfreundlichen Systems
	G45	unternehmensweit einheitliches Datenmodell
	G46	frühzeitiges Festlegen einheitlicher Definitionen und Standards
	G47	Einsatz struktureller, prozessualer oder relationaler Methoden zur Regelung der Datenerzeugung und -nutzung sowie der Verwendung von BA-Applikationen
	G48	Integration vielfältiger interner und externer Datenquellen unter Beibehaltung der definierten Standards
	G49	größtmögliche Kompatibilität von BA-Systemen mit bestehenden Systemen in der IT-Landschaft
	G50	Vorzug einer unabhängigen Softwarelösung
	G51	Aufbau einer flexiblen BA-Infrastruktur mit einfacher Integrierbarkeit von neuen Datenquellen, Nutzern, Prozessen und Applikationen
	G52	Aufbau einer skalierbaren BA-Infrastruktur, um exponentiell ansteigende Datenmengen verlässlich und in angemessener Zeit (bis nahezu in Echtzeit) verarbeiten zu können
	G53	Sicherstellung der technischen Integrierbarkeit externer Datenquellen

5.4.2 Entwicklung typspezifischer soziotechnischer Gestaltungsinstrumente

Zur Gestaltung des soziotechnischen Systems für den Einsatz von Business-Analytics bedarf es typspezifischer Gestaltungsinstrumente. Die in Kapitel 5.4.1 abgeleiteten Gestaltungsinstrumente werden in diesem Kapitel zunächst den typspezifischen Wechselwirkungen auf Merkmalsebene zugeordnet, anschließend werden die Gestaltungsinstrumente auf Dimensionsebene zusammengefasst.

Ableitung typspezifischer Instrumente zur Gestaltung des soziotechnischen Systems auf Merkmalsebene

Aufbauend auf der Interaktion und Stärke der soziotechnischen Wechselwirkungen, welche im Kapitel 5.3 typspezifisch abgeleitet werden, kann eine Zuordnung der generischen Gestaltungsinstrumente (s. Kap. 5.4.1) vorgenommen und somit die typspezifische Gestaltung des soziotechnischen Systems erreicht werden. Zudem können aufgrund der Kenntnis der einzelnen Wechselwirkungsbeziehungen die jeweiligen Gestaltungsinstrumente zielgerichtet auf Merkmalsebene eingesetzt werden. Aufgrund der gegenseitigen Beeinflussung der insgesamt vier Dimensionen im sozialen und technischen Subsystem, welche sich auf Merkmalsebene gegenseitig beeinflussen, werden insgesamt 14 Modelle für die Zuordnung der Gestaltungsinstrumente gebildet. Diese Modelle zeigen auf Merkmalsebene auf, wie die Gestaltungsinstrumente die jeweiligen Wechselwirkungen positiv beeinflussen. Der Katalog der Gestaltungsinstrumente, welcher in Tabelle 5-7 dargestellt ist, dient hierbei als Grundlage. Von den 14 Modellen zeigen neun die Zuordnung der generischen Instrumente für die Gestaltung der typabhängigen intersystemischen Wechselbeziehungen auf. Bei den fünf intrasystemischen Modellen werden vier typabhängige Modelle für das technische Subsystem und ein typunabhängiges Modell für das soziale Subsystem gebildet. Der Anwender in der Praxis erhält somit ein Werkzeug, um explizit und unter Berücksichtigung von Systemzusammenhängen das soziotechnische System für den Einsatz von Business-Analytics zu gestalten und zu optimieren.

Die Entwicklung von soziotechnischen Gestaltungsinstrumenten für den Einsatz von Business-Analytics ist von verschiedenen Faktoren abhängig. Zunächst wird bei der Untersuchung der Zuordnung der generischen Gestaltungsinstrumente geprüft, ob eine Typspezifität vorliegt. Anschließend wird auf Merkmalsebene untersucht, ob für das jeweilige Wechselwirkungspaar eine signifikante Wechselwirkung vorliegt. Erst wenn eine solche vorliegt, werden die generischen Gestaltungsinstrumente auf einen Fit geprüft. Liegt eine Wirkung des Gestaltungsinstruments vor, wird die Gestaltungsempfehlung der Wechselwirkung zugeordnet. Je größer hierbei die Stärke der Wechselwirkung ist, desto effektiver kann das Gesamtsystem durch eine Optimierung der Wechselwirkungsbeziehung gestaltet werden. Insgesamt können bei der typspezifischen Untersuchung der Wechselwirkungen insgesamt 136 Wechselwirkungen (s. Kap. 5.3.4) identifiziert werden. Aufgrund der Vielzahl der Wechselwirkungen und der zuzuordnenden Gestaltungsinstrumente wird an dieser Stelle nur ein Modell exemplarisch erläutert. Die weiteren Modelle der Zuordnung der Gestaltungsinstrumente zu den jeweiligen Wechselwirkungen auf Merkmalsebene sind im Anhang D aufgeführt.

Nachfolgend werden anhand des exemplarisch ausgewählten Modells die Möglichkeiten für die typspezifische Gestaltung der intersystemischen Wechselwirkungen zwischen dem technischen Subsystem und dem Merkmal Data-Governance als Teil der Dimension Struktur im sozialen Subsystem aufgezeigt. Die Stärke der Wechselwirkungsbeziehungen (s. Kap. 5.3) dient als Grundlage für die typspezifische Untersuchung. Für den Typ I – Descriptive Analytics existieren zwischen dem technischen Subsystem und der Data-Governance sechs mittlere Wechselwirkungen. Für den Typ II – Predictive Analytics werden vier mittlere und zwei starke Wechselwirkungen identifiziert. Die stärksten Wechselwirkungen bestehen beim Typ III – Prescriptive Analytics, dieser subsumiert drei mittlere und fünf starke Wechselwirkungen. Nicht signifikante Wechselwirkungen werden in der nachfolgenden Untersuchung und Zuordnung nicht berücksichtigt. Für die Gestaltung und Optimierung der signifikanten Wechselwirkungsbeziehungen werden aus dem Gestaltungskatalog passende Instrumente zugeordnet. Das Ergebnis der Zuordnung ist in Abbildung 5-44 dargestellt und wird nachfolgend erläutert.

		Struktur		
		Data-Governance		
		Descriptive Analytics	Predictive Analytics	Prescriptive Analytics
Aufgabe	Leistungsversprechen	G43, G46, G47	G25, G35, G37, G43, G45	G16, G25, G35, G37, G39, G43-G48, G51-G53
Aufgabe	Informationsaufbereitung	G1, G24, G41, G51	G1, G24, G41, G51	G6, G15, G16, G29, G44, G47, G48, G50-G53
Aufgabe	Nachvollziehbarkeit der Ergebnisse	-	-	-
Aufgabe	Stetigkeit der Analyse	-	-	G6, G7, G15, G20, G21, G29, G39, G47, G48, G51-G53
Technologie	Analysemethodik	G4, G10, G29	G4, G9, G10, G29, G47	G4, G9, G20, G29, G43, G44, G47, G48, G51-G53
Technologie	IT-Infrastruktur	-	-	-
Technologie	benötigte Datenmenge	G15, G18, G39	G15, G18, G39	G6, G7, G14-G16, G18, G20, G22, G39, G44, G47, G51-G53
Technologie	Datenart	G10, G15, G21, G22, G45, G46	G10, G15, G21, G22, G45, G46	G6, G7, G14-G16, G39, G44, G47, G48, G50-G52
Technologie	Datenstruktur	G10, G45-G47, G49	G10, G45-G47, G48	G10, G14, G15, G39, G51-G53

starke Wechselwirkung | mittlere Wechselwirkung | keine signifikante Wechselwirkung

☐ | Gestaltungsempfehlung erforderlich

Abbildung 5-44: Typspezifische soziotechnische Instrumente zur Gestaltung der intersystemischen Wechselwirkungen der Data-Governance (eigene Darstellung)

Dem Wechselwirkungspaar Leistungsversprechen – Data-Governance können für den Typ Descriptive Analytics drei Gestaltungsinstrumente zugeordnet werden. Das Leistungsversprechen besteht bei diesem Typ in der Bereitstellung von Ex-post-Analysen und der Untersuchung von Wirkungszusammenhängen (s. Kap. 5.1.5). Soll diese Wechselwirkungsbeziehung gestaltet werden, werden die nachfolgend aufgeführten Gestaltungsinstrumente (G) empfohlen:

- G43: Bewertung verschiedener Systeme, Technologien und Methoden zur Nutzbarmachung von Big Data
- G46: Frühzeitiges Festlegen einheitlicher Definitionen und Standards

- G47: Einsatz struktureller, prozessualer oder relationaler Methoden zur Regelung der Datenerzeugung und -nutzung sowie der Verwendung von BA-Applikationen

Mit den vorgenannten drei Gestaltungsinstrumenten kann die Wechselwirkungsbeziehung zwischen dem spezifischen Leistungsversprechen von Descriptive Analytics und der Data-Governance gestaltet werden. Aufgrund des wenig komplexen Leistungsversprechens ist es zunächst wichtig, in Bezug auf die Data-Governance durch die Bewertung von Systemen, die Standardisierung sowie die Regelung von Datenerzeugung und Nutzung den Einsatz von Business-Analytics zu ermöglichen. Das Leistungsversprechen erhöht sich beim Typ Predictive Analytics auf die Prognose. In Bezug auf das typspezifische Wechselwirkungspaar werden in Ergänzung zu den vorgenannten Instrumenten die nachfolgenden Gestaltungsinstrumente empfohlen:

- G25: Top-down definierte Governance-Strukturen
- G35: Kontinuierliche Einbindung der Nutzer in die Erhebung und Validierung von Prozessanforderungen und die -umsetzung
- G37: Schulung aller involvierten Akteure, nicht nur der Nutzer des Systems
- G45: Unternehmensweit einheitliches Datenmodell

Die Verdopplung der empfohlenen Gestaltungsinstrumente spiegelt die starke Wechselwirkung durch das im Vergleich zu Descriptive Analytics gestiegene Leistungsversprechen mit der Data-Governance wider. Steigt das Leistungsversprechen noch weiter bis hin zur automatisierten Entscheidung (Prescriptive Analytics), ergibt sich eine weitere Verdopplung der Liste der empfohlenen Gestaltungsinstrumente im Vergleich zu Predictive Analytics. In Ergänzung zu den vorgenannten Gestaltungsempfehlungen werden die nachfolgenden Gestaltungsinstrumente empfohlen:

- G16: Besonderer Fokus auf der Gewinnung neuer und relevanter (externer) Informationen und deren Integration
- G39: Aufbau eines übergreifenden Wissensmanagements und Einsatz hierfür geeigneter Technologien und Methoden
- G44: Auswahl eines reaktionsschnellen, flexiblen und benutzerfreundlichen Systems
- G46: frühzeitiges Festlegen einheitlicher Definitionen und Standards
- G48: Integration vielfältiger interner und externer Datenquellen unter Beibehaltung der definierten Standards
- G51: Aufbau einer flexiblen BA-Infrastruktur mit einfacher Integrierbarkeit von neuen Datenquellen, Nutzern, Prozessen und Applikationen
- G52: Aufbau einer skalierbaren BA-Infrastruktur, um exponentiell ansteigende Datenmengen verlässlich und in angemessener Zeit (bis nahezu in Echtzeit) verarbeiten zu können
- G53: Sicherstellung der technischen Integrierbarkeit externer Datenquellen

Analog zu den drei exemplarisch vorgestellten typspezifischen Wechselwirkungspaaren Leistungsversprechen – Data-Governance erfolgt für die nachfolgenden Merkmale und Modelle die weitere Zuordnung der Gestaltungsinstrumente.

Mithilfe der 14 entwickelten Detailmodelle können in der Praxis insbesondere bei Kenntnis einer bestimmten problematischen Wechselwirkungsbeziehung spezifische soziotechnische Gestaltungsinstrumente empfohlen werden. Diese wirken direkt auf die Verbesserung einer bestimmten soziotechnischen Wechselwirkung, gleichzeitig können die weiteren (positiven) Effekte auf weitere Wechselwirkungsbeziehungen bestimmt werden. Um Führungskräfte gleichzeitig bei übergeordneten Fragestellungen zu unterstützen, werden nachfolgend die Gestaltungsinstrumente auf Dimensionsebene zusammengefasst und den jeweiligen Typen zugeordnet. Somit kann eine Führungskraft, welche beispielsweise den neuen Einsatz eines bestimmten Typs begleitet und typspezifische Gestaltungsinstrumente benötigt, optimal unterstützt werden.

Ableitung typspezifischer Instrumente zur Gestaltung des soziotechnischen Systems auf Dimensionsebene

Basierend auf den Modellen auf Merkmalsebene werden nachfolgend typspezifische Gestaltungsinstrumente auf Dimensionsebene abgeleitet, priorisiert und subsumiert. Dies ermöglicht die direkte Gestaltung soziotechnischer Wechselwirkungsbeziehungen auf der übergeordneten Dimensionsebene und stellt insbesondere für Führungskräfte, welche vollumfänglich den Einsatz von Business-Analytics verantworten oder vor dem Einsatz eines neuen BA-Typs stehen, eine optimale Entscheidungsunterstützung bei der Gestaltung des soziotechnischen Gesamtsystems dar. Die zusammenfassende Darstellung für die Typen Descriptive, Predictive und Prescriptive Analytics für die inter- und intrasystemischen Wechselwirkungen auf Dimensionsebene wird zunächst in Abbildung 5-45 auf Detailebene mit den Gestaltungsinstrumenten dargestellt. Analog zu Abbildung 5-44 werden die Stärken der Wechselwirkungen durch die unterschiedlichen Farbgebungen visualisiert. Anschließend werden die einzelnen Typen auf Dimensionsebene subsumiert und zuletzt in eine übergreifende Zusammenfassung überführt.

	Descriptive Analytics	Predictive Analytics	Prescriptive Analytics
intersystemisch			
Aufgabe – Struktur	-	G1-G4, G13, G15, G17-G19, G20, G24, G26, G28 G32, G34-G37, G39, G41-G43, G45-G47, G51	G1-G4, G5-G8, G10, G12-G13, G15-G19, G20, G24, G25, G26, G28, G29, G32, G34-G37, G39-G48, G50-G53
Aufgabe – Akteur	-	G3, G5, G32, G34, G37, G40-G41, G43	G2-G7, G15, G18-G20, G21, G26, G29, G32, G34, G37, G39-G44, G47, G48, G51-G53
Technologie – Struktur	G20, G21, G25	G1, G7, G14, G15, G18, G20-G23, G25-G26, G30-G32, G34-G37, G39, G42, G45-G48, G51-G52	G1-G3, G5-G7, G10, G14-G18, G20-G23, G25-G26, G30-G32, G34-G37, G39, G42, G44-G48, G51-G53
Technologie – Akteur	-	G1, G33-G34, G36-G41, G49, G51-G53,	G1-G3, G4, G6, G7, G9, G20, G22, G24, G26, G27, G29, G32-G34, G36-G44, G47-G49, G51-G53
intrasystemisch			
Aufgabe – Technologie	G39, G43-G44, G52	G39, G43-G44, G48, G49, G51-G52	G4, G6, G39, G43-44, G48-G53
Struktur – Akteur	G3, G4, G6, G9-G13, G19, G21, G22, G28, G32, G39, G42	G3, G4, G6, G9-G13, G19, G21, G22, G28, G32, G39, G42	G3, G4, G6, G9-G13, G19, G21, G22, G28, G32, G39, G42

starke Wechselwirkung | mittlere Wechselwirkung | keine signifikante Wechselwirkung

☐ | Gestaltungsempfehlung erforderlich

Abbildung 5-45: Typspezifische soziotechnische Gestaltungsinstrumente auf Dimensionsebene (eigene Darstellung)

Im Folgenden wird, in Bezugnahme auf die zusammenfassende Abbildung 5-45, die Zuordnung der Gestaltungsinstrumente zu den einzelnen typspezifischen Wechselwirkungen auf Dimensionsebene erläutert, das Wechselwirkungspaar *Struktur – Akteur* ist hierbei typunabhängig. Die Beschreibung der typunabhängigen Wechselwirkung findet im Rahmen der Zuordnung von Gestaltungsinstrumenten für Descriptive Analytics statt, diese gilt analog für die Typen Predictive und Prescriptive Analytics.

Typ I – Descriptive Analytics weist mit nur zwei typspezifischen Wechselwirkungspaaren mittlerer Stärke die geringsten Wechselwirkungsbeziehungen auf. Dies spiegelt sich in der geringen Anzahl von typspezifischen Gestaltungsinstrumenten wider. Auf der Ebene *Technologie – Struktur* stehen insbesondere die organisatorischen Rahmenbedingungen im Fokus, welche für den Einsatz der Technologie angepasst und vorbereitet werden müssen. Daher beziehen sich die Gestaltungsinstrumente insbesondere auf die organisationale Vorbereitung des Einsatzes von Business-Analytics, z. B. durch intensive Bewertung und Anpassung von Prozessen, die Definition von Governance-Strukturen und die Betrachtung des Einsatzes von Business-

Analytics als Projekt. Insgesamt werden die Gestaltungsinstrumente für das Wechselwirkungspaar auf Dimensionsebene als „Klärung organisatorischer Rahmenbedingungen, insb. Prozesse, Governance und Projektvorgehen“ zusammengefasst.

Das Wechselwirkungspaar *Aufgabe – Technologie* spiegelt die geringen Anforderungen und Komplexität der Dimensionen wider. Gleichzeitig sollte bereits an dieser Stelle insbesondere darauf geachtet werden, dass eine skalierbare technische Infrastruktur aufgebaut wird. Ebenso sollte die Wahl eines reaktionsschnellen und benutzerfreundlichen Systems fokussiert werden, welches auf Grundlage einer umfassenden Auswahl und Bewertung verschiedener Systeme identifiziert wurde. Somit ergibt sich eine Subsumierung der Gestaltungsinstrumente als „Aufbau einer skalierbaren Infrastruktur und Einsatz eines geeigneten Systems“.

Unabhängig vom jeweiligen Typ ist die Wechselwirkung auf der Ebene *Struktur – Akteur* beim Einsatz von Business-Analytics von essentieller Wichtigkeit. Die Art und Weise, wie der Umgang mit Daten und Informationen, die Entscheidungsfindung und das Treffen von Entscheidungen durch den Einsatz von Business-Analytics verändert werden, hat große Auswirkungen auf die Organisation und ihre Mitarbeiter. Auf der Strukturebene muss eine zunehmende Dezentralisierung in allen Bereichen erfolgen. Teams müssen dezentraler aufgestellt mit einer zunehmend größeren Anzahl an verschiedenen Akteuren verschiedener Fachrichtungen und Kompetenzgebiete interagieren. Gleichzeitig verschiebt sich aufgrund dieser dezentralen Struktur auch die Verortung der Entscheidungsfindung. Somit findet einerseits eine Dezentralisierung von Fachkompetenzen, andererseits eine Verschiebung von Entscheidungswissen und -macht innerhalb des Unternehmens statt. Daraus ergibt sich auf Akteur-Ebene eine größere Verantwortung der einzelnen Akteure. Neben der gesteigerten Verantwortung der jeweiligen Akteure ändern sich auch die fachlichen Anforderungen an diese. Es werden zunehmend stärkere Datenanalysefähigkeiten der Mitarbeiter gefordert. Aber auch die Art und Weise, wie Mitarbeiter geführt werden, ändert sich stark und Themen wie Vertrauen rücken immer mehr in den Vordergrund. Aus Mitarbeitersicht stellt dies eine doppelte Belastung dar, welche durch den Einsatz von Gestaltungsinstrumenten unterstützt werden muss. Insgesamt können die Gestaltungsinstrumente für das Wechselwirkungspaar als „Aufbau einer dezentralen Organisationsstruktur aufgrund der Wissens- und Entscheidungsverschiebung“ zusammengefasst werden.

Die auf Dimensionsebene für den Typ Descriptive Analytics durchgeführte Subsumierung der Gestaltungsinstrumente für die drei Wechselwirkungen mittlerer Stärke zeigt auf, dass beim Einsatz von Descriptive Analytics trotz der geringen Komplexität geeignete Voraussetzungen und Rahmenbedingungen geschaffen werden sollten. Die zusammengefassten Gestaltungsinstrumente für den Typ Descriptive Analytics sind in Abbildung 5-46 dargestellt. Aufgrund der evolutionären Entwicklung der einzelnen Typen stellen die zusammengefassten Gestaltungsinstrumente jeden Typs jeweils die Grundvoraussetzungen für die aufbauenden Typen dar. Sie werden bei der Beschreibung der Schwerpunkte der Gestaltungsinstrumente daher nicht gesondert erläutert.

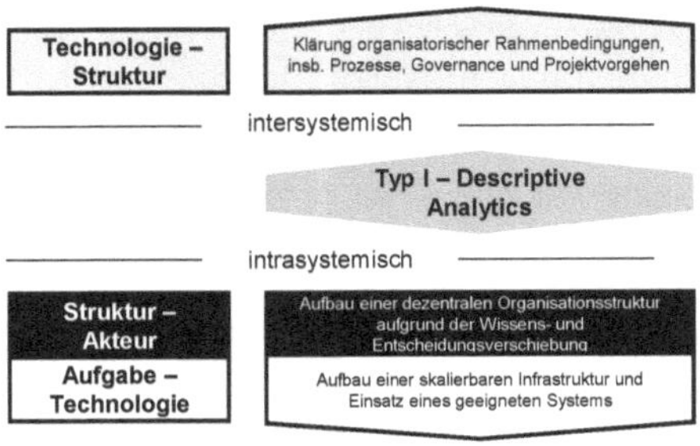

Abbildung 5-46: Zusammenfassung der Gestaltungsinstrumente auf Dimensionsebene für den Typ Descriptive Analytics (eigene Darstellung)

Für **Typ II – Predictive Analytics** ergibt sich eine deutliche Zunahme bezüglich der signifikanten Wechselwirkungen und empfohlenen Gestaltungsinstrumente. Auf der Ebene *Aufgabe – Struktur* stehen insbesondere Gestaltungsinstrumente im Vordergrund, welche insbesondere die durch den erhöhten Leistungsumfang und die geringere Nachvollziehbarkeit induzierten organisationalen Veränderungen und Spannungen unterstützen bzw. reduzieren. Hierbei geht es insbesondere zum einen um eine stärkere Einbindung und Schulung des Managements, zum anderen aber auch um die Unterstützung der Organisation selbst, der Dezentralisierung des Wissens optimal zu begegnen. Um die Potenziale von Business-Analytics heben zu können, müssen Entscheidungen zunehmend dezentral getroffen werden. Dafür werden Unternehmensstrukturen benötigt, die solch eine dezentrale Entscheidungsfindung beispielsweise durch neue oder veränderte Unternehmensprozesse unterstützen. Durch eine Verteilung von digitalen Analysekompetenzen im Unternehmen kann die Transparenz der BA-Anwendungen gesteigert werden; hierbei sollten insbesondere Führungskräfte und das (Top-)Management eng eingebunden werden, um die benötigten Veränderungen auf organisationaler Ebene zu unterstützen. Der Schwerpunkt der Gestaltungsinstrumente des Wechselwirkungspaars wird als „Förderung fachübergreifender Kollaborationen durch Business Champions und dezentrale Verankerung von Experten" zusammengefasst.

Auf der Ebene *Aufgabe – Akteur* wirken die Gestaltungsinstrumente insbesondere darauf hin, um die Einbindung und die Akzeptanz der Systemergebnisse in die Entscheidungsfindung positiv zu beeinflussen. Der Aufbau von Kompetenzen und die frühzeitige Einbindung des Nutzers beim Einsatz von BA-Applikationen und -Projekten sind hierbei von hoher Bedeutung, da bei Predictive Analytics regelmäßig ein elementarer Eingriff in den Entscheidungsfindungsprozess stattfindet. Aufgrund der Komplexität der Aufgaben und des Systems geht regelmäßig die vollständige Nachvollziehbarkeit für den Nutzer verloren. Die kontinuierliche Weiterbildung der Mitarbeiter, die Vermittlung von Kompetenzen und die Einbindung externer Expertise unterstützen dabei, den Veränderungsprozess nicht nur zu akzeptieren, sondern aktiv mitzugestalten. Somit ist der Schwerpunkt der Gestaltungsinstrumente auf Dimensionsebene der „Aufbau von Mitarbeiterkompetenzen & [die] frühzeitige Einbindung der Nutzer".

Aufgrund der starken Wechselwirkungen ergibt sich eine besondere Fokuslegung für die Gestaltung des Wechselwirkungspaars *Technologie – Struktur*. Die zunehmend größeren Anforderungen zur Sammlung, Auswertung und Verarbeitung großer und vielfältiger Datenmengen erfordern einen geplanten und strukturierten Aufbau. Die Veränderungen müssen aufgrund der Komplexität sowohl von der Technologie als auch des zu lösenden Geschäftsproblems auf organisationaler Ebene insofern unterstützt werden, dass fachübergreifende Kollaboration nicht nur ermöglicht, sondern aktiv gefördert wird. Hierbei unterstützen insbesondere Ansätze mit Business-Champions (z. B. G30, G31). Um der zunehmenden Wichtigkeit von Daten zur Erreichung von Unternehmenszielen Rechnung zu tragen, sind zudem mit der zunehmend dezentralen Verankerung technische Experten (insb. Data-Scientist) erforderlich. Diese unterstützen insbesondere die Anwendung, Pflege und stetige Aktualität der BA-Applikationen in den anwendenden Fachabteilungen. Insgesamt können die Gestaltungsinstrumente mit dem „Support des Managements und Aufbau dezentraler Entscheidungsprozesse" zusammengefasst werden.

Auf der Ebene *Technologie – Akteur* werden insbesondere Gestaltungsinstrumente empfohlen, welche die datenspezifischen Kompetenzen der Nutzer des Systems stärken. Der Einsatz fortschrittlicher Analysemethoden, aber auch die zunehmende Einbindung externer, unstrukturierter Daten erfordern ein tiefgründiges Verständnis für Datenanalysen. Insbesondere für die Akzeptanz der Systemergebnisse muss einem potentiellen Vertrauensverlust durch unterschiedliche Maßnahmen entgegengewirkt werden. Die Veränderung der Technologie wirkt sich hierbei primär auf das Kompetenzprofil der Mitarbeiter aus, welche durch den Einsatz der Technologie zunehmend erweiterte Rollen wahrnehmen können. Die Gestaltungsinstrumente fokussieren somit die „Stärkung des datenspezifischen Kompetenzprofils der Nutzer".

Auf der Ebene *Aufgabe – Technologie* steigt die Komplexität der Aufgabe und damit die Anforderungen an die zugrundeliegenden Technologien. Hierbei stellen nicht nur der Anstieg der zu verarbeitenden Daten, sondern auch die zunehmende Varianz und vielfältige Datenherkunft steigende Anforderungen an die Technologie. Die zuverlässige Funktionsweise und der Einsatz des Systems sollten hierbei insbesondere auf technischer Ebene durch den Aufbau einer flexiblen und skalierbaren Infrastruktur mit unternehmensweiten Standards, auf der übergeordneten Ebene durch ein funktionierendes Wissensmanagement, sichergestellt werden. Der Fokus der Gestaltungsinstrumente liegt somit auf der „Flexibilisierung der Infrastruktur mit unternehmensweiten Daten- und Prozessstandards".

Für die insgesamt sechs Wechselwirkungspaare des Typs Predictive Analytics liegt der Schwerpunkt der Gestaltungsinstrumente in der Vorbereitung des Gesamtsystems zur datengetriebenen Organisation. Auf Dimensionsebene können für alle inter- und intrasystemischen Wechselwirkungen Gestaltungsinstrumente identifiziert und zusammengefasst werden. Diese werden in Abbildung 5-47 dargestellt. Hierbei werden die zusammengefassten Gestaltungsinstrumente für Wechselwirkungspaare mit einer hohen Stärke durch Fettdruck kenntlich gemacht. Die bereits bei Descriptive Analytics aufgeführten typspezifischen Schwerpunkte sind kursiv gedruckt.

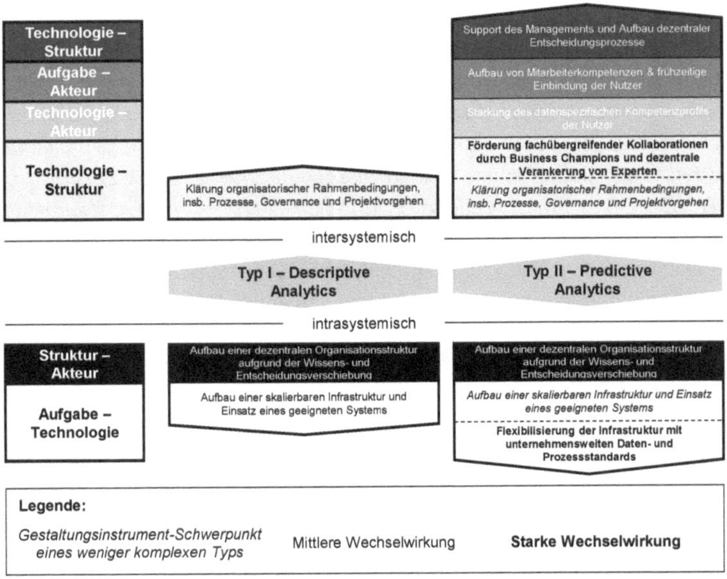

Abbildung 5-47: Zusammenfassung der Gestaltungsinstrumente auf Dimensionsebene für die Typen Descriptive Analytics und Predictive Analytics (eigene Darstellung)

Der Einsatz von **Typ III – Prescriptive Analytics** stellt die höchsten Anforderungen an das soziotechnische System und wird durch den zielgerichteten Einsatz der Gestaltungsinstrumente unterstützt. Auf der Ebene *Aufgabe – Struktur* muss die Organisation insbesondere den Potentialen der erhöhten Schnelligkeit und Agilität, welche durch die kontinuierliche Analyse und proaktive Informationsbereitstellung entstehen, durch Anpassung ihrer Strukturen gerecht werden. Die zugeordneten Gestaltungsinstrumente unterstützen hierbei zum einen bei der Sicherstellung der Agilität und Reaktionsschnelligkeit auf Ebene des Managements, welches aufgrund der Dezentralität der Entscheidungsfindung und des Wissens die häufig vielschichtigen Hierarchie-, Entscheidungs- und Freigabeebenen verschlanken muss. Dies gelingt insbesondere, wenn Ziele klar definiert werden, der Einsatz von Business-Analytics ein Teil der Unternehmensstrategie ist und quantitative Zielgrößen inkl. Business-Cases definiert und kontinuierlich gemessen werden. Zum anderen werden durch die Betrachtung und Gestaltung des Einsatzes von Business-Analytics als Projekt unter Zuhilfenahme von Projektmanagement- und Changemanagement-Methoden erfolgreich erprobte Gestaltungsinstrumente empfohlen. Nicht zuletzt muss eine datengetriebene Kultur auf allen

Hierarchieebenen, getrieben durch das (Top-)Management, vorgelebt werden, da Veränderungen und insbesondere Innovationen durch Führungskräfte im Unternehmen gesteuert werden. Die Gestaltungsinstrumente auf Dimensionsebene werden als „Etablierung einer datengetriebenen Kultur und Verankerung in der Unternehmensstrategie" zusammengefasst.

Auf der Ebene *Aufgabe – Akteur* findet eine teilweise extreme Veränderung des bisherigen Tätigkeits- und Aufgabenprofils aufgrund der hochautomatisierten Entscheidungsfindung und des Treffens von Entscheidungen statt. Der Mitarbeiter muss dahingehend befähigt werden, die zur Verfügung gestellten BA-Applikationen und Methoden zu verstehen und Entscheidungen vom System treffen zu lassen. BA-Anwendungen können Rückschlüsse aus Daten ziehen, die für den Zweck, für den sie genutzt werden, gar nicht erhoben wurden. Dies führt dazu, dass eine überproportional hohe Akzeptanz der Systemergebnisse vorliegen muss. Damit dies jedoch möglich wird, muss eine möglichst große Transparenz in dem eher intransparenten Umfeld geschaffen werden, damit Entwicklungen wie die Nachvollziehbarkeit der Ergebnisse, aber auch das Wissen über Einflussgrößen, verstanden werden können. In diesem Zusammenhang spielen Führungskräfte eine entscheidende Rolle. So müssen nicht nur neue Tätigkeitsfelder und Rollenprofile geschaffen werden, vielmehr sollten bestehende Mitarbeiter auch bestmöglich in veränderte bzw. neue Prozesse eingebunden werden. Darüber hinaus muss ein vertrauensvolles Umfeld geschaffen werden, sodass das Vertrauen in systemisch getroffene Entscheidungen steigt. Die „Entwicklung neuer Tätigkeitsfelder und Rollenprofile sowie Etablierung einer vertrauensvollen, lernenden Umgebung" ist somit für dieses Wechselwirkungspaar maßgeblich.

Die bei Predictive Analytics bereits bestehenden starken Wechselwirkungen und die Vielzahl der Gestaltungsinstrumente auf der Ebene *Technologie – Struktur* werden für den Einsatz von Prescriptive Analytics leicht erweitert. Die Gründe hierfür liegen zum einen auf der gestiegenen Anforderung zur vermehrten Einbindung externer Informationen, welche strukturell durch den Aufbau geeigneter Strukturen und unternehmensübergreifende Kollaborationen abgebildet werden müssen. Zum anderen sind die eingesetzten Methoden sehr komplex und das Wissen um die Möglichkeiten und Limitationen dieser teilweise begrenzt. Die fachübergreifende Zusammenarbeit sowie die Einbindung externer Unterstützung, z. B. in Form von hochspezialisierten Dienstleistern, ist von besonderer Wichtigkeit. Insgesamt sollten somit eine „Etablierung unternehmensübergreifender Kollaborationen und [die] externe Einbindung" fokussiert werden.

Auf der Ebene *Technologie – Akteur* finden sich nur unterdurchschnittlich viele Gestaltungsinstrumente, da die große Veränderung beim Akteur insbesondere auf der Aufgabenebene stattfindet. Insgesamt muss ein hohes Verständnis für die Technologie entwickelt werden, da die Nutzer beim Einsatz von Prescriptive Analytics aufgrund der Komplexität sowohl die zugrundeliegende Datengrundlage als auch die Analysemethoden nur mit hohem Aufwand bzw. gar nicht verstehen können. Diese Entwicklung betrifft nicht nur neue Mitarbeiter im Unternehmen, sondern auch bereits bestehende, welche hierfür kontinuierlich durch Umschulungen oder Aufbauseminare weitergebildet werden müssen. Die „kontinuierliche Aus- und Weiterbildung für ein tiefgreifendes Technologieverständnis" ist daher der Schwerpunkt dieses Wechselwirkungspaars.

Auf der Ebene *Aufgabe – Technologie* wird der Schwerpunkt der Anforderung des Aufbaus einer flexiblen und skalierbaren technischen Infrastruktur (Predictive Analytics) beim Einsatz von Prescriptive Analytics auf die Erweiterbarkeit gelegt. Dies bedeutet insbesondere die kontinuierliche Sicherstellung der technischen Integrierbarkeit und Verarbeitbarkeit neuer Aufgabenstellungen, idealerweise durch eine unabhängige Systemlösung. Hiermit verbunden sind, aufgrund des Fokus auf die automatisierte Einleitung von Handlungsempfehlungen, hohe und vielfältige Datenmengen, welche in der geforderten Zeit (regelmäßig nahezu Echtzeit) prozessiert werden müssen. Erforderlich hierfür ist die kontinuierliche Bereitstellung der benötigten Ressourcen zur „Sicherstellung der kontinuierlichen Integrier- und Erweiterbarkeit durch neue Aufgabenstellungen und Datenquellen".

Insgesamt bildet sich die Evolution und die zunehmende Komplexität der einzelnen Typen von Descriptive über Predictive hin zu Prescriptive Analytics neben der Stärke der Wechselwirkungen in der Entwicklung der soziotechnischen Gestaltungsinstrumente ab. Die Darstellung der Schwerpunktlegung der Gestaltungsinstrumente auf Dimensionsebene für den Typ Prescriptive Analytics bildet gleichzeitig die zusammenfassende Visualisierung über alle Typen hinweg, sie findet sich in Abbildung 5-48.

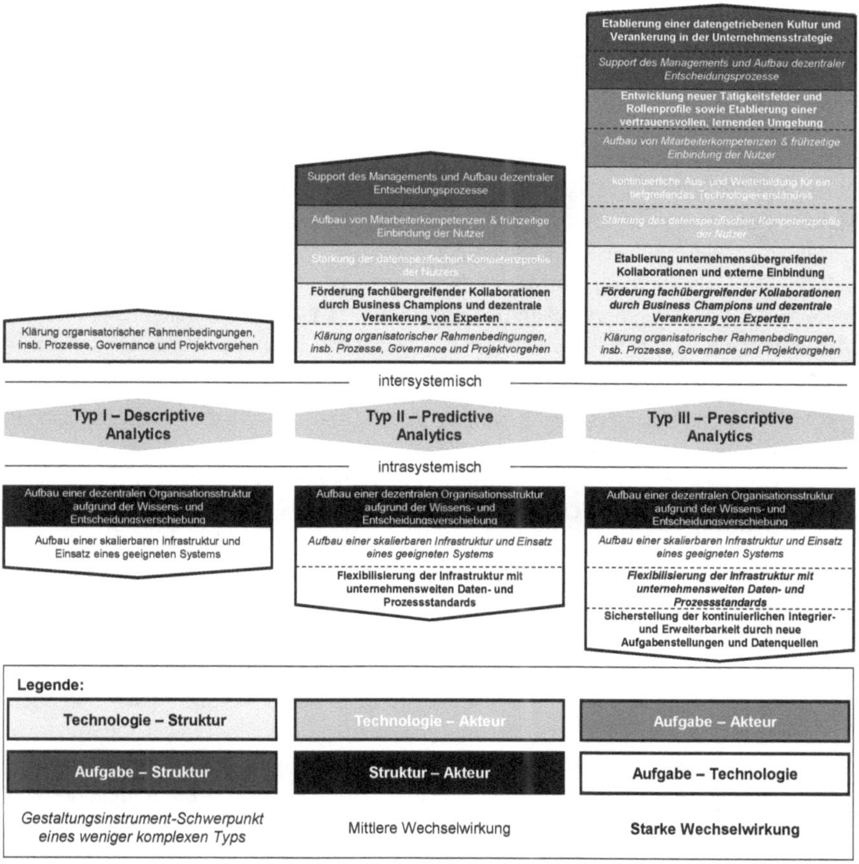

Abbildung 5-48: Zusammenfassung der Gestaltungsinstrumente auf Dimensionsebene für die Typen Descriptive Analytics, Predictive Analytics und Prescriptive Analytics (eigene Darstellung)

Insgesamt werden in diesem Unterkapitel 5.4 zuerst generische Gestaltungsinstrumente identifiziert. Diese werden anschließend unter Berücksichtigung der typspezifischen soziotechnischen Wechselwirkungen zunächst auf Merkmals-, anschließend auf Dimensionsebene zugeordnet und mit den jeweiligen Schwerpunkten zusammengefasst. Dies ermöglicht eine zielgenaue soziotechnische Systemgestaltung für den erfolgreichen Einsatz von Business-Analytics. Mit dem in diesem Unterkapitel 5.4.2 entwickelten Gestaltungsmodell wird somit die vierte Forschungsfrage beantwortet: „*Welche soziotechnischen Gestaltungsinstrumente ergeben sich auf Basis der wechselseitigen Wirkungsbeziehungen für den erfolgreichen Einsatz von Business-Analytics?*“.

5.5 Zusammenfassung der Detaillierung des Gestaltungsmodells

Die Entwicklung typspezifischer soziotechnischer Instrumente zur Gestaltung des erfolgreichen Einsatzes von Business-Analytics ist das Ziel der vorliegenden Arbeit. Aufbauend auf der Konzeption des Gestaltungsmodells in Kapitel 4.4 erfolgte in diesem Kapitel die Detaillierung des Modells. Dieses untergliedert sich in vier Teilmodelle, welche in den Unterkapiteln 5.1-5.4 beschrieben wurden. Aufbauend auf der soziotechnischen Systemtheorie wurde zunächst das soziotechnische System für den Einsatz von Business-Analytics entwickelt und verschiedene BA-Typen identifiziert. Anschließend erfolgte die Untersuchung der Wechselwirkungen im soziotechnischen System. Aufbauend auf diesen Erkenntnissen und unter Einbezug von generischen Gestaltungsinstrumenten konnten typspezifische soziotechnische Instrumente für den erfolgreichen Einsatz von Business-Analytics entwickelt werden.

Die Modellierung der einzelnen Merkmale und Ausprägungen des soziotechnischen Systems wurde in die zwei Unterkapitel 5.1 und 5.2 unterteilt. Als strukturierende Elemente innerhalb der Subsysteme wurde der soziotechnische Systemansatz nach LEAVITT (1965) verwendet. Dieser definiert in seinem Modell die beiden Teilsysteme *Technisches* und *Soziales Subsystem* sowie die vier Dimensionen *Aufgabe*, *Technologie*, *Akteur* und *Struktur* (s. LEAVITT 1965, S. 1144 f.). Kapitel 5.1 beschreibt das technische Teilsystem und dient der Beschreibung und Typisierung von Business-Analytics. Die Beschreibung von Business-Analytics erfolgte durch Merkmale und Ausprägungen, welche in einem morphologischen Kasten, strukturiert durch die Dimensionen Aufgabe und Technologie, zusammengefasst wurde. Anschließend wurde ein Cross-Consistency-Assessment zur Präzisierung des Lösungsraums sowie für den Ausschluss nicht inhaltlich konsistenter Typen durchgeführt. Mithilfe einer fallstudienbasierten Untersuchung konnte der entwickelte morphologische Kasten validiert und drei BA-Typen mit einem retrograden Vorgehen identifiziert werden. Die Typen wurden als Typ I – Descriptive Analytics, Typ II – Predictive Analytics und Typ III – Prescriptive Analytics bezeichnet.

Die Beschreibung des sozialen Subsystems erfolgte in Kapitel 5.2 durch die Bildung von Merkmalen und Ausprägungen. Diese wurden anschließend in einem morphologischen Kasten zusammengefasst. Durch die detaillierte Beschreibung der beiden Subsysteme konnte das soziotechnische System für den Einsatz von Business-Analytics detailliert beschrieben werden. Die systematische Beschreibung durch den Einsatz der morphologischen Methode trug hier zur Reduktion der aktuell existierenden inkonsistenten Beschreibung und Definition des Untersuchungsgebiets bei. Die Untersuchung der Wechselwirkungen im soziotechnischen System war Inhalt von Kapitel 5.3. Die Wechselwirkungsbeziehungen im soziotechnischen System konnten auf Dimensionsebene in vier inter- und zwei intrasystemische Wechselwirkungen unterteilt werden. Auf Merkmalsebene wurden somit insgesamt 363 Wechselwirkungspaare untersucht, bei 136 konnten mittlere oder starke Wechselwirkungen identifiziert werden. Um insbesondere Praktikern eine bessere Anwendbarkeit und Überblick über die einzelnen Wechselwirkungen zu ermöglichen, wurden die Wechselwirkungen typspezifisch auf Dimensionsebene zusammengefasst.

Die Entwicklung des Gestaltungsmodells in Kapitel 5.4 diente der Identifikation typspezifischer soziotechnischer Instrumente zur Gestaltung des erfolgreichen Einsatzes von Business-Analytics. Mithilfe einer systematischen Literaturrecherche und unter Anwendung eines fallstudienbasierten Ansatzes wurde zunächst ein Katalog von generischen Gestaltungsempfehlungen entwickelt. Die Zusammenführung des Katalogs mit den Erkenntnissen aus der Untersuchung der typspezifischen soziotechnischen Wechselwirkungen im Gesamtsystem ermöglichte anschließend die Ableitung und Entwicklung von typspezifischen soziotechnischen Gestaltungsinstrumenten.

Insgesamt wurde mit den in der Arbeit entwickelten Modellen die zentrale Forschungsfrage beantwortet: *„Inwiefern lässt sich der erfolgreiche Einsatz verschiedener Typen von Business-Analytics durch soziotechnische Gestaltungsinstrumente sicherstellen?“*. Dabei konnte aufgezeigt werden, dass der Einsatz von Business-Analytics weit über die technische Implementierung und Anwendung datengetriebener Analyseverfahren hinausgeht. Es benötigt vielmehr das Zusammenspiel unterschiedlicher Systemkomponenten und die Kenntnis von sich gegenseitig beeinflussenden Systemzusammenhängen, um den Einsatz von Business-Analytics in Unternehmen erfolgreich zu gestalten. Das Zusammenwirken der einzelnen Teilmodelle ist in Abbildung 5-49 visualisiert.

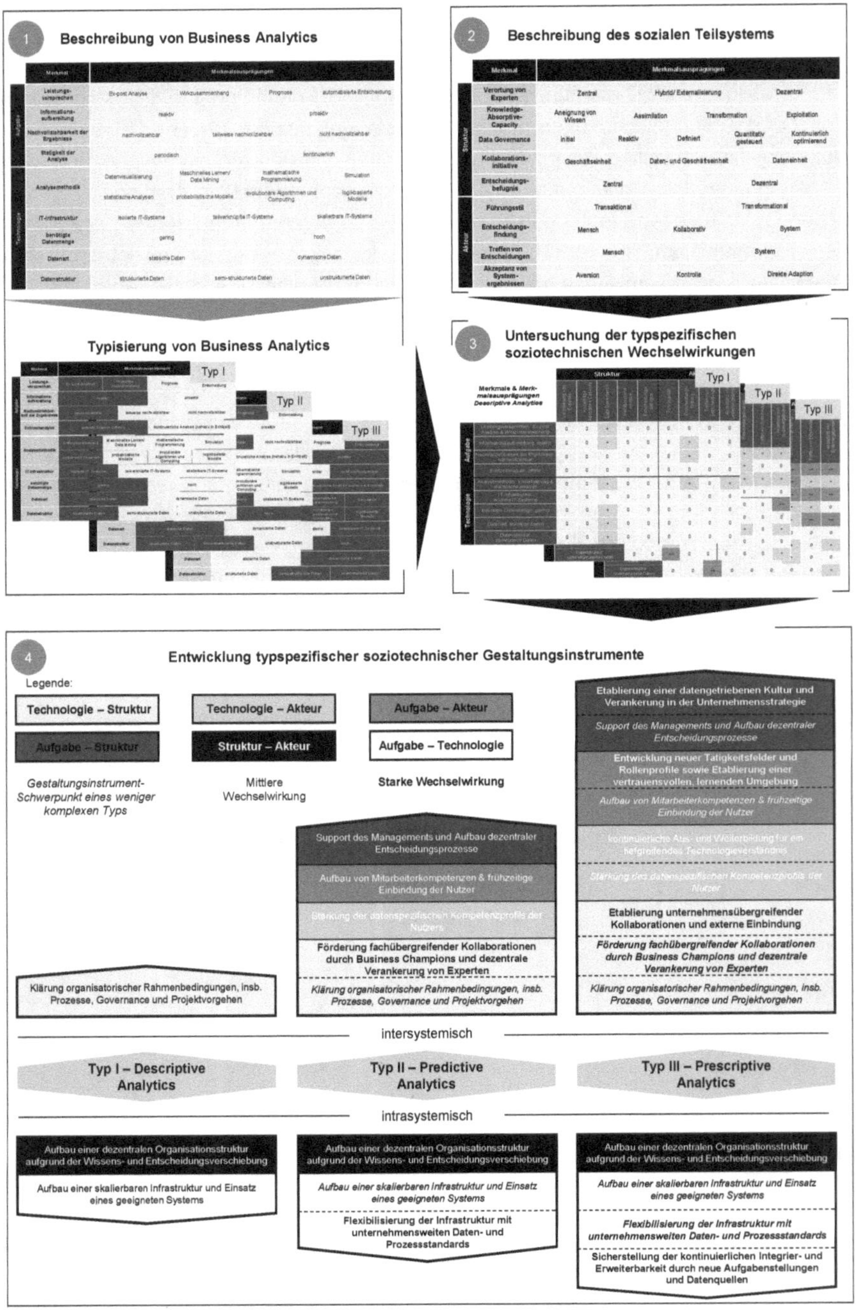

Abbildung 5-49: Zentrale Funktionsweise des Gestaltungsmodells (eigene Darstellung)

6 Validierung des Modells in der betrieblichen Praxis

Das vorliegende Kapitel dient der Validierung der entwickelten Modelle durch Anwendung in der betrieblichen Praxis. Sie bildet den finalen Schritt im angewandten Forschungsprozess des Autors ULRICH (1981), welcher für die Entwicklung des Dissertationsvorhabens handlungsleitend ist (s. Kap. 1.4). Erst die Anwendung in der Praxis ermöglicht den Abgleich mit der Praxis und die kritische Reflexion der vorliegenden (Partial-)Modelle, welche auf der Basis von Literaturrecherchen und Experteninterviews entwickelt wurden. Für die vorliegende Arbeit erfolgt die Validierung mit der Durchführung von vier Fallstudien.

Hierfür werden in Kapitel 6.1 zunächst die Grundlagen zur Durchführung der Validierungsgespräche erläutert. Anschließend wird die Vorgehensweise für die Durchführung der Interviews aufgezeigt. In Kapitel 6.2 erfolgt anschließend die Dokumentation der Validierung mit dem Unternehmen Eppendorf SE. In Kapitel 6.3 werden die Ergebnisse mit dem Unternehmen RapidMiner GmbH validiert, die als eines der marktprägenden Softwareunternehmen BA-Anwendungen entwickeln. In Kapitel 6.4 erfolgt anschließend die Darstellung der Fallstudie mit der BASF SE, in Kapitel 6.5 werden zuletzt die Ergebnisse mit Linde Engineering dokumentiert.

6.1 Grundlagen zur Durchführung von Validierungsgesprächen und Vorgehensweise

Grundsätzlich können Interviews bezüglich ihres Ziels unterschieden werden. Die Autoren BOGNER U. MENZ (2002) definieren hierfür drei unterschiedliche Typen, das explorative, das systematisierende und das theoriegenerierende Interview. Die einzelnen Typen können wie nachfolgend dargestellt detailliert und abgegrenzt werden (s. BOGNER U. MENZ 2002, 37 ff.):

- *Exploratives Interview:* Explorative Interviews verfolgen das Ziel, eine Orientierung über thematisch neue oder unübersichtliche Forschungsgebiete zu geben. Der Wissenschaftler wird bei der Strukturierung eines neuen Themas oder Forschungsgebiets unterstützt und wird befähigt, Hypothesen abzuleiten. Explorative Interviews können dabei sowohl bei qualitativen als auch quantitativen Forschungsvorhaben zum Einsatz kommen.
- *Systematisierendes Interview*: Beim systematisierenden Experteninterview stehen die Nutzung von Praxiswissen zur Reflexion und die Validierung von Ergebnissen im Vordergrund. Dabei wird das Ziel der systematischen Informationsgenerierung verfolgt, welche durch z. B. durch die Erstellung und Anwendung eines Leitfadens ermöglicht werden kann.

- *Theoriegenerierendes Interview*: Das theoriegenerierende Interview fokussiert die Theoriegenerierung durch Generalisierung erfasster Wissensbestände der Experten.

Grundsätzlich können Expertengespräche in Bezug auf die Vorbereitung und Strukturiertheit der zu stellenden Fragen und zu gebenden Antworten unterschieden werden. Die Autoren GLÄSER U. LAUDEL (2009) unterscheiden hierbei drei unterschiedliche Formen, diese werden nachfolgend dargelegt:

- *Strukturiertes Interview*: Das strukturierte Interview folgt einem festen Vorgehen. Dabei sind Fragen und Antwortmöglichkeiten bereits im Vorfeld definiert. Die Fragen selbst werden geschlossen formuliert, die Antworten können somit vom Interviewten nicht selbst formuliert, sondern lediglich ausgewählt werden.
- *Semi-strukturiertes Interview*: Das semi-strukturierte Interview stellt eine hybride Form zwischen unstrukturierten und strukturierten Interviews dar. Fragen werden bereits im Vorfeld definiert, gleichzeitig hat der Interviewte die Möglichkeit, Antworten frei zu geben.
- *Unstrukturiertes Interview*: Das unstrukturierte Interview stellt das Pendant zum strukturierten Interview dar. Im Vorfeld werden keine Fragen oder Antworten definiert. Im Interview wird lediglich das Thema vorgegeben und ein offener und freier Dialog zu ebendiesem geführt.

Zur Validierung der Modelle in der vorliegenden Arbeit wird das systematisierende Experteninterview als semi-strukturiertes Gespräch in Form eines Leitfadeninterviews verwendet. Das Leitfadeninterview ist eine Form der Befragung, welche neben der Inhaltsanalyse und der Beobachtung den drei Basismethoden empirischer Forschung zugeordnet werden kann (s. LOOSEN 2016, S. 141). Die Erhebung qualitativer Daten steht hierbei im Vordergrund (s. BORTZ U. DÖRING 2016, 237 ff.). Kern der Methode sind die Erstellung eines Leitfadens und das Gespräch mit einem Interviewpartner, welches durch den Leitfaden strukturiert wird. Er enthält Themen und Fragen, welche bereits im Vorfeld des Interviews festgelegt werden. Die Besonderheit hierbei ist, dass im Laufe des Gesprächs von den im Vorfeld definierten Fragen abgewichen werden kann, wenn dies der Aufnahme und Validierung der Ergebnisse dienlich ist. (s. LOOSEN 2016, S. 152)

Der methodeninhärente Kommunikationsmodus ist persönlich, d. h., es wird ein Face-to-Face-Gespräch durchgeführt. Neben der persönlichen Form kann dieses jedoch auch telefonisch oder per Videokonferenz durchgeführt werden. (s. LOOSEN 2016, S. 145) Im Rahmen des vorliegenden Dissertationsvorhabens werden die Experteninterviews mittels Videokonferenz durchgeführt. Auf diese Art und Weise können Informationen effizient mit dem Interviewpartner geteilt und dennoch die Reaktionen und Aussagen des Interviewpartners zuverlässig erfasst werden.

Der generelle Ablauf der Interviews erfolgt in drei Schritten: Im ersten Schritt wird die Struktur zur Durchführung des Interviews festgelegt und in einem Interviewleitfaden festgehalten. Der Leitfaden ist so aufgebaut, dass zunächst eine Darlegung und

Diskussion des zugrundeliegenden Problems erfolgen und die Ausgangssituation bzw. die bisherigen Aktivitäten der Unternehmen auf dem Untersuchungsgebiet dargestellt werden. Anschließend erfolgt die Vorstellung des entwickelten Gesamtmodells inkl. Detaillierung der Partialmodelle. Die Vorstellung orientiert sich hierbei weitestgehend an der Struktur von Kapitel 5. Zuletzt erfolgt eine Bewertung der Modelle nach den in Kapitel 4.1 definierten Anforderungen. Diese werden in zwei Dimensionen unterteilt: einerseits formale, strukturelle und funktionale Anforderungen sowie andererseits inhaltliche Anforderungen. Eine zusammenfassende Darstellung der in den Interviews zu erhebenden Anforderungserfüllung und die daraus abgeleitete Bewertungslogik finden sich in Abbildung 6-1.

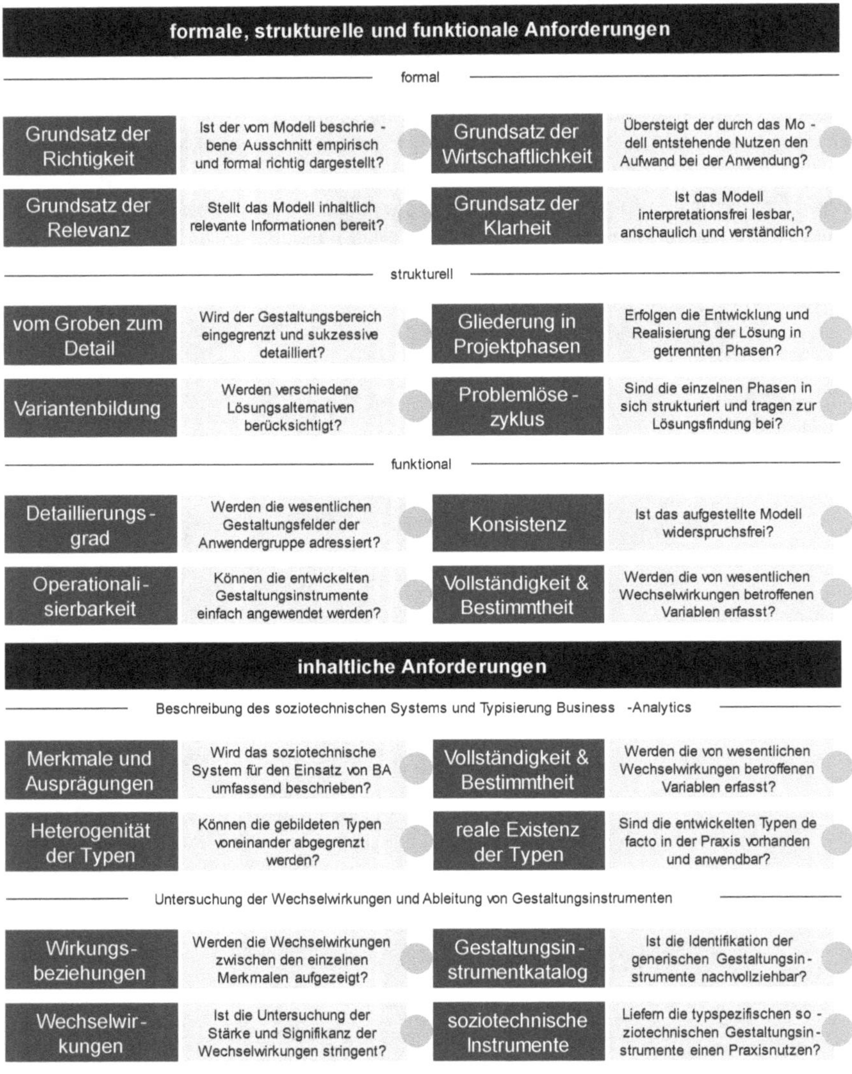

Abbildung 6-1: Bewertungslogik zur Validierung der entwickelten Ergebnisse (eigene Darstellung)

Daraufhin erfolgt die Durchführung der Interviews. Die Auswahl der Interviewpartner ist hierbei so ausgelegt, dass sowohl Anwenderunternehmen als auch BA-Software-Unternehmen in die Validierung einbezogen werden. Die Anwendungsunternehmen können somit die Relevanz der soziotechnischen Gestaltungsinstrumente belegen, gleichzeitig können Softwarehersteller insbesondere die Varianz der Typen und deren Auswirkungen bei ihren Kunden bestätigen.

Insgesamt wurden vier Unternehmen ausgewählt. Bei der Auswahl der Unternehmen war es von Bedeutung, dass diese bereits Business-Analytics erfolgreich einsetzen. Es wurden zum einen Unternehmen ausgewählt, welche an den Forschungsprojekten *BASuccess* und *BAValue* teilgenommen haben, die durch den Autor der Arbeit betreut wurden. Dies gewährleistet, dass bei den Experten bereits praxisnahe Erfahrungen und Expertisen für den Einsatz von Business-Analytics vorhanden sind. Weitere Anwendungsunternehmen wurden außerhalb der Forschungsprojekte ausgewählt, um das Spektrum insbesondere bezüglich der Varianz in der Prozessindustrie besser abbilden zu können. Ergebnis des Prozesses ist die Auswahl der Unternehmen Eppendorf SE, RapidMiner GmbH, BASF SE und Linde Engineering.

Im nächsten Kapitel erfolgen die Dokumentation der Interviewergebnisse und die Bewertung der Anforderungserfüllung durch die befragten Experten. Hierbei werden zunächst die Unternehmen beschrieben sowie deren Vorerfahrungen auf dem Anwendungsfeld abgefragt. Anschließend erfolgen die Darstellung und Diskussion der Ergebnisse. Zuletzt wird die Anforderungserfüllung bewertet (s. Abbildung 6-1).

6.2 Fallbeispiel A: Eppendorf SE

Die Eppendorf SE ist als Unternehmensgruppe mit mehr als 5.000 Mitarbeitern und 33 weltweiten Niederlassungen ein Unternehmen der Life-Sciences. Als dieses entwickelt, produziert und vertreibt es zum einen als Zulieferer Systeme für den Einsatz in der Prozessindustrie, zum anderen agiert es selbst als produzierendes Unternehmen der Branche. Die adressierten Branchen innerhalb der Prozessindustrie sind insbesondere die Pharma-, Biotech-, Chemie und Lebensmittelindustrie.[5] Mit einem Umsatzwachstum von 13,8 % im Jahr 2021 wurde erstmals ein Umsatz von mehr als einer Milliarde Euro erreicht. Im Fokus der Strategie liegen die Themenbereiche Nachhaltigkeit und Digitalisierung. (s. EPPENDORF SE 2022, S. 10 ff.)

Das Unternehmen ist somit als Teil der Prozessindustrie sehr gut für die Diskussion der in der Arbeit entwickelten Ergebnisse und Modelle geeignet. Der interviewte Experte im Unternehmen war Dr.-Ing. Simon Wieninger. Er verantwortet u. a. ein Projekt im Bereich Business-Analytics und hat ein großes Vorwissen auf diesem Gebiet aufbauen können. Das Gespräch fand am 29.08.2022 im Rahmen einer Videokonferenz statt, somit konnten die entwickelten Modelle und Ergebnisse im Detail gezeigt werden. Im Gesprächsverlauf wurden nach der Erklärung der Problemstellung und des Zielbilds zunächst die einzelnen Partialmodelle gezeigt. Im Gespräch wurden iterativ die einzelnen Partialmodelle mit eigenen Projekten bei der Eppendorf SE abgeglichen. Zuletzt wurde die zentrale Funktionsweise des Gesamtmodells diskutiert. Nachfolgend

---

[5] Die Informationen wurden der Unternehmenswebsite der Eppendorf SE entnommen: https://www.eppendorf.com/de-de/company-careers/ (Link zuletzt geprüft: 09.10.2022).

wird zunächst das Anwendungsfeld beschrieben, anschließend erfolgt die Darstellung und Diskussion der Ergebnisse.

6.2.1 Beschreibung des Anwendungsfelds

Das für die Validierung diskutierte Anwendungsfeld lag insbesondere in der Bioprozesstechnik. Bei dieser liegt der Fokus auf der Nutzbarmachung der energetischen und stofflichen Leistungsfähigkeit von Zellen zur Herstellung von Produkten oder beim Abbau von Abfallstoffen. (s. FISCHER U. CHMIEL 2011, S. 1) Auf diesem Teilgebiet der Verfahrenstechnik, welche eine Symbiose aus Natur- und Ingenieurwissenschaften darstellt, ist die Eppendorf SE mit einem eigenen *Bioprocess Center Europe*, welches am Standort Jülich angesiedelt ist, aktiv. Der interviewte Experte ist als *Business Manager Digital Solutions and Software* am Standort Jülich tätig und ist in der *Process Unit Bioprocesses* angesiedelt. Hier beschäftigt er sich u. a. mit der Entwicklung von Softwareprodukten, hat aber parallel eine Business-Analytics-Lösung für den Vertrieb aufgebaut. Diese analysiert die zeitliche Entwicklung der Verkäufe auf verschiedenen Ebenen. Ziel hierbei ist die Ableitung von Erkenntnissen und Insights, um zielgerichtete Lösungen zu entwickeln.

Dieses Projekt fügt sich in die Digitalisierungs- und Vertriebsstrategie der Eppendorf SE ein. Diese kann in einen soziotechnischen Kontext eingeordnet werden. Die zunehmende Integration digitaler Verkaufs- und Vertriebsstrategien äußert sich in der Anpassung der Organisationsstrukturen, um insbesondere den zunehmenden Digitalisierungslösungen und -produkten sowie der Transformation zum digitalen Vertrieb zu begegnen. Durch den zunehmenden Vertrieb digitaler Produkte sowie der Digitalisierung des Vertriebs an sich kommt es zu einer kontinuierlich ansteigenden Veränderung der Aufgaben. (s. EPPENDORF SE 2022, S. 30 f.) Das Unternehmen setzt somit in hohem Maße Business-Analytics in seinen Unternehmensbereichen ein. Der in dieser Fallstudie fokussierte Bereich Vertrieb profitiert von diesen Aktivitäten besonders.

Darüber hinaus finden massive Investitionen in E-Business-Technologien statt, beispielsweise durch die Entwicklung eines neuen Webshops und den Einsatz fortgeschrittener und komplexer Technologien. (s. EPPENDORF SE 2022, S. 16) Der Erfolg dieser Bemühungen zeigt sich bei der im Anwendungsfeld betrachteten *Division Lab Solutions*, welche das Digitalgeschäft und die Bioprocess-Aktivitäten zusammenfasst und im Geschäftsjahr 2021 17,4 % mehr Umsatz generierte (s. EPPENDORF SE 2022, S. 19). Nicht zuletzt erfolgten hohe Investitionen in die Weiterbildung insbesondere in Bezug auf digitale Kompetenzen und die Akquise neuer Mitarbeiter mit ebendiesen Kompetenzen. Die Befähigung und Einbindung der Mitarbeiter bei der Digitalisierung erfolgt unternehmens- und hierarchieübergreifend. Die Vision ist hierbei, sich von einem einst reinen Laborausstatter zu einem kompletten 360-Grad-Lab-as-a-Service-Experten zu entwickeln. Die über den Anwendungsbereich hinausgehenden Bestrebungen, ein cloudbasiertes System für ein vollvernetztes Labor aufzubauen, prägt gleichzeitig die Gesamtorganisation und somit auch den untersuchten Bereich

Vertrieb. Das Unternehmen sammelt hierbei in den Bereichen *Learning Environment & Tools*, *Digital Culture & Mindset*, *New Ways of Working & Collaboration* sowie *Knowledge-Transfer* Erfahrungen. (s. EPPENDORF SE 2021, o. S.)

Zusammengefasst stellt das Unternehmen aufgrund des bereits bestehenden Einsatzes von Business-Analytics im Anwendungsfeld Vertrieb in der Prozessindustrie ein geeignetes Anwendungsbeispiel dar. Die vorangestellten Aktivitäten in den vier soziotechnischen Dimensionen Struktur, Akteur (vorgehend bezeichnet als Mitarbeiter), Aufgabe und Technologie machen das Unternehmen zu einem Best-Practice-Beispiel mit einer hohen Eignung zur Validierung. Nachfolgend wird die Diskussion der vorgestellten Modelle und Erkenntnisse, welche im Dissertationsvorhaben entwickelt wurden, vorgestellt.

6.2.2 Anwendung der Modelle

Die Anwendung der Modelle im Expertengespräch erfolgte nach dem Aufzeigen des übergeordneten Zielbilds der Arbeit. Hierzu wurde zunächst das technische Subsystem zum Einsatz von Business-Analytics mit seinen Merkmalen und Ausprägungen beschrieben. Die gebildete Morphologie (s. Kap. 5.1.3) mit den Merkmalen und Ausprägungen konnte vollständig durch den Experten bestätigt werden. Ein besonderer Fokus lag auf der Einordnung des Business-Analytics-Projekts, welches vom Experten initiiert und betreut wurde, in die gebildete Typisierung. Diese wurde nach der Vorstellung der drei gebildeten Typen von Business-Analytics durch den Experten vorgenommen. Ausgehend vom morphologischen Kasten werden nachfolgend die Einordnung und Diskussion der Merkmale und Ausprägungen zur Beschreibung von Business-Analytics dargestellt.

Zunächst wurden die Merkmale und Ausprägungen der Dimension Aufgabe diskutiert. Das Leistungsversprechen des analysierten BA-Projekts ist die Ex-post-Analyse. Konkret sollen durch die Analyse aktueller Eventdaten (z. B. Sales) über einen Zeitraum von mehreren Jahren ein Erkenntnisgewinn und eine verbesserte Transparenz über den Verkauf von Produkten der Business-Unit realisiert werden. Zudem soll eine bessere Clusterung ermöglicht werden. Die Informationsaufbereitung in diesem Projekt erfolgt reaktiv, d. h., der Experte muss aktiv sowohl in einem Pull-Prinzip Informationen aus dem System anfragen als auch selbstständig neue Daten und Informationen bei Aktualisierungen in das System einpflegen bzw. importieren. Die Nachvollziehbarkeit der Analysen ist hierbei aufgrund der geringen Komplexität und der verwendeten Methoden und Algorithmen zu jedem Zeitpunkt gegeben. Die Analyse erfolgt nur in unregelmäßigen Abständen und nicht kontinuierlich, somit kann die Ausprägung periodisch bestätigt werden.

Auf Ebene der Technologie werden die fünf Merkmale Analysemethodik, IT-Infrastruktur, benötigte Datenmenge sowie die Art und Struktur der Daten diskutiert. Im Bereich der Analysemethodik werden insbesondere Methoden zur Datenvisualisierung eingesetzt. Gleichzeitig kommen auch statistische Analysen zum Einsatz. Gleichwohl ist der

Einsatz von komplexeren Methoden wie dem Maschinellen Lernen bzw. Data-Mining in Überlegung, dies würde mit einer Veränderung der Aufgabenstellung einhergehen. Die verwendete IT-Infrastruktur kann als isoliertes IT-System bezeichnet werden. In der Business-Unit werden die erfassten Daten, welche beim Verkauf von Produkten generiert werden, zunächst aus dem verwendeten ERP-System exportiert. Anschließend erfolgt der Import in das BA-System Power BI. Die in die Analyse einbezogene Datenmenge kann als gering bezeichnet werden. Es werden nur statische Daten verarbeitet; die Datenstruktur ist strukturiert. Die Daten werden im Rahmen der Vorbereitung des Analyseprozesses transformiert.

Die Einordnung des betrachteten BA-Projekts ist in Abbildung 6-2 dargestellt. In dieser wird mithilfe der Graustufe bei der Ausprägung Wirkungszusammenhang für das Merkmal Leistungsversprechen, welche farblich zwischen dem Idealtypen Descriptive Analytics und den weiteren Ausprägungen eine leichte Abweichung vom in der Arbeit gebildeten Typen aufgezeigt. Der gebildete Idealtyp wird trotzdem als valide durch den Experten eingestuft, da die Untersuchung von Wirkungszusammenhängen auf Ebene des Systemnutzers stattfindet. In der nahen Zukunft soll die Untersuchung von Wirkungszusammenhängen stärker durch das System unterstützt werden.

Mit der Ein- und Zuordnung des BA-Projekts in die gebildete Morphologie wird die schnelle Klassifizierung von existierenden Projekten als einfach handhabbar durch den Experten bestätigt. Es wurde zudem festgestellt, dass der gebildete morphologische Kasten mit seinen Merkmalen und Ausprägungen ausreichend umfänglich ist: Es wurden im durchgeführten Expertengespräch keine weiteren Merkmale oder Ausprägungen identifiziert.

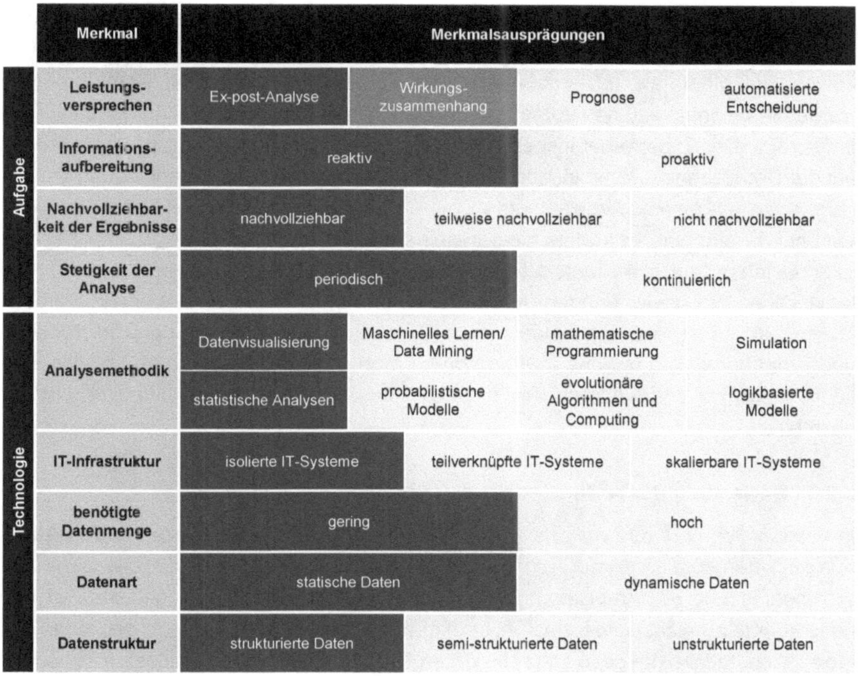

Abbildung 6-2: Einordnung des betrachteten BA-Projekts der Eppendorf SE in den gebildeten Typ Descriptive Analytics (eigene Darstellung)

In einem zweiten Schritt wurde nachfolgend das soziale Subsystem für den Einsatz von Business-Analytics vorgestellt. Hierzu wurden auf Struktur- und Akteur-Ebene zunächst die gebildeten Merkmale und Ausprägungen dargestellt. Dabei wurde bestätigt, dass alle Eigenschaften des sozialen Subsystems für den Einsatz von Business-Analytics berücksichtigt werden. Die anschließende Zusammenführung der beiden Partialmodelle in einem Wechselwirkungsmodell wurde vom Experten ausdrücklich auf Dimensionsebene als praktikabel und einfach handhabbar wertgeschätzt. Die Zusammenführung der einzelnen Wechselwirkungen auf Merkmalsebene ist hilfreich, um bei Detailfragen soziotechnische Phänomene zu verstehen. Der Autor hob bei der Betrachtung der Wechselwirkungen hervor, dass die Herausforderungen in den Wechselwirkungspaaren *Technologie – Struktur* sowie *Aufgabe – Technologie* zu verorten seien. Dies deckt sich mit der während der Erstellung der Arbeit gewonnenen Erkenntnis, dass bei den vorgenannten Wechselwirkungspaaren die stärksten Wechselwirkungen auftreten. Vom Experten wurde gleichzeitig darauf hingewiesen, dass gewisse Herausforderungen, z. B. bei fehlenden Datengrundlagen, zum Teil auf strukturelle und gleichzeitig technische Gründe zurückzuführen sind. Als Beispiel hierfür wurde angeführt, dass teilweise leicht erfassbare Informationen nicht als Daten im System gespeichert werden, da sie aufgrund struktureller Gründe nicht berücksichtigt werden.

Zuletzt wurde der Katalog mit den identifizierten Gestaltungsinstrumenten vorgestellt und die Entwicklung von typspezifischen soziotechnischen Gestaltungsinstrumenten sowohl auf Merkmals- als auch auf Dimensionsebene aufgezeigt. Dem Experten wurde hierzu analog zu den vorherigen Partialmodellen zunächst die Vorgehensweise aufgezeigt. Der Experte hat insbesondere die Zuordnung der Gestaltungsinstrumente auf der Detailebene (Merkmalsebene) und die gleichzeitige Zusammenfassung der Erkenntnisse auf einer übergeordneten Ebene (Dimensionsebene) als besonders relevant hervorgehoben. Er konnte dies an seinem BA-Projekt widerspiegeln: Dieses bereits bestehende Projekt kann durch die zielgerichtete Adressierung bestimmter problematischer Wechselwirkungen auf Merkmalsebene inkrementell verbessert werden. Gleichzeitig kann bei Einsatz eines neuen Typens mit wesentlich komplexeren Frage- und Aufgabenstellungen das übergeordnete Modell verwendet werden, um das Gesamtsystem vor und während des Einsatzes des neuen Typen zu gestalten und zu optimieren.

6.2.3 Bewertung der Anforderungen

Im letzten Schritt des Interviews wurden die in Kapitel 4.1 entwickelten und in Abbildung 6-1 dargestellten Anforderungen an die entwickelten Modelle diskutiert. Die Zusammenfassung der Anforderungserfüllung ist in Abbildung 6-3 dargestellt. Der Experte konnte zunächst alle formalen, strukturellen und funktionalen Anforderungen der Modelle bestätigen. Insbesondere die Untergliederung der Wirkungszusammenhangsmodelle und der Gestaltungsinstrumente auf Merkmals- und Ausprägungsebene sowie auf Dimensionsebene wurden als besonders positiv hervorgehoben. Es sind somit insbesondere die Anforderungen an die Klarheit und den Detaillierungsgrad, welche der Experte als besonders positiv hervorgehoben hat. In Bezug auf die inhaltlichen Anforderungen konnte der Experte das BA-Projekt problemlos in die gebildete Morphologie einordnen. Das Projekt entsprach hierbei dem im Dissertationsvorhaben gebildeten Idealtyp Descriptive Analytics.

Die Gegenüberstellung der Typen mit dem sozialen Subsystem und insbesondere die Untersuchung der Wechselwirkungen wurden durch den Experten als besonders relevant bestätigt. Auch die Unterstützung durch die gebildeten typspezifischen soziotechnischen Gestaltungsinstrumente wurde positiv hervorgehoben, da sie zukünftig die tägliche Arbeit des Experten bei der Verwendung von Business-Analytics erleichtern und weiter professionalisieren können. Bei der in Zukunft anstehenden Weiterentwicklung der BA-Applikation um prognostizierende Elemente sind insbesondere die Gestaltungsinstrumente auf Dimensionsebene hilfreich.

Zusammenfassend lässt sich festhalten, dass insbesondere der Typ Descriptive Analytics anhand der Fallstudie validiert werden konnte; zudem wurden die untersuchten Wechselwirkungen und Gestaltungsinstrumente als zielführend bestätigt. Die in den Modellen insbesondere auf den niedrigen Reifegraden identifizierten hohen Wechselwirkungen auf den Ebenen *Technologie – Struktur* und *Aufgabe – Technologie* wurden als größte Herausforderungen attestiert. Das Experteninterview trägt somit aufgrund des hohen Erfahrungswissens und des hohen Übereinstimmungsgrads dazu bei, die Praxisrelevanz und Anwendbarkeit der entwickelten Modelle zu bestätigen.

Abbildung 6-3: Bewertung der Anforderungserfüllung (Eppendorf SE) I/IV (eigene Darstellung)

6.3 Fallbeispiel B: RapidMiner GmbH

Die RapidMiner GmbH ist 2007 von Dr. Ingo Mierswa und Ralf Klinkenberg als Ergebnis eines im Jahr 2000 gestarteten Open-Source-Projekts gegründet worden. Seit der Gründung ist das Unternehmen auf mehr als 100 Angestellte angewachsen. Diese entwickeln an vier Standorten in den USA, in Deutschland, Ungarn und England Softwareprodukte für interaktive und automatische Datenanalyse, Data-Science, Machine Learning, Künstliche Intelligenz und Predictive Analytics. Zum Kundenkreis des Unternehmens gehören mehr als eine Million registrierte Anwender in mehr als 150 Ländern, 400 Kunden-Unternehmen, mehr als 70 Partner-Unternehmen und über 1000 Universitäten. (s. KLINKENBERG 2020, o. S.)

Als weltweit agierender Hersteller von BA-Software ist RapidMiner hervorragend insbesondere für die Validierung der komplexen Typen Predictive und Prescriptive Analytics geeignet, da auf diesen Typen der Fokus des Unternehmens liegt. Der interviewte Experte Ralf Klinkenberg ist Mitglied des projektbegleitenden Ausschusses in den Forschungsprojekten *BASuccess* und *BAValue*, er hat somit zum einen die Entwicklung von (Teil-)Ergebnissen verfolgt, andererseits kennt er als Forschungsleiter und Gründer mit mehr als 20 Jahren Erfahrung die Herausforderungen der Anwendungsunternehmen. Der Experte hat in seinen Positionen große Praxiserfahrung gesammelt. Er ist in verschiedenen Branchen aktiv und entwickelt für verschiedene Abteilungen (insbes. Einkauf, Produktion und Vertrieb) BA-Applikationen und -Anwendungen. Das Expertengespräch wurde am 02.09.2022 als Videokonferenz durchgeführt. Nachfolgend wird zunächst das Anwendungsfeld beschrieben. Anschließend erfolgt die Darstellung der Ergebnisse, welche in der Arbeit entwickelt wurden, und die Diskussion derselben. Zuletzt wird die Bewertung der Anforderungen an die Modelle durch den Experten aufgezeigt.

6.3.1 Beschreibung des Anwendungsfelds

Das für die Validierung betrachtete und diskutierte Anwendungsfeld lag insbesondere auf der Prozessindustrie und in dieser auf den Bereichen Einkauf und Vertrieb. Gleichzeitig wurden themenverwandte angrenzende Erfahrungen, u. a. aus dem Bereich Finanzwesen und des Themenfelds Produktion in der Brauindustrie durch den Experten integriert. Die vom Unternehmen entwickelte Ende-zu-Ende-Data-Science-Plattform deckt mit verschiedenen Produkten den gesamten Prozess der Datenvorbereitung und -analyse bis hin zur Ergebnisvisualisierung ab. Die adressierten Zielgruppen der Anwendungen sind insbesondere Experten aus den Bereichen Data-Science, Domänenexperten aus den Fachabteilungen, die IT und Führungskräfte, welche codebasiert, auf visueller Workflowebene oder automatisiert mit Dashboards mit dem System interagieren können.[6]

Ein vom Experten vorgestelltes Projekt war eine BA-Applikation im Bereich Demand-Forecasting (Bedarfsprognose). Ziel ist der Einkauf von passenden Mengen unter Berücksichtigung der Zeit und der Bündelung von Bestellmengen. Das betrachtete Produkt ist der Einkauf von Rohöl in Dollar, welcher Wechselkursschwankungen zwischen dem Euro und Dollar unterliegt. Eine weitere vorgestellte Anwendung ist im Vertrieb angesiedelt. Bei dieser steht die Prognose der Kundenbedarfe im Fokus. In der Abhängigkeit der Prognose sollen die Einkaufs- und Produktionsmengen entsprechend angepasst und das Personal besser geplant werden. Das vom Experten beschriebene Kundenunternehmen stand vor der Herausforderung, Ausreißer zu identifizieren, welche ohne vorherige Ankündigung große Mengen einkaufen und somit beim produzierenden Unternehmen regelmäßig Lieferschwierigkeiten verursachen. Hierzu wurden historische Daten analysiert, um regelmäßige Routinen (z. B. Bestellungen zum Monats- oder Quartalsende bzw. -beginn) zu identifizieren und in eine automatisierte Prognose der Bedarfe zu integrieren. Darüber hinaus wurde nach saisonalen Mustern bzw. Trends in den Bestellmengen gesucht. Das Ergebnis der Anwendung war die Identifikation solcher Unternehmen und die Ermittlung einer Wahrscheinlichkeit, mit welcher das bestellende Unternehmen eine bestimmte Menge zu einem bestimmten Zeitpunkt bestellen wird.

Häufige Ziele von BA-Anwendungen sind aus Sicht des Experten die Effizienzsteigerungen oder die Kostenreduzierung durch besseres Timing beim Einkauf, die Realisierung von geringeren Preisen oder die Optimierung der Produktion. Aus seiner Sicht ist ein wesentliches Merkmal von BA-Anwendungen die Erzielung von besseren Chancen. Dies konkretisierte er am Funktionsbereich Vertrieb: Die Kenntnis und Prognose darüber, wer zu welchem Zeitpunkt in welcher Menge ein bestimmtes Produkt benötigt, differenziert digital reife Unternehmen zunehmend vom Wettbewerb. Ein zunehmender Trend aus seiner Sicht ist die Nachhaltigkeit: Als Beispiele wurde zum einen die Reduzierung von Kosten aufgrund von Energieeinsparungen, zum anderen aber auch die Reduktion des CO_2-Fußabdrucks genannt.

Die vom Autor dieser Arbeit herausgestellte Problemstellung und Ausgangssituation (s. Kap. 1.1) wurden vom Experten geteilt. Dieser sieht ebenfalls die größten Herausforderungen im organisatorischen Bereich. Insbesondere, wenn durch den Einsatz von Business-Analytics Aufgaben- und Tätigkeitsbereiche verändert oder automatisiert werden, treten große organisatorische Hemmnisse z. B. durch aktives Blockieren durch die Mitarbeiter auf, welche bei fehlender Adressierung im Abbruch von Projekten enden können, um den Betriebsfrieden nicht zu gefährden.

---

[6] Die Informationen wurden der Unternehmenswebsite der RapidMiner GmbH entnommen: https://rapidminer.com/solutions/ (Link zuletzt geprüft: 11.12.2022)

Zusammengefasst stellt die RapidMiner GmbH als Softwarehersteller mit der Kenntnis verschiedenster Anwendungsbereiche und Branchen, welche ebenfalls die in der Arbeit fokussierten Anwendungsfelder und Branchen abdecken, ein geeignetes Unternehmen für die Durchführung einer Fallstudie dar. Die große Erfahrung des Experten zum einen im Bereich der Technologie, zum anderen in der Begleitung der Einführung und des Einsatzes bei Kundenunternehmen, verstärken die Eignung. Nachfolgend wird die Diskussion der vorgestellten Modelle und Erkenntnisse, welche im Dissertationsvorhaben entwickelt wurden, vorgestellt.

6.3.2 Anwendung der Modelle

Die Diskussion der Modelle im Anwendungszusammenhang erfolgte nach dem Aufzeigen der Forschungsfrage und des übergeordneten Zielbilds der Arbeit. In einem ersten Schritt wurde zunächst das technische Subsystem zum Einsatz von Business-Analytics mit seinen Merkmalen und Ausprägungen zur Diskussion vorgelegt. Anschließend wurden die gebildeten drei Typen Descriptive, Predictive und Prescriptive Analytics aufgezeigt. Alle drei Typen wurden durch den Experten als real existierend und richtig eingeschätzt. Der Experte konnte die vom Unternehmen entwickelten BA-Applikationen insbesondere bei den Typen Predictive und Prescriptive Analytics einordnen, gleichzeitig bestätigte er die reale Existenz aller drei Typen. Das genutzte Vorgehen, ausgehend von der Entwicklung des morphologischen Kastens über die Verwendung eines Cross-Consistency-Assessments bis hin zur fallstudienbasierten Typenbildung, wurde als zielführend bestätigt. Eine Darstellung der Einschätzung des Experten bezüglich der gebildeten Typen findet sich in Abbildung 6-4.

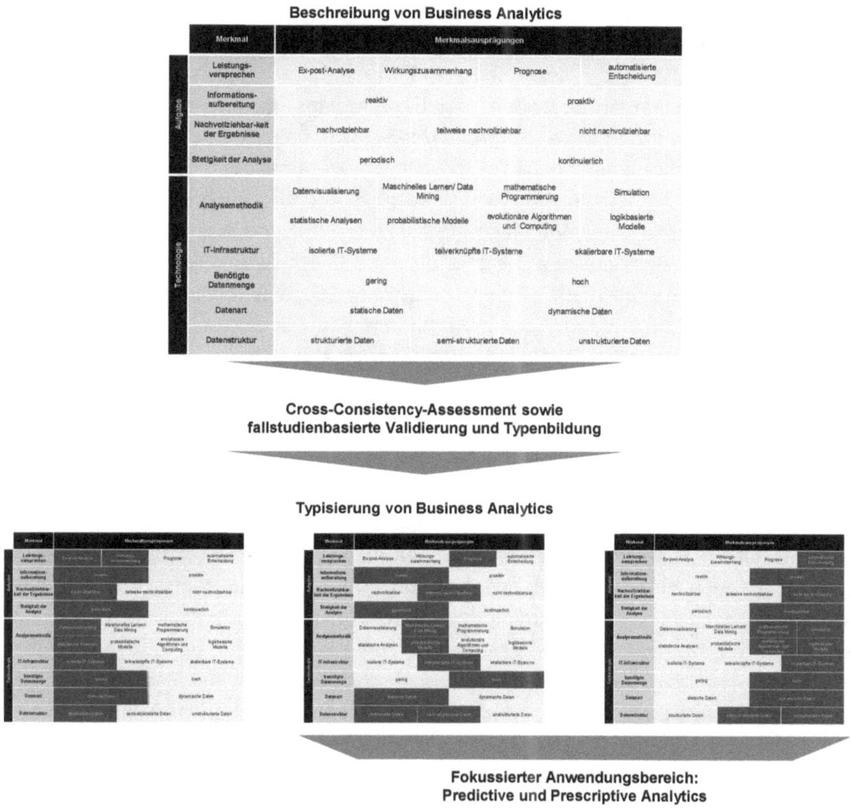

Abbildung 6-4: Validierung des technischen Subsystems für den Einsatz von Business-Analytics und Fokussierung des Experteninterviews (eigene Darstellung)

Aus Sicht des Experten finden sich Anwendungen des Typs Descriptive Analytics in Form von Reportings in fast jedem Unternehmen. Das fokussierte Betrachtungsfeld wird im weiteren Verlauf auf die Typen Predictive und Prescriptive Analytics gelegt. Im Bereich des Leistungsversprechens für den Typ Prescriptive Analytics merkte der Experte an, dass sich viele BA-Applikationen technisch vollautomatisiert realisieren lassen. Gleichzeitig findet sich bei kritischen Anwendungen, insbesondere in der Medizin oder bei strategischen Unternehmensentscheidungen, häufig die bewusste Integration des Menschen als letzter Entscheidungsinstanz. Trotz dieser Einschränkung gilt für diesen Typ die Bildung der drei Typen uneingeschränkt.

Der Experte ging explizit auf den Bereich der Analysemethodik ein: Hier konnte er die identifizierten Methoden vollumfänglich bestätigen, da sie in den Softwareprodukten von RapidMiner zum Einsatz kommen. Mit der Vorstellung eines anonymisierten

Kundenprojekts aus der Prozessindustrie validierte er beispielhaft die Existenz des Typs Prescriptive Analytics. Bei dem Projekt wurden große Datenmengen aus verschiedensten Quellen und in verschiedenen Formen (numerisch, textuell, visuell) analysiert, um Empfehlungen zu geben. Der Experte wies im Zusammenhang mit der schwierigen Nachvollziehbarkeit aufgrund der Systemkomplexität darauf hin, dass die Nachvollziehbarkeit auf der Ebene von proaktiven Systemerklärungen erfolgen muss. Dies beinhaltet nicht nur die Empfehlung an sich, sondern auch das Aufzeigen der Folge der Umsetzung der Empfehlung. Im konkreten Anwendungsfall wurden zur Unterstützung des Anwenders des Systems ähnliche Ereignisse, welche in der Vergangenheit aufgetreten sind, identifiziert und aufgezeigt. Diese beinhalteten das Aufzeigen der Ausgangssituation, die ergriffenen Maßnahmen sowie die Konsequenz der Maßnahmen. Damit konnte die Akzeptanz des Einsatzes von Prescriptive Analytics entscheidend erhöht werden.

Im weiteren Verlauf des Gesprächs erfolgte die Validierung des sozialen Subsystems. Dieses konnte vom Experten als valide und real existent bestätigt werden. Für das Merkmal Verankerung von Experten empfahl er insbesondere den Aufbau von hybriden Strukturen, insbesondere durch die Etablierung von *Centers of Excellence*. Dabei sollen Data-Scientists in den Fachabteilungen mit Domänenwissen integriert, gleichzeitig aber auch eine (virtuelle) Kollaboration ermöglicht und zentral insbesondere fachübergreifende Projekte koordiniert werden. Somit können trotz einer hohen Dezentralität der organisationalen Verankerung zentrale Instanzen geschaffen werden, welche nicht entlang der klassischen Unternehmenshierarchie verlaufen. Die Vorteile liegen hierbei aus Sicht des Experten insbesondere in der hohen Domänenexpertise der Data-Scientists, dem guten Austausch mit den Domänenexperten und nicht zuletzt in der übergreifenden (virtuellen) Kollaboration zwischen den Data-Scientists. Die *Centers of Excellence* selbst können dann insbesondere auch als zentrale Anlaufstelle und für den Aufbau von Schulungsangeboten zur Befähigung jeden Mitarbeiters genutzt werden.

Beim Merkmal Kollaborationsinitiative erwähnte der Experte insbesondere die Begriffe Bottom-up und Top-down. Beim Bottom-up-Ansatz wird aus Sicht des Experten ein BA-Projekt zumeist von einem Mitglied der Fachabteilung initiiert. Dieser hat in der Regel ein konkretes Geschäftsproblem oder sieht eine bestimmte BA-Applikation z. B. auf einer Messe. Beim Top-down-Ansatz wird auf Führungskräfteebene strategisch der Einsatz von Business-Analytics vorgegeben. In einer gemeinsamen Diskussion mit dem Experten wurde gleichwohl festgehalten, dass die in dieser Arbeit gewählten Ausprägungen die Kollaborationsinitiative bereits umfassend beschreiben und eine Erweiterung bzw. Veränderung des Merkmals nicht notwendig ist.

Anschließend erfolgte die Erläuterung der Wechselwirkungen. Diese wurden durch den Experten als valide bestätigt und entsprachen dessen Praxiserfahrungen. Insbesondere die zusammenfassende Darstellung der Wechselwirkungen auf Dimensionsebene wurde positiv hervorgehoben. Der grundlegende Anstieg der Wechselwirkungen bei Erhöhung der Komplexität des BA-Typs wurde als richtig bestätigt. Im

Zusammenhang von Descriptive Analytics wies der Experte explizit darauf hin, dass es aus seiner Sicht kaum Veränderungen im Bereich der Aufgaben und der Veränderung von Tätigkeitsprofilen der Mitarbeiter gibt. Bei Predictive Analytics kommt aufgrund der Prognosen ein größerer Einfluss auf die Entscheidungsfindung beim Nutzer des Systems zum Tragen. Der Einfluss auf die Entscheidungen ist am größten, wenn diese automatisiert vom System getroffen werden. Die Gestaltung des soziotechnischen Systems muss insbesondere bei komplexen Typen aktiv unterstützt werden. Dies deckt sich mit den Erkenntnissen des Dissertationsvorhabens.

Zuletzt wurden die entwickelten typspezifischen soziotechnischen Gestaltungsinstrumente diskutiert. Diese wurden vom Experten als valide bezeichnet; größtenteils werden diese Gestaltungsinstrumente bereits generisch bei der Durchführung von Kundenprojekten eingesetzt. Das Unternehmen RapidMiner GmbH nutzt insbesondere die Ansätze von CRISP-DM (vgl. CHAPMAN ET AL. 2000). Diese decken sich laut Experteneinschätzungen mit den in dieser Arbeit identifizierten und als Grundlage verwendeten Gestaltungsinstrumenten. Das Aufzeigen und die Zuordnung zu den einzelnen Wechselwirkungen werden als zielführend bestätigt, da mit den konkreten Handlungsempfehlungen die Gestaltung der einzelnen Wechselwirkungspaare vorgenommen werden kann und erstmals Gestaltungsinstrumente entwickelt werden, die über einen generischen Katalog hinausgehen. Insbesondere für Gestaltungsinstrumente, welche auf den Aufbau von skalierbaren Rahmenbedingungen einwirken und insbesondere bei komplexen Typen von Business-Analytics zwingend erforderlich sind, ist die typspezifische Zuordnung und das Matching zu Wechselwirkungspaaren essentiell.

6.3.3 Bewertung der Anforderungen

Der letzte Teil des Interviews diente der Bewertung der in Kapitel 4.1 entwickelten und in Abbildung 6-1 dargestellten Anforderungen. Der Experte bewertete zunächst die formalen, strukturellen und funktionalen Anforderungen und konnte sie allesamt als erfüllt bewerten. Auf Ebene der inhaltlichen Anforderungen wurde insbesondere die Umfänglichkeit der gebildeten Merkmale und Ausprägungen sowohl im technischen als auch im sozialen Subsystem hervorgehoben. Trotz der großen Heterogenität und Vielfalt der Kunden von RapidMiner können alle Projekte in die entwickelten Modelle eingeordnet werden.

Die gebildeten Typen entsprechen den Praxiserfahrungen des Experten: Es konnten alle drei Typen als real existierend bestätigt werden, wobei der Fokus von RapidMiner insbesondere auf den Typen Predictive und Prescriptive Analytics liegt. Auch die weiteren Partialmodelle sowie die Anforderungen an die Funktionsweise des Gesamtmodells wurden vom Experten als erfüllt bewertet. Die zusammenfassende Darstellung der Anforderungserfüllung findet sich in Abbildung 6-5.

Abbildung 6-5: Bewertung der Anforderungserfüllung (RapidMiner GmbH) II/IV (eigene Darstellung)

6.4 Fallbeispiel C: BASF SE

Die BASF-Gruppe ist ein Chemiekonzern mit mehr als 111.000 Mitarbeitern und 90.000 Kunden. Die Gruppe hat ihren Stammsitz in Ludwigshafen und ist mit sechs Verbundstandorten und 232 Produktionsstandorten in mehr als 90 Ländern aktiv. Die Gruppe gilt als eines der größten Chemieunternehmen weltweit. In den sechs

Segmenten *Chemicals*, *Materials*, *Industrial Solutions*, *Surface Technologies*, *Nutrition & Care* und *Agricultural Solutions* wurde im Jahr 2021 weltweit ein Umsatz von 78,6 Milliarden Euro erzielt. Als ein elementarer Wettbewerbsvorteil des Konzerns gilt das Verbundprinzip, bei welchem durch Intelligente, datenbasierte Verknüpfung und Steuerung der Anlagen effiziente Wertschöpfungsketten entstehen, die z. B. durch Wiederverwendung von Nebenprodukten kostenoptimiert, ressourceneffizient, CO_2-arm und resilient gesteuert werden können. (s. BASF SE 2022a, S. 4 f.)

Ein strategischer Schwerpunkt des Unternehmens ist die Digitalisierung; diese spiegelt sich u. a. im Aufbau von Digitalkompetenzen bei den Mitarbeitern, der Digitalisierung von Anlagen und Prozessen und nicht zuletzt im Aufbau und der Entwicklung digitaler Geschäftsmodelle wider. Das Unternehmen setzt hierbei auf den Einsatz datengetriebener Entscheidungsfindung und -umsetzung durch die Implementierung digitaler Technologien wie KI oder Quantencomputing. Die Kombination von Produkten, Services und digitalen Angeboten soll hierbei Synergien und neue, digitale Geschäftsmodelle ermöglichen. (s. BASF SE 2022b, S. 30 f.) Das Unternehmen stellt hierbei einen Vorreiter innerhalb der Chemieindustrie dar und ist als Anwender von Business-Analytics sehr gut zur Validierung der im Dissertationsvorhaben entwickelten Modelle geeignet. Der im Kontext der Validierung interviewte Experte Felix Hapke ist *Senior Marketing und Sales Manager* im Bereich *Technischer Verkauf und Vertrieb* in der BASF SE. Dieser Bereich ist Teil der Serviceeinheit *Global Engineering Services*, welche für das Unternehmen sowie externe Kunden wettbewerbsfähige Dienstleistungen entwickelt und erbringt. (s. BASF SE 2022b, S. 21) Der Experte verfügt über langjährige Erfahrung im Einsatz digitaler Technologien. Als Führungskraft unterstützt er u. a. mit der Gestaltung von organisationalen Rahmenbedingungen sowie der Befähigung des Teams den erfolgreichen Einsatz von Business-Analytics. Das Gespräch fand am 9. September 2022 im Rahmen eines Videotelefonats statt.

Zunächst wird nachfolgend das Anwendungsfeld beschrieben, anschließend erfolgt die Anwendung der in der Arbeit entwickelten Modelle. Zuletzt werden die Modelle in Bezug auf den Anwendungskontext durch den Experten bewertet.

6.4.1 Beschreibung des Anwendungsfelds

Das für die Validierung betrachtete und diskutierte Anwendungsfeld ist insbesondere die Serviceeinheit *Global Engineering Services*, zudem wurde das Segment *Agricultural Solutions* teilweise in die Betrachtung integriert. Das innerhalb der Serviceeinheit *Global Services* betrachtete Untersuchungsfeld fokussiert insbesondere die technischen Fachzentren, welche mit der Wartung, Überarbeitung und Durchführung von Revisionen in BASF-SE-spezifischen Anlagen, bei den Tochtergesellschaften, aber auch bei externen Dritten betraut sind. Ein weiterer Tätigkeitsbereich der Fachzentren ist die Herstellung kritischer Komponenten und Bauteile im Anlagenbau. Die BASF SE ist weltweit als einziger Anbieter sowohl als Hersteller als auch als Betreiber von Hochdruckkomponenten aktiv. In den eigenen Werkstätten werden Apparate bis zu 300 t bei Abmessungen bis zu 25 m Länge und einem Durchmesser von 4 m hergestellt, der Druck kann hierbei bis zu 3600 bar betragen.[7] Der interviewte Experte ist als Vertriebsexperte insbesondere in Projekte mit externen Dritten involviert.

Im Segment *Agricultural Solutions* werden insbesondere die Produkte Saatgut und Pflanzenschutzmittel sowie digitale Technologien und Lösungen subsumiert. Im Jahr 2021 wurden mehr als 900 Mio. Euro für Forschungs- und Entwicklungstätigkeiten aufgewendet. Im Vergleich zu den anderen fünf Segmenten des Konzerns wurden mehr als vier Mal so hohe Aufwände in diesem Bereich getätigt. Dies verdeutlicht u. a. den Führungsanspruch des Konzerns im Bereich der digitalen Technologien und Lösungen zur bestmöglichen Erfüllung von Kundenanforderungen. (s. BASF SE 2022b, S. 20)

Ein vom Experten vorgestelltes Projekt war eine BA-Applikation im Vertriebsbereich, hierbei soll insbesondere die Entscheidungsfindung unterstützt werden. In diesem Zusammenhang wird das in der Unternehmensgruppe weitverbreitete *Tool Power BI* des Unternehmens Microsoft verwendet. Ziel der Applikation ist insbesondere die Verbesserung im Auftragsannahme- und -abwicklungsprozess, um dem Kunden eine verbesserte User-Experience zu bieten. Der zu unterstützende Prozess reicht von der Platzierung von Angeboten beim Kunden über das Termincontrolling bis hin zum Versand. Insbesondere vor dem Hintergrund der kundenindividuellen Projekte und Produkte ist eine möglichst große Transparenz und eine vorausschauende Planung elementar. Die weitere Detaillierung des Projekts unterbleibt an dieser Stelle aus Wettbewerbsgründen.

6.4.2 Anwendung der Modelle

Im Verlauf des Gesprächs wurde zunächst die adressierte Forschungsfrage mit den abgeleiteten Unterforschungsfragen vorgestellt, anschließend wurde das übergeordnete Zielbild der Arbeit dargelegt. Anhand des soziotechnischen Systemansatzes nach LEAVITT (1965) wurde zunächst die soziotechnische Systemtheorie dargestellt. Mit Hilfe des übergeordneten Zielbilds konnte bereits festgestellt werden, dass die organisationalen Rahmenbedingungen einen großen Einfluss auf die Implementierung digitaler Technologien haben. An dieser Stelle wurde vom Experten beispielhaft die Matrixstruktur des Gesamtkonzerns mit der Projektstruktur der Abteilung *Digital Services* verglichen.

Anschließend wurde das technische Subsystem vorgestellt. Hierfür wurde zunächst die gebildete Morphologie erläutert. Diese wurde vom Experten als plausibel bestätigt. Anschließend erfolgte die Einordnung zunächst des in Kapitel 6.4.1 beschrieben Projekts in die Morphologie. Hierbei wurde festgestellt, dass die untersuchte BA-

---

[7] Die Informationen wurden der Unternehmenswebsite der BASF SE entnommen: https://www.basf.com/global/de/products/segments/others/technical-services/high-pressure-technology.html (Link zuletzt geprüft: 11.12.2022).

Anwendung insbesondere dem Typ Descriptive Analytics zugeordnet werden kann. Die Typen Predictive Analytics und Prescriptive Analytics wurden insbesondere durch Beispiele aus dem Segment *Agricultural Solutions*, in welchem durch die Verortung des Bereichs Digitale Technologien und Lösungen eine große Zentrierung von Expertise bei der datengetriebenen Entscheidungsfindung und -unterstützung existiert, validiert.

Das soziale Subsystem mit seinen Dimensionen Struktur und Akteur konnte durch den Experten vollständig bestätigt werden. Nachfolgend werden exemplarisch Merkmale und Ausprägungen beschrieben, welche mit dem Experten im Detail diskutiert wurden. Zunächst wurden die Merkmale und Ausprägungen der Dimension Struktur betrachtet. Die Verortung der Experten ist bei der fokussierten BA-Anwendung dezentral, gleichzeitig wurde auf verschiedene hybride Strukturen hingewiesen, welche die Anwendungsvielfalt beim Einsatz von Business-Analytics bei der BASF SE widerspiegeln. Insbesondere bei großen BA-Applikationen kommen hybride Strukturen zum Einsatz. Die Data-Governance ist übergreifend vorgegeben, die einzelnen Fachbereiche übernehmen diese unternehmensweit. Die Data-Governance an sich wird hierbei kontinuierlich optimiert. Die Kollaborationsinitiative geht in der betrachteten Abteilung insbesondere von der Geschäftseinheit aus, die Verortung der Entscheidungsbefugnis ist insbesondere zentral. Auf Akteur-Ebene wurden die vier Merkmale Führungsstil, Entscheidungsfindung, Treffen von Entscheidungen und Akzeptanz der Systemergebnisse diskutiert. Auch hier konnte eine spezifische Einordnung des Experten in den einzelnen Ausprägungen vorgenommen werden.

Anschließend wurde die Untersuchung der typspezifischen Wechselwirkungen vorgestellt und diskutiert. Der Experte konnte auf Detailebene anhand des Anwendungsfalls exemplarisch die Wirkungszusammenhänge für Descriptive Analytics bestätigen. Hierbei wurde insbesondere auf die Wichtigkeit der Struktur und Technologie hingewiesen. Unabhängig vom konkreten BA-Typ wurden zudem die starken Wechselwirkungen zwischen dem Paar *Struktur – Akteur* erwähnt. Die Verbesserung der Transparenz durch den Einsatz von Business-Analytics muss aus Sicht des Experten von Beginn an adressiert werden. Insbesondere das Aufzeigen von persönlichen Potentialen für den Nutzer beim Einsatz datengetriebener Entscheidungsunterstützung kann hierbei Vorbehalte und Ablehnung von Einführungen verhindern. Somit können aus Sicht des Experten insbesondere Vorbehalte aufgrund einer möglichen Kontrolle vermieden werden und eine Kultur des gegenseitigen Lernens geschaffen werden. Auch bei Einsatz von Descriptive Analytics als niedrigstem Reifegrad ist die Schaffung geeigneter organisationaler Rahmenbedingungen auf der Ebene *Technologie – Struktur* aus Sicht des Experten elementar.

Nicht zuletzt wurden die entwickelten soziotechnischen Gestaltungsinstrumente vorgestellt. Die Zuordnung der Gestaltungsinstrumente zu den Wechselwirkungspaaren und den einzelnen BA-Typen wurde vom Experten als relevant und in der Praxis hilfreich bestätigt. Exemplarisch wurden einige Gestaltungsinstrumente im Detail untersucht und auf die Relevanz für das vorgestellte Projekt hin geprüft: Das

Gestaltungsinstrument G20, welches die kontinuierliche Bewertung und Anpassung der Prozesse in den Vordergrund stellt, wurde beispielsweise für den Typ Descriptive Analytics und für das Wechselwirkungspaar *Technologie - Struktur* als zielführend und relevant bewertet. Trotz des aus Sicht des Experten akademischen Ansatzes besteht eine hohe Eignung für den Einsatz in der Praxis.

6.4.3 Bewertung der Anforderungen

Der letzte Teil des Expertengesprächs diente der Bewertung der Anforderungserfüllung der entwickelten Modelle. Zunächst wurde eine Bewertung der formalen, strukturellen und funktionalen Anforderungen vorgenommen. Der Experte konnte übergreifend die in Abbildung 6-6 dargestellten Anforderungen bestätigen. Im Detail ging er auf die Erfüllung der strukturellen Anforderungen ein. Mit der Untergliederung des Gesamtmodells in Partialmodelle und der Anwendung eines sequentiellen Vorgehens ist die Erarbeitung der Modelle aus Sicht der Praxis gut nachvollziehbar. Das entwickelte Vorgehen und die Modelle ermöglichen somit, BA-Projekte und Vorhaben in den soziotechnischen Kontext einzuordnen und typspezifisch zu gestalten. Dies ist insbesondere im Hinblick auf die große Bandbreite und Komplexität von BA-Anwendungen wichtig. In Bezug auf die Bewertung der inhaltlichen Anforderungen konnte der Experte ebenfalls der Erfüllung aller definierten Anforderungen zustimmen. Die entwickelten Modelle und soziotechnischen, typspezifischen Gestaltungsinstrumente sind aus Sicht des Experten vollständig, real existierend, decken die diskutierte Problemstellung ab und haben einen Nutzen.

Ein besonderer Vorteil des Gestaltungsmodells liegt aus Sicht des Experten insbesondere in der Möglichkeit, beim Einsatz von Business-Analytics auftretende Probleme nachzuvollziehen und zu adressieren. Viele in Praxis und Forschung existierende Modelle geben einen bestimmten idealtypischen Ablauf vor. Bei einem Auftreten von Problemen aufgrund komplexer Wirkungszusammenhänge oder bei Besonderheiten im Projekt gibt es allerdings häufig nur unzureichende Möglichkeiten, diese Ursachen zu analysieren und zu adressieren. Mit der Untersuchung der Wirkungszusammenhänge insbesondere auf Merkmalsebene können solche problematischen Wechselwirkungen identifiziert und zielgerichtet gestaltet werden. Eine zusammenfassende Darstellung der Anforderungserfüllung findet sich in Abbildung 6-6.

Abbildung 6-6: Bewertung der Anforderungserfüllung (BASF SE) III/IV (eigene Darstellung)

6.5 Fallbeispiel D: Linde Engineering

Das Unternehmen Linde Plc ist ein global agierender Konzern, welcher insbesondere in den Bereichen Industriegase und Engineering aktiv ist. Das Unternehmen erwirtschaftete im Jahr 2021 mit mehr als 72.000 Mitarbeitern einen Umsatz von ca. 31 Milliarden Dollar. Die Linde Plc entstand 2018 nach der Fusion der Linde AG und Praxair,

Inc. und hat ihren Sitz in Dublin, Irland. Mit mehr als 85 weltweiten Niederlassungen bedient das Unternehmen eine Vielzahl von Segmenten, u. a. Chemie und Energie, Lebensmittel und Getränke, Elektronik, Gesundheit, Fertigung, Metall und Bergbau. (Linde 2022, S. 4 ff.)

Der Bereich Industriegase ist der umsatzstärkste der Unternehmensgruppe. Hierbei werden Gase für unterschiedlichste Anwendungen erzeugt, diese reichen von Edelgasen wie Neon und Xenon bis hin zu Prozessgasen wie Wasserstoff, CO_2 und Sauerstoff. Die Gase werden anschließend über maßgeblich drei Vertriebswege an den Kunden geliefert: Bei großen Mengen erfolgt eine direkte Versorgung über Pipelines in der Nähe des Kundenstandorts (On-Site), bei mittleren Mengen erfolgt die Belieferung durch mobile Fahrzeuge zur Befüllung von Container-Gasspeichern, kleine Mengen werden in Gasflaschen vertrieben. Der Bereich Engineering bündelt die Expertise für die Planung, das Design und den Bau der Anlagen zur Erzeugung und Verarbeitung der Industriegase. Der Bereich Engineering unterstützt hierbei sowohl externe Kunden als auch die unternehmensinternen Bereiche. (Linde 2022, S. 4 f.)

Die Linde Engineering ist mit vielzähligen Aktivitäten im Bereich Digitalisierung aktiv[8]. Der im Rahmen der Fallstudie interviewte Experte ist Julien Brunel. In seiner Tätigkeit als *Business Development Manager Hydrogen & Syngas Plants* und aufgrund seiner Vorerfahrungen insbesondere als *Head of Digitalization* verfügt er über ein hohes Praxiswissen und große Vorerfahrungen beim Einsatz von Business-Analytics. Das Gespräch wurde am 23. September 2022 als Videotelefonat durchgeführt, somit konnten die im Rahmen des Dissertationsvorhabens entwickelten Modelle und Ergebnisse im Detail diskutiert werden. Im nächsten Kapitel erfolgt zunächst die Beschreibung des Anwendungsfelds, anschließend werden die Diskussion der Ergebnisse und die Bewertung der Anforderungen durch den Experten dargelegt.

6.5.1 Beschreibung des Anwendungsfelds

Das im Rahmen der Validierung diskutierte Anwendungsfeld lag insbesondere im Bereich Linde Engineering. Der Bereich ist aufgrund der Projektierung und Projektabwicklung für den Bau von Apparaten und Anlagen für die Erzeugung und Prozessierung von Industriegasen von hoher Bedeutung. Die weltweit agierende Einheit entwickelt hierbei insbesondere Lösungen in den Bereichen Olefin-, Erdgas-, Luftzerlegungs-, Wasserstoff- und Synthesegasanlagen. Die Anlagen werden u. a. in der petrochemischen und chemischen Industrie, in Raffinerien und Düngemittelanlagen, zur Separation von Luftgasen, zur Herstellung von Synthesegasen, zur Prozessierung von Erdgas und zur Erzeugung von Edelgasen eingesetzt (Linde 2022, S. 5).

[8] Die Informationen wurden der Unternehmenswebsite der Linde Plc entnommen: https://www.linde-gas.com/en/whats-happening/digitalisation/index.html (Link zuletzt geprüft: 09.10.2022)

Die Digitalisierung ist für den Bereich Linde Engineering eine strategische Erfolgsposition, sowohl bei der Erhöhung der Anlagenperformance durch digitale Services und Lösungen als auch beim internen Einsatz von digitalen Technologien zur Steigerung der organisationalen Leistungsfähigkeit. Der interviewte Experte hat verschiedene Projekte für den Einsatz von Business-Analytics verantwortet und gestaltet. Ein strategisches Projekt, welches nachfolgend zur Validierung der Modelle verwendet wird, ist der Einsatz eines CRM-Systems. Ziel der BA-Anwendung ist die Herstellung von Transparenz über globale Vertriebsopportunitäten sowohl auf Produkt- als auch auf Regionsebene. Eine weitere Komponente des Projekts waren erste Schritte für die Prognose des zukünftigen Auftragseingangs. Weitere vom Experten verantwortete BA-Projekte wurden in den Bereichen Pricing, Maschinenüberwachung (insbes. Predictive Maintenance), Einkauf und Finance durchgeführt.

Der fokussierte Anwendungsbereich ist aufgrund der vielzähligen Aktivitäten der Linde Engineering im Themenfeld Digitalisierung, insbesondere durch den Einsatz von Business-Analytics in den Bereichen Einkauf und Vertrieb, sehr gut für die Durchführung einer Fallstudie und die Validierung der im Dissertationsvorhaben erstellten Modelle geeignet. Mit der Verantwortung verschiedener Projekte für den Einsatz von Business-Analytics hat der Experte ein großes Wissen aufgebaut; dieses spiegelt sich insbesondere in der Fokussierung der organisationalen Adaptionsfähigkeit beim Einsatz digitaler Technologien wider. Nachfolgend wird die Diskussion der vorgestellten Modelle und Erkenntnisse, welche im Dissertationsvorhaben entwickelt wurden, vorgestellt.

6.5.2 Anwendung der Modelle

Für die Validierung der Modelle wurde zunächst die übergeordnete Forschungsfrage dargelegt. Anhand eines Zielbilds wurden anschließend die untergeordneten Forschungsfragen und die Gesamtkonzeption vorgestellt. Des Weiteren wurde der soziotechnische Systemansatz als eine wesentliche Grundlage der Modellerstellung dargelegt.

Zunächst erfolgten die Darstellung und Diskussion des technischen Subsystems zur Beschreibung und Typisierung von Business-Analytics. Der Experte konnte grundsätzlich alle Merkmale und Merkmalsausprägungen bestätigen. Anschließend erfolgte die Einordnung des in Kapitel 6.5.1 vorgestellten CRM-Projekts in den morphologischen Kasten. Zunächst wurde die Dimension Aufgabe diskutiert. Hierbei konnte festgestellt werden, dass beim Merkmal Leistungsversprechen insbesondere die Elemente Ex-post-Analyse und Wirkungszusammenhang ein überwiegender Bestandteil des Projekts waren. Teilweise wurden allerdings Elemente zur Prognose von Auftragseingängen für das Geschäftsjahr integriert. Die Nachvollziehbarkeit der im BA-System ablaufenden Prozesse war gegeben. Es wurde angemerkt, dass die Eingangsgröße Leadbewertung nur teilweise in ihrer Entstehung aufgrund des Einsatzes von KI nachvollzogen werden kann. Als vollständig interpretierbare Eingangsgröße wird die fokussierte BA-Anwendung in der Nachvollziehbarkeit des Prozesses und der Ergebnisse allerdings nicht beeinflusst. Die Analyse erfolgte weitestgehend periodisch, teilweise wurden Prozesse in Echtzeit durchgeführt. In der Dimension Technologie erfolgte zunächst die Diskussion des Merkmals Analysemethodik. Im Projekt wurden insbesondere die Methoden Datenvisualisierung und statistische Analysen eingesetzt. Außerhalb der betrachteten Anwendungsgrenze erfolgte in einem anderen System der Einsatz von KI bei der Prozessierung und Bewertung von Leads. Die IT-Infrastruktur kann der Ausprägung teilverknüpfte Systeme zugeordnet werden. Dies liegt insbesondere darin begründet, dass verschiedene Cloudsysteme zum Einsatz kommen; gleichzeitig werden proprietäre Systeme integriert. Die benötigte Datenmenge hierbei ist gering, es werden insbesondere statische und strukturierte Daten verarbeitet. Trotz der geringfügigen Abweichung kann das fokussierte BA-Projekt insgesamt dem im Dissertationsvorhaben entwickelten Typ Descriptive Analytics zugeordnet werden.

Anschließend erfolgte die Diskussion des sozialen Subsystems, nachfolgend werden besondere Aspekte der Betrachtung fokussiert. Im Bereich der Struktur wurde zunächst die Verortung der Experten durch den Experten eingeordnet. Im Konzern gibt es eine zentrale Data-Science-Einheit, welche übergreifend *Capabilities* zur Verfügung stellt. Gleichzeitig gibt es dezentral in den Bereichen weitere Experten, sodass insgesamt eine Zuordnung zur hybriden Verortung erfolgt. Die Initiierung von BA-Projekten geht gleichzeitig stets von der Geschäftseinheit aus. Im Bereich Data-Governance gibt es eine Vielzahl an kontinuierlichen Verbesserungsprozessen zur Optimierung der Datenhaltung. Somit kann die Data-Governance der Ausprägung kontinuierlich optimierend zugeordnet werden. Nicht nur im fokussierten Projekt, sondern übergreifend werden Entscheidungen regelmäßig kollaborativ getroffen. Der Einsatz digitaler Technologien ermöglicht hierbei, dass die Mitarbeitenden insbesondere im Entscheidungsfindungsprozess durch Informationen bestmöglich unterstützt werden; in der Regel erfolgt eine direkte Adaption der Systemergebnisse. Insgesamt konnten die entwickelten Merkmale und Ausprägungen durch den Experten bestätigt werden.

Die Zusammenführung der Subsysteme im soziotechnischen System und die Betrachtung der Wirkungszusammenhänge zwischen den einzelnen Merkmalen und Merkmalsausprägungen erfolgten nach der Einzelbetrachtung der Subsysteme. Hierbei wurden zunächst die intersystemischen Wechselwirkungsbeziehungen vorgestellt, anschließend erfolgte die Diskussion der intrasystemischen Wechselwirkungen. Hierbei erfolgte zunächst typspezifisch die Betrachtung auf Merkmals- und Ausprägungsebene, anschließend wurden die Wechselwirkungen auf Dimensionsebene diskutiert. Die identifizierten Wechselwirkungen konnten durch den Experten als seinen Erfahrungen entsprechend bestätigt werden. Er wies zunächst unabhängig vom fokussierten Typ und der eingesetzten digitalen Technologie auf die hohe Wichtigkeit der Gestaltung der organisationalen Rahmenbedingungen und der Einbindung der Mitarbeiter hin. Ein besonderer Fokus liegt hierbei auf der kontrollierten Veränderung und Verbesserung der Arbeitsweise durch den Einsatz digitaler Technologien. Diese Einschätzung bestätigt somit die starke identifizierte Wechselwirkung auf der Ebene *Struktur* –

Akteur. Die weiteren Wechselwirkungspaare wurden anschließend übergreifend betrachtet und konnten durch den Experten als valide und richtig bestätigt werden.

Zuletzt wurden die entwickelten typspezifischen soziotechnischen Gestaltungsinstrumente diskutiert. Hierbei wurde zunächst das Vorgehen, anschließend das Ergebnis dargestellt. Anhand des zusammenfassenden Gestaltungsmodells auf Dimensionsebene wurde anschließend die Relevanz der entwickelten Gestaltungsinstrumente geprüft; der Experte konnte diese als zielführend und praxisrelevant bestätigen. Im Bereich *Struktur – Akteur* nannte er einen für ihn elementaren Aspekt, die Etablierung einer datengetriebenen Unternehmenskultur. Der konsequente Vorzug der datengetriebenen Entscheidungsfindung gegenüber einer rein erfahrungsbasierten Lösungsfindung, insbesondere durch das Vorleben der Führung, ist für ihn essentiell. Diese Anforderung spiegelt sich im entwickelten Modell durch das Gestaltungsinstrument G3 wider, welches neben anderen für die Gestaltung der Wechselwirkung zugeordnet wurde. In seiner Projekterfahrung waren diejenigen BA-Anwendungen am erfolgreichsten, bei welcher die Führung eine datenbasierte Entscheidungsfindung vorgelebt hat.

6.5.3 Bewertung der Anforderungen

Der letzte Teil des Experteninterviews diente der Bewertung der Anforderungen, welche für die Entwicklung der Modelle definiert wurden (s. Kap. 4.1). Analog zu den in den Kapiteln 6.2 bis 6.4 beschriebenen Fallstudien wurden zunächst die formalen, strukturellen und funktionalen Anforderungen diskutiert. Der Experte sah eine vollständige Anforderungserfüllung als gegeben an, ohne diese weiter auszudifferenzieren. Anschließend wurde die Erfüllung der inhaltlichen Anforderungen geprüft. Hierbei wurde insbesondere der Praxisnutzen des Modells hervorgehoben. Die typspezifischen, soziotechnischen Gestaltungsinstrumente bieten die Möglichkeit, zielgerichtet den Einsatz von Business-Analytics zu unterstützen. Zusammenfassend konnte der Experte somit in allen Punkten die Erfüllung der definierten Anforderungen als gegeben bestätigen. Eine zusammenfassende Darstellung findet sich in Abbildung 6-7.

formale, strukturelle und funktionale Anforderungen

formal

Anforderung	Prüffrage	Erfüllt	Anforderung	Prüffrage	Erfüllt
Grundsatz der Richtigkeit	Ist der vom Modell beschrie - bene Ausschnitt empirisch und formal richtig dargestellt?	✔	Grundsatz der Wirtschaftlichkeit	Übersteigt der durch das Mo - dell entstehende Nutzen den Aufwand bei der Anwendung?	✔
Grundsatz der Relevanz	Stellt das Modell inhaltlich relevante Informationen bereit?	✔	Grundsatz der Klarheit	Ist das Modell interpretationsfrei lesbar, anschaulich und verständlich?	✔

strukturell

Anforderung	Prüffrage	Erfüllt	Anforderung	Prüffrage	Erfüllt
vom Groben zum Detail	Wird der Gestaltungsbereich eingegrenzt und sukzessive detailliert?	✔	Gliederung in Projektphasen	Erfolgen die Entwicklung und Realisierung der Lösung in getrennten Phasen?	✔
Variantenbildung	Werden verschiedene Lösungsalternativen berücksichtigt?	✔	Problemlöse - zyklus	Sind die einzelnen Phasen in sich strukturiert und tragen zur Lösungsfindung bei?	✔

funktional

Anforderung	Prüffrage	Erfüllt	Anforderung	Prüffrage	Erfüllt
Detaillierungs - grad	Werden die wesentlichen Gestaltungsfelder der Anwendergruppe adressiert?	✔	Konsistenz	Ist das aufgestellte Modell widerspruchsfrei?	✔
Operationali - sierbarkeit	Können die entwickelten Gestaltungsinstrumente einfach angewendet werden?	✔	Vollständigkeit & Bestimmtheit	Werden die von wesentlichen Wechselwirkungen betroffenen Variablen erfasst?	✔

inhaltliche Anforderungen

Beschreibung des soziotechnischen Systems und Typisierung Business -Analytics

Anforderung	Prüffrage	Erfüllt	Anforderung	Prüffrage	Erfüllt
Merkmale und Ausprägungen	Wird das soziotechnische System für den Einsatz von BA umfassend beschrieben?	✔	Vollständigkeit & Bestimmtheit	Werden die von wesentlichen Wechselwirkungen betroffenen Variablen erfasst?	✔
Heterogenität der Typen	Können die gebildeten Typen voneinander abgegrenzt werden?	✔	reale Existenz der Typen	Sind die entwickelten Typen de facto in der Praxis vorhanden und sind anwendbar?	✔

Untersuchung der Wechselwirkungen und Ableitung von Gestaltungsinstrumenten

Anforderung	Prüffrage	Erfüllt	Anforderung	Prüffrage	Erfüllt
Wirkungs- beziehungen	Werden die Wechselwirkungen zwischen den einzelnen Merkmalen aufgezeigt?	✔	Gestaltungsin - strumentkatalog	Ist die Identifikation der generischen Gestaltungsin - strumente nachvollziehbar?	✔
Wechselwir - kungen	Ist die Untersuchung der Stärke und Signifikanz der Wechselwirkungen stringent?	✔	soziotechnische Instrumente	Liefern die typspezifischen so - ziotechnischen Gestaltungsin - strumente einen Praxisnutzen?	✔

Abbildung 6-7: Bewertung der Anforderungserfüllung (Linde Engineering) IV/IV (eigene Darstellung)

7 Zusammenfassung und Ausblick

Das vorliegende Kapitel hat zum Ziel, die Inhalte der Arbeit zunächst zusammenzufassen, anschließend einen Ausblick zu geben. Die Zusammenfassung (s. Kap. 7.1) stellt hierbei eine Schlussbetrachtung der vorliegenden Arbeit dar. Der Ausblick wird in Kapitel 7.2 gegeben und dient der Ableitung von Implikationen, zum einen für weitere Forschungsarbeiten, zum anderen aber auch für die Weiterentwicklung in der Praxis.

7.1 Zusammenfassung der Ergebnisse

Die großen Potentiale digitaler Technologien sowie die steigende Unsicherheit in einem zunehmend disruptiven Marktumfeld haben dazu geführt, dass immer mehr Unternehmen komplexe Informationssysteme einsetzen. Hierbei zählt die Kombination aus Big Data und Business-Analytics zu den neuesten Möglichkeiten, um gleichzeitig die strategische Ausrichtung wie auch das operative Geschäft in diesen Marktbedingungen zu verbessern. Dem großen Potential von Business-Analytics, welches zunehmend zum Unterscheidungsmerkmal zwischen leistungsstarken und leistungsschwachen Organisationen wird, stehen Hindernisse beim Einsatz entgegen. Die Herausforderung, durch die Analyse von großen Datenmengen geschäftlichen Nutzen zu generieren, liegt hierbei insbesondere in der regelmäßigen Überforderung der Unternehmen durch die komplexen Wechselwirkungen zwischen der Technik und der Organisation mit ihren Mitarbeitern sowie dem dynamischen Verhalten von Unternehmen begründet. Die technologischen Veränderungen bedingen somit zusätzlich eine Änderung in der Arbeitsorganisation. Diese Erkenntnis findet ihren Ursprung in der soziotechnischen Systemtheorie, welche die unterschiedliche Produktivität bei identischer technischer Ausstattung auf soziale und technische Faktoren zurückführt und als eine der Grundlagen der vorliegenden Arbeit verwendet wird.

Der Einsatz von Business-Analytics stellt die Fähigkeit dar, unter Anwendung verschiedener Techniken, Technologien, Systeme, Praktiken, Methoden und Applikationen, die kritische Geschäftsdaten analysieren, evidenzbasierte Problemlösung und -erkennung im Kontext von Geschäftssituationen zu ermöglichen. Aufgrund der vorgenannten Herausforderungen scheitert ein großer Teil der Unternehmen am erfolgreichen Einsatz von Business-Analytics. Gleichzeitig mangelt es in Forschung und Praxis an Unterstützung, um zum einen die komplexen Wechselwirkungen zu beschreiben und zu analysieren, zum anderen fehlt es an Instrumenten, um das Gesamtsystem unter Berücksichtigung der vorgenannten Wechselwirkungen zu beschreiben. Dies ist darauf zurückzuführen, dass der Einsatz von Business-Analytics weit über die reine Verwendung einer komplexen digitalen und weit fortgeschrittenen Technologie hinausgeht, vielmehr muss die Transformation zum datengetriebenen Unternehmen gestaltet werden.

Um diese Herausforderungen zu adressieren, hat die vorliegende Arbeit zum Ziel, den erfolgreichen Einsatz verschiedener Typen von Business-Analytics durch soziotechnische Gestaltungsinstrumente sicherzustellen. In Bezug auf die Zielsetzung wurde daher die folgende zentrale Forschungsfrage abgeleitet, welche durch insgesamt vier Unterforschungsfragen detailliert wird:

Inwiefern lässt sich der erfolgreiche Einsatz verschiedener Typen von Business-Analytics durch soziotechnische Gestaltungsinstrumente sicherstellen?

Der nachfolgend beschriebene Aufbau und die entwickelten Ergebnisse dienen der Beantwortung der zentralen Forschungsfrage und der Erreichung des Ziels des Dissertationsvorhabens. Im ersten Kapitel wurden zunächst die Ausgangssituation sowie die Problemstellung der Arbeit dargestellt. Anschließend wurden die vorgenannte Zielsetzung sowie die Forschungsfrage erörtert und mit der Definition einer Zielgruppe, der Ableitung von Unterforschungsfragen sowie mit der Beschreibung des zu erwartenden Ergebnisses detailliert. Darauffolgend wurden die wissenschaftstheoretische Einordnung sowie die verwendete Forschungsmethodik aufgezeigt. Zuletzt erfolgt die Beschreibung des Aufbaus der Arbeit mit der Zuordnung zum Forschungsprozess nach ULRICH (1981).

Das zweite Kapitel diente der Erörterung der begrifflichen Grundlagen zur Sicherstellung eines einheitlichen Verständnisses sowie der Abgrenzung des Untersuchungsbereichs. Hierfür wurde zunächst Business-Analytics terminologisch untersucht und definiert. In diesem Zuge erfolgte eine Eingliederung in die betrieblichen Informationssysteme sowie die Einordnung von Business-Analytics in den Kontext angrenzender betrieblicher Entscheidungsunterstützungssysteme. Zudem wurde aufgrund der hohen Wechselwirkungen zwischen Business-Analytics und Big Data der letztgenannte Begriff in einem Exkurs definiert und beschrieben. Der soziotechnische Systemansatz ist eine wesentliche Grundlage der vorliegenden Arbeit. Daher wurde diese zunächst entsprechend verortet und detailliert, anschließend wurde die Entwicklung der soziotechnischen Systemtheorie dargelegt. Das Aufzeigen verschiedener Charakteristika sowie die Einordnung von Organisation und Management in die soziotechnische Systemtheorie ermöglichten die Konkretisierung der entwickelten Modelle. Mit der Konkretisierung und Abgrenzung des Untersuchungsbereichs endete das zweite Kapitel.

Im dritten Kapitel wurde der Stand der Technik und Forschung dargelegt. Hierfür wurde zunächst das Vorgehen zur Auswahl und Bewertung bestehender Beiträge beschrieben. Grundlage für dieses bildet der Systematic-Literature-Review-Prozess der Autoren VOM BROCKE ET AL. (2009). Das empfohlene Vorgehen strukturiert die weitere Gliederung des Kapitels: Zunächst wurden Kriterien zur Auswahl und zur Bewertung bestehender Beiträge definiert. Diese untergliedern sich in den Objekt- und Gestaltungsbereich und wurden mithilfe einer Analogiebetrachtung bewertet. Mittels der definierten Kriterien wurden anschließend unter Verwendung der Datenbanken Google Scholar, IEEE Xplore und Scopus insgesamt 21 relevante Quellen identifiziert. Die identifizierten Quellen ließen sich in zwei Themencluster einteilen: Elf Quellen konnten dem Themenfeld „Beschreibung und Typisierung von Business-Analytics" und zehn Quellen dem Bereich „Einsatz von Business-Analytics unter Berücksichtigung soziotechnischer Prinzipien" zugeordnet werden. In einer abschließenden Zusammenfassung konnte aufgezeigt werden, dass aktuell keine in der Forschungs- und Industrielandschaft existierende Quelle bzw. Publikation ausreichende Lösungsansätze bzw. Instrumente für die identifizierten Hemmnisse bereitstellt.

Im vierten Kapitel erfolgte die Konzeption des Gestaltungsmodells. Hierfür wurden zunächst Anforderungen an die zu entwickelnden Modelle definiert. Diese unterteilen sich in zwei Dimensionen: formale, strukturelle und funktionale Anforderungen sowie inhaltliche Anforderungen. Die Erfüllung der Anforderungen und deren Überprüfung sind essentielle Bestandteile zur Sicherstellung der wissenschaftlichen Strenge und praktischen Relevanz. Darauffolgend wurden theoretische Grundlagen der Modellentwicklung, insbesondere die Grundlagen der allgemeinen System- und Modelltheorie, dargelegt. Anschließend erfolgte die Vorstellung wichtiger methodischer Grundlagen mit der Konfigurationstheorie und dem fallstudienbasierten Ansatz. Das Kapitel schließt mit der Konzeptualisierung des Gesamtmodells, welches die Subsumierung von vier Teilmodellen darstellt, sowie die Grundlage für die anschließende Detaillierung bildet. Die theoretische Fundierung ist hierbei der soziotechnische Systemansatz, welcher auf den Ansätzen der Autoren LEAVITT (1965) sowie DREMEL ET AL. (2020) basiert.

Das fünfte Kapitel diente der Detaillierung des im vorherigen Kapitel aufgestellten Gesamtmodells. Das erste Teilmodell konnte innerhalb des soziotechnischen Systems im technischen Subsystem verortet werden und dient der Beschreibung und Typisierung von Business-Analytics. Hierfür wurden zunächst neun Merkmale mit insgesamt 29 Merkmalsausprägungen identifiziert. Diese wurden anschließend in einem morphologischen Kasten zusammengeführt. Auf dieser Grundlage wurden, um die inhaltlich konsistente Typenbildung sicherzustellen und den Lösungsraum zu präzisieren, insgesamt 359 Wechselwirkungspaare untersucht. Ergebnis der Untersuchung ist ein vollständiges Cross-Consistency-Assessment, mit welchem die Konsistenz sichergestellt ist, und der Lösungsraum präzisiert werden konnte. Anschließend erfolgte zunächst eine systematische Literaturrecherche, um aufbauend auf einem fallstudienbasierten Ansatz zum einen den aufgestellten morphologischen Kasten, zum anderen aber auch die gebildeten Typen zu validieren. Hierfür wurden 969 Quellen identifiziert, von welchen zehn Quellen für die Validierung verwendet wurden. Es konnte gezeigt werden, dass bereits nach fünf Quellen eine Sättigung eintritt. Es wurden die drei Typen Typ I – Descriptive Analytics, Typ II – Predictive Analytics sowie Typ III – Prescriptive Analytics gebildet. Diese sind in ihrer technologischen Komplexität und Reife aufsteigend, die Typenbildung erfolgte hierbei retrograd. Der Typ Descriptive Analytics versinnbildlicht insbesondere die beschreibende Form von Analytics, hier steht insbesondere das Aufdecken von Wirkungszusammenhängen basierend auf der Analyse historischer Daten im Vordergrund. Bei Predictive Analytics hingegen ist die Prognose zukünftiger Ereignisse, basierend auf der Untersuchung komplexer

Wirkungszusammenhänge im Fokus. Der Typ Prescriptive Analytics hat die höchste Komplexität und unterstützt Unternehmen durch das automatisierte Treffen von Entscheidungen in einem komplexen Unternehmensumfeld. Eine abschließende Untersuchung mit den identifizierten Fallstudien konnte bereits fallstudienbasiert die reale Existenz der gebildeten Typen bestätigen. Somit konnte mit der Entwicklung des Teilmodells die erste Forschungsfrage beantwortet werden:

„Was sind die relevanten Merkmale und deren Ausprägungen zur Beschreibung von Business-Analytics?".

Anschließend wurde mithilfe der Entwicklung von Merkmalen und Ausprägungen das soziale Subsystem für den Einsatz von Business-Analytics beschrieben. Hierfür wurden insgesamt neun Merkmale mit insgesamt 27 Ausprägungen gebildet. Hierbei konnte die hohe Bedeutung des sozialen Subsystems für den Einsatz von Business-Analytics aufgezeigt werden. Nicht nur müssen die organisatorischen Rahmenbedingungen für den Einsatz gestaltet werden, sondern auch die Mitarbeiter mit dem System interagieren. Die Systeminteraktion beinhaltet hierbei nicht nur die Bedienung des BA-Systems, sondern auch den Umgang mit den Ergebnissen und die Aufnahme in den Entscheidungsfindungsprozess. Ein besonderer Nutzen, welchen das entwickelte Partialmodell innehat, ist die Möglichkeit zur Abbildung des organisationalen Status quo eines Unternehmens. Sie dient als Ausgangspunkt zur Untersuchung der soziotechnischen Wechselwirkungen und zur Gestaltung des Gesamtsystems. Mit der Entwicklung des zweiten Partialmodells konnte die zweite Forschungsfrage beantwortet werden:

„Was sind die relevanten Merkmale und deren Ausprägungen zur Beschreibung des sozialen Subsystems für den Einsatz von Business-Analytics?".

Die Zusammenführung der entwickelten Partialmodelle zur Beschreibung des soziotechnischen Systems für den Einsatz von Business-Analytics bildete die Grundlage für die im dritten Partialmodell durchgeführte Untersuchung der Wechselwirkungen. Hierfür wurden insgesamt 363 Wechselwirkungspaare auf Merkmalsebene untersucht. Von diesen hatten 136 mittlere oder starke Wechselwirkungen. Die Untersuchung der Wechselwirkungen wurde anschließend auf Dimensionsebene aggregiert. Grundsätzlich können mit dem gewählten soziotechnischen Systemansatz auf Dimensionsebene sechs Wechselwirkungen identifiziert werden, hiervon sind fünf typspezifisch. Somit konnten auf Dimensionsebene 16 Wechselwirkungspaare aggregiert und typspezifisch dargestellt werden. Die Zusammenführung auf Dimensionsebene verdeutlicht hierbei die kontinuierliche Steigerung der Anzahl und Stärke der Wechselwirkungen beim Einsatz von Business-Analytics. Hierbei konnte insbesondere aufgezeigt werden, dass bei steigender Komplexität der Typen, ausgehend von Descriptive Analytics über Predictive Analytics bis hin zu Prescriptive Analytics, zunehmend viele und starke Wechselwirkungen zwischen der Aufgabe als Teil des technischen Subsystems und dem sozialen Subsystem ausgehen. Die detaillierte Untersuchung der Wechselwirkungen auf Merkmalsebene sowie die Aggregation auf Dimensionsebene dienten der Beantwortung der dritten Unterforschungsfrage:

„Wie lassen sich die wechselseitigen Wirkungsbeziehungen zwischen den Typen von Business-Analytics und den Merkmalen des sozialen Subsystems erklären?“.

Zuletzt erfolgte im vierten Partialmodell die Entwicklung typspezifischer soziotechnischer Gestaltungsinstrumente. In der aktuellen Forschungs- und Industrielandschaft mangelt es an solchen. Die Entwicklung der typspezifischen soziotechnischen Gestaltungsinstrumente erfolgte in einem mehrschrittigen Verfahren: Zunächst wurden generische Gestaltungsinstrumente identifiziert. Diese wurden mithilfe einer Literaturrecherche identifiziert, hierfür wurden insgesamt 14 Quellen untersucht. Unter Verwendung eines fallstudienbasierten Vorgehens wurden in einer anschließenden Aggregation 13 Cluster gebildet, welchen die Gestaltungsinstrumente zugeordnet werden konnten. Ergebnis des Prozesses war die Identifikation von 53 Gestaltungsinstrumenten, welche potentiell den erfolgreichen Einsatz von Business-Analytics unterstützen können. Die identifizierten generischen Gestaltungsinstrumente wurden anschließend in einem Katalog zusammengefasst, welcher die Grundlage für die Entwicklung typspezifischer soziotechnischer Gestaltungsinstrumente bildete. Aufbauend auf der Interaktion und Stärke der soziotechnischen Wechselwirkungen, welche im dritten Partialmodell typspezifisch abgeleitet wurden, erfolgte die Zuordnung der generischen Gestaltungsinstrumente für die typspezifischen Gestaltung des soziotechnischen Systems. Hierbei fanden die Untersuchung und die Entwicklung der Gestaltungsinstrumente zunächst auf Merkmalsebene statt; anschließend erfolgte die Aggregation auf Dimensionsebene. Somit konnte mit dem vierten Teilmodell die vierte Unterforschungsfrage beantwortet werden:

„Welche soziotechnischen Gestaltungsinstrumente ergeben sich auf Basis der wechselseitigen Wirkungsbeziehungen für den erfolgreichen Einsatz von Business-Analytics?“.

Zuletzt erfolgte im sechsten Kapitel die Validierung der im Gesamtmodell und den Partialmodellen entwickelten Ergebnisse und Erkenntnisse mit Vertretern aus der Praxis. Für diesen Zweck erfolgte zunächst die Identifikation eines geeigneten Validierungsformats, dieses bestand in der Durchführung von systematisierenden Experteninterviews in Form von semi-strukturierten Leitfrageninterviews. Dabei wurden die in der vorliegenden Arbeit entwickelten Ergebnisse und Erkenntnisse reflektiert sowie die Relevanz und wissenschaftliche Strenge durch eine Bewertung der Anforderungserfüllung sichergestellt. Die Validierung selbst erfolgte mit verschiedenen Unternehmensexperten. Alle im Rahmen der Entwicklung und Validierung beteiligten Experten haben hierbei die Ergebnisse bestätigt.

7.2 Ausblick und Implikationen für weitere Forschungsarbeiten

Mit der vorliegenden Arbeit wurde erstmals eine typspezifische soziotechnische Systembetrachtung für den Einsatz von Business-Analytics durchgeführt. Mit der

Entwicklung typspezifischer soziotechnischer Instrumente zur Gestaltung dieses Systems werden insbesondere Führungskräfte, welche mit dem Einsatz von Business-Analytics beauftragt sind, unterstützt. Der Einsatz von Business-Analytics geht aufgrund der Komplexität und seiner Vielzahl an Wechselwirkungen mit der Organisation und ihren Mitarbeitern weit über die Optimierung einer einzelnen Schnittstelle zwischen der Maschine und dem Nutzer hinaus; vielmehr ist eine gleichzeitige Optimierung des Gesamtsystems erforderlich.

Für diese Optimierung empfiehlt sich die Detaillierung des technischen und sozialen Subsystems. Hierbei sind insbesondere die gewählten Ebenen – eine detaillierte Gestaltungsebene auf Merkmalsbasis sowie eine übergeordnete Ebene auf Dimensionsebene des soziotechnischen Systems – sehr gut geeignet, um das komplexe System zielgerichtet zu gestalten. Die direkte Wirkung der Gestaltungsinstrumente auf die soziotechnischen Wechselwirkungsbeziehungen des Systems ermöglichen hierbei eine nachvollziehbare Auswahl und Anwendung der Instrumente. Gleichzeitig bildet das in diesem Dissertationsvorhaben entwickelte Gestaltungsmodell eine Ausgangsbasis und bietet Anknüpfungspunkte für weitere Forschungsaktivitäten für den Einsatz von Business-Analytics. Diese werden nachfolgend dargestellt.

Mit der Beschreibung von Business-Analytics durch Merkmale und Ausprägungen in Verbindung mit der anschließend durchgeführten Typenbildung konnten real existierende, heterogene und voneinander abgrenzbare Typen von Business-Analytics im Detail beschrieben werden. Die neun gewählten Merkmale mit 27 Ausprägungen geben hierbei den aktuellen Stand der Forschung und Industrie wieder. Gleichzeitig konnte gezeigt werden, dass sich die zugrundeliegenden Technologien, Methoden und Techniken exponentiell weiterentwickeln. Zukünftige Forschungsarbeiten sollten somit die im Dissertationsvorhaben gebildete Typen als Grundlage nehmen, gleichzeitig sollte die Weiterentwicklung aufmerksam verfolgt und die Aufnahme eventuell neu entstehender Merkmalsausprägungen berücksichtigt werden. Im Zuge der Integration neuer Merkmalsausprägungen sollte überprüft werden, ob sich die Notwendigkeit der Typenerweiterung ergibt, um auch Typen abzubilden, welche aktuell noch nicht real existent sind.

Weiteren Forschungsbedarf gibt es auf Ebene des sozialen Subsystems. Dieses bildet mit den gebildeten Merkmalen und Ausprägungen auf den Dimensionen Struktur und Akteur die sozialen Elemente für den Einsatz von Business-Analytics ab. Ein besonderer Fokus wurde hierbei auf das produzierende Gewerbe, insbesondere die Prozessindustrie, gelegt. Eine Untersuchung, ob eine Übertragung der Ergebnisse und Erkenntnisse auf weitere Industrien, z. B. die Finanz- oder Softwareindustrie, möglich ist, ist insbesondere vor dem Hintergrund einer zunehmenden Verflechtung von Unternehmen in Ökosystemen von zunehmender Bedeutung. Auch die aufgrund der exponentiellen technischen Weiterentwicklung stetig zunehmende Externalisierung des Einsatzes von Business-Analytics außerhalb der direkten Unternehmenssphäre ist ein weiteres mögliches Forschungsfeld. Wenn die Analyse von Daten und somit die Entscheidungsfindung sowie letztendlich das Treffen von Entscheidungen zunehmend außerhalb des Unternehmens stattfinden, hat dies große Auswirkungen auf das soziale Subsystem. Ein Beispiel ist der mögliche zukünftige Einsatz von Quantentechnologien im Bereich Business-Analytics: Das produzierende Unternehmen übermittelt eine große Menge an Daten zur Analyse und erhält nach der Verarbeitung und Prozessierung sowie der Integration weiterer Informationen und Parameter, z. B. durch einen BA-Dienstleister außerhalb der Sphäre des auftraggebenden Unternehmens, optimale Handlungsvorschläge. Diesen kann das auftraggebende produzierende Unternehmen folgen. Je mehr Analysevorgänge und -aufträge externalisiert werden, desto stärker entsteht ein Ungleichgewicht in der Art, dass das produzierende Unternehmen nur noch ausführendes Organ ohne das spezielle Wissen zur langfristigen Wettbewerbsfähigkeit ist. Das proprietäre Wissen und die Möglichkeit zur bestmöglichen Reaktion auf potentiell eintretende zukünftige Ereignisse verschieben sich aufgrund der Analysekompetenzen auf den beauftragten Datendienstleister.

Neben der Externalisierung könnte im Hinblick auf weitere Forschungsarbeiten das soziale Subsystem auf der Dimension Akteur erweitert werden. Die inneren Bedürfnisse des Menschen könnten weiter ergründet und in einen soziotechnischen Systemkontext gebracht werden. Dafür könnten gegebenenfalls verwandte Forschungstheorien neben der soziotechnischen Systemtheorie herangezogen werden. Hierfür werden Forschungstheorien beispielsweise zu *Social Capital* oder sozialpsychologische Modelle zur Hierarchisierung von menschlichen Bedürfnissen und Motivationen vorgeschlagen.

Nicht zuletzt die vorgenannten Entwicklungen implizieren weiteren Forschungsbedarf bei der Untersuchung der soziotechnischen Wechselwirkungen. Diese wurden auf Merkmals- bzw. Ausprägungsebene durchgeführt. Somit entsteht ein detailliertes Wissen über die einzelnen Wirkungsbeziehungen. In Ergänzung zu der eventuellen Aktualisierung von Parametern in den vorgenannten Partialmodellen ist es möglich, auf Ebene des sozialen Subsystems einzelne Typen auszubilden. Mit diesen könnten real existierende Unternehmenstypen abgebildet werden. Im Ergebnis können dann einzelne Typen von Business-Analytics einzelnen Typen von Unternehmen zugeordnet werden. Dies führt zu einem erhöhten Erkenntnisgewinn und verbessert die Ausgangssituation für die Entwicklung von zielgenauen Gestaltungsinstrumenten. Diese Unternehmenstypen könnten zunächst fallstudienbasiert gebildet und validiert werden. Anschließend ist die Untersuchung in repräsentativen Unternehmen mit unterschiedlichen BA-Typen sinnvoll, da so die real existierenden Zusammenhänge aufgezeigt und analysiert werden können.

Die Entwicklung von typspezifischen soziotechnischen Gestaltungsinstrumenten ist immer sowohl im Zusammenhang mit den Erkenntnissen aus den vorgenannten Partialmodellen als auch mit der Identifikation von generischen Instrumenten für die Verbesserung des Einsatzes von Business-Analytics zu sehen. Der subsumierte Gestaltungsinstrument-Katalog stellt einen zum Zeitpunkt der Erstellung der Arbeit aktuellen Stand der Erkenntnisse aus der Literatur dar. Vor dem Hintergrund der zu antizipierenden technologischen Disruptionen werden in der Literatur neue und erweiterte

Gestaltungsinstrumente entstehen. Nach Einschätzung des Autors werden diese insbesondere die Bereiche Organisation und Akteur betreffen, da der Aufbau von Kompetenzen, der kulturelle Wandel sowie die Sicherstellung der organisationalen Rahmenbedingungen mit steigender Komplexität und sinkender Nachvollziehbarkeit der generierten Ergebnisse ihre bereits heute hohe Relevanz weiter steigern werden. Jene können durch die flexible Erweiterbarkeit dem Katalog hinzugefügt werden und somit auch zukünftig den Nutzen des entwickelten Gesamtmodells sicherstellen.

Eine Erweiterung des Modells um eine finanzielle Perspektive würde an dieser Stelle Sinn ergeben, um den Unternehmen die weit über die alleinige Technologieimplementierung hinausgehenden Kosten aufzuzeigen. Diese beinhalten insbesondere Aufwände zur Überwindung der Hemmnisse, welche ihren Ursprung im sozialen Subsystem haben und einen hohen Einfluss auf die Gesamtwirtschaftlichkeit haben. Letztendlich tragen die Entwicklung und Anwendung der typspezifischen soziotechnischen Gestaltungsinstrumente zur Sicherstellung des erfolgreichen Einsatzes von Business-Analytics und somit zur Vision eines datengetriebenen Unternehmens mit langfristiger Wettbewerbsfähigkeit bei.

Literaturverzeichnis

ABELS, H.: Einführung in die Soziologie; Bd. 1: Der Blick auf die Gesellschaft. Hagener Studientexte zur Soziologie; Bd. 7. Springer VS, Wiesbaden 2001.

ACHEAMPONG, O.; MOYAID, S. A.: An integrated model for determining business intelligence systems adoption and post-adoption benefits in banking sector. In: Journal of Administrative and Business Studies 2 (2016) 2, S. 85 – 101.

ACKOFF, R.: From Data to Wisdom. In: Journal of applied systems analysis (1989) 16, S. 3 – 9.

ADRIAN, C.; ABDULLAH, R.; ATAN, R.; JUSOH, Y. Y.: Factors influencing to the implementation success of big data analytics: A systematic literature review. In: 2017 International Conference on Research 2017. IEEE, Piscataway (NJ) 2017, S. 1 – 6.

AHMED, R.; MOHAMAD, N. A.: Exploring the Relationship Between Multi- Dimensional Top Management Support and Project Success: An International Study. In: Engineering Management Journal EMJ 28(2016)1, S. 54 – 67.

AJAH, I. A.; NWEKE, H. F.: Big Data and Business Analytics: Trends, Platforms, Success Factors and Applications. In: Big Data and Cognitive Computing 3 (2019) 2, S. 1 – 30.

AKTER, S.; WAMBA, S. F.; GUNASEKARAN, A.; DUBEY, R.; CHILDE, S. J.: How to improve firm performance using big data analytics capability and business strategy alignment? In: International Journal of Production Economics 182 (2016) , S. 113 – 131.

AL-ALAWI, I.; N. YOUSIF AL-MARZOOQI; Y; FRAIDOON: Organizational culture and knowledge sharing: critical success factors. In: Journal of knowledge management 11 (2007) 2, S. 22 – 42.

ALPAR, P.; ALT, R.; BENSBERG, F.; WEIMANN, P.: Anwendungsorientierte Wirtschaftsinformatik. Strategische Planung, Entwicklung und Nutzung von Informationssystemen. 9., überarb. u. aktualis. Auflage. Springer Vieweg, Wiesbaden 2019.

AL-RUITHE, M.; BENKHELIFA, E.; HAMEED, K.: A systematic literature review of data governance and cloud data governance. In: Personal and Ubiquitous Computing 23 (2019) 5-6, S. 839 – 859.

APPELBAUM, D.; KOGAN, A.; VASARHELYI, M.; YAN, Z.: Impact of business analytics and enterprise systems on managerial accounting. In: International Journal of Accounting Information Systems 25 (2017), S. 29 – 44.

ARORA, B.: Big Data Analytics: The Underlying Technologies Used by Organizations for Value Generation. In: Understanding the Role of Business Analytics. Hrsg.: H. Chahal; J. Jyoti; J. Wirtz. Springer, Singapur [u. a.] 2019, S. 9 – 30.

ASHRAFI, A.; ZARE RAVASAN, A.; TRKMAN, P.; AFSHARI, S.: The role of business analytics capabilities in bolstering firms' agility and performance. In: International Journal of Information Management 47 (2019) 8, S. 1 – 15.

AUDZEYEVA, A.; HUDSON, R.: How to get the most from a business intelligence application during the post implementation phase? Deep structure transformation at a U.K. retail bank. In: European Journal of Information Systems 25 (2016) 1, S. 29 – 46.

AYDINER, A. S.; TATOGLU, E.; BAYRAKTAR, E.; ZAIM, S.; DELEN, D.: Business analytics and firm performance: The mediating role of business process performance. In: Journal of Business Research 96 (2019) 3, S. 228 – 237.

BAARS, H.; KEMPER, H.-G.: Business Intelligence & Analytics – Grundlagen und praktische Anwendungen. Ansätze der IT-basierten Entscheidungsunterstützung. 4., überarb. u. erw. Auflage. Springer Vieweg, Wiesbaden 2021.

BARDMANN, M.: Grundlagen der Allgemeinen Betriebswirtschaftslehre. Geschichte – Konzepte – Digitalisierung. 3., vollst. überarb. u. erw. Auflage. Springer Gabler, Wiesbaden 2019.

BASF SE (HRSG.): BASF-Gruppe 2021: Auf einen Blick. Ludwigshafen 2022. https://www.basf.com/global/documents/de/news-and-media/publications/reports/2022/BASF_Auf_einen_Blick_2021.pdf (Link zuletzt geprüft: 09.10.2022. [=2022a].

BASF SE (HRSG.): BASF-Bericht 2021: Integrierter Unternehmensbericht zur ökonomischen, ökologischen und gesellschaftlichen Leistung. Ludwigshafen 2022. https://bericht.basf.com/2021/de/_assets/downloads/entire-basf-gb21.pdf (Link zuletzt geprüft: 09.10.2022) [=2022b]

BASS, B. M.; AVOLIO, B. J.: Developing Transformational Leadership: 1992 and Beyond. In: Journal of European Industrial Training 14 (1990) 5, S. 21 – 27.

BATISTIČ, S.; DER LAKEN, P.: History, Evolution and Future of Big Data and Analytics: A Bibliometric Analysis of Its Relationship to Performance in Organizations. In: British Journal of Management 30 (2019) 2, S. 229 – 251.

BAXTER, G.; SOMMERVILLE, I.: Socio-technical systems: From design methods to systems engineering. In: Interacting with Computers 23 (2011) 1, S. 4 – 17.

BAYRAK, T.: A Review of Business Analytics: A Business Enabler or Another Passing Fad. In: Procedia – Social and Behavioral Sciences 195 (2015), S. 230 – 239.

BEAN, R.: Big Data and AI Executive Survey 2021. Executive Summary of Findings. The Journey to Becoming Data-Driven: Executive Summary of Findings and a Progress Report on the State of Corporate Data Initiatives. Hrsg.: NewVantage Partners. 15.02.2021. https://www.supplychain247.com/paper/big_data_and_ai_executive_survey_2021#register (Link zuletzt geprüft: 09.10.2022)

BEAN, R.: [Special Report] Data and AI Leadership Executive Survey 2022. Executive Summary of Findings. The Quest to Achieve Data-Driven Leadership: A Progress Report on the State of Corporate Data Initiatives. Hrsg.: New Vantage Partners. 24.01.2022. https://www.wavestone.com/app/uploads/2022/01/Wavestone-2022-Data-and-AI-Leadership-Executive-Survey-Report-1.pdf (Link zuletzt geprüft: 09.10.2022)

BECKER, J.; PROBANDT, W.; VERING, O.: Grundsätze ordnungsmäßiger Modellierung. Konzeption und Praxisbeispiel für ein effizientes Prozessmanagement. Springer Gabler, Berlin [u. a.] 2012.

BECKMANN, J.: Anleitung zur Technologie. oder zur Kentniß der Handwerke, Fabriken und Manufacturen, vornehmlich derer, die mit der Landwirthschaft, Polizey und Cameralwissenschaft in nächster Verbindung stehn. Nebst Beytraegen zur Kunstgeschichte. 1. Auflage. Vandenhoeck, Göttingen 1777.

BERGMANN, R.; GARRECHT, M.: Organisation und Projektmanagement. 2., aktualis. u. erw. Auflage. Springer Gabler, Berlin 2016.

BIALOGORSKI, J. A.: Gaining a competitive advantage through data analytics and business intelligence in the banking industry". A Work Project, presented as part of the requirements for the Award of a Masters Degree in Finance from the Nova School of Business and Economics. 11.01.2021. https://run.unl.pt/bitstream/10362/122608/1/24891_jerzy_adam_bialogorski_gaining_a_competitive_advantage_through_data_analytics_and_business_intelligence_in_the_banking__229197316.pdf (Link zuletzt geprüft: 09.10.2022)

BITTERER, A.: Gartner's Data Quality Maturity Model. Hrsg.: Gartner. 07.02.2007. [in Bibliothek des FIR e. V. an der RWTH Aachen verfügbar]

BLEICHER, K.: Das Konzept Integriertes Management. Visionen – Missionen – Programme. 9., aktualis. u. erw. Auflage Hrsg.: C. Abbeglen. Campus, Frankfurt 2017.

BOGNER, A.; MENZ, W.: Das theoriegenerierende Experteninterview. In: Das Experteninterview. Hrsg.: A. Bogner; B. Littig; W. Menz. VS Verlag für Sozialwissenschaften, Wiesbaden 2002, S. 33 – 70.

BONESSO, S.; BRUNI, E.; GERLI, F.: How Big Data Creates New Job Opportunities: Skill Profiles of Emerging Professional Roles. In: Behavioral competencies of digital professionals. Understanding the role of emotional intelligence. Hrsg.: S. Bonesso; E. Bruni; F. Gerli. Palgrave Pivot, Basingstoke 2020, S. 21 – 39.

BOOBIER, T.: Advanced analytics and AI. Impact, implementation, and the future of work. John Wiley & Sons, Chichester 2018.

BOOS, W.; VÖLKER, M.; SCHUH, G.: Grundlagen des Managements produzierender Unternehmen. In: Strategie und Management produzierender Unternehmen. Reihe Handbuch Produktion und Management; Bd. 1. Hrsg.: G. Schuh; A. Kampker. Springer Vieweg, Berlin 2011, S. 1 – 61.

BORTZ, J.; DÖRING, N.: Forschungsmethoden und Evaluation. In den Sozial- und Humanwissenschaften. 5., vollst. überarb., aktualis. u. erw. Auflage. Springer, Berlin [u. a.] 2016.

BOSTROM, R. P.; HEINEN, J. S.: MIS Problems and Failures: A Socio-Technical Perspective. Part I: The Causes. In: MIS Quarterly 1 (1977) 3, S. 17.

BOYTON, J.; AYSCOUGH, P.; CHIONG, D. K. R.: Suboptimal business intelligence implementations: understanding and addressing the problems. In: Journal of Systems and Information Technology 17 (2015) 3, S. 307 – 320.

BRACHT, U.; GECKLER, D.; WENZEL, S.: Digitale Fabrik. Methoden und Praxisbeispiele. Springer, Berlin [u. a.] 2011.

BRAUN, T.: Erfolgsfaktoren im Projektmanagement. Heiß begehrt und doch nutzlos?! In: WiSt – Wirtschaftswissenschaftliches Studium 49 (2020) 12, S. 51 – 54.

BROSIUS, H.-B.; HAAS, A.; KOSCHEL, F.: Methoden der empirischen Kommunikationsforschung. Eine Einführung. 6., erw. u. aktualis. Auflage. Springer VS, Wiesbaden 2012.

CAMARGO FIORINI, P. DE; ROMAN PAIS SELES, B. M.; CHIAPPETTA JABBOUR, C. J.; BARBERIO MARIANO, E.; SOUSA JABBOUR, A. B. L. DE: Management theory and big data literature: From a review to a research agenda. In: International Journal of Information Management 43 (2018) , S. 112 – 129.

CAMISÓN, C.; FORÉS, B.: Knowledge absorptive capacity: New insights for its conceptualization and measurement. In: Journal of Business Research 63 (2010) 7, S. 707 – 715.

CAO, G.; DUAN, Y.; LI, G.: Linking Business Analytics to Decision Making Effectiveness: A Path Model Analysis. In: IEEE Transactions on Engineering Management 62 (2015) 3, S. 384 – 395.

CARNAP, R.: Die physikalische Sprache als Universalsprache der Wissenschaft. In: Erkenntnis 2 (1931) 1, S. 432 – 465.

CARNAP, R.: Formalwissenschaft und Realwissenschaft. In: Erkenntnis 5 (1935) 1, S. 30 – 37.

CAVALCANTI, W. S.; FONSECA, V. L. A.; DE MELO SOARES LEÃO, B.: Application of Business Intelligence and Analytics in civil construction: a case study in a development company in Goiânia-GO. In: Journal of Lean Systems 6 (2021) 4, S. 66 – 88. [in Bibliothek des FIR an der RWTH Aachen verfügbar]

CHAHAL, H.; JYOTI, J.; WIRTZ, J.: Business Analytics: Concept and Applications. In: Understanding the Role of Business Analytics. Hrsg.: H. Chahal; J. Jyoti; J. Wirtz. Springer, Singapur [u. a.] 2019, S. 1 – 8.

CHALLENGER, R.; CLEGG, C. W.; ROBINSON, M. A.: Understanding crowd behaviours. Vol. 1: Practical guidance and lessons identified. Hrsg.: The Stationery Office (TSO). The Cabinet Office Emergency Planning College, York 2009.

CHAMONI, P.; GLUCHOWSKI, P.: Integrationstrends bei Business-Intelligence-Systemen. In: Wirtschaftsinformatik 46 (2004) 2, S. 119 – 128.

CHAMONI, P.; GLUCHOWSKI, P.: Analytische Informationssysteme. Business-Intelligence-Technologien und -Anwendungen; mit 13 Tabellen. 3., vollst. überarb. Auflage. Springer, Berlin [u. a.] 2006.

CHAMONI, P.; GLUCHOWSKI, P.: Analytische Informationssysteme – Einordnung und Überblick. In: Analytische Informationssysteme. Hrsg.: P. Gluchowski; P. Chamoni. Springer, Berlin [u. a.] 2016, S. 3 – 12.

CHANDE, S.: Google Analytics – Case-Study. 2015. https://www.researchgate.net/profile/Suraj-Chande/publication/271447580_Google_Analytics_-Case_study/links/54c880630cf22d626a39be97/Google-Analytics-Case-study.pdf (Link zuletzt geprüft: 09.10.2022)

CHAPMAN, P.; CLINTON, J.; KERBER, R.; KHABAZA, T.; REINARTZ, T.; SHEARER, C.; WIRTH, R.: CRISP-DM 1.0. Step-by-step data mining guide. 2000. https://www.kde.cs.uni-kassel.de/lehre/ws2012-13/kdd/files/CRISPWP-0800.pdf (Link zuletzt geprüft: 09.10.2022)

CHEN; CHIANG; STOREY: Business Intelligence and Analytics: From Big Data to Big Impact. In: MIS Quarterly 36 (2012) 4, S. 1165.

CHIANG, R. H. L.; GOES, P.; STOHR, E. A.: Business Intelligence and Analytics Education, and Program Development. In: ACM Transactions on Management Information Systems 3 (2012) 3, S. 1 – 13.

COHEN, W. M.; LEVINTHAL, D. A.: Absorptive Capacity: A New Perspective on Learning and Innovation. In: Administrative Science Quarterly 35 (1990) 1, S. 128.

COOPER, C.; BOOTH, A.; VARLEY-CAMPBELL, J.; BRITTEN, N.; GARSIDE, R.: Defining the process to literature searching in systematic reviews: a literature review of guidance and supporting studies. In: BMC medical research methodology 18 (2018) 1, S. 85.

COOPER, H. M.: Organizing knowledge syntheses: A taxonomy of literature reviews. In: Knowledge in Society 1 (1988) 1, S. 104 – 126.

CÔRTE-REAL, N.; RUIVO, P.; OLIVEIRA, T.; POPOVIČ, A.: Unlocking the drivers of big data analytics value in firms. In: Journal of Business Research 97 (2019), S. 160 – 173.

DANIEL, R.: Management Information Crisis. In: Havard Business Review 39 (1961) 5, S. 111 – 121.

DAUM, A.; GREIFE, W.; PRZYWARA, R.: Vertrieb. In: BWL für Ingenieurstudium und -praxis. Hrsg.: A. Daum; W. Greife; R. Przywara. 3., überarb. u. erw. Auflage. Springer Vieweg, Wiesbaden 2018, S. 249 – 323.

DAVENPORT, T.; BEAN, R.: Big Companies Are Embracing Analytics, But Most Still Don't Have a Data-Driven Culture. Harvard Business School, Boston (MA), 15.02.2018. https://hbr.org/2018/02/big-companies-are-embracing-analytics-but-most-still-dont-have-a-data-driven-culture (Link zuletzt geprüft: 09.10.2022)

DAVENPORT, T. H.; HARRIS, J. G.: Competing on analytics. The new science of winning. Harvard Business School Press, Boston (MA) 2007.

DAVIES, R.; COOLE, T.; SMITH, A.: Review of Socio-technical Considerations to Ensure Successful Implementation of Industry 4.0. In: Procedia Manufacturing 11 (2017), S. 1288 – 1295.

DAVIS, M. C.; CHALLENGER, R.; JAYEWARDENE, D. N. W.; CLEGG, C. W.: Advancing socio-technical systems thinking: a call for bravery. In: Applied ergonomics 45 (2014) 2, S. 171 – 180.

DAWSON, L.; VAN BELLE, J.-P.: Critical success factors for business intelligence in the South African financial services sector. In: SA Journal of Information Management 15 (2013) 1, S. 1 – 12.

DELEN, D.: Real-world data mining. Applied business analytics and decision making. Pearson Education, Upper Saddle River (NJ) 2014.

DELEN, D.; RAM, S.: Research challenges and opportunities in business analytics. In: Journal of Business Analytics 1 (2018) 1, S. 2 – 12.

DIETVORST, B. J.; SIMMONS, J. P.; MASSEY, C.: Algorithm aversion: people erroneously avoid algorithms after seeing them err. In: Journal of experimental psychology. General 144 (2015) 1, S. 114 – 126.

DIJKSTERHUIS, M. S.; VAN DEN BOSCH, F. A. J.; VOLBERDA, H. W.: Where Do New Organizational Forms Come From? Management Logics as a Source of Coevolution. In: Organization Science 10 (1999) 5, S. 569 – 582.

DIN 69901-1: Projektmanagement – Projektmanagementsysteme – Teil 1: Grundlagen. Deutsches Institut für Normung e. V. Beuth, Berlin, Januar 2009.

DÖMÖTÖR, R.: Erfolgsfaktoren der Innovativität von kleinen und mittleren Unternehmen. Gabler, Wiesbaden 2011. – Zugl.: Wien, Wirtschaftsuniv., Diss., 2007.

DOOLEY, P. P.; LEVY, Y.; HACKNEY, R. A.; PARRISH, J. L.: Critical Value Factors in Business Intelligence Systems Implementations. In: Analytics and Data Science. Hrsg.: A. V. Deokar; A. Gupta; L. S. Iyer; M. C. Jones. Annals of Information Systems. Springer, Cham [u. a.] 2018, S. 55 – 78.

DREMEL, C.; HERTERICH, M. M.; WULF, J.; VOM BROCKE, J.: Actualizing big data analytics affordances: A revelatory case study. In: Information & Management 57 (2020) 1, 103121. [Accepted, Preprint] https://www.researchgate.net/profile/Christian-Dremel/publication/328945964_Actualizing_Big_Data_Analytics_Affordances_A_Revelatory_Case_Study/links/5cf2bb7b299bf1fb184faef1/Actualizing-Big-Data-Analytics-Affordances-A-Revelatory-Case-Study.pdf (Link zuletzt geprüft: 09.10.2022)

DRUCKER, P.: Management. Tasks, responsibilities, practices. HarperBusiness, New York 2008.

DUAN, Y.; CAO, G.; EDWARDS, J. S.: Understanding the impact of business analytics on innovation. In: European Journal of Operational Research 281 (2020) 3, S. 673 – 686.

EASON, K.: Sociotechnical systems theory in the 21st Century: another half-filled glass. In: Sense in social science: A collection of essays in honour of Dr. Lisl Klein. Hrsg.: D. Graves. Broughton 2008, S. 123 – 134.

EDER, F.; KOCH, S.: Critical Success Factors for the Implementation of Business Intelligence Systems. In: International Journal of Business Intelligence Research 9 (2018) 2, S. 27 – 46.

EGGERS, J.; HEIN, A.; BÖHM, M.; KRCMAR, H.: No Longer Out of Sight, No Longer Out of Mind? How Organizations Engage with Process Mining-Induced Transparency to Achieve Increased Process Awareness. In: Business & Information Systems Engineering 63 (2021), S. 491 – 510. https://doi.org/10.1007/s12599-021-00715-x

EISENHARDT, K. M.: Building theories from case study research. In: The Academy of Management Review 14 (1989)4, S. 532 – 550.

EMERY, F. E.; THORSRUD, E.: Form and Content in Industrial Democracy. Some experiences from Norway and other European countries. Taylor and Francis, Hoboken (NJ) 1969.

ENGELMANN, F.; GROẞMANN, C.: Was wissen wir über Information? In: Daten- und Informationsqualität: die Grundlage der Digitalisierung. Hrsg.: K. Hildebrand; M. Gebauer; M. Mielke. 5., erw. u. aktualis. Auflage. Springer Vieweg, Wiesbaden 2021, S. 3 – 22.

EPPENDORF SE (HRSG.): Gemeinsam Neues lernen: Von der Befähigung, die Digitalisierung voranzutreiben. Digitalisierung. Eppendorf SE Blog, 28.09.2021. https://corporate.eppendorf.com/de/karriere/blog/digitalisierung/gemeinsam-neues-lernen-von-der-befaehigung-die-digitalisierung-voranzutreiben/ (Link zuletzt geprüft: 09.10.2022)

EPPENDORF SE (HRSG.): Setting the Course: Geschäftsbericht 2021. Hamburg 2022. https://corporate.eppendorf.com/fileadmin/user_upload/Epp_GB2021_DE.pdf (Link zuletzt geprüft: 09.10.2022)

ESPINOSA, J. A.; ARMOUR, F.: The Big Data Analytics Gold Rush: A Research Framework for Coordination and Governance. In: [Proceedings] 2016 49th Hawaii International Conference on System Sciences (HICSS). Hrsg.: IEEE Computer Society. IEEE, Piscataway (NJ) 2016, S. 1112 – 1121.

ESTEVES, J.; PASTOR-COLLADO, J.: Analysis of Critical Success Factors Relevance Along SAP Implementation Phases. In: AMCIS 2001, Proceedings. Hrsg.: AIS Electronic Library; Bd.197. 2001. https://citeseerx.ist.psu.edu/viewdoc/download?doi=10.1.1.9.7072&rep=rep1&type=pdf (Link zuletzt geprüft: 09.10.2022)

FARROKHI, V.; POKORÁDI, L.; BOUINI, S.: The Identification of Readiness in Implementating Business Intelligence Projects by Combining Interpretive Structural Modeling with Graph Theory and Matrix Approach. In: Acta Polytechnica Hungarica 15 (2018) 2, S. 89 – 102.

FAULKNER, P.; RUNDE, J.: 3 On Sociomateriality. In: Materiality and Organizing. Social Interaction in an Technological World. Hrsg.: P. M. Leonardi; B. A. Nardi; J. Kallinikos. Oxford University Press, Oxford 2012, S. 49 – 66.

FAYYAD, U.; PIATETSKY-SHAPIRO, G.; SMYTH, P.: The KDD process for extracting useful knowledge from volumes of data. In: Communications of the ACM 39 (1996) 11, S. 27 – 34.

FERRARIS, A.; MAZZOLENI, A.; DEVALLE, A.; COUTURIER, J.: Big data analytics capabilities and knowledge management: impact on firm performance. In: Management Decision 57 (2018) 8, S. 1923 – 1936.

FETTKE, P.: State-of-the-Art des State-of-the-Art. Eine Untersuchung der Forschungsmethode „Review" innerhalb der Wirtschaftsinformatik. In: Wirtschaftsinformatik 48 (2006) 4, S. 257 – 266.

FINNEY, S.; CORBETT, M.: ERP implementation: a compilation and analysis of critical success factors. In: Business Process Management Journal 13 (2007) 3, S. 329 – 347.

FISCHER, L.; CHMIEL, H.: Einführung in die Zellbiologie. In: Bioprozesstechnik. Hrsg.: H. Chmiel. 3., neu bearb. Auflage. Spektrum Akademischer Verl., Heidelberg 2011, S. 1 – 21.

FLATTEN, T. C.: Absorptive Capacity: Skalenentwicklung und Erfolgswirkung. Aachen, Techn. Hochsch., Diss., 2010.

FRAZZETTO, D.; NIELSEN, T. D.; PEDERSEN, T. B.; ŠIKŠNYS, L.: Prescriptive analytics: a survey of emerging trends and technologies. In: The VLDB Journal 28 (2019) 4, S. 575 – 595.

FREI, F.; HUGENTOBLER, M.; ALIOTH, A.; DUELL, W.; RUCH, L.: Die kompetente Organisation. Qualifizierende Arbeitsgestaltung –die europäische Alternative. 2., überarb. u. erw. Auflage. vdf Hochschulverl. an der ETH Zürich, Zürich 1996.

FRESE, E.; GRAUMANN, M.; TALAULICAR, T.; THEUVSEN, L.: Grundlagen der Organisation. Entscheidungsorientiertes Konzept der Organisationsgestaltung. 11., überarb. u. aktualis. Auflage. . Springer Gabler, Wiesbaden 2019.

FRICK, D.: Data Governance. In: Data Science. Konzepte, Erfahrungen, Fallstudien und Praxis. Hrsg.: D. Frick; A. Gadatsch; J. Kaufmann; B. Lankes; C. Quix; A. Schmidt; U. Schmitz. Springer Vieweg, Wiesbaden 2021, S. 105 – 119.

GADATSCH, A.: Big Data – Datenanalyse als Eintrittskarte in die Zukunft. Grundlagen und zentrale Begriffe. In: Big Data für Entscheider. Entwicklung und Umsetzung datengetriebener Geschäftsmodelle. Hrsg.: A. Gadatsch; H. Landrock. Springer Vieweg, Wiesbaden 2017, S. 1 – 10.

GASSMANN, O.: Praxisnähe mit Fallstudienforschung. In: Wissenschaftsmanagement 5 (1999) 3, S. 11 – 16.

GEORGE, G.; OSINGA, E. C.; LAVIE, D.; SCOTT, B. A.: Big Data and Data Science Methods for Management Research. In: Academy of Management Journal 59 (2016) 5, S. 1493 – 1507.

GILL, C.: Architektur für das Service Engineering zur Entwicklung von technischen Dienstleistungen. Schriftenreihe Rationalisierung und Humanisierung; Bd. 59. Hrsg.: H. Luczak; W. Eversheim. Shaker, Aachen 2004. Zugl.: Aachen, Techn. Hochsch., Diss., 2003.

GLÄSER, J.; LAUDEL, G.: Experteninterviews und qualitative Inhaltsanalyse als Instrumente rekonstruierender Untersuchungen. 3., überarb. Auflage. VS Verlag für Sozialwissenschaften, Wiesbaden 2009.

GLUCHOWSKI, P.: Business Analytics – Grundlagen, Methoden und Einsatzpotenziale. In: HMD – Praxis der Wirtschaftsinformatik 53 (2016) 3, S. 273 – 286.

GLUCHOWSKI, P.; DITTMAR, C.; GABRIEL, R.: Management Support Systeme und Business Intelligence. Computergestützte Informationssysteme für Fach- und Führungskräfte. 2., vollst. überarb. Auflage. Springer, Berlin [u. a.] 2008.

GRENIEWSKI, H.; KEMPISTY, M.: Kybernetische Systemtheorie ohne Mathematik. Dietz, Berlin 1966.

GRONWALD, K.-D.: Integrierte Business-Informationssysteme. Ganzheitliche, geschäftsprozessorientierte Sicht auf die vernetzte Unternehmensprozesskette ERP, SCM, CRM, BI, Big Data Analytics. 3. Auflage. Springer Vieweg, Berlin [u. a.] 2020.

GROSSE-OETRINGHAUS, W. F.: Fertigungstypologie unter dem Gesichtspunkt der Fertigungsablaufplanung. Betriebswirtschaftliche Forschungsergebnisse; Bd. 65. Duncker & Humblot, Berlin 1974. – Zugl.: Diss., 1974.

GUDERGAN, G.; HOEBORN, G.; GÖTZEN, R.; WIENINGER, S.: Digital Leadership – Paradigmenwechsel in der Führungskultur. In: Digitalisierungs- und Informationsmanagement. Reihe Handbuch Produktion und Management; Bd. 9. Hrsg.: G. Schuh; V. Zeller; V. Stich. Springer Vieweg, Berlin [u. a.] 2022, S. 39 – 58.

GUPTA, M.; GEORGE, J. F.: Toward the development of a big data analytics capability. In: Information & Management 53 (2016) 8, S. 1049 – 1064.

GUTENBERG, E.: Grundlagen der Betriebswirtschaftslehre; Bd. 1: Die Produktion. 24., unveränd. Auflage. Springer, Berlin 1983.

HABERFELLNER, R.; WECK, O. L. DE; FRICKE, E.; VÖSSNER, S. (Hrsg.): Systems Engineering. Grundlagen und Anwendung. 14., überarb. Auflage. orell füssli, Zürich 2018.

HAGEN, J.; HESS, T.: Linking Big Data and Business: Design Parameters of Data-Driven Organizations. In: Conference: Proceedings of the 26th Americas Conference on Information Systems (AMCIS 2020). August 2020, 11 S. https://www.researchgate.net/profile/Janine-Hagen/publication/343549422_Linking_Big_Data_and_Business_Design_Parameters_of_Data-Driven_Organizations/links/5f3137ff458515b729123254/Linking-Big-Data-and-Business-Design-Parameters-of-Data-Driven-Organizations.pdf (Link zuletzt geprüft: 09.10.2022)

HANNAN, M. T.; FREEMAN, J.: Structural Inertia and Organizational Change. In: American Sociological Review 49 (1984) 2, S. 149.

HEERING, F.; HUPFER, G.: Farben und Farbkombinationen im Reporting zielgerichtet einsetzen. IPRI–Praxis; Nr. 37. IPRI, Stuttgart 2020. https://ipri-institute.com/wp-content/uploads/2020/09/Leseprobe_37.pdf (Link zuletzt geprüft: 09.10.2022)

HOTHO, H. G.: Vorlesungen über Ästhetik oder Philosophie des Schönen und der Kunst (1833), nachgeschrieben von Immanuel Hegel. Hrsg.: B. Collenberg-Plotnikov. Frommann-Holzboog, Stuttgart 2004.

HENSELLEK, S.: Digital Leadership – Ein Rahmenwerk zur erfolgreichen Führung im digitalen Zeitalter. In: Handbuch Digitale Wirtschaft. Hrsg.: T. Kollmann. Springer Gabler, Wiesbaden 2019, S. 1 – 19.

HERZWURM, G.; HENZEL, R.: Cloud-Computing – gekommen um zu bleiben. In: Handbuch Digitale Wirtschaft. Hrsg.: T. Kollmann. Springer Gabler, Wiesbaden 2020, S. 877 – 909.

HIEMEYER, W.-D.; STUMPP, D.: Integration von Marketing und Vertrieb. ein konzeptioneller Ansatz für ein erfolgreiches Schnittstellenmanagement. Springer Gabler, Wiesbaden 2020.

HILL, W.: Organisationslehre; Teil 1. 5., überarb. Auflage. Haupt, Bern [u. a.] 1994.

HLAVÁČ, J.; ŠTEFANOVIČ, J.: Machine Learning and Business Intelligence or from Descriptive Analytics to Predictive Analytics. In: [Proceedings] 2020 Cybernetics & Informatics (K&I). IEEE, Januar 2020, 4 S.

HOLSAPPLE, C.; LEE-POST, A.; PAKATH, R.: A unified foundation for business analytics. In: Decision Support Systems 64 (2014) , S. 130 – 141.

HORAK, C.: Controlling in Nonprofit-Organisationen. Erfolgsfaktoren und Instrumente. Deutscher Universitätsverlag, Wiesbaden 1993. – Zugl.: Wien, Wirtschaftsuniv., Diss., 1992.

HWANG, H.-G.; KU, C.-Y.; YEN, D. C.; CHENG, C.-C.: Critical factors influencing the adoption of data warehouse technology: a study of the banking industry in Taiwan. In: Decision Support Systems 37 (2004) 1, S. 1 – 21.

IMRAN, F.; KANTOLA, J.: Review of Industry 4.0 in the Light of Sociotechnical System Theory and Competence-Based View: A Future Research Agenda for the Evolute Approach. In: Advances in Human Factors, Business Management and Society. Hrsg.: J. I. Kantola; S. Nazir; T. Barath. Springer, Cham [u. a.] 2019, S. 118 – 128.

IŞIK, Ö.; JONES, M. C.; SIDOROVA, A.: Business intelligence success: The roles of BI capabilities and decision environments. In: Information & Management 50 (2013) 1, S. 13 – 23.

JAHNKE, I.: Dynamik sozialer Rollen beim Wissensmanagement. Soziotechnische Anforderungen an Communities und Organisationen. Dt. Univ.-Verl., Wiesbaden 2006. – Zugl.: Dortmund, Univ., Diss., 2005.

JANSSEN, M.; BROUS, P.; ESTEVEZ, E.; BARBOSA, L. S.; JANOWSKI, T.: Data governance: Organizing data for trustworthy Artificial Intelligence. In: Government Information Quarterly 37 (2020) 3, S. 101493.

JIMENEZ, L. M.; POLO, J. A.; DUARTE, N. A.: Overview of Data Governance in Business Contexts. In: IOP Conference Series: Materials Science and Engineering 519 (2019) 1, S. 12023.

JOHANSEN, I.: Scenario modelling with morphological analysis. In: Technological Forecasting and Social Change 126 (2018) 1, S. 116 – 125.

JUNG, M.; SEITER, M.: Towards a better understanding on mitigating algorithm aversion in forecasting: an experimental study. In: Journal of Management Control 32 (2021) 4, S. 495 – 516.

KAHNEMAN, D.: Schnelles Denken, langsames Denken. Siedler, München 2012.

KAHNEMAN, D.; SIBONY, O.; SUNSTEIN, C. R.; SCHMIDT, T.: Noise. Was unsere Entscheidungen verzerrt – und wie wir sie verbessern können. Siedler, München 2021.

KEMPER, H.-G.; MEHANNA, W.; BAARS, H.: Business Intelligence – Grundlagen und praktische Anwendungen. Eine Einführung in die IT-basierte Managementunterstützung. 3., überarb. u. erw. Auflage. Vieweg + Teubner, Wiesbaden 2010.

KHAN, M. A.; UDDIN, M. F.; GUPTA, N.: Seven V's of Big Data understanding Big Data to extract value. In: Proceedings of the 2014 Zone 1 Conference of the American Society for Engineering Education. IEEE 2014, 5 S.

KITCHENHAM, B.; CHARTERS, S.: Guidelines for performing Systematic Literature Reviews in Software Engineering. Version 2.3. EBSE Technical Report; EBSE-2007-01. Software Engineering Group, Keele; Department of Computer Science, University of Durham, Durham. 09.07.2007. https://projekt-basuccess.de/das-projekt/projektergebnisse/ (Link zuletzt geprüft: 09.10.2022)

KLEIN, D.; TRAN-GIA, P.; HARTMANN, M.: Big Data. In: Informatik-Spektrum 36 (2013) 3, S. 319 – 323.

KLIER, M.; HEINRICH, B.: Datenqualität als Erfolgsfaktor im Business Analytics. In: Controlling 28 (2016) 8-9, S. 488 – 494.

KLINKENBERG, R.: [Vortragsfolien] Aus Daten Wert generieren mit Maschinellem Lernen und künstlicher Intelligenz: Anwendungsbeispiele aus der Industrie. RapidMiner GmbH. Business Analytics Day @ FIR an der RWTH Aachen, 10.12.2020, 46 Folien. https://projekt-basuccess.de/das-projekt/projektergebnisse/ [in Bibliothek des FIR e. V. an der RWTH Aachen verfügbar]

KLUGE, S.: Empirisch begründete Typenbildung. Zur Konstruktion von Typen und Typologien in der qualitativen Sozialforschung. VS Verlag für Sozialwissenschaften, Wiesbaden 1999.

KNOBLICH, H.: Betriebswirtschaftliche Warentypologie. Grundlagen und Anwendungen. Information Engineering und IV-Controlling; Bd. 32. VS Verlag für Sozialwissenschaften, Wiesbaden 1969.

KO, A.; GILLANI, S.: A Research Review and Taxonomy Development for Decision Support and Business Analytics Using Semantic Text Mining. In: International Journal of Information Technology & Decision Making 19 (2020) 01, S. 97 – 126.

KOHAVI, R.; ROTHLEDER, N. J.; SIMOUDIS, E.: Emerging trends in business analytics. In: Communications of the ACM 45 (2002) 8, S. 45 – 48.

KÖLSCH, P.; AURICH, J. C.; HERDER, C. F.: Grundlagen zu Produkt-Service-Systemen. In: Entwicklung datenbasierter Produkt-Service Systeme. Ein Ansatz zur Realisierung verfügbarkeitsorientierter Geschäftsmodelle. Hrsg.: J. C. Aurich; W. Koch; P. Kölsch; C. F. Herder. Springer Vieweg, Berlin 2019, S. 5 – 16.

KÖNIG, S.: [Paper] Ein Wiki-basiertes Vorgehensmodell für Business Intelligence Projekte. Fachhochschule Hannover, Fakultät IV (Wirtschaft und Informatik), 21.01.2010. https://pdfs.semanticscholar.org/640a/dd5438ff9358a2015b50c74366e27e5e205d.pdf (Link zuletzt geprüft: 09.10.2022)

KOSIOL, E.: Einführung in die Betriebswirtschaftslehre. Die Unternehmung als wirtschaftliches Aktionszentrum. Gabler, Wiesbaden 1968.

KOWALCZYK, M.: The support of decision processes with business intelligence and analytics. Insights on the roles of ambidexterity, information processing and advice. Springer Vieweg, Wiesbaden 2017. – Zugl.: Darmstadt, Techn. Univ., Diss., 2017.

KRAUSSER, P.: Zu einer Systemtheorie rational selbstgesteuerter Systeme. In: Rehabilitierung der praktischen Philosophie; Bd. 1. Hrsg.: M. Riedel. Sammlung Rombach N.F.; Nr. 14. Rombach, Freiburg 1972, S. 537 – 558.

KRCMAR, H.: Informationsmanagement. 5., vollst. überarb. u. erw. Auflage. Springer, Berlin [u. a.] 2010.

KRCMAR, H.: Einführung in das Informationsmanagement. 2., überarb. Auflage. Springer Gabler, Berlin 2015.

KRECHTING, D.: Methodennavigator für Business-Analytics produzierender Unternehmen. Schriftenreihe Rationalisierung; Bd. 172. RHrsg.: G. Schuh. Apprimus, Aachen 2020. Zugl.: Aachen, Techn. Hochsch., Diss., 2020.

KREUTZER, R. T.: Toolbox für Marketing und Management. Kreativkonzepte – Analysewerkzeuge – Prognoseinstrumente. Springer Gabler, Wiesbaden 2018.

KREUTZER, R. T.; SIRRENBERG, M.: Künstliche Intelligenz verstehen. Grundlagen – Use-Cases – unternehmenseigene KI-Journey. Springer Gabler, Wiesbaden 2019.

KUBICEK, H.: Heuristische Bezugsrahmen und heuristisch angelegte Forschungsdesign als Elemente einer Konstruktionsstrategie empirischer Forschung. Arbeitspapier des Instituts für Unternehmungsführung der Freien Universität Berlin; Nr. 16. Inst. für Unternehmensführung, Berlin 1976.

KULKARNI, U.; ROBLES-FLORES, J. A.: [Research Paper] Development and Validation of a BI Success Model. In: Proceedings of the Nineteenth Americas Conference on Information Systems (AMCIS), Chicago (IL), August 15 – 17, 2013, 11 S. [in Bibliothek des FIR e. V. an der RWTH Aachen verfügbar]

KUMAR, A.; KRISHNAMOORTHY, B.: Business Analytics Adoption in Firms: A Qualitative Study Elaborating TOE Framework in India. In: International journal of global business and competitiveness 15 (2020) 3, 14 S.

LAGER, T.: Managing Innovation & Technology in the Process Industries: Current Practices and Future Perspectives. In: Procedia Engineering 138 (2016) o. H., S. 459 – 471.

LANEY, D.: 3D Data Management: Controlling Data Volume, Velocity, and Variety. META Group Research Note; Nr. 6. META Group, Stamford (CT), 06.02.2001. [in Bibliothek des FIR e. V. an der RWTH Aachen verfügbar]

LANQUILLON, C.; MALLOW, H.: Advanced Analytics mit Big Data. In: Praxishandbuch Big Data. Wirtschaft – Recht – Technik. Hrsg.: J. Dorschel. Springer Gabler, Wiesbaden 2015, S. 55 – 89.

LASCH, R.; SCHULTE, G.: Quantitative Logistik-Fallstudien. Aufgaben und Lösungen zu Beschaffung, Produktion und Distribution – mit Planungssoftware. 5., aktualis. u. erw. Auflage. Springer Gabler, Wiesbaden 2021.

LAUREANO, R. M. S.; DA MIGUEL SILVA LAUREANO, L.; GRENCHO, A. R. R. R.: Framework to implement business analytics: Phases and critical success factors. In: 2016 11th Iberian Conference 2016. IEEE, Piscataway (NJ) 2016, 6 S.

LEAVITT, H.: Applied organizational change in industry: structural, technological and humanistic approaches. In: Handbook of Organizations. Hrsg.: J. G. March. Rand McNally, Chicago (IL) 1965, S. 1144 – 1170.

LEE, I.: Big data: Dimensions, evolution, impacts, and challenges. In: Business Horizons 60 (2017) 3, S. 293 – 303.

LEE, Y.; MADNICK, S.; WANG, F.; ZHANG, H.; WANG, R.: A Cubic Framework for the Chief Data Officer: Succeeding in a World of Big Data. In: MIS Quarterly Executive (2014) 1, S. 1 – 13.

LEHNER, F.; WILDNER, S.; SCHOLZ, M.: Wirtschaftsinformatik. Eine Einführung. 2. Auflage. Hanser, München [u. a.] 2008.

LEPENIOTI, K.; BOUSDEKIS, A.; APOSTOLOU, D.; MENTZAS, G.: Prescriptive analytics: Literature review and research challenges. In: International Journal of Information Management 50 (2020) 2, S. 57 – 70.

LINDE PLC (HRSG.): Sustainable Growth. Annual Report 2021. Linde, Woking [u. a.], 28.01.2022. https://investors.linde.com/-/media/linde/investors/documents/full-year-financial-reports/2021-annual-report-to-shareholders.pdf?la=en (Link zuletzt geprüft: 09.10.2022)

LOOSEN, W.: Das Leitfadeninterview – eine unterschätzte Methode. In: Handbuch nicht standardisierter Methoden in der Kommunikationswissenschaft. Hrsg.: S. Averbeck-Lietz; M. Meyen. Springer VS, Wiesbaden 2016, S. 139 – 155.

LORENZEN, K. D.; KROKOWSKI, W.: Einkauf. Springer Gabler, Wiesbaden 2018.

LUKESCH, M.; KELLNER, F.: Übungsbuch Produktionswirtschaft. Springer, Berlin [u. a.] 2019.

LYYTINEN, K.; NEWMAN, M.: Explaining information systems change: a punctuated socio-technical change model. In: European Journal of Information Systems 17 (2008) 6, S. 589 – 613.

MAGAIREAH, A. I.; SULAIMAN, H.; ALI, N.: Theoretical Framework of Critical Success Factors (CSFs) for Business Intelligence (BI) System. In: [Proceedings] 2017 8th International Conference on Information Technology (ICIT) IEEE, Piscataway (NJ) 2017, S. 455 – 463.

MAGUIRE, M.: Socio-technical systems and interaction design - 21st century relevance. In: Applied ergonomics 45 (2014) 2, S. 162 – 170.

MARCH, J. G.; SIMON, H. A.: Organizations. John Wiley & Sons, New York 1958.

MAUCHER, I.; PAUL, H.; RUDLOF, C.: Modellierung in Soziotechnischen Systemen. In: Promise 2002 – Prozessorientierte Methoden und Werkzeuge für die Entwicklung von Informationssystemen. Hrsg.: J. Desel; M. Weske. GI-Edition Proceedings; Bd. 21. Ges. für Informatik, Bonn 2002, S. 128 – 137.

MAUERER, J.: Studie Predictive Analytics 2018. IDG Business Media GmbH, München 2018. [in Bibliothek des FIR an der RWTH Aachen verfügbar]

MAYNTZ, R.: Soziologie der Organisation. Rowohlt, Reinbek bei Hamburg 1963.

MCAFEE, A.; BRYNJOLFSSON, E.: Big Data: The Management Revolution. In: Harvard Business Review 90 (2012) 8, S. 3 – 9.

MEGAHED, A.; REN, G.; FIRTH, M.: Modeling Business Insights into Predictive Analytics for the Outcome of IT Service Contracts. In: {Proceedings] Conference: 2015 IEEE International Conference on Services Computing (SCC). IEEE, Piscataway (NJ) 2015, S. 515 – 521. doi: 10.1109/SCC.2015.76

MEHANNA, W.; TATZEL, J.; VOGEL, P.: Business Analytics im Controlling – Fünf Anwendungsfehler. In: Controlling 28 (2016) 8-9, S. 502 – 508.

MESAROVIC, M.; PESTEL, E.: Menschheit am Wendepunkt. 2. Bericht an den Club of Rome zur Weltlage. Deutsche Verlags-Anstalt, Stuttgart 1974.

MEYER, H.; REHER, H.-J.: Projektmanagement. Von der Definition über die Projektplanung zum erfolgreichen Abschluss. 2., überarb. Auflage. Springer Gabler, Wiesbaden 2020.

MEYER, J. P.; HERSCOVITCH, L.: Commitment in the workplace: toward a general model. In: Human Resource Management Review 11 (2001) 3, S. 299 – 326.

MIAO, M.; SAIDE, S.; RATNA, S.; MUFLIH, M.: Business Continuity Innovation in Disruption Time: Sociotechnical Systems, Business Analytics, Virtual Business, and Mediating Role of Knowledge Absorptive Capacity. In: IEEE Transactions on Engineering Management, Piscataway (NJ) 2021, 12 S.

MIKALEF, P.; FRAMNES, V. A.; DANIELSEN, F.; KROGSTIE, J.; OLSEN, D.: Big Data Analytics Capability: Antecedents and Business Value. In: 21st Pacific-Asia Conference on Information Systems (PACIS 2017). Hrsg.: Malaysia Chapter of the Association for Information Systems (MyAIS). 2017, 13 S. [=2017a]

MIKALEF, P.; PAPPAS, I. O.; KROGSTIE, J.; GIANNAKOS, M.: Big data analytics capabilities: a systematic literature review and research agenda. In: Information Systems and e-Business Management 16 (2017) 3, S. 547 – 578. [=2017b]

MIKALEF, P.; PAPPAS, I. O.; KROGSTIE, J.; PAVLOU, P. A.: Big data and business analytics: A research agenda for realizing business value. In: Information & Management 57 (2020) 1, S. 103237.

MIKALEF, P.; VAN DE WETERING, R.; KROGSTIE, J.: From Big Data Analytics to Dynamic Capabilities: The Effect of Organizational Inertia. In: [Proceedings] Conference: 23rd Pacific Asia Conference on Information Systems (PACIS 2019), Juli 2019, 14 S. [in Bibliothek des FIR e. V. an der RWTH Aachen verfügbar]

MILLER, G. J.: Quantitative Comparison of Big Data Analytics and Business Intelligence Project Success Factors. In: Information Technology for Management: Emerging Research and Applications. 15th Conference, AITM 2018, and 13th Conference, ISM 2018, Held as Part of FedCSIS, Poznan, Poland, September 9–12, 2018, Revised and Extended Selected Papers. Hrsg.: E. Ziemba. Springer, Cham [u. a.] 2019, S. 53 – 72.

MILLER, J. G.: Living systems. McGraw-Hill, New York 1978.

MUGGE, P. C.; ABBU, H.; GUDERGAN, G.; KANE, G. C.: TRUST. The winning formula for digital leaders: a practical guide for companies engaged in digital transformation. Patterns of Digitization Lab, Raleigh (NC) 2021.

MÜLLER, F.: Auslandsaktivitäten der Bekleidungsindustrie. Strukturwandel und Anpassungsstrategien – unter Berücksichtigung von Erfahrungen deutscher Unternehmer in Portugal. Aachen, Techn. Hochsch., Diss., 1995.

MÜLLER, J.; SCHUH, G.; MEICHSNER, D.; GUDERGAN, G.: Success factors for implementing Business Analytics in small and medium enterprises in the food industry. In: 2020 IEEE International Conference on Technology Management, Operations and Decisions (ICTMOD). IEEE, Piscataway (NJ), 2020, 8 S.

MÜLLER, J.; SCHUH, G.; NAHR, B.; HOEBORN, G.; STICH, V.: Understanding Business Analytics: Characteristics and Archetypes. In: 2022 IEEE International Conference on Technology Management, Operations and Decisions (ICTMOD). IEEE, Piscataway (NJ), 2022, 13 S.

MUMFORD, E.: The story of socio-technical design: reflections on its successes, failures and potential. In: Information Systems Journal 16 (2006) 4, S. 317 – 342.

MYER, J. P.; BECKER, T. E.; VANDENBERGHE, C.: Employee commitment and motivation: a conceptual analysis and integrative model. In: The Journal of applied psychology 89 (2004) 6, S. 991 – 1007.

NACHREINER, F.: Grundlagen naturwissenschaftlicher Methodik in der Arbeitswissenschaft. In: Handbuch Arbeitswissenschaft. Hrsg.: H. Luczak. Schäffer-Poeschel, Stuttgart 1997, S. 87 – 92.

NALCHIGAR, S.; YU, E.: Conceptual Modeling for Business Analytics: A Framework and Potential Benefits. In: 2017 IEEE 19th Conference on Business Informatics (CBI). IEEE, Piscataway (NJ) 2017, S. 369 – 378.

NAM, D.; LEE, J.; LEE, H.: Business analytics adoption process: An innovation diffusion perspective. In: International Journal of Information Management 49 (2019) , S. 411 – 423.

NERUR, S.; MAHAPATRA, R.; MANGALARAJ, G.: Challenges of migrating to agile methodologies. In: Communications of the ACM 48 (2005) 5, S. 72 – 78.

NICKERSON, R. C.; VARSHNEY, U.; MUNTERMANN, J.: A method for taxonomy development and its application in information systems. In: European Journal of Information Systems 22 (2013) 3, S. 336 – 359.

NIENKE, S.: Ontologie für Energieinformationssysteme produzierender Unternehmen. Schriftenreihe Rationalisierung; Bd. 156. Hrsg.: G. Schuh. Apprimus, Aachen 2018. Zugl.: Aachen, Techn. Hochsch., Diss., 2018.

NOLTE-EBERT, H.: Organisation. Ressourcenorientierte Unternehmensgestaltung. Oldenbourg, München [u. a.] 1999.

NORTH, K.: Wissensorientierte Unternehmensführung. Wertschöpfung durch Wissen. 5., aktualis. u. erw. Auflage. Gabler, Wiesbaden 2011.

NOTTÉ, K.: Begriffsbestimmungen. In: Wissensmanagement im Vertrieb. Hrsg.: K. Notté. Springer Gabler, Wiesbaden 2013, S. 11 – 23.

OKOLI, C.: A Guide to Conducting a Standalone Systematic Literature Review. In: Communications of the Association for Information Systems 37 (2015) 43, S. 879 – 910. doi:10.17705/1CAIS.03743

O'LEARY, D. E.: Artificial Intelligence and Big Data. In: IEEE Intelligent Systems 28 (2013) 2, S. 96 – 99.

OLSZAK, C. M.; ZIEMBA, E.: Critical Success Factors for Implementing Business Intelligence Systems in Small and Medium Enterprises on the Example of Upper Silesia, Poland. In: Interdisciplinary Journal of Information, Knowledge, and Management 7 (2012) , S. 129 – 150.

OUAHILAL, M.; EL MOHAJIR, B. E.; CHAHHOU, M.; EL MOHAJIR, B. E.: A comparative study of predictive algorithms for business analytics and decision support systems: Finance as a case study. Hrsg.: International Conference on Information Technology for Organizations Development. In: [Proceedings] 2016 International Conference on Information Technology for Organizations Development, 2016, 6 S. [über Bibliothek des FIR e. V. an der RWTH Aachen verfügbar]

PAGE, M. J.; MCKENZIE, J. E.; BOSSUYT, P. M.; BOUTRON, I.; HOFFMANN, T. C.; MULROW, C. D.; SHAMSEER, L.; TETZLAFF, J. M.; AKL, E. A.; BRENNAN, S. E.; CHOU, R.; GLANVILLE, J.; GRIMSHAW, J. M.; HRÓBJARTSSON, A.; LALU, M. M.; LI, T.; LODER, E. W.; MAYO-WILSON, E.; MCDONALD, S.; MCGUINNESS, L. A.; STEWART, L. A.; THOMAS, J.; TRICCO, A. C.; WELCH, V. A.; WHITING, P.; MOHER, D.: The PRISMA 2020 statement: an updated guideline for reporting systematic reviews. In: BMJ (Clinical research ed.) (2021) o. H., 9 S. [in Bibliothek des FIR e. V. an der RWTH Aachen verfügbar]

PASMORE, W.; WINBY, S.; MOHRMAN, S. A.; VANASSE, R.: Reflections: Sociotechnical Systems Design and Organization Change. In: Journal of Change Management 19 (2019) 2, S. 67 – 85.

PAULSEN, H.; ZORN, V.; INKERMANN, D.; REINING, N.; BASCHIN, J.; VIETOR, T.; KAUFFELD, S.: Soziotechnische Analyse und Gestaltung von Virtualisierungsprozessen. In: Gruppe. Interaktion. Organisation. Zeitschrift für Angewandte Organisationspsychologie (GIO) 51 (2020) 1, S. 81 – 93.

PAVLOU, P. A.; EL SAWY, O. A.: The “Third Hand”: IT-Enabled Competitive Advantage in Turbulence Through Improvisational Capabilities. In: Information Systems Research 21 (2010) 3, S. 443 – 471.

PETERSOHN, H.: Data Mining. Verfahren, Prozesse, Anwendungsarchitektur. Oldenbourg, München [u. a.] 2009.

POPPER, K.: Logik der Forschung. Zur Erkenntnistheorie d. modernen Naturwissenschaft. Schriften zur wissenschaftlichen Weltauffassung; Bd. 9. Springer, Wien [u. a.] 1935.

PORTER, M. E.: Competitive advantage. Creating and sustaining superior performance. Free Press, New York 1985.

PORTER, M. E.: Competitive strategy. Techniques for analyzing industries and competitors; with a new introduction. Free Press, New York 1998.

POWER, D. J.; HEAVIN, C.; MCDERMOTT, J.; DALY, M.: Defining business analytics: an empirical approach. In: Journal of Business Analytics 1 (2018) 1, S. 40 – 53.

QUIX, C.: Data Engineering. In: Data Science. Konzepte, Erfahrungen, Fallstudien und Praxis. Hrsg.: D. Frick; A. Gadatsch; J. Kaufmann; B. Lankes; C. Quix; A. Schmidt; U. Schmitz. Springer Vieweg, Wiesbaden 2021, S. 85 – 104.

RAMANATHAN, R.; PHILPOTT, E.; DUAN, Y.; CAO, G.: Adoption of business analytics and impact on performance: a qualitative study in retail. In: Production Planning & Control 28 (2017) 11-12, S. 985 – 998.

REITER, J.: Digitalisierung und Business Analytics: Ausschöpfen des Innovationspotenzials der Digitalisierung für operative Entscheidungen in KMU. In: Innovation für eine digitale Wirtschaft. Wie Unternehmen den Wandel meistern. Hrsg.: A. Müller; M. Graumann; H.-J. Weiß. Gabler, Wiesbaden 2020, S. 31 – 53.

RICE, A. K.: Productivity and social organization: The Ahmedabad Experiment. Tavistock, London 1958.

RITCHEY, T.: Principles of Cross-Consistency Assessment in General Morphological Modelling. In: Acta Morphologica Generalis 4 (2015) 2, 20 S.

ROBERTS, N.; GALLUCH, P. S.; DINGER, M.; GROVER, V.: Absorptive Capacity and Information Systems Research: Review, Synthesis, and Directions for Future Research. In: MIS Quarterly 36 (2012) 2, S. 625 – 648.

ROCHART, J.: Chief Executives Define Their Own Information Needs. In: Harvard Business Review 58 (1979) 2, S. 81 – 93.

ROCKART, J. F.: Chief Executives Define Their Own Information Needs. New systems approach, hased on the identification of ‚critical success factors,' supports attainment of organizational goals. In: Harvard Business Review 58 (1979) 2, S. 81 – 93.

ROPOHL, G.: Allgemeine Technologie: eine Systemtheorie der Technik. 3., überarb. Auflage. KIT Scientific Publishing, Karlsruhe 2009. – Zugl.: Karlsruhe, Univ., Habil.-Schrift, 1978.

SAKR, S.; MAAMAR, Z.; AWAD, A.; BENATALLAH, B.; VAN DER AALST, W. M. P.: Business Process Analytics and Big Data Systems: A Roadmap to Bridge the Gap. IEEE Access 6 (2018), S. 77308 – 77320. https://ieeexplore.ieee.org/stamp/stamp.jsp?tp=&arnumber=8537879 (Link zuletzt geprüft: 09.10.2022)

SCHLICHER, K. D.; PARUZEL, A.; STEINMANN, B.; MAIER, G. W.: Change Management für die Einführung digitaler Arbeitswelten. In: Handbuch Gestaltung digitaler und vernetzter Arbeitswelten. Hrsg.: G. W. Maier; G. Engels; E. Steffen. Springer, Berlin [u. a.] 2017, S. 1 – 36.

SCHÖNSLEBEN, P.: Integrales Logistikmanagement. Operations und Supply Chain Management innerhalb des Unternehmens und unternehmensübergreifend. 6., bearb. u. erw. Auflage. Springer, Berlin [u. a.] 2011.

SCHREYÖGG, G.; GEIGER, D.: Organisation. Grundlagen moderner Organisationsgestaltung: mit Fallstudien. 6., vollst. überarb. u. erw. Auflage. Springer Gabler, Wiesbaden 2016.

SCHREYÖGG, G.; KOCH, J.: Management. Grundlagen der Unternehmensführung. 8., vollst. überarb. Auflage. Springer Gabler, Wiesbaden 2020.

SCHUH, G.; ANDERL, R.; DUMTRESCU, R.; KRÜGER, A.; HOMPEL, M. TEN (HRSG.): Industrie 4.0 Maturity Index. Die digitale Transformation von Unternehmen gestalten. Update 2020. acatech, München, 25.04.2020. https://www.acatech.de/publikation/industrie-4-0-maturity-index-die-digitale-transformation-von-unternehmen-gestalten/download-pdf?lang=de (Link zuletzt geprüft: 09.10.2022)

SCHULTE-ZURHAUSEN, M.: Organisation. 6., überarb. u. aktualis. Auflage. Vahlen, München 2014.

SCHÜTTE, R.: Grundsätze ordnungsmäßiger Referenzmodellierung. Konstruktion konfigurations- und anpassungsorientierter Modelle. Neue betriebswirtschaftliche Forschung; Bd. 233. Gabler, Wiesbaden 1998. – Zugl.: Münster (Westfalen), Univ., Diss., 1997.

SEDDON, P. B.; CONSTANTINIDIS, D.; TAMM, T.; DOD, H.: How does business analytics contribute to business value? In: Information Systems Journal 27 (2017) 3, S. 237 – 269.

SEITER, M.: Business Analytics. Effektive Nutzung fortschrittlicher Algorithmen in der Unternehmenssteuerung. Vahlen, München 2017.

SHAMIM, S.; ZENG, J.; SHARIQ, S. M.; KHAN, Z.: Role of big data management in enhancing big data decision-making capability and quality among Chinese firms: A dynamic capabilities view. In: Information & Management 56 (2019) 6, S. 1 – 12.

SHANKS, G.; BEKMAMEDOV, N.; SHARMA, R.: Creating value from business analytics systems: a process-oriented theoretical framework and case study. In: [Proceedings] 2nd Australasian Conference on Information Systems Creating Value from Business Analytics Systems, 29th November to 2nd December 2011, Sydney 2011, 10 S. https://aisel.aisnet.org/cgi/viewcontent.cgi?article=1066&context=acis2011 (Link zuletzt geprüft: 09.10.2022)

SHARDA, R.; ASAMOAH, D. A.; PONNA, N.: Research and Pedagogy in Business Analytics: Opportunities and Illustrative Examples. In: Journal of Computing and Information Technology 21 (2013) 3, S. 171 – 183.

SHIN, D.: The effects of explainability and causability on perception, trust, and acceptance: Implications for explainable AI. In: International Journal of Human-Computer Studies 146 (2021) 83, S. 102551.

ŠIKŠNYS, L.; PEDERSEN, T. B.: Prescriptive Analytics. In: Encyclopedia of Database Systems. Hrsg.: L. Liu; M. T. Özsu. Springer. New York 2018, S. 2792 – 2793.

SIMONS, H.: Case study research in practice. Sage, Los Angeles (CA) 2009.

SMITH, A.: Wohlstand der Nationen. Nach der Übersetzung von Max Stirner, herausgegeben von Heinrich Schmidt. Titel der englischen Originalausgabe: "An inquiry into the nature and causes of the wealth of nations", erschienen bei Strahan and Cadell, London 1776. Die Übersetzung folgt der Ausgabe "Der Reichtum der Nationen" von Adam Smith. Nach der Übersetzung von Max Stirner und der englischen Ausgabe von Cannan (1904) herausgegeben von Dr. Heinrich Schmidt (Jena), 2 Bände, Alfred Kröner Verlag, Leipzig 1910. Anaconda, Köln 2013.

SOLTANPOOR, R.; SELLIS, T.: Prescriptive Analytics for Big Data. In: Databases Theory and Applications. Hrsg.: M. A. Cheema; W. Zhang; L. Chang. Springer, Cham [u. a.] 2016, S. 245 – 256.

SONY, M.; NAIK, S.: Industry 4.0 integration with socio-technical systems theory: A systematic review and proposed theoretical model. In: Technology in Society 61 (2020) 5, S. 101248.

SPHERICAL INSIGHTS LLP (HRSG.): Global BPO Business Analytics Market Size to grow USD 71.60 Billion by 2030 | CAGR of 22.06%. Globe Newswire, 14.11.2022. https://www.globenewswire.com/en/news-release/2022/11/14/2554679/0/en/Global-BPO-Business-Analytics-Market-Size-to-grow-USD-71-60-Billion-by-2030-CAGR-of-22-06.html (Link zuletzt geprüft: 12.12.2022)

STACHOWIAK, H.: Allgemeine Modelltheorie. Springer, Wien [u. a.] 1973.

STEVENS, G. C.; JOHNSON, M.: Integrating the Supply Chain ... 25 years on. In: International Journal of Physical Distribution & Logistics Management 46 (2016) 1, S. 19 – 42.

STOLLENWERK, A.: Wertschöpfungsmanagement im Einkauf. Analysen, Strategien, Methoden, Kennzahlen. Gabler, Wiesbaden 2012.

STUBBS, E.: Big Data, Big Innovation. Wiley, Hoboken (NJ) 2014.

TEECE, D. J.: Explicating dynamic capabilities: the nature and microfoundations of (sustainable) enterprise performance. In: Strategic Management Journal 28 (2007) 13, S. 1319 – 1350.

THOMMEN, J.-P.; ACHLEITNER, A.-K.; GILBERT, D. U.; HACHMEISTER, D.; KAISER, G.: Allgemeine Betriebswirtschaftslehre. Umfassende Einführung aus managementorientierter Sicht. 8., vollst. überarb. Auflage. Springer Gabler, Wiesbaden 2017.

TIM, Y.; HALLIKAINEN, P.; PAN, S. L.; TAMM, T.: Actualizing business analytics for organizational transformation: A case study of Rovio Entertainment. In: European Journal of Operational Research 281 (2020) 3, S. 642 – 655.

TRIST, E. L.; BAMFORTH, K. W.: Some Social and Psychological Consequences of the Longwall Method of Coal-Getting. In: Human Relations 4 (1951) 1, S. 3 – 38.

TROILO, G.; LUCA, L. M. DE; GUENZI, P.: Linking Data-Rich Environments with Service Innovation in Incumbent Firms: A Conceptual Framework and Research Propositions. In: Journal of Product Innovation Management 34 (2017) 5, S. 617 – 639.

ULICH, E.: Arbeitspsychologie. 7., neu überarb. u. erw. Auflage. vdf Hochschulverlag AG an der ETH Zürich; Schöffer-Poeschel, Stuttgart 2011.

ULICH, E.: Arbeitssysteme als Soziotechnische Systeme – eine Erinnerung. In: Journal Psychologie des Alltagshandelns 6 (2013) 1, S. 4 – 14.

LRICH, H.: Die Unternehmung als produktives soziales System: Grundlagen der allgemeinen Unternehmungslehre. 2., überarb. Auflage. Unternehmung und Unternehmungsführung; Bd. 1. Haupt, Bern [u. a.]1970.

ULRICH, H.: Die Betriebswirtschaftslehre als anwendungsorientierte Sozialwissenschaft. In: Die Führung des Betriebes. Curt Sandig zu seinem 80. Geburtstag gewidmet. Hrsg.: M. Geist; R. Köhler. Poeschel, Stuttgart 1981, S. 1 – 23.

ULRICH, H.: Management. Schriftenreihe Unternehmung und Unternehmungsführung; Bd. 13. Hrsg.: T. Dyllick; G. J. B. Probst. Haupt, Bern [u. a.] 1984.

ULRICH, P.; HILL, W.: Wissenschaftstheoretische Grundlagen der Betriebswirtschaftslehre (Teil 1). In: WiSt – Wirtschaftswissenschaftliches Studium: Zeitschrift für Ausbildung und Hochschulkontakt 5 (1976) 7+8, S. 304 – 309. https://www.alexandria.unisg.ch/17331/1/Wissenschaftstheoretische%20Grundlagen%20der%20BWL_Ulrich%26Hill_WiSt_1976.pdf (Link zuletzt geprüft: 09.10.2022)

UMBLE, J. E.; HAFT, R. R.; UMBLE, M. M.: Enterprise resource planning: Implementation procedures and critical success factors. In: European Journal of Operational Research 146 (2003) 2, S. 241 – 257.

VAHS, D.; WEIAND, A.: Workbook Change Management. Methoden und Techniken. 3. Auflage. Schäffer-Poeschel, Stuttgart [u. a.]2020.

VARSHNEY, K.; MOJSILOVIĆ, A.: Business Analytics Based on Financial Time Series. In: IEEE Signal Processing Magazine 28 (2011) 5, S. 83 – 93.

VIDGEN, R.; SHAW, S.; GRANT, D. B.: Management challenges in creating value from business analytics. In: European Journal of Operational Research 261 (2017) 2, S. 626 – 639.

VILLAMARÍN GARCÍAA, J. M.; DÍAZ PINZÓNA, B. H.: Key success factors to business intelligence solution implementation. In: Journal of Intelligence Studies in Business 7 (2017) 1, S. 48 – 69.

VILLEGAS-CH, W.; PALACIOS-PACHECO, X.; LUJÁN-MORA, S.: A Business Intelligence Framework for Analyzing Educational Data. In: Sustainability 12 (2020) 14, 22 S. https://doi.org/10.3390/su12145745

VOM BROCKE, J.; SIMONS, A.; NIEHAVES, B.; NIEHAVES, B.; REIMER, K.; PLATTFAUT, R.; CLEVEN, A.: Reconstructing the Giant: On the Importance of Rigour in Documenting the Literature Search Process. In: Information systems in a globalising world. ECIS 2009, 17th European Conference on Information Systems, Verona, May 08 – 10 June, 2009; proceedings. Verona 2009, 12 S. https://aisel.aisnet.org/cgi/viewcontent.cgi?article=1145&context=ecis2009 (Link zuletzt geprüft: 09.10.2022)

VOM BROCKE, J.; SIMONS, A.; RIEMER, K.; NIEHAVES, B.; PLATTFAUT, R.; CLEVEN, A.: Standing on the Shoulders of Giants: Challenges and Recommendations of Literature Search in Information Systems Research. In: Communications of the Association for Information Systems 37 (2015) 8, 19 S.

WALKER, G. H.; STANTON, N. A.; SALMON, P. M.; JENKINS, D. P.: A review of sociotechnical systems theory: a classic concept for new command and control paradigms. In: Theoretical Issues in Ergonomics Science 9 (2008) 6, S. 1 – 49.

WANG, G.-G.; ALAVI, A. H.: Evolutionary Computation. MDPI, Basel 2019.

WANG, Y.; BYRD, T. A.: Business analytics-enabled decision-making effectiveness through knowledge absorptive capacity in health care. In: Journal of Knowledge Management 21 (2017) 3, S. 517 – 539.

WATSON, H. J.; WIXOM, B. H.: The Current State of Business Intelligence. In: Computer 40 (2007) 9, S. 96 – 99.

WEBER, F.: Künstliche Intelligenz für Business Analytics. Algorithmen, Plattformen und Anwendungsszenarien. Springer Vieweg, Wiesbaden 2020.

WEBER, K.: Data Governance-Referenzmodell. Organisatorische Gestaltung des unternehmensweiten Datenqualitätsmanagements. St. Gallen, Univ., Diss., 2009.

WEBER, K.; OTTO, B.; ÖSTERLE, H.: One Size Does Not Fit All – A Contingency Approach to Data Governance. In: Journal of Data and Information Quality 1 (2009) 1, S. 1 – 27.

WEBSTER, J.; WATSON, R. T.: Analyzing the Past to Prepare for the Future. Writing a Literature Review. In: MIS Quaterly 26 (2002) 2, S. 8 – 23.

WELTER, M.: Die Forschungsmethode der Typisierung. In: WiSt – Wirtschaftswissenschaftliches Studium 35 (2006) 2, S. 113 – 116.

WESSEL, P.; KÖFFER, S.; BECKER, J.: Auswirkungen von In-Memory-Datenmanagement auf Geschäftsprozesse im Business Intelligence. In: Proceedings of the 11th International Conference on Wirtschaftsinformatik. Leipzig 2013, S. 1781 – 1795.

WHITE, A.: Our Top Data and Analytics Predicts for 2019. Gartner Blog, 03.01.2019. https://blogs.gartner.com/andrew_white/2019/01/03/our-top-data-and-analytics-predicts-for-2019/ (Link zuletzt geprüft: 09.10.2022)

WINBY, S.; MOHRMAN, S. A.: Digital Sociotechnical System Design. In: The Journal of Applied Behavioral Science 54 (2018) 4, S. 399 – 423.

WINKLER, K.; NIEDERMEIER, S.: Führung in der digitalisierten Arbeitswelt. In: Arbeitskulturen im Wandel. Der Mensch in der New Work Culture. Hrsg.: S. Wörwag; A. Cloots. Springer Gabler, Wiesbaden 2020, S. 209 – 222.

WIRGES, F.; AHLBRECHT, M.; NEYER, A.-K.: HR-Analytics: was HR-Verantwortliche und Führungskräfte wissen und können müssen. Springer Gabler, Wiesbaden 2020.

WIXOM, B. H.; WATSON, H. J.: An Empirical Investigation of the Factors Affecting Data Warehousing Success. In: MIS Quarterly 25 (2001) 1, S. 17 – 41.

WOLF, J.: Organisation, Management, Unternehmensführung. Theorien, Praxisbeispiele und Kritik. 6., überarb. u. erw. Auflage. Springer Gabler, Wiesbaden [u. a.] 2020.

XU, X.; TANG, L.; RANGAN, V.: Hitting your number or not? A robust & intelligent sales forecast system. In: [Proceedings] 2017 IEEE International Conference on Big Data (Big Data), 11-14 December 2017, Boston (MA), IEEE, Piscataway (NJ) 2017, S. 3613 – 3622.

YEOH, W.; GAO, J.; KORONIOS, A.: Towards a Critical Success Factor Framework for Implementing Business Intelligence Systems: A Delphi Study in Engineering Asset Management Organizations. In: Research and Practical Issues of Enterprise Information Systems II. Hrsg.: Xu, Li D. and Tjoa, A. Min and Chaudhry, Sohail S. Springer, Boston (MA) [u. a.] 2008, S. 1353 – 1367.

YEOH, W.; KORONIOS, A.: Critical success factors for business intelligence systems. In: Journal of Computer Information Systems 50 (2010) 3, S. 23 – 32.

YEOH, W.; POPOVIČ, A.: Extending the understanding of critical success factors for implementing business intelligence systems. In: Journal of the Association for Information Science and Technology 67 (2016) 1, S. 134 – 147.

YIN, J.; FERNANDEZ, V.: A systematic review on business analytics. In: Journal of Industrial Engineering and Management 13 (2020) 2, S. 283 – 295.

YIN, R. K.: Case study research and applications. Design and methods. 6. Auflage. Sage, Los Angeles (CA) [u. a.] 2018.

YIN, R. K.; BATEMAN, P. G.; MOORE, G. B.: Case Studies and Organizational Innovation. Strengthening the Connection. In: Knowledge 6 (1985) 3, S. 249 – 260.

YOUNES, H. L. S.; KWIATKOWSKA, M.; NORMAN, G.; PARKER, D.: Numerical vs. Statistical Probabilistic Model Checking: An Empirical Study. In: Tools and Algorithms for the Construction and Analysis of Systems. Hrsg.: G. Goos; J. Hartmanis; J. van Leeuwen; K. Jensen; A. Podelski. Springer, Berlin [u. a.] 2004, S. 46 – 60.

ZAHRA, S. A.; GEORGE, G.: Absorptive Capacity: A Review, Reconceptualization, and Extension. In: Academy of Management Review 27 (2002) 2, S. 185.

ZAMMUTO, R. F.; GRIFFITH, T. L.; MAJCHRZAK, A.; DOUGHERTY, D. J.; FARAJ, S.: Information Technology and the Changing Fabric of Organization. In: Organization Science 18 (2007) 5, S. 749 – 762.

ZELEWSKI, S.: Grundlagen. In: Betriebswirtschaftslehre. Grundlagen, Internes Rechnungswesen, Externes Rechnungswesen, Beschaffung, Produktion und Logistik, Marketing, Investition und Finanzierung. Hrsg.: H. Corsten; M. Reiß. 4. Auflage. Oldenbourg, München [u. a.] 2008, S. 1 – 98.

ZWEIG, K. A.: Ein Algorithmus hat kein Taktgefühl. Wo künstliche Intelligenz sich irrt, warum uns das betrifft und was wir dagegen tun können. Heyne, München 2019.

ZWICKY, F.: Morphologische Forschung. Wesen und Wandel materieller und geistiger struktureller Zusammenhänge. 2. Auflage. Schriftenreihe der Fritz-Zwicky-Stiftung; Bd. 4. Baeschlin, Glarus 1989.

Anhang

Anhang A: Erarbeitungs- und Anwendungspartner

Die nachfolgend aufgeführten Interviewpartner werden in alphabetischer Reihenfolge aufgeführt, um aufgrund der teilweise zu anonymisierenden Erkenntnisse möglichst wenige Rückschlüsse zuzulassen.

Tabelle A-1: Liste der Interviewpartner

Interviewpartner	Unternehmen
Leo Bartevyan	CENIT AG
Ramona Bast	Müller Service GmbH
Julien Brunel	Linde Engineering
Birgit Büscher	Bäckerei Büscher e. K.
Philipp Deiters	Crespel & Deiters GmbH & Co. KG
Felix Hapke	BASF SE
Fritz Werner Hardt	Döhler Group
Dr.-Ing. Tobias Harland	Industrie 4.0 Maturity Center
Carola K. Herbst	DLG e. V.
Maike Holtkemper	Zentis GmbH & Co. KG
Prof. Dr.-Ing. Holger Hütte	Neopera Business Consulting GmbH
Timo Klerx	paiquo GmbH
Ralf Klinkenberg	RapidMiner GmbH
Peter Knabe	Hansa-Flex AG
Denise Jünemann	LEO Der Bäcker & Konditor GmbH & Co. KG
Dirk Lemke	Friedr. Dick GmbH & Co. KG
Dr. Florian Müller	H. Seehase GmbH & Co.KG
Martin Müller	Service Management Partners AG
Michael Przytulla	VDMA e. V.
Dennis Schiemann	Lindt & Sprüngli GmbH
Simone Schiller	DLG e. V.
Marc Schlichtner	Siemens Healthineers AG
Florian Schönwetter	Brauerei Bischofshof GmbH & Co. KG

Interviewpartner	Unternehmen
Katharina Schweiger	Vion Move GmbH
Michael Tenbeitel	CSB System SE
Dennis Urban	Lindt & Sprüngli GmbH
Klemens van Betteray	CSB System SE
Carsten Werheit	ELOPAK EQS GmbH
Christoph van Üüm	Noltewerk GmbH & Co. KG
Stefan Weigert	SW Consulting
Jan Westerbarkey	Westaflex GmbH
Dr.-Ing. Simon Wieninger	Eppendorf SE
Patrick Zimmermann	Braumanufaktur Zimmermann UG

Anhang B: Zusätzlich untersuchte Quellen zum fallstudienbasierten Ansatz zur Beschreibung und Typisierung von Business-Analytics

In Kapitel 5.1.5 werden mithilfe eines fallstudienbasierten Ansatzes der entwickelte morphologische Kasten und die gebildeten Typen von Business-Analytics validiert. Der fallstudienbasierte Ansatz beschränkt sich für die Beschreibung und Typisierung nicht allein auf die Prozessindustrie; angrenzende Industrien werden aufgrund der vielfältigen Einsatzmöglichkeiten in diesem Schritt ebenfalls integriert. Im nächsten Abschnitt erfolgt die Detaillierung der untersuchten Quellen.

Bialogorski (2021)

Mittels der Fallstudie wird im Bankensektor untersucht, inwiefern der Einsatz von Business-Analytics und Data-Science zum Differenzierungsmerkmal zwischen Fintech-Unternehmen und herkömmlichen Banken werden kann. Es werden insbesondere unterschiedliche Reifegrade von Business-Analytics adressiert. Start-up-Unternehmen finden in fast jeder Branche Möglichkeiten zur Innovation und zwingen etablierte Unternehmen dazu, zu kooperieren oder ihr Geschäft selbst zu digitalisieren.

Aufgrund der exponentiellen Entwicklung im Business-Analytics-Bereich besteht vor allem bei den etablierten Marktteilnehmern eine große Unsicherheit darüber, wie diese Möglichkeiten genutzt werden können, um potenzielle Verbesserungen bestehender Prozesse und neue Wege der Geschäftsabwicklung zu erschließen. Diese Herausforderungen, denen auch etablierte Unternehmen der Prozessindustrie gegenüberstehen, äußern sich insbesondere in der Konzentration von Start-ups auf eine bestimmte Technologie oder Nische, die noch nicht von ihren traditionellen Pendants abgedeckt sind. Hierbei geht es insbesondere darum, neue Wege zu finden und zu implementieren, und Methoden der Datenwissenschaften zu nutzen, um Fortschritte zu erzielen.

In der Fallstudie sind die Start-ups vermehrt Technologieunternehmen mit einem guten Verständnis des Bankgeschäfts. Dies ermöglicht ihnen, auch komplexe Prozesse zu adaptieren, ohne dabei den organisationalen Hemmnissen traditioneller Banken zu unterliegen. Damit geht diese Fallstudie nicht im Detail auf bestimmte Tools oder Vorgänge ein, welche bei Business-Analytics angewendet werden. Dennoch zeigt sie auf, wie Innovationen bei etablierten Unternehmen vorangetrieben werden müssen. Zudem validiert sie im Besonderen mit den untersuchten Methoden von Predictive und Prescriptive Analytics die Morphologie und die Typisierung.

CAVALCANTI U. FONSECA (2021)

Die Autoren untersuchen in ihrer Fallstudie ein Bauunternehmen in Brasilien, welches mit dem Microsoft-Tool ‚Power BI' Business-Analytics anwendet. Bauunternehmen im Hoch- und Tiefbau haben häufig große Projekte. Diese nehmen einen längeren Zeitraum in Anspruch und haben oftmals viele beteiligte Unternehmen. Das bedeutet für das Management eine große Herausforderung, da Abläufe aufeinander abgestimmt werden müssen, das Material zum richtigen Zeitpunkt bereitzustellen ist und viele Arbeiter diverser Firmen Aufgaben erhalten müssen. Zudem gilt es, den Kosten- und Zeitplan einzuhalten, um nicht in Verzug zu geraten.

Daher macht sich das Unternehmen die eigenen Daten zunutze und analysiert diese. Hierfür werden zunächst Daten extrahiert, anschließend Berichte erstellt und in Reportings visualisiert. Zudem werden Wirkungszusammenhänge untersucht, um so einzelne Teilbereiche aufeinander abzustimmen. Auf dieser Basis werden dann für jedes neue Projekt Daten bereitgestellt, um fundierte Entscheidungen in Bezug auf Budgetierung, Kostenmanagement, Arbeitssicherheit, Lieferantenmanagement, Abfallmanagement und Risikomanagement zu treffen. Jedes Projekt wird mittels eines Modells in mehrere Dimensionen aufgeteilt. Dort finden sich zudem Hinweise zu möglichen Komplikationen und Dinge, welche zu beachten sind. Zu dem Modell gehören mehrere Dashboards, welche die Zeitpläne der Arbeiter sowie die Wirtschaftlichkeit und Kosten darstellen.

CHANDE (2015)

Der Autor untersucht in seiner Fallstudie die Anwendung von Google Analytics in verschiedenen Bereichen. Ziel ist die Untersuchung der Leistungsfähigkeit, des Funktionsumfangs sowie der technischen und organisationalen Voraussetzungen. In der Fallstudie wurden verschiedene Analyse- und Data-Science-Funktionen wie Nutzeraktionen-Tracking, Werbungsberichtserstattung, Kostendetail-Analyse, Suchmaschinen-Optimierung, Echtzeit-Berichterstattung und die Erstellung von Navigationsberichten untersucht.

Als Schlussfolgerung stellt der Autor fest, dass moderne Unternehmen mehr und mehr auf E-Commerce-Bereiche angewiesen sind. Aus diesem Grund benötigen sie Business-Analytics-Lösungen, um finanzielle Kennzahlen abzuleiten und daraus eine Entwicklungsstrategie aufzubauen und zu optimieren.

Eggers et al. (2021)

Die Autoren untersuchen in dieser Fallstudie Fallbeispiele von Unternehmen aus verschiedenen Sektoren, die anhand von Business-Analytics Wirkungszusammenhänge in ihren Unternehmen ermittelt haben und dadurch eine Optimierung ihrer eigenen Leistung vornehmen konnten. Es wurden insgesamt drei Unternehmen im Detail analysiert, ein Elektronikhersteller, ein Großhändler und ein Finanzunternehmen. Hierbei konnte aufgezeigt werden, dass der Einsatz von Business-Analytics auch schon bei geringen Komplexitäten Potentiale heben kann. Die in der vorliegenden Fallstudie untersuchten Unternehmen haben ihren Fokus insbesondere auf das Herstellen von Transparenz und das Aufdecken von Wirkungszusammenhängen gelegt. Es wurden hierbei insbesondere Vorteile in der Reduktion von zeitaufwendigen Zwischenprozessen und der Bildung eines allgemeines Verständnis für Prozesse und Zuständigkeiten hervorgehoben.

Megahed et al. (2015)

Diese Fallstudie befasst sich mit dem Aufbau eines prädiktiven Analysemodells zur Berechnung der Chancen auf den Abschluss eines Deals. Ziele des Modells sind die Unterstützung und Priorisierung bei der Vertragsauswahl. Um dieses Modell zu entwickeln, wurden zunächst die benötigten Geschäftsdaten isoliert, analysiert und anschließend mit der eigentlichen Modellentwicklung begonnen. Zu Beginn galt es, für jeden potenziellen Deal die Rahmenbedingungen zu ermitteln; dies erfolgte durch die Ermittlung wesentlicher Attribute. Das Ergebnis war die Erstellung von drei Typen, welche verschiedene Attribute und Kombinationen beinhalten. Anschließend erfolgten das Testing und eine Anreicherung des Modells mit weiteren Geschäftserkenntnissen, um seine Vorhersagegenauigkeit zu erhöhen.

Ouahilal u. El Mohajir (2016)

In dieser Fallstudie wurden Geschäftsdaten eines Unternehmens aus der Prozessindustrie verwendet, um verschiedene Algorithmen auf ihre Genauigkeit in der Vorhersage zu überprüfen. Bei den Algorithmen handelt es sich um Regressionsmethoden. Zunächst gibt es die „Entscheidungsbaum-Regression“. Anschließend wurde eine mehrfache lineare Regression durchgeführt. Die dritte untersuchte Methode ist die unterstützende Vektor-Regression. Zur Ausbildung der Methoden standen die Firmendaten von L'Oréal zwischen den Jahren 1988 bis 2014 zur Verfügung. Um nun die Präzision in den Vorhersagen der Modelle zu testen, wurden diverse 21-tägige Abschnitte innerhalb der zur Verfügung stehenden Daten betrachtet und die Realwerte mit denen der drei Vorhersagen verglichen.

Insgesamt konnten alle drei Methoden mit hoher Genauigkeit den realen Verlauf vorhersagen. Die unterstützende Vektor-Regression weist die geringsten Abweichungen auf, was besonders der Eigenschaft der dynamischen Modellierung zuzuschreiben ist.

SHANKS ET AL. (2011)

Dieses Fallbeispiel zu Business-Analytics befasst sich mit einem australischen Finanzservice-Unternehmen, welches sowohl Personal- als auch Business-Banking betreibt. Um in seiner Geschäftsbranche wettbewerbsführend zu sein, begann das Unternehmen im Jahr 2006, ein Team für Kundenanalysen und Business-Analytics zu bilden. Dieses fokussierte zunächst die Unterstützung im Marketing, ab 2010 wurden die Aktivitäten deutlich erweitert: Es wurden BA-Systeme zur Kundenanalyse im gesamten Unternehmen verwendet, um Effizienz- und Umsatzsteigerungen zu realisieren. Das Fallstudienunternehmen setzte hierbei Methoden ein, um Kundendaten zur Generierung von Leads durch Propensity-Modellierung zu untersuchen und bestimmte Ereignisse im Lebenszyklus eines Kunden durch die Analyse von Transaktionen zu erkennen.

Beim Unternehmen wurden zunächst eine leistungsfähige Daten- und IT-infrastruktur sowie technische Fähigkeiten und Kenntnisse, sowohl über das Geschäft als auch über die Technologie, aufgebaut. Zusätzlich hat die Organisation dynamische Fähigkeiten entwickelt, die eine routinemäßige und kontinuierliche Weiterentwicklung der Nutzung des BA-Systems ermöglichen, um Wettbewerbsvorteile zu erzielen. Die Einrichtung von Governance- und Feedback-Mechanismen war entscheidend, um sicherzustellen, dass BA-Systeme unter Berücksichtigung der Beiträge von Geschäftsanwendern und BA-Spezialisten weiterentwickelt werden und den Geschäftsanforderungen entsprechen.

VILLEGAS-CH ET AL. (2020)

Die Autoren entwickelten in der Fallstudie ein Analytics-Framework. Zum Testen und zur Validierung des Frameworks wurde ein Use-Case im Bildungswesen gewählt, konkret wurde die Transformation von Universitäten untersucht. Die Analyse umfasste 3200 Studenten in ihrer Laufbahn bis zu ihrem 6. Semester. Für die Datenaufbereitung wurde Microsoft SQL verwendet. Anschließend wurden unter Anwendung der BA-Software WEKA verschiedene BA-Applikationen und -Methoden für die Datenauswertung eingesetzt.

WESSEL ET AL. (2013)

In der Fallstudie wird das internationale IT-Unternehmen Arvato Systems untersucht. Eine der Kernaktivitäten ist die Unterstützung der Kundenunternehmen bei der Digitalisierung ihrer Unternehmensprozesse und Geschäftsmodelle. In der Fallstudie wurde eine qualitative Befragung durchgeführt, um Auswirkungen und Potentiale von In-Memory-Datenmanagement (IMDM) als technischem Treiber für den Einsatz von Business-Analytics zu identifizieren. Das IMDM als technischer Treiber kann Digitalisierung und Automatisierung von Entscheidungsprozessen durch die neu entstehenden technischen Möglichkeiten unterstützen.

Xu et al. (2017)

Innerhalb dieser Fallstudie wird ein BA-System untersucht, welches Vorhersagen in Bezug auf die Abwicklung von Geschäftstransaktionen vorhersagt. Ziel des Systems ist es, den Nutzern für einen selbstbestimmten Zeitraum Umsatzprognosen zu erstellen. Diese helfen bei der effizienten Zuteilung von Arbeitskräften oder Mitteln innerhalb der Unternehmen und können Missstände aufzeigen.

Ein Teil der Untersuchung beinhaltete das Herstellen von Transparenz beim Einsatz und der Modellierung von Algorithmen und Entscheidungshilfen, um Blackboxes zu vermeiden. Die verwendeten Methoden waren Wahrscheinlichkeitsmodelle, Modelle zur Aggregation von Chancenwerten, Zeitreihenmodelle, künstliche neuronale Netzmodelle und hybride Modelle.

Anhang C: Identifikation von generischen Gestaltungsinstrumenten

In der nachfolgenden Tabelle werden die identifizierten Faktoren zur Ableitung generischer Gestaltungsempfehlungen und -instrumente (s. Kap. 5.4.1) dargestellt.

Tabelle C-1: Übersicht der identifizierten Faktoren in Abhängigkeit des Autors

	Kumar und Krishnamoorthy 2020	Acheampong und Moyaid 2016	Miller 2019	Wixom und Watson 2001	Dawson und van Belle 2013	Yeoh et al. 2010	Laureano et al. 2016	Chen et al. 2016	Adrian et al. 2017	Mikalef et al. 2017	Wirges et al. 2020	Olszak und Ziemba 2012	Appelbaum et al. 2017	Troilo et al. 2017	Summe
Technische Erfolgsfaktoren															
Technologieanlagen	x											x			2
Kompatibilität	x	x						x		x					4
Wahrgenommener Nutzen		x					x		x						3
Komplexität		x													1
Technische Aufgaben			x												1
Kollaborationsplattformen															0
Integration alter & neuer Systeme				x			x					x			3
Wissens-/ Datenmanagement									x	x					2
Entwicklungstechnologie				x											1
Datenqualität					x	x	x	x	x			x			6
Technische Kompetenz					x										1
Datenverfügbarkeit							x	x							2
Systemqualität (Reifegrad)								x	x						2
Zentrale Dateneinheit/ Konnektivität										x				x	2
Neukombination														x	1
Datenschutz und Risikomanagement										x	x				2
Passende Software											x				1
Technische Infrastruktur					x		x								2
Technische Flexibilität												x			1
Informationssystemprozesse							x								1
Geeignete Technologie & Werkzeuge							x								1
Organisationsdatenumgebung	x														1
Soziale Erfolgsfaktoren															
Top-Management-Support	x	x	x	x	x					x		x		x	8
Datengesteuerte Organisationskultur	x													x	2
Wahrgenommene Kosten	x														1
Organisationsgröße		x													1
Business-Championship		x		x	x	x									4
Organisatorische Bereitschaft		x		x							x				3
Mitarbeiterbereitschaft/ -kompetenz			x	x		x	x			x	x	x	x		8
Projektablaufplan			x									x			2
Organisationsstrategie/ Ziele					x		x					x			3
Change-Management						x						x			2
Vision, Mission						x	x	x				x	x		5
Führungsverständnis											x	x			2
Kompetenzentwicklung										x	x	x			3
Agile und klassische PM-Methoden						x								x	2
Performance-Monitoring			x												1
Transparenz und Kommunikation				x		x							x		3
Business-Case					x										1
Kompatibilität								x							1
BA-Reifegrad								x							1
Data-Scientist														x	1
Kundenorientierte Kultur														x	1
Organisatorische Infrastruktur					x		x								2
Senior-Management-Support												x			1
Effective Leadership													x		1
Ziele und Aufgaben													x		1
Organisationsstruktur							x						x		2
Gemischte Entwicklungsteams							x								1
Innovationskomponente							x								1
Economic Performance												x			1
Sonstige Erfolgsfaktoren															
Wettbewerbsdruck	x	x													2
Branchentyp	x														1
Kundenorientierungsdruck	x														1
Regelwerk		x													1
Kundenakzeptanz			x									x			2
Nutzerbeteiligung				x	x							x			3
Benutzerfreundlichkeit (Usability)								x				x			2
Summe	9	9	6	8	9	7	14	8	4	7	6	17	6	7	58

Anhang D: Detaillierung der typspezifischen soziotechnischen Gestaltungsinstrumente auf Merkmals- und Ausprägungsebene

In Kapitel 5.4.2 wurde anhand der intersystemischen Wechselwirkung Data-Governance mit den Typen Descriptive, Predictive und Prescriptive Analytics exemplarisch die Entwicklung der typspezifischen soziotechnischen Wechselwirkungen aufgezeigt. Nachfolgend werden zunächst die intersystemischen Wechselwirkungsmodelle, anschließend die intrasystemischen Modelle dargestellt. Die intersystemischen typspezifischen Wechselwirkungen für das Merkmal Data-Governance wurden bereits in Kapitel 5.4.2 dargestellt, daher unterbleibt eine wiederholte Darstellung an dieser Stelle.

Entwicklung typspezifischer Gestaltungsinstrumente für die intersystemischen Wechselwirkungen (Technisches Subsystem – Struktur)

		Struktur – Verankerung von Experten		
		Descriptive Analytics	Predictive Analytics	Prescriptive Analytics
Aufgabe	Leistungsversprechen	-	-	-
Aufgabe	Informationsaufbereitung	-	-	-
Aufgabe	Nachvollziehbarkeit der Ergebnisse	-	G1-G3, G26, G30-G32, G34-G37, G42	G1-G3, G5, G17, G26, G30-G32, G34-G37, G42
Aufgabe	Stetigkeit der Analyse	-	-	-
Technologie	Analysemethodik	-	-	-
Technologie	IT-Infrastruktur	-	G26, G39, G43, G44, G48, G49, G51, G52, G53	G26, G39, G43, G44, G48, G51, G52, G53
Technologie	benötigte Datenmenge	-	-	-
Technologie	Datenart	-	-	-
Technologie	Datenstruktur	-	-	-

starke Wechselwirkung | mittlere Wechselwirkung | keine signifikante Wechselwirkung

☐ | Gestaltungsempfehlung erforderlich

Abbildung D-1: Typspezifische Gestaltungsinstrumente technisches Subsystem – Verankerung von Experten (eigene Darstellung)

		Struktur		
		Knowledge-Absorptive-Capacity		
		Descriptive Analytics	Predictive Analytics	Prescriptive Analytics
Aufgabe	Leistungsversprechen	-	G2, G3, G19, G20, G32, G36, G37, G39	G2, G3, G5, G19, G32, G36, G37, G39-G41
	Informationsaufbereitung	-	-	-
	Nachvollziehbarkeit der Ergebnisse	-	-	-
	Stetigkeit der Analyse	-	-	-
Technologie	Analysemethodik	-	G3, G6, G20, G22, G24, G27 G32	G3, G6, G20, G22, G24, G27, G29, G32
	IT-Infrastruktur	-	-	-
	benötigte Datenmenge	-	G7, G14, G39, G43, G48, G51	G6, G7, G14, G16, G39, G43, G48, G51-G53
	Datenart	-	-	-
	Datenstruktur	-	-	-

starke Wechselwirkung | mittlere Wechselwirkung | keine signifikante Wechselwirkung

☐ | Gestaltungsempfehlung erforderlich

Abbildung D-2: Typspezifische Gestaltungsinstrumente technisches Subsystem – Knowledge-Absorptive-Capacity (eigene Darstellung)

		Struktur		
		Kollaborationsinitiative		
		Descriptive Analytics	Predictive Analytics	Prescriptive Analytics
Aufgabe	Leistungs-versprechen	-	G1, G3, G17-G19, G26, G28, G34, G35, G42	G1-G3, G5, G17-G19, G26, G28, G34, G35, G42
Aufgabe	Informations-aufbereitung	-	-	-
Aufgabe	Nachvollziehbarkeit der Ergebnisse	-	G2, G5, G18, G19, G26, G42	G2, G3 G5, G18, G19, G26, G42
Aufgabe	Stetigkeit der Analyse	-	-	-
Technologie	Analysemethodik	-	G1-G3, G26, G42	G1-G3, G7, G26, G42
Technologie	IT-Infrastruktur	-	-	-
Technologie	benötigte Datenmenge	-	-	-
Technologie	Datenart	-	-	-
Technologie	Datenstruktur	-	-	-

starke Wechselwirkung | mittlere Wechselwirkung | keine signifikante Wechselwirkung

☐ | Gestaltungsempfehlung erforderlich

Abbildung D-3: Typspezifische Gestaltungsinstrumente technisches Subsystem – Kollaborationsinitiative (eigene Darstellung)

		Struktur		
		Entscheidungsfindung		
		Descriptive Analytics	Predictive Analytics	Prescriptive Analytics
Aufgabe	Leistungsversprechen	-	G4, G15	G2, G4, G6, G15
Aufgabe	Informationsaufbereitung	G2, G4, G21, G22	G2, G4, G21, G22	G6, G14, G16, G44, G51-G53
Aufgabe	Nachvollziehbarkeit der Ergebnisse	G3, G5, G32, G34	G3, G5, G32, G34	G2, G3, G4, G15, G26, G32, G42
Aufgabe	Stetigkeit der Analyse	-	-	G6, G44, G51-53
Technologie	Analysemethodik	G24, G28	-	G24, G28, G40
Technologie	IT-Infrastruktur	-	-	-
Technologie	benötigte Datenmenge	-	G23	G23
Technologie	Datenart	-	-	G23
Technologie	Datenstruktur	-	-	-

starke Wechselwirkung | mittlere Wechselwirkung | keine signifikante Wechselwirkung

☐ | Gestaltungsempfehlung erforderlich

Abbildung D-4: Typspezifische Gestaltungsinstrumente technisches Subsystem – Entscheidungsbefugnis (eigene Darstellung)

Entwicklung typspezifischer Gestaltungsinstrumente für die intersystemischen Wechselwirkungen (Technisches Subsystem – Akteur)

		Struktur		
		Führungsstil		
		Descriptive Analytics	Predictive Analytics	Prescriptive Analytics
Aufgabe	Leistungsversprechen	-	-	G1, G2, G3, G17, G31, G42
Aufgabe	Informationsaufbereitung	-	-	G2, G17, G32, G35
Aufgabe	Nachvollziehbarkeit der Ergebnisse	-	G1, G3, G17, G32	G1-G3, G17, G32
Aufgabe	Stetigkeit der Analyse	-	-	-
Technologie	Analysemethodik	-	-	G11, G13, G19
Technologie	IT-Infrastruktur	-	-	-
Technologie	benötigte Datenmenge	-	-	-
Technologie	Datenart	-	-	-
Technologie	Datenstruktur	-	-	-

starke Wechselwirkung | mittlere Wechselwirkung | keine signifikante Wechselwirkung

☐ | Gestaltungsempfehlung erforderlich

Abbildung D-5: Typspezifische Gestaltungsinstrumente technisches Subsystem – Führungsstil (eigene Darstellung)

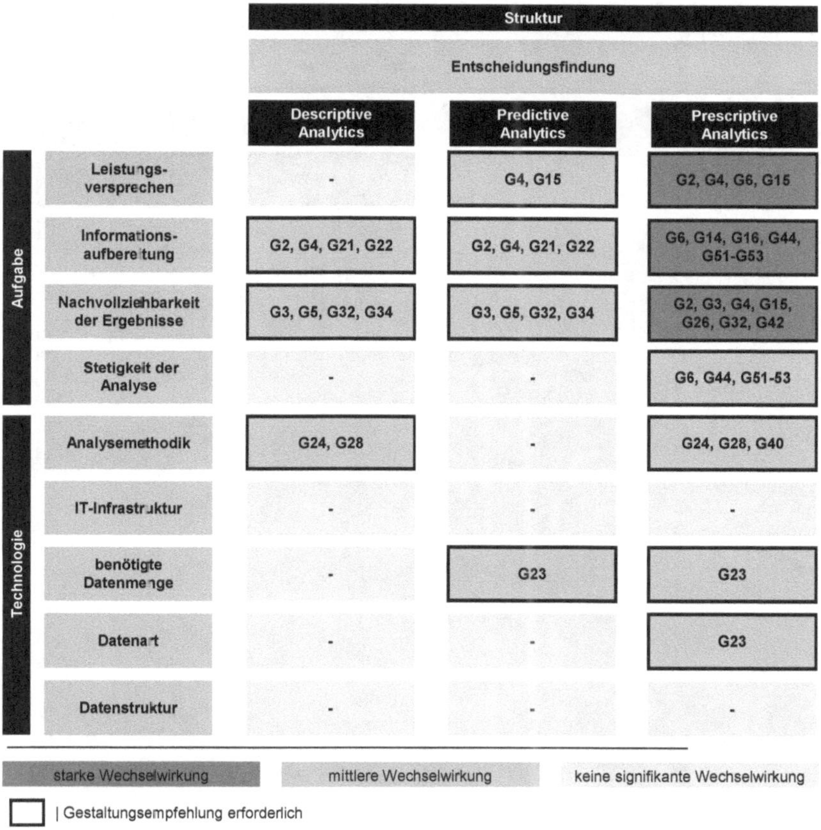

Abbildung D-6: Typspezifische Gestaltungsinstrumente technisches Subsystem – Entscheidungsfindung (eigene Darstellung)

		Struktur		
		Treffen von Entscheidungen		
		Descriptive Analytics	Predictive Analytics	Prescriptive Analytics
Aufgabe	Leistungsversprechen	-	G4, G13, G34, G35	G4, G13, G34, G35, G39
Aufgabe	Informationsaufbereitung	-	-	G6, G7, G51-G53
Aufgabe	Nachvollziehbarkeit der Ergebnisse	-	G3, G4, G34	G1-G4, G14, G34, G35
Aufgabe	Stetigkeit der Analyse	-	-	G6, G7, G51-G53
Technologie	Analysemethodik	-	-	G4, G11, G15, G39
Technologie	IT-Infrastruktur	-	-	-
Technologie	benötigte Datenmenge	-	-	-
Technologie	Datenart	-	-	-
Technologie	Datenstruktur	-	-	-

starke Wechselwirkung | mittlere Wechselwirkung | keine signifikante Wechselwirkung

| Gestaltungsempfehlung erforderlich

Abbildung D-7: Typspezifische Gestaltungsinstrumente technisches Subsystem – Treffen von Entscheidungen (eigene Darstellung)

		Struktur		
		Akzeptanz von Systemergebnissen		
		Descriptive Analytics	Predictive Analytics	Prescriptive Analytics
Aufgabe	Leistungsversprechen	-	G4, G11, G17, G32	G4, G10, G11, G17, G32, G33
Aufgabe	Informationsaufbereitung	-	-	G21-G24
Aufgabe	Nachvollziehbarkeit der Ergebnisse	-	G4, G14, G17	G4, G14, G15, G17, G32
Aufgabe	Stetigkeit der Analyse	-	-	-
Technologie	Analysemethodik	G21-G24	G4, G9, G21-G24, G32	G4, G9, G17, G21-24, G32
Technologie	IT-Infrastruktur	-	-	-
Technologie	benötigte Datenmenge	-	G23	G23
Technologie	Datenart	-	-	-
Technologie	Datenstruktur	-	G23	G23

starke Wechselwirkung | mittlere Wechselwirkung | keine signifikante Wechselwirkung

☐ | Gestaltungsempfehlung erforderlich

Abbildung D-8: Typspezifische Gestaltungsinstrumente technisches Subsystem – Akzeptanz von Systemergebnissen (eigene Darstellung)

Entwicklung typspezifischer Gestaltungsinstrumente für die intrasystemischen Wechselwirkungen (Technologie – Aufgabe)

Technologie	Aufgabe: Leistungsversprechen – Descriptive Analytics	Predictive Analytics	Prescriptive Analytics
Analysemethodik	G9, G10, G13, G19, G21, G22	G9, G10, G12, G13, G19-G24, G45, G46	G9, G10, G12, G13, G19-G23
IT-Infrastruktur	-	-	-
benötigte Datenmenge	-	G6, G48	G6, G48
Datenart	-	-	-
Datenstruktur	-	G6, G48	G6, G48

starke Wechselwirkung | mittlere Wechselwirkung | keine signifikante Wechselwirkung

☐ | Gestaltungsempfehlung erforderlich

Abbildung D-9: Typspezifische Gestaltungsinstrumente Technologie – Leistungsversprechen (eigene Darstellung)

Technologie	Aufgabe: Informationsaufbereitung – Descriptive Analytics	Predictive Analytics	Prescriptive Analytics
Analysemethodik	G4, G9-12, G21,	G4, G9-G12, G43, G47	G4, G9-12, G16, G20, G43, G47, G48, G51
IT-Infrastruktur	-	-	-
benötigte Datenmenge	-	G6, G48	G6, G48
Datenart	-	-	-
Datenstruktur	-	G6, G48	G6, G48

starke Wechselwirkung | mittlere Wechselwirkung | keine signifikante Wechselwirkung

☐ | Gestaltungsempfehlung erforderlich

Abbildung D-10: Typspezifische Gestaltungsinstrumente Technologie – Informationsaufbereitung (eigene Darstellung)

Technologie	Aufgabe: Nachvollziehbarkeit der Ergebnisse – Descriptive Analytics	Predictive Analytics	Prescriptive Analytics
Analysemethodik	G3, G28, G32, G42	G3, G28, G29, G32, G37, G42	G3, G28, G29, G32, G37, G42
IT-Infrastruktur	-	-	-
benötigte Datenmenge	-	G6, G48	G6, G48
Datenart	-	-	-
Datenstruktur	-	G6, G48	G6, G48

starke Wechselwirkung | mittlere Wechselwirkung | keine signifikante Wechselwirkung

☐ | Gestaltungsempfehlung erforderlich

Abbildung D-11: Typspezifische Wechselwirkungen Technologie – Nachvollziehbarkeit der Ergebnisse (eigene Darstellung)

Technologie	Aufgabe: Stetigkeit der Analyse – Descriptive Analytics	Predictive Analytics	Prescriptive Analytics
Analysemethodik	G6, G39, G47, G51	G6, G39, G44, G47, G48, G51	G6, G7, G16, G39, G44, G47, G48, G51-53
IT-Infrastruktur	-	-	-
benötigte Datenmenge	-	G6, G48	G6, G48
Datenart	-	-	-
Datenstruktur	-	G6, G48	G6, G48

starke Wechselwirkung | mittlere Wechselwirkung | keine signifikante Wechselwirkung

☐ | Gestaltungsempfehlung erforderlich

Abbildung D-12: Typspezifische Wechselwirkungen Technologie – Stetigkeit der Analyse (eigene Darstellung)

Gestaltungsinstrumente für die intrasystemischen Wechselwirkungen des sozialen Subsystems (Struktur – Akteur)

Struktur \ Akteur	Führungsstil	Entscheidungs-findung	Treffen von Entscheidungen	Akzeptanz von Systemergeb-nissen
Verankerung von Experten	-	G2, G3, G15, G31, G32, G37, G41, G42	G15, G31, G32, G34, G35, G37, G40-G42	G3, G18, G19, G30, G32, G33
Knowledge-Absorptive-Capacity	G1, G2, G13, G16, G27, G42	G6, G14, G16, G39, G43, G44, G47-G49, G52	-	G10, G15, G17, G26, G28, G35, G39
Data-Governance	-	-	-	G4, G10, G11, G15, G17, G22-G29, G35, G39
Kollaborations-initiative	-	G1, G3, G15, G27-G29, G32, G34-G36, G42	-	-
Entscheidungs-befugnis	G1-G3, G10-G13, G16, G26-G28, G31, G42	G4, G11, G13, G15, G17, G32, G35	G4, G9-G11, G13, G15, G17, G32, G35, G39	-

starke Wechselwirkung | mittlere Wechselwirkung | keine signifikante Wechselwirkung

☐ | Gestaltungsempfehlung erforderlich

Abbildung D-13: Gestaltungsinstrumente für die intrasystemischen Wechselwirkungen des sozialen Subsystems auf Merkmalsebene (eigene Darstellung)

In der Reihe **Schriftenreihe Rationalisierung** zuletzt erschienen:

Müller, Jonas:
Soziotechnische Gestaltungsinstrumente für den Einsatz von Business-Analytics
ISBN: 978-3-98555-182-8
Erscheinungsdatum: 27.11.2023

Schacht, Maximilian:
Digitaler Schatten der Kundeninteraktionen produzierender Unternehmen
ISBN 978-3-98555-132-3
Erscheinungsdatum: 09.01.2023

Bach, Thies:
Gestaltungsmodell zur lernunterstützenden Erweiterung von Produktionsplanungs- und -steuerungssystemen
ISBN 978-3-98555-127-9
Erscheinungsdatum: 14.12.2022

Scholz, Svenja:
Bewertungsmetrik leistungsbestimmender Faktoren von Supply-Chains in Industriebetrieben
ISBN: 978-3-98555-049-4
Erscheinungsdatum: 11.04.2022

Holst, Lennard:
Referenzmodell für das Customer-Success-Management im Subskriptionsgeschäft des Maschinen- und Anlagenbaus
ISBN: 978-3-98555-033-3
Erscheinungsdatum: 21.02.2022

Leiting, Tobias:
Konfiguration und Preisbildung von Subskriptionsleistungssystemen für die produzierende Industrie
ISBN: 978-3-98555-162-0
Erscheinungsdatum: 04.07.2023

Defèr, Florian:
Datenbasierte zuverlässigkeitsorientierte Instandhaltung von Produktionsanlagen
ISBN 978-3-98555- 137-8
Erscheinungsdatum: 09.01.2023

Götzen, Rafael Frank:
Ordnungsrahmen für die softwarebasierte Automatisierung administrativer Prozesse
ISBN: 978-3-98555-103-3
Erscheinungsdatum: 25.08.2022

Fischer, Markus:
Implementierung von Manufacturing Execution Systems basierend auf Industrie-4.0-Reifegradmodellen
ISBN: 978-3-98555-048-7
Erscheinungsdatum: 22.03.2022

Külschbach, Andreas:
Systematische Bewertung von Änderungsanfragen in der Produktion
ISBN: 978-3-98555-024-1
Erscheinungsdatum: 20.12.2021

Edition Wissenschaft
Apprimus

Voswinckel, Carl Themo:
Blockchainbasierte Maschinen- und Anlagenanbindungen für datenbasierte Dienstleistungen
ISBN: 978-3-86359-990-4
Erscheinungsdatum: 12.08.2021

Schröter, Moritz:
Konfiguration der Reihenfolgeplanung für die Variantenfließfertigung
ISBN: 978-3-86359-940-9
Erscheinungsdatum: 19.02.2021

Frey, Dominik:
Simulationsbasierte Bewertung der Häufigkeit von Planungsläufen in der Produktionsplanung und -steuerung
ISBN: 978-3-86359-937-9
Erscheinungsdatum: 11.02.2021

Frank, Jana:
Reifegradbasierte Gestaltung der Unternehmenskultur am Beispiel der Instandhaltung
ISBN: 978-3-86359-928-7
Erscheinungsdatum: 28.01.2021

Hicking, Jan:
Spezifikation von intelligenten Produkten im Maschinenbau
ISBN: 978-3-86359-904-1
Erscheinungsdatum: 20.10.2020

Wieninger, Simon:
Vertrauen in Unternehmensnetzwerken durch Blockchain-Technologie
ISBN: 978-3-86359-880-8
Erscheinungsdatum: 24.08.2020

Birkmeier, Martin:
Messung und Darstellung der Qualität von betrieblichen Informationsflüssen
ISBN: 978-3-86359-866-2
Erscheinungsdatum: 01.07.2020

Krechting, Denis:
Methodennavigator für Business-Analytics produzierender Unternehmen
ISBN: 978-3-86359-860-0
Erscheinungsdatum: 02.06.2020

Feige, Boris Alexander:
Präferenzstrukturen von neuen Fahrzeug- und Mobilitätsangeboten für latente Bedürfnisse privater Nutzer
ISBN: 978-3-86359-857-0
Erscheinungsdatum: 02.06.2020

Holtkemper, David:
Blockchain-Applikation für das Supply-Chain-Management
ISBN: 978-3-86359-854-9
Erscheinungsdatum: 18.05.2020

Husmann, Marco:
Erfolgsfaktoren bei der Markteinführung von datenbasierten Dienstleistungen im Maschinen- und Anlagenbau
ISBN: 978-3-86359-839-6
Erscheinungsdatum: 27.04.2020

Wetzchewald, Philipp:
Gestaltungsmodell zur Steigerung der Regelbarkeit von Produktionsplanungs- und -steuerungssystemen
ISBN: 978-3-86359-849-5
Erscheinungsdatum: 15.04.2020

Edition Wissenschaft
Apprimus

FSC
www.fsc.org
MIX
Papier | Fördert gute Waldnutzung
FSC® C083411

Zeitfracht Medien GmbH
Ferdinand-Jühlke-Straße 7
99095 Erfurt, Deutschland
produktsicherheit@kolibri360.de